建设工程见证取样实用知识手册

（第3版）

魏志文　张　琪　缴立强　韩春雷　宫树雪　主编

中国建材工业出版社

图书在版编目（CIP）数据

建设工程见证取样实用知识手册/魏志文等主编
. --3 版 . --北京：中国建材工业出版社，2022.9
ISBN 978-7-5160-3526-9

Ⅰ.①建⋯　Ⅱ.①魏⋯　Ⅲ.①建筑工程—质量检验—
技术手册　Ⅳ.①TU712-62

中国版本图书馆 CIP 数据核字（2022）第 106051 号

建设工程见证取样实用知识手册（第 3 版）

Jianshe Gongcheng Jianzheng Quyang Shiyong Zhishi Shouce（Di 3 Ban）

魏志文　张　琪　缴立强　韩春雷　宫树雪　主编

出版发行：中国建材工业出版社
地　　址：北京市海淀区三里河路 11 号
邮　　编：100831
经　　销：全国各地新华书店
印　　刷：北京雁林吉兆印刷有限公司
开　　本：889mm×1194mm　1/16
印　　张：24
字　　数：700 千字
版　　次：2022 年 9 月第 1 版
印　　次：2022 年 9 月第 1 次
定　　价：96.00 元

编 委 会

第 3 版前言

　　见证取样是确保建筑材料质量的代表性和真实性的必要工作环节，是反映和保证建设工程质量的关键和基础。为更好地服务建设工程质量，指导施工现场人员落实见证取样制度，廊坊市阳光建设工程质量检测有限公司于 2011 年组织各专业技术骨干编写了《建设工程见证取样实用知识手册》（以下简称《手册》），2016 年 6 月出版了该书第 2 版。该书特色为以建设工程材料的见证取样工作为切入点，紧扣实用性和科学性，用简练、规范的语言对见证取样专业知识进行了准确表述；通过"常见问题解答"和"范例"栏目形式，深入浅出地解答见证取样工作者的常见问题、常遇问题和疑难问题。

　　自出版以来，《手册》受到广大读者欢迎，尤其受到施工单位与监理单位人员的高度重视，在实际工作中发挥了重要作用。随着近几年大量规范、标准的制定或修订出版，《手册》有的内容已不能很好地服务工程建设，满足现行规范、标准要求。

　　为更好地贯彻执行新规范、新标准，满足读者需求，使《手册》在工程建设中发挥更大的作用，编者对其相应内容作了较大的修改和补充。修订后的《手册》共 13 章。修订过程中，除对原章节作了修改和补充外，还重点增加了建筑物防雷装置检测、建筑基桩检测、消防设施检测和室内空气污染物（家装）检测共 4 个章节内容；基于互联网技术，本书中的检验检测委托单增设了微信二维码实时扫描功能，方便读者应用与参考。

　　本书编委会除包括部分原编者成员外，还邀请了本地区建设行业管理部门的高水平技术专家参加，这提高了本书的针对性、专业性、实用性和参考价值。

　　本书编写过程中参考了现行规范标准和大量文献，在此，编委会向各位专家作者表示由衷的感谢。

　　由于本书内容较多，涉及专业广泛，虽修订过程中付出很大努力，但限于编者水平和经验，难免存在不足和缺点，恳请读者和同行指正。

本书编委会

2022 年 5 月

目　　录

第一章　建设工程见证取样类材料检测 ……………………………………… 1

　　第一节　水泥 …………………………………………………………… 1

　　第二节　建筑用钢材 …………………………………………………… 3

　　第三节　普通混凝土用砂、石 ………………………………………… 20

　　第四节　混凝土 ………………………………………………………… 24

　　第五节　建筑砂浆 ……………………………………………………… 29

　　第六节　外加剂 ………………………………………………………… 31

　　第七节　掺合料 ………………………………………………………… 40

　　第八节　混凝土、砂浆配合比 ………………………………………… 44

第二章　安全检测 ……………………………………………………………… 48

　　第一节　钢管脚手架扣件 ……………………………………………… 48

　　第二节　安全网 ………………………………………………………… 50

　　第三节　安全帽 ………………………………………………………… 52

第三章　使用功能类材料检测 ………………………………………………… 54

　　第一节　墙体材料 ……………………………………………………… 54

　　第二节　防水材料 ……………………………………………………… 63

　　第三节　塑料管材管件 ………………………………………………… 85

　　第四节　水暖阀门 ……………………………………………………… 123

　　第五节　建筑电料 ……………………………………………………… 124

　　第六节　建筑涂料 ……………………………………………………… 131

第四章　主体结构工程检测 …………………………………………………… 140

　　第一节　结构实体检验 ………………………………………………… 140

　　第二节　结构混凝土强度现场检测 …………………………………… 142

　　第三节　砌筑砂浆抗压强度现场检测 ………………………………… 144

　　第四节　混凝土中钢筋间距检测 ……………………………………… 145

　　第五节　结构实体钢筋保护层厚度检验 ……………………………… 146

　　第六节　结构实体位置与尺寸偏差检验 ……………………………… 147

　　第七节　混凝土结构后锚固件锚固承载力现场检验 ………………… 148

　　第八节　砌体结构后锚固件锚固承载力现场检验 …………………… 151

第五章　钢结构工程检测 ……………………………………………………… 160

　　第一节　见证取样检测 ………………………………………………… 160

　　第二节　钢结构焊接工程现场检测 ……………………………………………………… 169

第六章　建筑节能工程现场检测 …………………………………………………………… 175

　　第一节　保温板材与基层的拉伸黏结强度现场拉拔检验 ……………………………… 175
　　第二节　外墙保温系统锚栓抗拉承载力检测 …………………………………………… 176
　　第三节　外墙节能构造钻芯 ……………………………………………………………… 178
　　第四节　围护结构主体部位传热系数检测 ……………………………………………… 180
　　第五节　建筑门外窗传热系数 …………………………………………………………… 182
　　第六节　墙体构件传热系数 ……………………………………………………………… 183

第七章　节能检测 …………………………………………………………………………… 186

　　第一节　保温材料 ………………………………………………………………………… 186
　　第二节　建筑门窗 ………………………………………………………………………… 210

第八章　民用建筑工程室内环境检测 ……………………………………………………… 221

　　第一节　无机非金属建筑主体材料和装饰装修材料 …………………………………… 221
　　第二节　人造木板及其制品 ……………………………………………………………… 223
　　第三节　室内水性涂料、水性胶粘剂、水性处理剂 …………………………………… 224
　　第四节　混凝土外加剂 …………………………………………………………………… 227
　　第五节　民用建筑工程室内环境污染物（竣工验收） ………………………………… 228
　　第六节　室内空气污染物（家装） ……………………………………………………… 231

第九章　水质检测 …………………………………………………………………………… 236

　　第一节　地下水检测 ……………………………………………………………………… 236
　　第二节　生活饮用水检测 ………………………………………………………………… 238
　　第三节　土工易溶盐检测 ………………………………………………………………… 241
　　第四节　排污水水质检测 ………………………………………………………………… 243
　　第五节　混凝土拌合用水检测 …………………………………………………………… 248

第十章　市政基础设施材料检测 …………………………………………………………… 251

　　第一节　地基土的检验 …………………………………………………………………… 251
　　第二节　无机结合料稳定材料检验 ……………………………………………………… 255
　　第三节　沥青及沥青混合料 ……………………………………………………………… 262
　　第四节　混凝土路面砖 …………………………………………………………………… 271
　　第五节　混凝土路缘石 …………………………………………………………………… 273
　　第六节　检查井盖 ………………………………………………………………………… 275
　　第七节　混凝土和钢筋混凝土排水管 …………………………………………………… 277

第十一章　建筑物防雷装置检测 …………………………………………………………… 288

第十二章　建筑基桩及建筑地基检测 ……………………………………………………… 293

　　第一节　建筑基桩检测 …………………………………………………………………… 293
　　第二节　土（岩）地基载荷试验 ………………………………………………………… 296

第三节　复合地基载荷试验 ·· 298

第四节　竖向增强体载荷试验 ··· 298

第五节　圆锥动力触探试验 ··· 300

第十三章　消防设施检测 ·· 302

第一节　材料防火性能及消防产品检测 ··· 302

第二节　消防设施检测 ··· 313

第三节　消防查验及现场评定 ··· 332

附件 ··· 353

附件 1 ··· 353

附件 2 ··· 371

附件 3 ··· 372

第一章　建设工程见证取样类材料检测

第一节　水　　泥

一、依据标准

(1)《通用硅酸盐水泥》(GB 175—2007)。

(2)《水泥化学分析方法》(GB/T 176—2017)。

(3)《水泥标准稠度用水量、凝结时间、安定性检验方法》(GB/T 1346—2011)。

(4)《水泥胶砂强度检验方法（ISO 法）》(GB/T 17671—1999)。

(5)《水泥取样方法》(GB/T 12573—2008)。

(6)《水泥胶砂流动度测定方法》(GB/T 2419—2005)。

(7)《水泥细度检验方法 筛析法》(GB/T 1345—2005)。

(8)《水泥比表面积测定方法 勃氏法》(GB/T 8074—2008)。

(9)《水泥压蒸安定性试验方法》(GB/T 750—1992)。

(10)《水泥密度测定方法》(GB/T 208—2014)。

(11)《水泥原料中氯离子的化学分析方法》(JC/T 420—2006)。

二、检验项目

(1) 凝结时间。

(2) 安定性。

(3) 胶砂强度。

(4) 氧化镁含量（用于混凝土中）。

(5) 氯离子含量（用于混凝土中）。

(6) 碱含量（要求碱含量低于 0.6% 的低碱水泥）。

三、取样要求

1. 代表批量

(1) 散装水泥：按同一生产厂家、同一等级、同一品种、同一批号且连续进场的水泥，不超过 500t 为一批。

(2) 袋装水泥：按同一生产厂家、同一等级、同一品种、同一批号且连续进场的水泥，不超过 200t 为一批。

2. 取样数量及方法

(1) 散装水泥：随机从不少于 3 个车罐中分别采取水泥（采取量尽量相等），经混合搅拌均匀后，再从混合样中称取不少于 12kg 的水泥作为检验试样。取样采用"散装水泥取样器"抽取。

(2) 袋装水泥：随机从不少于 20 袋中分别采取水泥（采取量尽量相等），经混合搅拌均匀后，再从混合样中称取不少于 12kg 的水泥作为检验试样。取样采用"袋装水泥取样器"抽取。

3. 样品要求

每一编号所取水泥单样通过 0.9mm 方孔筛充分混匀，一次或多次将样品缩分到要求的定量，均匀分为试验样和封存样。

四、委托单填写范例

以水泥为例，委托单填写范例见表 1.1.1。

表 1.1.1　水泥检验/检测委托单

（合同编号为涉及收费的关键信息，由委托单位提供并确认无误!!）

所属合同编号：

工程名称					
委托单位/建设单位		联系人		电话	
施工单位		取样人		电话	
见证单位		见证人		电话	
监督单位		生产厂家			
使用部位		出厂编号			

___水泥___ 样品及检测信息

样品编号		样品数量	一组（□□）	代表批量	
规格型号	☑P·S·A　□P·S·B　□P·O　□其他：　　　等级 ☑32.5　□42.5　□52.5　□其他：				
检测项目	1. 凝结时间；2. 安定性；3. 标准稠度用水量；4. 胶砂强度；5. 细度；6. 三氧化硫（硫酸钡重量法）；7. 比表面积；8. 烧失量；9. 其他：				
检测依据	1. GB/T 1346—2011；2. GB/T 1346—2011；3. GB/T 1346—2011；4. GB/T 17671—1999；5. GB/T 1345—2005；6. GB/T 176—2017（6.5）；7. GB/T 8074—2008；8. GB/T 176—2017				
评定依据	☑GB 175—2007　□GB/T 3183—2017　□委托/设计值：　　　□不做评定　客户自行提供：				
检后样品处理约定	□由委托方取回　☑由检测机构处理		检测类别	☑见证　□委托	
☑常规　□加急　☑初检　□复检　原检编号：			检测费用		
样品状态	□灰色粉状，无结块 □其他：		收样日期	年　月　日	
备注	□是　☑否（掺火山灰）				
说明	1. 取样/送样人和见证人应对试样及提供的资料、信息的真实性、规范性和代表性负责； 2. 委托方要求加急检测时，加急费按检测费的 200％ 核收，单组（项）收费最多不超过 1000 元； 3. 委托检测时，本公司仅对来样负责；见证检测时，委托单上无见证人签章无效，空白处请画"—"； 4. 一组试样填写一份委托单，出具一份检测报告，检测结果以书面检测报告为准； 5. 委托方要求取回检测后的余样时，若在检测报告出具后一个月内未取回，且未说明原因的，余样由本公司统一处理；委托方将余样领回后，本公司不再受理异议申诉				

见证人签章：　　　　　　　　　　　取样/送样人签章：　　　　　　　　　　收样人：
正体签字：　　　　　　　　　　　　正体签字：　　　　　　　　　　　　　签章：

五、结果判定

检验结果符合化学指标、凝结时间、安定性、强度的规定为合格品。检验结果不符合化学指标、凝结时间、安定性、强度中的任何一项技术要求为不合格品。

常见问题解答

1. 水泥出厂检验报告需要包括哪些内容？

【解答】水泥出厂检验报告内容应包括：化学指标、凝结时间、安定性、强度、细度、混合材料品种和掺加量、石膏和助磨剂的品种及掺加量、属旋窑或立窑生产及合同约定的其他技术要求（如有要求用低碱水泥的，要提供碱含量指标）。

2. 水泥凝结时间不合格会引起什么后果？

【解答】水泥初凝时间不合格不但会影响混凝土的可操作性，而且会使硬化混凝土质地疏松，从而影响混凝土结构安全；终凝时间不合格会影响施工进度。

3. 水泥体积安定性不良的原因是什么？如何检验？

【解答】熟料中游离的氧化钙、氧化镁含量过多会引起水泥体积安定性不良。用沸煮法检验水泥的安定性，旨在检验水泥熟料中游离氧化钙超量产生的危害。水泥压蒸安定性试验用来检验水泥中氧化镁超量产生的危害。

4. 水泥安定性不良对工程质量有什么影响？

【解答】水泥安定性不良会产生水泥与混凝土不同步膨胀，从而破坏混凝土结构；个别水泥安定性不良会导致水泥失去胶凝功能从而无法形成强度。在抹灰、装饰装修工程中，水泥安定性不良会造成抹灰工程爆灰、空鼓、开裂、脱落等质量通病。

5. 水泥进场时间较长、现场受潮结块等情况如何处理？

【解答】依据《混凝土结构工程施工质量验收规范》（GB 50204—2015），水泥进场时应对其品种、级别、包装或散装仓号、出厂日期等进行检查，并应对其强度、安定性及其他必要的性能指标进行复检。存放期超过三个月（快硬硅酸盐水泥超过一个月）时，应重新检验，按检验结果使用。现场受潮结块的水泥，应碾碎结块后按标准取样要求取样，对强度进行检验，按检验结果使用。

6. 水泥中的氯离子主要来自哪些材料？

【解答】水泥在生产过程中一般会使用三乙醇胺、工业盐等助磨剂。其中工业盐含量过高容易导致水泥中氯离子超标。

第二节　建筑用钢材

一、钢材原材

（一）依据标准

(1)《钢筋混凝土用钢 第1部分：热轧光圆钢筋》（GB/T 1499.1—2017）。
(2)《钢筋混凝土用钢 第2部分：热轧带肋钢筋》（GB/T 1499.2—2018）。
(3)《低合金高强度结构钢》（GB/T 1591—2018）。
(4)《碳素结构钢》（GB/T 700—2006）。
(5)《金属材料 拉伸试验 第1部分：室温试验方法》（GB/T 228.1—2010）。
(6)《金属材料 弯曲试验方法》（GB/T 232—2010）。
(7)《钢及钢产品 力学性能试验取样位置及试样制备》（GB/T 2975—2018）。
(8)《混凝土结构工程施工质量验收规范》（GB 50204—2015）。
(9)《金属材料 线材 反复弯曲试验方法》（GB/T 238—2013）。
(10)《冷轧带肋钢筋》（GB/T 13788—2017）。
(11)《钢筋混凝土用钢材试验方法》（GB/T 28900—2012）。

（二）检验项目

钢材一般需检测屈服强度、抗拉强度、断后伸长率、弯曲性能；钢筋一般需检测屈服强度、抗拉强度、断后伸长率、弯曲性能和重量偏差；抗震钢筋（牌号带E的抗震热轧带肋钢筋）一般需检测屈服强度、抗拉强度、断后伸长率、弯曲性能、重量偏差、强屈比、超强比、最大力总伸长率。

（三）取样

1. 取样数量及验收批组成（表 1.2.1）

表 1.2.1　取样数量及验收批组成

钢材种类	取样数量	验收批组成
热轧带肋钢筋	拉伸、冷弯试样各2根，重量偏差试样5根，反向弯曲1根	钢筋应按批进行检查和验收，每批由同一牌号、同一炉罐号、同一规格的钢筋组成。每批重量通常不大于60t。超过60t的部分，每增加40t（或不足40t的余数），增加一个拉伸试验试样和一个弯曲试验试样
热轧光圆钢筋	拉伸、冷弯试样各2根，重量偏差试样5根	
碳素结构钢	拉伸、冷弯试样各1根	钢材应成批验收，每批由同一牌号、同一炉号、同一质量等级、同一品种、同一尺寸、同一交货状态的钢材组成。每批重量应不大于60t
低合金高强度结构钢	拉伸、冷弯试样各1根	钢材应成批验收，每批应由同一牌号、同一炉号、同一规格、同一交货状态的钢材组成。每批重量应不大于60t。但卷重大于30t的钢带和连轧板可按两个轧制卷组成一批；对容积大于200t转炉冶炼的型钢，每批重量不大于80t。经供需双方协商，可每炉检验2批
冷轧带肋钢筋	拉伸2根，弯曲2根，反复弯曲2根，重量偏差1根	同一牌号、同一外形、同一规格、同一生产工艺和同一交货状态的钢筋组成，每批不大于60t

2. 取样方法

试样的形状与尺寸取决于要进行试验的金属产品的形状与尺寸。通常从产品、压制坯或铸锭切取样坯，经机加工制成试样，如各种钢材型材。但具有恒定横截面的产品可以不经机加工而进行试验，如热轧带肋钢筋、热轧光圆钢筋等。热轧圆盘条经冷轧后，其表面带有沿长度方向均匀分布的三面或二面横肋的钢筋，如冷轧带肋钢筋。试样横截面可以为圆形、矩形、环形，特殊情况下可以为某些其他形状。

（1）热轧带肋钢筋、热轧光圆钢筋、冷轧带肋钢筋试样尺寸。

① 热轧带肋钢筋、热轧光圆钢筋拉伸试样任选两根钢筋切取；冷轧带肋钢筋拉伸试样在每盘中随机切取。长度遵照 GB/T 228.1—2010 对大于 4mm 线材的规定："不经机加工试样的平行长度应足够，以使试样原始标距的标记与最接近夹头间的距离不小于 $1.5d$。"

$$L \geq L_c + 150\text{mm} = L_0 + 3d + 150\text{mm}$$

式中　L——拉伸试样长度；

　　　L_c——试样平行长度；

　　　L_0——试样原始标距。

对于热轧带肋钢筋、热轧光圆钢筋 L_0 值可取 $5d$，即 $L \geq 8d + 150\text{mm}$。

对于冷轧带肋钢筋 L_0 值可取 $10d$，即 $L \geq 13d + 150\text{mm}$。

② 热轧带肋钢筋、热轧光圆钢筋冷弯试样任选两根钢筋切取；冷轧带肋钢筋弯曲试样在每盘中随机切取。长度符合 GB/T 232—2010 的要求，试样长度应根据试样厚度和所使用在试验设备确定。如采用支辊式弯曲，可以按下式进行。

$$L \geq 0.5\pi(d+a) + 140\text{mm}$$

式中　L——弯曲试样长度；

　　　π——圆周率，可取 3.1；

　　　a——钢筋直径；

　　　d——弯曲压头直径。

对于热轧光圆钢筋，$d=a$；对于热轧带肋钢筋，$d=(3\sim8)a$。HRB335 级、HRB400 级 6~40mm 普通热轧带肋钢筋弯曲试样长度近似可取 $L \geq 9.3a + 140\text{mm}$（$d$ 取 $5a$）。

对于冷轧带肋钢筋，$d=3a$，CRB550 级冷轧带肋钢筋弯曲试样长度近似可取 $L \geq 6.2a + 140\text{mm}$

（d 取 $3a$）。

③ 热轧带肋钢筋、热轧光圆钢筋重量偏差试样应从不同根钢筋上截取，数量不少于 5 根，每根试样长度不小于 500mm。冷轧带肋钢筋重量偏差试样每盘取 1 根，试样长度不小于 500mm，钢筋的样品应该两端垂直截取，两端需垂直齐平。如果是从盘卷上截取的样品最好人工调直。

（2）低合金高强度结构钢和碳素结构钢试样尺寸。

① 低合金高强度结构钢及碳素结构钢拉伸试样。直径或厚度等于或大于 4mm 的棒材和型材，其拉伸试样通常进行机加工。矩形横截面试样，推荐其宽厚比不超过 8∶1。机加工试样长度分为两种：圆形横截面试样、矩形横截面试样。

对于圆形横截面试样，原则上有：

$$L_t > L_c + 4d_0，L_c \geqslant L_0 + d_0/2$$

式中　L_t——试样总长度（mm）；

　　　L_c——试样平行长度（mm）；

　　　L_0——原始标距（mm）；

　　　d_0——原始直径（mm）。

对于钢材 L_0 值可取 $5d_0$，夹持上下各取 100mm，即 $L_t > 9.5d_0 + 200$mm。

对于矩形横截面试样：$L_t \geqslant L_c + 200\text{mm} = L_0 + 1.5\sqrt{S_0} + 200\text{mm}$。

综合低合金高强度结构钢的厚度要求、设备要求，拉伸试样长度可取：1 个（500～550mm），宽度＝厚度的 1.0～1.2 倍。本文仅介绍钢板拉伸试样取样位置，其他型材、条钢等的取样位置详见《钢及钢产品 力学性能试验取样位置及试样制备》（GB/T 2975—2018）。钢板拉伸、弯曲试样应在钢板宽度 1/4 处切取，如图 1.2.1 所示；对于纵轧钢板，当产品标准没有规定取样方向时，应在钢板宽度 1/4 处切取，如钢板宽度不足，样坯中心可以内移；应按图 1.2.1 在钢板厚度方向切取拉伸样坯，当机加工和试验机能力允许时，应按图 1.2.1（a）取全厚度试样。

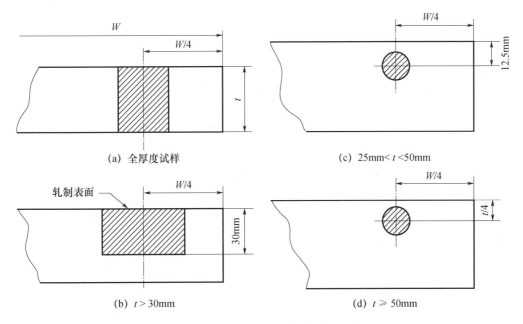

图 1.2.1　在钢板上切取拉伸样坯的位置

② 材质为低合金高强度结构钢及碳素结构钢冷弯试样，可以使用圆形、方形、矩形。试样表面不得有划痕和损伤。方形、矩形和多边形横截面试样的棱边应倒圆，倒圆半径不超过试样厚度 1/10。如采用支辊式弯曲，弯曲试样长度可以按弯曲压头直径取其中较大弯芯 $3d$，则弯曲试样长度可取 $L \geqslant 6.2d + 140$mm。试样宽度应按照相关产品标准的要求，如《碳素结构钢》（GB/T 700—2006）规定冷

弯试样宽厚比为 2。如未具体规定，试样宽度应符合如下要求：当产品宽度不大于 20mm 时，试样宽度为原产品宽度；当产品宽度大于 20mm，试样厚度小于 3mm 时，试样宽度为（20±5）mm；厚度不小于 3mm 时，试样宽度在 20～50mm。试样厚度或直径应符合相关产品标准的要求，如未具体规定，试样厚度应符合如下要求：第一，对于板材、带材和型材，产品厚度不大于 25mm 时，试样厚度应为原产品厚度；产品厚度大于 25mm 时，试样厚度可以机加工减薄至不小于 25mm，并应保留一侧原表面。第二，直径或多边形横截面内切圆直径不大于 50mm 的产品，其试样横截面应为产品的横截面。如试验设备能力不足，对于直径或多边形横截面内切圆直径超过 30mm，但不超过 50mm 的产品，可以机加工成横截面内切圆直径不小于 25mm 的试样。直径或多边形横截面内切圆直径超过 50mm 的产品，应机加工成横截面内切圆直径不小于 25mm 的试样。

弯曲试样取样位置同拉伸试样取样位置，详见《钢及钢产品 力学性能试验取样位置及试样制备》（GB/T 2975—2018）。

（四）委托单填写范例

钢材相关的检验委托单范例见表 1.2.2～表 1.2.6。

表 1.2.2 热轧带肋钢筋检验/检测委托单

（合同编号为涉及收费的关键信息，由委托单位提供并确认无误!!）

所属合同编号：

工程名称					
委托单位/ 建设单位		联系人		电话	
施工单位		取样人		电话	
见证单位		见证人		电话	
监督单位		生产厂家			
使用部位		出厂编号			

热轧带肋钢筋 样品及检测信息					
样品编号		样品数量		代表批量	
规格型号	钢筋牌号：□HRB400E　□HRB500E　　　直径（mm）：　　炉批号：				
检测项目	1. 重量偏差；2. 屈服强度；3. 抗拉强度；4. 最大力总延伸率；5. 反向弯曲；6. 强屈比；7. 超屈比；8. 断后伸长率（带 E 的不做）；9. 弯曲性能（可用反向弯曲代替）；10. 规定塑性延伸强度（屈服不明显选用）				
检测依据	检测项目 1 为 GB/T 1499.2—2018（8.4）；检测项目 2 至检测项目 10 为 GB/T 28900—2012				
评定依据	GB/T 1499.2—2018				
检后样品处理约定	□由委托方取回　□由检测机构处理		检测类别		□见证　□委托
□常规　□加急　□初检　□复检　原检编号：			检测费用		
样品状态	钢筋无有害的表面缺陷		收样日期		年　月　日
备注	供货方能够保证钢筋经人工时效后的反向弯曲性能				
说明	1. 取样/送样人和见证人应对试样及提供的资料、信息的真实性、规范性和代表性负责； 2. 委托方要求加急检测时，加急费按检测费的 200％核收，单组（项）收费最多不超过 1000 元； 3. 委托检测时，本公司仅对来样负责；见证检测时，委托单上无见证人签章无效，空白画"一"； 4. 一组试样填写一份委托单，出具一份检测报告，检测结果以书面检测报告为准； 5. 委托方要求取回检测后的余样时，若在检测报告出具后一个月内未取回，且无说明原因的，余样由本公司统一处理；委托方将余样领回后，本公司不再受理异议申诉				

见证人签章：　　　　　　　　　　取样/送样人签章：　　　　　　　　　　收样人：
正体签字：　　　　　　　　　　　　正体签字：　　　　　　　　　　　　签章：

表 1.2.3　热轨光圆钢筋检验/检测委托单

（合同编号为涉及收费的关键信息，由委托单位提供并确认无误!!）

所属合同编号：

工程名称					
委托单位/ 建设单位		联系人		电话	
施工单位		取样人		电话	
见证单位		见证人		电话	
监督单位		生产厂家			
使用部位		出厂编号			

热轧光圆钢筋　样品及检测信息

样品编号		样品数量		代表批量	
规格型号	钢筋牌号：_____　　直径（mm）：_____　　炉批号：_____				
检测项目	1. 重量偏差；2. 屈服强度；3. 抗拉强度；4. 断后伸长率；5. 弯曲性能；6. 规定非比例延伸强度（屈服不明显选用）				
检测依据	检测项目 1 为 GB/T 1499.1—2017（8.4）；检测项目 2 至检测项目 6 为 GB/T 28900—2012				
评定依据	GB/T 1499.1—2017				
检后样品 处理约定	□由委托方取回　□由检测机构处理		检测类别		□见证　□委托
□常规　□加急　□初检　□复检　原检编号：_____			检测费用		
样品状态	钢筋无有害的表面缺陷		收样日期		年　月　日
备注					
说明	1. 取样/送样人和见证人应对试样及提供的资料、信息的真实性、规范性和代表性负责； 2. 委托方要求加急检测时，加急费按检测费的 200% 核收，单组（项）收费最多不超过 1000 元； 3. 委托检测时，本公司仅对来样负责；见证检测时，委托单上无见证人签章无效，空白处请画"—"； 4. 一组试样填写一份委托单，出具一份检测报告，检测结果以书面检测报告为准； 5. 委托方要求取回检测后的余样时，若在检测报告出具后一个月内未取回，且未说明原因的，余样由本公司统一处理；委托方将余样领回后，本公司不再受理异议申诉				

见证人签章：　　　　　　　　　　　取样/送样人签章：　　　　　　　　　　收样人：

正体签字：　　　　　　　　　　　　　正体签字：　　　　　　　　　　　　　签章：

表 1.2.4 冷轧带肋钢筋检验/检测委托单

（合同编号为涉及收费的关键信息，由委托单位提供并确认无误！！）

所属合同编号：

工程名称					
委托单位/ 建设单位		联系人		电话	
施工单位		取样人		电话	
见证单位		见证人		电话	
监督单位		生产厂家			
使用部位		出厂编号			

___冷轧带肋钢筋___ 样品及检测信息

样品编号		样品数量		代表批量	
规格型号	钢筋牌号：_____ 　 直径（mm）：_____ 　 炉批号：_____				
检测项目	1. 屈服强度；2. 抗拉强度；3. 断后伸长率；4. 最大力总延伸率；5. 重量偏差；6. 弯曲性能；7. 强屈比； 8. 反复弯曲（根据牌号选择）				
检测依据	检测项目 1、2、3、4、6、7 为 GB/T 28900—2012；检测项目 5 为 GB/T 13788—2017（7.5）；检测项目 8 为 GB/T 21839—2019（根据牌号选择）				
评定依据	GB/T 13788—2017				
检后样品 处理约定	□由委托方取回 　 □由检测机构处理		检测类别	□见证 　 □委托	
	□常规 　 □加急 　 □初检 　 □复检 　 原检编号：		检测费用		
样品状态	钢筋表面无裂纹、折叠、结疤、油污及其他 影响使用的缺陷，无锈皮及目视可见的麻坑等 腐蚀现象		收样日期		年　月　日
备注					
说明	1. 取样/送样人和见证人应对试样及提供的资料、信息的真实性、规范性和代表性负责； 2. 委托方要求加急检测时，加急费按检测费的 200％核收，单组（项）收费最多不超过 1000 元； 3. 委托检测时，本公司仅对来样负责；见证检测时，委托单上无见证人签章无效，空白处请画"—"； 4. 一组试样填写一份委托单，出具一份检测报告，检测结果以书面检测报告为准； 5. 委托方要求取回检测后的余样时，若在检测报告出具后一个月内未取回，且未说明原因的，余样由本公司统 一处理；委托方将余样领回后，本公司不再受理异议申诉				

见证人签章： 　　　　　　　　　　 取样/送样人签章： 　　　　　　　　　　 收样人：

正体签字： 　　　　　　　　　　　　 正体签字： 　　　　　　　　　　　　 签章：

表1.2.5　低合金高强度结构钢检验/检测委托单

（合同编号为涉及收费的关键信息，由委托单位提供并确认无误!!）

所属合同编号：

工程名称					
委托单位/ 建设单位		联系人		电话	
施工单位		取样人		电话	
见证单位		见证人		电话	
监督单位		生产厂家			
使用部位		出厂编号			

　　　　　　　　　低合金高强度结构钢　样品及检测信息

样品编号		样品数量		代表批量	
规格型号	牌号：_____　　　直径（mm）：_____　　　炉批号：_____　　　试样方向：□横向　□纵向				
检测项目	1. 屈服强度；2. 抗拉强度；3. 断后伸长率；4. 弯曲性能				
检测依据	检测项目1、2、3为GB/T 228.1—2010；检测项目4为GB/T 232—2010				
评定依据	GB/T 1591—2018				
检后样品 处理约定	□由委托方取回　□由检测机构处理		检测类别		□见证　□委托
□常规　□加急　□初检　□复检　原检编号：_____			检测费用		
样品状态	□钢板、钢带及其剪切钢板：表面无气泡、结疤、裂纹、折叠、夹杂和压入氧化铁皮等影响使用的有害缺陷，无目视可见的分层 □型钢：无目视可见的表面不连接缺陷 □钢棒：无目视可见的表面不连接缺陷		收样日期		年　月　日
备注					
说明	1. 取样/送样人和见证人应对试样及提供的资料、信息的真实性、规范性和代表性负责； 2. 委托方要求加急检测时，加急费按检测费的200%核收，单组（项）收费最多不超过1000元； 3. 委托检测时，本公司仅对来样负责；见证检测时，委托单上无见证人签章无效，空白处请画"—"； 4. 一组试样填写一份委托单，出具一份检测报告，检测结果以书面检测报告为准； 5. 委托方要求取回检测后的余样时，若在检测报告出具后一个月内未取回，且未说明原因的，余样由本公司统一处理；委托方将余样领回后，本公司不再受理异议申诉				

见证人签章：　　　　　　　　　　　　　取样/送样人签章：　　　　　　　　　　　　收样人：

　正体签字：　　　　　　　　　　　　　　正体签字：　　　　　　　　　　　　　　　签章：

表 1.2.6 碳素结构钢检验/检测委托单

(合同编号为涉及收费的关键信息，由委托单位提供并确认无误!!)

所属合同编号：

工程名称					
委托单位/建设单位		联系人		电话	
施工单位		取样人		电话	
见证单位		见证人		电话	
监督单位		生产厂家			
使用部位		出厂编号			

<u>碳素结构钢</u> 样品及检测信息

样品编号		样品数量		代表批量	
规格型号	牌号：_____ 直径（mm）：_____ 炉批号：_____ 试样方向：□横向 □纵向				
检测项目	1. 屈服强度；2. 抗拉强度；3. 断后伸长率；4. 弯曲性能				
检测依据	检测项目 1、2、3 为 GB/T 228.1—2010；检测项目 4 为 GB/T 232—2010				
评定依据	GB/T 700—2006				
检后样品处理约定	□由委托方取回 □由检测机构处理		检测类别		□见证 □委托
□常规 □加急 □初检 □复检 原检编号：_____			检测费用		
样品状态	□钢板、钢带及其剪切钢板：表面无气泡、结疤、裂纹、折叠、夹杂和压入氧化铁皮等影响使用的有害缺陷，无目视可见的分层 □型钢：无目视可见的表面不连接缺陷 □钢棒：无目视可见的表面不连接缺陷		收样日期		年 月 日
备注					
说明	1. 取样/送样人和见证人应对试样及提供的资料、信息的真实性、规范性和代表性负责； 2. 委托方要求加急检测时，加急费按检测费的 200％核收，单组（项）收费最多不超过 1000 元； 3. 委托检测时，本公司仅对来样负责；见证检测时，委托单上无见证人签章无效，空白处请画"—"； 4. 一组试样填写一份委托单，出具一份检测报告，检测结果以书面检测报告为准； 5. 委托方要求取回检测后的余样时，若在检测报告出具后一个月内未取回，且未说明原因的，余样由本公司统一处理；委托方将余样领回后，本公司不再受理异议申诉				

见证人签章：   取样/送样人签章：   收样人：

正体签字：   正体签字：   签章：

（五）判定结果

热轧带肋钢筋、热轧光圆钢筋、冷轧带肋钢筋、低合金高强度结构钢、碳素结构钢，若有一个或一个以上项目不符合标准要求，则从同一批中再任取双倍数量的试样进行该不合格项目的复验。复验时若仍有一个指标不合格，则该批钢材为不合格。重量偏差不合格时，判定该批钢材为不合格。

二、钢材连接件

（一）依据标准

（1）《钢筋焊接及验收规程》（JGJ 18—2012）。

（2）《钢筋机械连接技术规程（附条文说明）》（JGJ 107—2016）。

（3）《钢筋焊接接头试验方法标准》（JGJ/T 27—2014）。

（4）《钢结构焊接规范》（GB 50661—2011）。

（5）《焊接接头拉伸试验方法》（GB/T 2651—2008）。

（6）《焊接接头弯曲试验方法》（GB/T 2653—2008）。

（二）检验项目

常见钢材连接件除闪光对焊钢筋接头和钢板对焊接头检测抗拉强度和弯曲指标外，其他如电弧焊、电渣压力焊、机械连接接头一般只检测其抗拉强度指标。

（三）取样

1. 取样数量及代表批量（表 1.2.7）

表 1.2.7　取样数量及代表批量

接头试样类型	取样数量	验收批组成
闪光对焊	任取 6 根切取 3 个拉伸、3 个弯曲试样	同一台班，由同一焊工完成的 300 个同牌号、同规格钢筋焊接接头
电弧焊	任取 3 根切取 3 个拉伸试样	现浇混凝土结构，300 个同牌号、同型式接头
电渣压力焊	任取 3 根切取 3 个拉伸试样	现浇钢筋混凝土结构，300 个同牌号钢筋接头
机械连接	任取 3 根切取 3 个拉伸试样	500 个同一施工条件下，同一批材料在同等级、同型式、同一规格钢筋接头（现场检验连续 10 个验收批抽样试件抗拉强度试验一次合格率为 100% 时，验收批可扩大 1 倍）
钢板对接	按标准规定取样位置切取 2 个拉伸、4 个弯曲试样	同一工艺、同一规格

2. 取样方法

（1）焊接接头和机械连接接头试样尺寸。

闪光对焊焊接接头拉伸试样长度为：

$$L \geqslant 8d + 2L_j$$

闪光对焊焊接接头弯曲试样长度为：

$$L \geqslant D + 3d + 150$$

双面帮条焊焊接接头拉伸试样长度为：

$$L \geqslant 8d + L_H + 2L_j$$

单面帮条焊焊接接头拉伸试样长度为：

$$L \geqslant 5d + L_H + 2L_j$$

双面搭接焊焊接接头拉伸试样长度为：

$$L \geqslant 8d + L_H + 2L_j$$

单面搭接焊焊接接头拉伸试样长度为：

$$L \geqslant 5d + L_H + 2L_j$$

电渣压力焊接接头拉伸试样长度为：

$$L \geq 8d + 2L_j$$

机械连接接头的拉伸试样长度为：

$$L \geq L_L + 8d + 2L_j$$

式中　L——拉伸试样长度；

　　　d——钢筋直径；

　　　L_L——连接件长度；

　　　L_H——焊缝长度；

　　　L_j——夹持长度，一般为 150～200mm；

　　　D——弯心直径，一般对 HRB335 级钢其值取 4，对 HRB400 级钢其值取 5。

（2）钢板对接接头试样尺寸。试样厚度一般应与焊接接头处母材厚度相等。当相关标准要求进行全厚度（厚度超过 30mm）试验时，可从接头截取若干个试样覆盖整个厚度，这种情况下，试样相对于接头厚度的位置应做记录。

钢板对接接头取样位置如图 1.2.2 所示。拉伸试样长度按下式计算：

$$L \geq L_s + 60 + L_j$$

式中　L——试样长度；

　　　L_s——加工后焊缝的最大宽度；

　　　L_j——夹持长度，一般为 150～200mm。

钢板对接接头拉伸试样宽度 b（厚度不大于 2mm，$b=12$；厚度大于 2mm，$b=25$）。

钢板对接接头弯曲试样长度 $L \geq l + 2R$（L 为试样长度；l 为支辊间距；R 为支辊半径）。

钢板对接接头弯曲试样厚度应为焊接接头处母材厚度。

钢板对接接头弯曲试样宽度应不小于 1.5 倍厚度，且不小于 20mm。

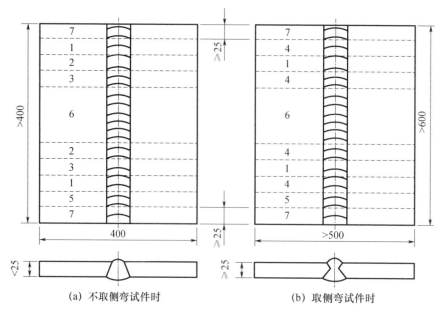

1—拉力试件；2—背弯试件；3—面弯试件；4—侧弯试件；

5—冲击试件；6—备用；7—舍弃

图 1.2.2　板材对接接头试件及试样示意（单位：mm）

（四）委托单填写范例

钢材连接件相关的检验委托单范例见表 1.2.8～表 1.2.10。

表 1.2.8 钢筋焊接检验/检测委托单

（合同编号为涉及收费的关键信息，由委托单位提供并确认无误！！）

所属合同编号：

工程名称						
委托单位/ 建设单位			联系人		电话	
施工单位			取样人		电话	
见证单位			见证人		电话	
监督单位			生产厂家			
使用部位			出厂编号			

钢筋焊接 样品及检测信息

样品编号			样品数量		代表批量	
规格型号	接头类型：□电渣压力焊　□闪光对焊　□单面搭接焊　□双面搭接焊　□其他： 直径（mm）：_____ 检验形式：□现场检验　□工艺检测　　　母材报告编号：YG190_____ 母材类别：□HRB400E　□HRB500E　　　焊接人及证书号：_____					
检测项目	1. 拉抗强度；2. 弯曲（闪光对焊选此项）					
检测依据	JGJ/T 27—2014					
评定依据	JGJ 18—2012					
检后样品 处理约定	□由委托方取回　　□由检测机构处理			检测类别	□见证　　□委托	
□常规　□加急　□初检　□复检　原检编号：_____				检测费用		
样品状态	□电渣压力焊：钢筋与电极接触处，无烧伤 　缺陷 □闪光对焊：对焊接头表面圆滑、带毛刺状、 　无肉眼可见的裂纹 □电弧焊（包括单面搭接焊、双面搭接焊）： 　焊缝表面平整，无凹陷或焊瘤，焊接接头 　区域无肉眼可见的裂纹		收样日期		年　月　日	
备注						
说明	1. 取样/送样人和见证人应对试样及提供的资料、信息的真实性、规范性和代表性负责； 2. 委托方要求加急检测时，加急费按检测费的 200％核收，单组（项）收费最多不超过 1000 元； 3. 委托检测时，本公司仅对来样负责。见证检测时，委托单上无见证人签章无效，空白处请画"—"； 4. 一组试样填写一份委托单，出具一份检测报告，检测结果以书面检测报告为准； 5. 委托方要求取回检测后的余样时，若在检测报告出具后一个月内未取回，且未说明原因的，余样由本公司统一处理；委托方将余样领回后，本公司不再受理异议申诉					

见证人签章：　　　　　　　　　　取样/送样人签章：　　　　　　　　　　收样人：

正体签字：　　　　　　　　　　　　正体签字：　　　　　　　　　　　　签章：

表 1.2.9　机械连接检验/检测委托单

（合同编号为涉及收费的关键信息，由委托单位提供并确认无误！！）

所属合同编号：

工程名称					
委托单位/建设单位		联系人		电话	
施工单位		取样人		电话	
见证单位		见证人		电话	
监督单位		生产厂家			
使用部位		出厂编号			

　　　　　　　　　　　机械连接　样品及检测信息　　　　　　代表批量≥200，样品数量为一组 3 根
　　　　　　　　　　　　　　　　　　　　　　　　　　　　　　代表批量＜200，样品数量为一组 2 根

样品编号		样品数量		代表批量	
规格型号	接头类型：□直螺纹机械连接 □其他： 检测形式：□现场检测 □工艺检测 接头等级：□Ⅰ级 □Ⅱ级 □Ⅲ级		钢筋类别：□HRB400E □HRB500E 直径（mm）：_____ 母材报告编号：YG190 _____ 操作人及证书号：_____		
检测项目	1. 抗拉强度；2. 残余变形（工艺检测）				
检测依据	JGJ 107—2016/附录 A				
评定依据	JGJ 107—2016				
检后样品处理约定	□由委托方取回 □由检测机构处理		检测类别		□见证 □委托
□常规 □加急 □初检 □复检 原检编号：_____			检测费用		
样品状态	连接无缺陷，表面无锈蚀		收样日期		年 月 日
备注					
说明	1. 取样/送样人和见证人应对试样及提供的资料、信息的真实性、规范性和代表性负责； 2. 委托方要求加急检测时，加急费按检测费的 200％核收，单组（项）收费最多不超过 1000 元； 3. 委托检测时，本公司仅对来样负责；见证检测时，委托单上无见证人签章无效，空白处请画"—"； 4. 一组试样填写一份委托单，出具一份检测报告，检测结果以书面检测报告为准； 5. 委托方要求取回检测后的余样时，若在检测报告出具后一个月内未取回，且未说明原因的，余样由本公司统一处理；委托方将余样领回后，本公司不再受理异议申诉				

见证人签章：　　　　　　　　　　取样/送样人签章：　　　　　　　　　　收样人：

正体签字：　　　　　　　　　　　正体签字：　　　　　　　　　　　　签章：

14

表 1.2.10　钢结构焊接检验/检测委托单

（合同编号为涉及收费的关键信息，由委托单位提供并确认无误！！）

所属合同编号：

工程名称					
委托单位/建设单位		联系人		电话	
施工单位		取样人		电话	
见证单位		见证人		电话	
监督单位		生产厂家			
使用部位		出厂编号			

钢结构焊接　样品及检测信息

样品编号		样品数量		代表批量	
规格型号	钢板牌号：_____　钢板厚度（mm）：_____　炉批号：_____　试件接头形式：_____				
检测项目	1. 抗拉强度；2. 弯曲性能				
检测依据	1. GB/T 2651—2008；2. GB/T 2653—2008				
评定依据	GB 50661—2011　GB/T 1591—2018				
检后样品处理约定	□由委托方取回　□由检测机构处理		检测类别		□见证　□委托
□常规　□加急　□初检　□复检　原检编号：_____			检测费用		
样品状态	试件表面无裂纹、未焊满、未熔合、焊瘤、气孔、夹渣等超标缺陷		收样日期		年　月　日
备注					
说明	1. 取样/送样人和见证人应对试样及提供的资料、信息的真实性、规范性和代表性负责 2. 委托方要求加急检测时，加急费按检测费的200%核收，单组（项）收费最多不超过1000元 3. 委托检测时，本公司仅对来样负责；见证检测时，委托单上无见证人签章无效，空白处请画"—" 4. 一组试样填写一份委托单，出具一份检测报告，检测结果以书面检测报告为准 5. 委托方要求取回检测后的余样时，若在检测报告出具后一个月内未取回，且未说明原因的，余样由本公司统一处理；委托方将余样领回后，本公司不再受理异议申诉				

见证人签章：　　　　　　　　　　取样/送样人签章：　　　　　　　　　　收样人：

正体签字：　　　　　　　　　　　正体签字：　　　　　　　　　　　　　签章：

（五）结果判定

1）钢筋闪光对焊接头、电弧焊接头、电渣压力焊接头拉伸试样结果均应符合下列要求：

（1）符合下列条件之一，应评定该检验批接头拉伸试验合格：①3 个试件均断于钢筋母材，呈延性断裂，其抗拉强度大于或等于钢筋母材抗拉强度标准值。②2 个试件断于钢筋母材，呈延性断裂，其抗拉强度大于或等于钢筋母材抗拉强度标准值；另 1 个试件断于焊缝，呈脆性断裂，其抗拉强度大于或等于钢筋母材抗拉强度标准值的 1.0 倍。

值得注意的是，试件断于热影响区，呈延性断裂，应视作与断于钢筋母材等同；试件断于热影响区，呈脆性断裂，应视作与断于焊缝等同。

（2）符合下列条件之一，应进行复检：①2 个试件断于钢筋母材，呈延性断裂，其抗拉强度大于或等于钢筋母材抗拉强度标准值；另 1 个试件断于焊缝或热影响区，呈脆性断裂，其抗拉强度小于钢筋母材抗拉强度标准的 1.0 倍。②1 个试件断于钢筋母材，呈延性断裂，其抗拉强度大于或等于钢筋母材抗拉强度标准值；另 2 个试件断于焊缝或热影响区，呈脆性断裂。

（3）3 个试件均断于焊缝，呈脆性断裂，其抗拉强度均大于或等于钢筋母材抗拉强度标准值的 1.0 倍，应进行复检。当 3 个试件中有 1 个试件抗拉强度小于钢筋母材抗拉强度标准值的 1.0 倍，应评定该检验批接头拉伸试验不合格。

（4）复检时，应切取 6 个试件进行试验。试验结果中，若有 4 个或 4 个以上试件断于钢筋母材，呈延性断裂，其抗拉强度大于或等于钢筋母材抗拉强度标准值，另 2 个或 2 个以下试件断于焊缝，呈脆性断裂，其抗拉强度大于或等于钢筋母材抗拉强度标准值的 1.0 倍，应评定该检验批接头拉伸试验复检合格。

2）对机械连接接头的每一验收批必须在工程结构中随机截取 3 个接头试件作抗拉强度试验，按设计要求的接头等级进行评定。当 3 个接头试件抗拉强度均符合表 1.2.11 中相应等级的强度要求时，该验收批应评为合格。如有 1 个试件的抗拉强度不符合要求，应再取 6 个试件进行复检，复检中如仍有 1 个试件的抗拉强度不符合要求，则该验收批应评为不合格。当验收批接头数量少于 200 个时，应随机抽取 2 个试件做极限抗拉强度试验，当 2 个试件的极限抗拉强度均符合相应等级的强度要求时，该验收批应评为合格。当有 1 个试件的极限抗拉强度不满足要求，应再取 4 个试件进行复检，复检中如仍有 1 个试件的抗拉强度不符合要求，则该验收批应评为不合格。

表 1.2.11　机械连接接头等级及相应抗拉强度要求

接头等级	I 级	II 级	III 级
抗拉强度	当断于钢筋母材时，抗拉强度应大于等于钢筋抗拉强度标准值；当断于接头时，抗拉强度应大于等于钢筋抗拉强度标准值的 1.10 倍	抗拉强度大于等于钢筋抗拉强度标准值	抗拉强度大于等于钢筋屈服强度标准值的 1.25 倍

3）钢板对接接头结果判定：①钢板对接接头母材为同钢号时，每个试样抗拉强度值应不小于该母材标准中相应规格规定的下限值。对接接头母材为两种钢号组合时，每个试样抗拉强度应不小于两种母材标准相应规定下限值的较低者。②对接接头弯曲试验时，试样弯至 180°时试样任何方向裂纹和其他缺陷单个长度不大于 3mm；不大于 3mm 的裂纹及其他缺陷的总长不大于 7mm；四个冷弯试样各种缺陷总长不大于 24mm（边角处非熔渣引起的裂纹不计）。

三、钢筋焊接网

（一）依据标准

（1）《钢筋混凝土用钢 第 3 部分：钢筋焊接网》（GB/T 1499.3—2010）。

（2）《钢筋焊接网混凝土结构技术规程》（JGJ 114—2014）。

（3）《冷拔低碳钢丝应用技术规程》（JGJ 19—2010）。

（二）检验项目

钢筋焊接网：一般需检测抗拉强度、伸长率、弯曲和抗剪力。

钢丝焊接网：作为受力筋使用的钢丝焊接网一般需检测抗拉强度、伸长率、反复弯曲和抗剪力。

（三）取样

1. 取样数量及代表批量（表 1.2.12）

表 1.2.12 取样数量及代表批量

钢筋种类	取样数量	验收批组成
钢筋焊接网	拉伸2根，弯曲2根，抗剪力3个	每批应由同一型号、同一原材料来源、同一生产设备并在同一连续时段内制造的钢筋焊接网组成，重量不大于60t
钢丝焊接网	拉伸2根，反复弯曲2根，抗剪力3个	按同一生产单位、同一原料、同一生产设备，且不超过30t为1个检验批进行抽样检验

2. 取样方法

(1) 钢筋焊接网。

拉伸试样应沿钢筋焊接网两个方向各截取一个试样，每个试样至少有一个交叉点。试样长度以保证夹具之间的距离不小于20倍试样直径或180mm（取二者之较大者）。对于并筋、非受拉钢筋应在离交叉焊点约20mm处切断。拉伸试样上的横向钢筋宜距交叉点约25mm处切断，如图1.2.3所示。

弯曲试样应沿钢筋网两个方向各截取一个弯曲试样，试样应保证试验时受弯曲部位离开交叉焊点至少25mm。

抗剪试样应沿同一横向钢筋随机截取3个试样。钢筋网两个方向均为单根钢筋时，较粗钢筋为受拉钢筋；对于并筋，其中之一为受拉钢筋，另一根非受拉钢筋应在交叉焊点处切断，但不应损伤受拉钢筋焊点。抗剪试样上的横向钢筋应距交叉点不小于25mm之处切断，如图1.2.4所示。

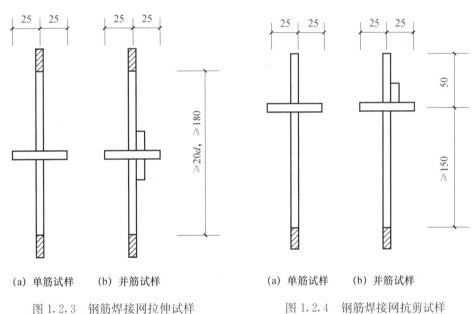

(a) 单筋试样　　(b) 并筋试样　　　　　　(a) 单筋试样　　(b) 并筋试样

图 1.2.3 钢筋焊接网拉伸试样　　　　图 1.2.4 钢筋焊接网抗剪试样
（单位：mm）　　　　　　　　　　　　（单位：mm）

(2) 钢丝焊接网。

拉伸试样、反复弯曲试样在所抽取网片的纵向、横向钢丝上各截取2根，分别进行拉伸试验和反复弯曲试验。每个试样应含有不少于1个焊接点，钢丝焊接网试样长度应足以保证夹具之间的距离不小于180mm。抗剪试样应在所抽取网片的同一根非受力钢丝（或直径较小的钢丝）上随机截取3个试样进行试验。每个试样应含有1个焊接点，钢丝焊接网试样长度应足以保证夹具范围之外的受力钢丝长度不小于200mm。如图1.2.5和图1.2.6所示。

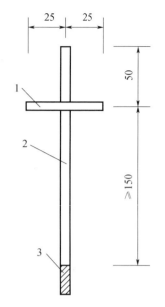
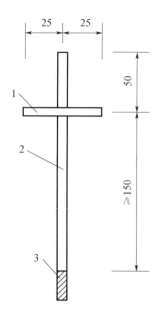

图 1.2.5 钢丝焊接网拉伸试样（单位：mm） 图 1.2.6 钢丝焊接网抗剪试样（单位：mm）

（四）委托单填写范例

钢筋焊接网片检验委托单填写范例见表 1.2.13。

表 1.2.13 钢筋焊接网片检验/检测委托单

（合同编号为涉及收费的关键信息，由委托单位提供并确认无误!!）

所属合同编号：

工程名称						
委托单位/ 建设单位			联系人		电话	
施工单位			取样人		电话	
见证单位			见证人		电话	
监督单位			生产厂家			
使用部位			出厂编号			

钢筋焊接网片 样品及检测信息

样品编号		样品数量		代表批量	
规格型号	钢筋类别：_____	牌号：_____		直径（mm）：_____	
检测项目	1. 抗拉强度；2. 抗剪力；3. 反复弯曲				
检测依据	1. GB/T 228.1—2010；2. JGJ 19—2010（4.2.6）；3. GB/T 238—2013				
评定依据	JGJ 19—2010				
检后样品处理约定	□由委托方取回 □由检测机构处理		检测类别		□见证 □委托
□常规 □加急 □初检 □复检 原检编号：_____			检测费用		
样品状态	表面无影响使用的缺陷		收样日期		年 月 日
备注					
说明	1. 取样/送样人和见证人应对试样及提供的资料、信息的真实性、规范性和代表性负责； 2. 委托方要求加急检测时，加急费按检测费的 200％核收，单组（项）收费最多不超过 1000 元； 3. 委托检测时，本公司仅对来样负责；见证检测时，委托单上无见证人签章无效，空白处请画"—"； 4. 一组试样填写一份委托单，出具一份检测报告，检测结果以书面检测报告为准； 5. 委托方要求取回检测后的余样时，若在检测报告出具后一个月内未取回，且未说明原因的，余样由本公司统一处理；委托方将余样领回后，本公司不再受理异议申诉				

见证人签章： 取样/送样人签章： 收样人：

正体签字： 正体签字： 签章：

（五）结果判定

1. 钢筋焊接网

钢筋焊接网的力学性能和工艺性能应分别符合相应标准中相应牌号钢筋的规定。抗剪力应不小于试样受拉钢筋规定屈服力值的 0.3 倍。若钢筋焊接网的拉伸、弯曲和抗剪力试验结果不合格，则应从该批钢筋焊接网中任取双倍试样进行不合格项目的检验，复验结果全部合格时，该批钢筋焊接网判定为合格。

2. 钢丝焊接网

拉伸试验、反复弯曲试验，检验批的所有试样都合格时，可判定该检验批检验合格。当检验项目有 1 个试验项目不合格时，应从该批钢丝焊接网的同一型号网片中再取双倍试样进行该项目的复检，如复检试样全部合格，可判定检验项目复检合格。

受力钢丝焊接网焊点的抗剪力试验结果平均值合格时，可判定该检验批检验合格。当不合格时，应从该批钢丝焊接网的同一型号网片中再取双倍样进行复检，如复检试验结果平均值合格，可判定复检合格。

常见问题解答

1. 大于 22mm 的 Q235 圆钢检测依据是什么？

【解答】《钢筋混凝土用钢 第 1 部分：热轧光圆钢筋》（GB/T 1499.1—2017）规定的规格为 6～22mm；大于 22mm 的圆钢应按《碳素结构钢》（GB/T 700—2006）检测和判定。

2. 钢材检测时，无明显屈服应怎么处理？

【解答】对于少数没有明显屈服强度的钢材，屈服强度特征值 R_{eL} 应采用规定非比例延伸强度 $R_{p}0.2$。

3. 钢材不按标准划定验收批会出现什么问题？

【解答】钢材进场检测并不是全部检测，而是具有一定置信度的抽样检测，应严格按标准规定划定验收批。只有当所取样本为同一验收批钢材时，抽样检测结果才具有代表性。质量相差较大钢材组成的验收批极易造成误判。不合格钢材误判为合格会影响工程质量，甚至酿成工程质量事故。而合格钢材若误判为不合格，会给相关企业和个人带来不必要的损失。因此，只有保证样品的代表性和真实性，检测结果才能真正体现其质量水平。

4. 钢板和钢带必须取横向试样吗？

【解答】型钢和钢棒拉伸和冷弯应取纵向试样；钢板和钢带应取横向试样，如果窄钢带取横向试样受宽度限制，可以取纵向试样。

5. 外观不良的钢材是否可以制作检测试样？

【解答】不可以。机加工试样应在外观及尺寸合格的钢产品上取样。

6. 机加工制作弯曲试样是否可以不留或少留原表面？

【解答】在钢产品表面切取的弯曲试样应至少保留一个原表面；当机加工和试验机的能力允许时，应制备全截面或全厚度的弯曲试样。

7. 采用烧割法切取样坯应注意什么问题？

【解答】烧割法切取样坯时，从样坯切割线至试样边缘必须留有足够的加工余量。一般应不小于钢产品的厚度或直径，但最小不得少于 20mm。对于厚度或直径大于 60mm 的钢产品，其加工余量可根据供需双方协议适当减少。

8.《混凝土结构工程施工质量验收规范》（GB 50204—2015）对抗震钢筋有什么规定？

【解答】《混凝土结构工程施工质量验收规范》（GB 50204—2015）第 5.2.3 条规定：对按一、二、三级抗震等级设计的框架和斜撑构件（含梯段）中的纵向受力普通钢筋应采用 HRB335E、HRB400E、HRB500E、HRBF335E、HRBF400E 或 HRBF500E 钢筋，其强度和最大力下总伸长率的实测值应符合下列规定：钢筋的抗拉强度实测值与屈服强度实测值的比值不应小于1.25；钢筋的屈服强度实测值与屈服强度标准值的比值不应大于1.30；钢筋的最大力下总伸长率不应小于9%。此条为强制性条文，必须严格执行。

9. 钢筋过度冷拉有什么危害？

【解答】钢筋冷拉超过标准规定会导致钢筋截面面积减小和力学性能不符合国家强制性标准要求，同时钢筋脆性增加、配筋率及延性降低，严重违反了国家工程建设相关法律法规和技术标准规定，给工程结构安全尤其是抗震性能留下严重隐患。

10. 闪光对焊接头弯曲试样的金属毛刺是否应消除？

【解答】闪光对焊接头弯曲试样应将受压面的金属毛刺和镦粗凸起部分消除，且应与钢筋的外表齐平。

11. 焊接质量的影响因素有哪些？

【解答】焊接质量的影响因素有：①可能是使用了不合格的原材料；②可能是使用了不合格焊剂、焊条，或焊条、焊剂选择不正确；③焊工的焊接操作水平不达标。核查上述影响焊件焊接不合格的因素并加以纠正。

12. 钢筋机械连接接头的破坏形态有几种？

【解答】钢筋机械连接接头的破坏形态有三种：①接头连接件破坏；②钢筋从连接件中拔出；③接头长度区段钢筋拉断且强度不符合标准要求。

第三节　普通混凝土用砂、石

一、依据标准

(1)《普通混凝土用砂、石质量及检验方法标准（附条文说明）》(JGJ 52—2006)。

(2)《建设用砂》(GB/T 14684—2011)。

(3)《建设用卵石、碎石》(GB/T 14685—2011)。

二、检验项目

(1) 砂每验收批至少应进行颗粒级配、含泥量和泥块含量检验。对于海砂或有氯离子污染的砂，还应检验其氯离子含量；对于海砂，还应检验贝壳含量；对于人工砂及混合砂，还应检验石粉含量。如对其他指标的合格性有怀疑时，应予以检验。

对重要工程或特殊工程应根据工程要求，增加检测项目，如砂的坚固性、碱活性、有害物质含量等试验，确认能满足混凝土耐久性要求时，方能采用。

(2) 石子每验收批应进行颗粒级配、含泥量、泥块含量及针、片状颗粒含量检验。对其他指标合格性有怀疑时，应予以检验。

对重要工程或特殊工程应根据工程要求增加检测项目，如卵石、碎石压碎值指标、岩石抗压强度、坚固性、有害物质含量、碱活性试验等指标，以确保能满足混凝土耐久性要求。

三、取样要求

(一) 代表批量

依据JGJ 52—2006，砂、石验收批规定如下："供货单位应提供砂或石的产品合格证及质量验收报告。使用单位应按砂或石的同产地同规格分批验收。采用大型（如火车、货船或汽车）运输的，应以400m³或600t为一验收批；采用小型工具（如拖拉机等）运输的，应以200m³或300t为一验收批。不足上述量者，应按一验收批进行验收。"

（二）取样方法

每验收批取样方法应按下列规定执行：

（1）从料堆上取样时，取样部位应均匀分布。取样前应先将取样部位表层铲除，然后由各部位抽取大致相等的砂 8 份、石子 16 份组成各自一组样品。

（2）从皮带运输机上取样时，应在皮带运输机机尾的出料处用接料器定时抽取砂 4 份、石 8 份组成各自一组样品。

（3）从火车、汽车、货船上取样时，应从不同部位和深度抽取大致相等的砂 8 份、石 16 份组成各自一组样品。

值得注意的是，如经观察，认为各节车皮间（汽车、货船间）所载的砂、石质量相差甚为悬殊时，应对质量有怀疑的每节列车（汽车、货船）分别取样和验收。

（三）取样数量

1. 砂取样数量规定

对于每一单项检验项目，每组样品取样数量应满足表 1.3.1 的规定。当需要做多项检验时，可在确保样品经一项试验后不致影响其他试验结果的前提下，用同组样品进行多项不同的试验。

表 1.3.1　每一单项检验项目所需砂的最少取样质量

检验项	最少取样质量（g）
筛分析	4400
表观密度	2600
吸水率	4000
紧密密度和堆积密度	5000
含水率	1000
含泥量	4400
泥块含量	20000
石粉含量	1600
人工砂压碎值指标	分成公称粒级 2.5～5.00mm、1.25～2.5mm、630μm～1.25mm、315～630μm、160～315μm，每个粒级各需 1000g
有机物含量	2000
云母含量	600
轻物质含量	3200
坚固性	分成公称粒级 2.5～5.00mm、1.25～2.5mm、630μm～1.25mm、315～630μm、160～315μm，每个粒级各需 100g
硫化物及硫酸盐含量	50
氯离子含量	2000
贝壳含量	10000
碱活性	20000

2. 碎石或卵石取样数量规定

对于每一单项检验项目，每组样品取样数量应满足表 1.3.2 的规定。当需要做多项检验时，可在确保样品经一项试验后不致影响其他试验结果的前提下，用同组样品进行多项不同的试验。

表 1.3.2　每一单项检验项目所需碎石或卵石的最少取样质量（单位：kg）

检验项目	最大公称粒径（mm）							
	10.0	16.0	20.0	25.0	31.5	40.0	63.0	80.0
筛分析	8	15	16	20	25	32	50	64
表观密度	8	8	8	8	12	16	24	24
含水率	2	2	2	2	3	3	4	6
吸水率	8	8	16	16	16	24	24	32
堆积密度、紧密密度	40	40	40	40	80	80	120	120
含泥量	8	8	24	24	0	40	80	80
泥块含量	8	8	24	24	40	40	80	80
针状、片状含量	1.2	4	8	12	20	40	—	—
硫化物及硫酸盐	1.0							

注：有机物含量、坚固性、压碎值指标及碱-骨料反应检验，应按试验要求的粒级及质量取样。

碎石、卵石坚固性试验取样数量见表 1.3.3。

表 1.3.3　碎石、卵石坚固性试验取样质量

公称粒级（mm）	63.0～80	10.0～20.0	20.0～40.0	40.0～63.0	63.0～80
试样质量（g）	500	1000	1500	3000	3000

注：1. 公称粒级为 10.0～20.0mm 试样中，应含有 40% 的 10.0～16.0mm 粒级颗粒、60% 的 16.0～20.0mm 粒级颗粒。
　　2. 公称粒级为 20.0～40.0mm 试样中，应含有 40% 的 20.0～31.5mm 粒级颗粒、60% 的 31.5～40.0mm 粒级颗粒。

（四）注意事项

混凝土用砂、石取样后，每组样品应妥善包装，避免细集料散失，防止污染，并附样品卡片，标明样品的编号、取样时间、代表数量、产地、样品量、要求检验项目及取样方式等。

四、委托单填写范例

混凝土用砂、石检验委托单填写范例见表 1.3.4 和表 1.3.5。

表 1.3.4　混凝土用砂检验/检测委托单

（合同编号为涉及收费的关键信息，由委托单位提供并确认无误!!）

所属合同编号：

工程名称					
委托单位/建设单位		联系人		电话	
施工单位		取样人		电话	
见证单位		见证人		电话	
监督单位		生产厂家			
使用部位		出厂编号			

混凝土用砂　样品及检测信息

样品编号		样品数量		代表批量	
规格型号	□粗砂　☑中砂　□细砂　□特细砂　种类　☑天然砂　□人工砂　□混合砂　配制混凝土最高强度等级：				
检测项目	1. 筛分析；2. 含泥量；3. 泥块含量；4. 堆积密度；5. 表观密度；6. 空隙率；7. 吸水率；8. 含水率；9. 硫酸盐及硫化物含量；10. 其他				
检测依据	1. JGJ 52—2006（6.1）；2. JGJ 52—2006（6.8）；3. JGJ 52—2006（6.10）；4. JGJ 52—2006（6.5）；5. JGJ 52—2006（6.2）；6. JGJ 52—2006（6.5）；7. JGJ 52—2006（6.4）；8. JGJ 52—2006（6.6）；9. JGJ 52—2006（6.17）				

工程名称	
评定依据	☑ JGJ 52—2006　□委托/设计值：_____　□不做评定　□客户自行提供：_____

检后样品处理约定	□由委托方取回　☑由检测机构处理	检测类别	☑见证　□委托
☑常规　□加急　☑初检　□复检　原检编号：_____		检测费用	

样品状态	□样品干净无杂物 □其他：	收样日期	年　月　日

备注	
说明	1. 取样/送样人和见证人应对试样及提供的资料、信息的真实性、规范性和代表性负责； 2. 委托方要求加急检测时，加急费按检测费的200%核收，单组（项）收费最多不超过1000元； 3. 委托检测时，本公司仅对来样负责；见证检测时，委托单上无见证人签章无效，空白处请画"一"； 4. 一组试样填写一份委托单，出具一份检测报告，检测结果以书面检测报告为准； 5. 委托方要求取回检测后的余样时，若在检测报告出具后一个月内未取回，且未说明原因的，余样由本公司统一处理；委托方将余样领回后，本公司不再受理异议申诉

见证人签章： 正体签字：	取样/送样人签章： 正体签字：	收样人： 签章：

表 1.3.5　石子检验/检测委托单

（合同编号为涉及收费的关键信息，由委托单位提供并确认无误!!）

所属合同编号：

工程名称				
委托单位/ 建设单位		联系人	电话	
施工单位		取样人	电话	
见证单位		见证人	电话	
监督单位		生产厂家		
使用部位		出厂编号		

石子　样品及检测信息

样品编号		样品数量		代表批量	
规格型号	☑碎石　□卵石　粒径：_____		配制混凝土最高强度等级：_____		
检测项目	1. 筛分析；2. 含泥量；3. 泥块含量；4. 堆积密度；5. 表观密度；6. 空隙率；7. 吸水率；8. 含水率；9. 硫酸盐及硫化物含量；10. 针、片状颗粒含量；11. 岩石的抗压强度；12. 压碎指标（提供岩石种类）；13. 其他				
检测依据	1. JGJ 52—2006（7.1）；2. JGJ 52—2006（7.7）；3. JGJ 52—2006（7.8）；4. JGJ 52—2006（7.6）；5. JGJ 52—2006（7.2）；6. JGJ 52—2006（7.6）；7. JGJ 52—2006（7.5）；8. JGJ 52—2006（7.4）；9. JGJ 52—2006（7.14）；10. JGJ 52—2006（7.9）；11. JGJ 52—2006（7.12）；12. JGJ 52—2006（7.13）				

评定依据	☑ JGJ 52—2006　□委托/设计值：_____　□不做评定　□客户自行提供：_____			

检后样品处理约定	□由委托方取回　☑由检测机构处理	检测类别	☑见证　□委托
☑常规　□加急　☑初检　□复检　原检编号：_____		检测费用	

样品状态	□样品干净无杂物 □其他	收样日期	年　月　日

备注	
说明	1. 取样/送样人和见证人应对试样及提供的资料、信息的真实性、规范性和代表性负责； 2. 委托方要求加急检测时，加急费按检测费的200%核收，单组（项）收费最多不超过1000元； 3. 委托检测时，本公司仅对来样负责；见证检测时，委托单上无见证人签章无效，空白处请画"一"； 4. 一组试样填写一份委托单，出具一份检测报告，检测结果以书面检测报告为准； 5. 委托方要求取回检测后的余样时，若在检测报告出具后一个月内未取回，且未说明原因的，余样由本公司统一处理；委托方将余样领回后，本公司不再受理异议申诉

见证人签章： 正体签字：	取样/送样人签章： 正体签字：	收样人： 签章：

五、不合格情况的处理方法

除筛分析外，当其余检验项目存在不合格项时，应加倍取样进行复验。当复验仍有一项不满足标准要求时，应按不合格品处理。

常见问题解答

1. 什么是人工砂？使用人工砂时需要注意哪些问题？

【解答】人工砂是指岩石经除土开采、机械破碎、筛分而成的，公称粒径小于 5.00mm 的岩石颗粒。由于人工砂颗粒形状棱角多，表面粗糙、不光滑，粉末含量较大，配制混凝土时用水量应比天然砂配制混凝土的用水量适当增加，增加量由试验确定。

人工砂配制混凝土时，当石粉含量较大时，宜配制低流动度混凝土，在配合比设计中，宜采用低砂率。细度模数高的宜采用较高砂率。人工砂配制混凝土宜采用机械搅拌，搅拌时间应比天然砂配制混凝土的时间延长 1min 左右。人工砂混凝土要注意早期养护。养护时间应比天然砂混凝土延长 2～3d。

2. 混凝土骨料中泥和泥块含量偏高的危害有哪些？

【解答】天然砂中的含泥量和泥块含量往往容易偏高，对混凝土骨料中泥和泥块含量偏高的危害需要高度重视。其危害主要有以下几点：

（1）对于混凝土和易性的影响。骨料中泥含量高的话，会出现坍落度明显下降的现象，黏聚性变差。

（2）对于混凝土强度的影响。由于泥含量偏高使得混凝土中出现了窝坑等，使混凝土的密实程度下降，含泥量过高会导致水泥与碎石间内摩擦力减小，内应力增加，产生滑动最终开裂，从而降低混凝土强度。另外，含泥量过高还可能对钢筋产生腐蚀作用，降低钢筋强度。

（3）对于混凝土耐久性的影响。砂石含泥量过高，会降低混凝土骨料界面的黏结强度，降低混凝土的抗拉强度，对控制混凝土的裂缝不利，由于泥是不参加水化反应的，所以混凝土内部会出现裂缝，从而使得混凝土耐久性降低。

3. 特细砂在使用时需要注意哪些问题？

【解答】由特细砂配制的混凝土，俗称特细砂混凝土，在我国特别是重庆地区应用已有半个世纪。研究和工程应用表明，其物理力学性能和耐久性与天然砂配制的混凝土性能相当或接近，只要材料选择恰当，配合比设计合理，完全可以用于一般混凝土和钢筋混凝土工程。与人工砂复合改性，提高混合砂的细度模数与级配，也可以用于预应力混凝土工程。用特细砂配制的混凝土拌合物黏度较大，因此，主要结构部位的混凝土必须采用机械搅拌和振捣。搅拌时间要比中、粗砂配制的混凝土延长 1～2min。配制混凝土的特细砂细度模数满足表 1.3.6 要求。

表 1.3.6　配制混凝土特细砂细度模数的要求

强度等级	C50	C40～C45	C35	C30	C25	C20
细度模数	≥1.3	1.0	0.8	0.7	0.6	0.5

配制 C60 以上混凝土，不宜单独使用特细砂，应与天然砂、粗砂或人工砂按适当比例混合使用。

特细砂配制混凝土，砂率应低于中、粗砂混凝土。水泥用量及水灰比：最小水泥用量应比一般混凝土增加 20kg/m³，最大水泥用量不宜大于 550kg/m³，最大水灰比应符合《普通混凝土配合比设计规程》（JGJ 55—2011）的有关规定。

特细砂混凝土宜配制成低流动度的混凝土，配制坍落度大于 70mm 以上的混凝土时，宜掺外加剂。

第四节　混凝土

一、依据标准

（1）《混凝土强度检验评定标准》（GB/T 50107—2010）。

（2）《混凝土结构工程施工质量验收规范》（GB 50204—2015）。

（3）《混凝土物理力学性能试验方法标准》（GB/T 50081—2019）。

（4）《普通混凝土拌合物性能试验方法标准》（GB/T 50080—2016）。

（5）《普通混凝土长期性能和耐久性能试验方法标准》（GB/T 50082—2009）。

（6）《地下防水工程质量验收规范》（GB/T 50208—2011）。

二、取样数量和代表批量

（1）结构混凝土的强度等级必须符合设计要求。用于检查结构构件混凝土强度的试件，应在混凝土的浇筑地点随机抽取。取样与试件留置应符合下列规定：

① 每拌制 100 盘且不超过 100m³ 的同一配合比的混凝土，取样不得少于一次。

② 每工作班拌制的同一配合比的混凝土不足 100 盘时，取样不得少于一次。

③ 当一次连续浇筑超过 1000m³ 时，同一配合比的混凝土每 200m³，取样不得少于一次。

④ 每一楼层、同一配比的混凝土，取样不得少于一次。

⑤ 每次取样应至少留置一组标准养护试件，同条件养护试件的留置组数应根据实际需要确定。

（2）混凝土抗渗性能，应采用标准条件下养护的混凝土抗渗试件的试验结果来评定：连读浇筑混凝土，每 500m³ 留置一组抗渗试件（一组为 6 个抗渗试件），且每项工程不得少于两组。采用预拌混凝土的抗渗试件，留置组数应按工程的规模和要求而定。

三、取样方法及试样的制备

混凝土抗压强度试件应按下列要求制作。

（1）同一组混凝土拌合物应从同一盘混凝土或同一车混凝土中取样。取样量应多于试验所需量的 1.5 倍，且不宜小于 20L。

（2）混凝土拌合物的取样应具有代表性，宜采用多次采样的方法，一般在同一盘混凝土或同一车混凝土中的约 1/4、1/2、3/4 处分别取样，从第一次到最后一次取样不宜超过 15min，然后人工搅拌均匀。

（3）抗压强度试件的尺寸应根据混凝土中骨料的最大粒径选定。100mm³ 试件适用骨料最大粒径为 31.5mm（骨料粒径指的是符合标准规定的筛孔孔径）；150mm³ 试件适用骨料最大粒径为 40mm；200mm³ 试件适用骨料最大粒径为 63mm。为保证试件的尺寸，试件应采用符合标准规定的试模制作。

（4）抗折强度试件：边长为 150mm×150mm×600mm（或 550mm）的棱柱体试件是标准试件；边长为 100mm×100mm×400mm 的棱柱体试件是非标准试件。试件长向中部 1/3 区段内表面不得有直径超过 5mm、深度超过 2mm 的孔洞。

（5）尺寸公差：试件各边长、直径和高的尺寸的公差不得超过 1mm，试件的承压面的平面度公差不得超过 0.0005d（d 为边长）；试件的相邻面间的夹角应为 90°，其公差不得超过 0.5°。

（6）混凝土试件成型前，应检查试模尺寸是否符合标准规定；试模内表面应涂一薄层矿物油或其他不与混凝土发生反应的脱模剂。

（7）根据混凝土拌合物的稠度确定混凝土成型方法，坍落度不大于 70mm 的混凝土宜用振动台振实；大于 70mm 的混凝土宜用捣棒人工捣实。

（8）取样或拌好的混凝土拌合物应至少用铁锹来回拌合三次。

① 如用振动台制作试件应将混凝土拌合物一次装入试模，装料时应用抹刀沿各试模壁插捣，并使混凝土拌合物高出试模口；振动时试模不得有任何跳动，振动应持续到表面出浆为止，不得过振。

② 人工插捣制作试件应按下列步骤进行：混凝土拌合物应分两层装入模内，每层的装料厚度大致相等；插捣应按螺旋方向从边缘向中心均匀进行。在插捣底层混凝土时，捣棒应达到试模底部；插捣上层时，捣棒应贯穿上层后插入下层 20～30mm；插捣时捣棒应保持垂直，不得倾斜。然后用抹刀沿试模内壁插拔数次；每层插捣次数按在 10000mm² 截面面积内不得少于 12 次计算；插捣后应用橡皮锤

轻轻敲击试模四周，直到插捣棒留下的空洞消失为止。

③ 用插入式振捣棒制作应按下述方法进行：将混凝土拌合物一次装入试模，装料时应用抹刀沿各试模壁插捣，并使混凝土拌合物高出试模口；宜用直径为 25mm 的插入式振捣棒，插入试模振捣时，振捣棒距试模底板 10～20mm 且不得触及试模底板，振动应持续到表面出浆为止，且应避免过振，以防混凝土离析，一般振捣时间为 20s。振捣棒拔出时要缓慢，拔出时不得留有空洞。刮除试模上口多余的混凝土，待混凝土临近初凝时，用抹刀抹平。

（9）试件成型后应立即用不透水的薄膜覆盖表面，放置在 20±5℃ 的环境中静置一昼夜至二昼夜，然后编号、拆模。拆模后应立即放入温度为 20±2℃、相对湿度 95％ 以上的标准养护室养护，或在温度为 20±2℃ 的不流动的氢氧化钙饱和溶液中养护。标准养护室内的试件应放在支架上，彼此间隔 10～20mm，试件表面应保持潮湿，并不得被水直接冲淋。同条件养护试件的拆模时间可与实际构件的拆模时间相同，拆模后，试件仍需保持同条件养护。标准养护龄期为 28d（从搅拌加水开始计时）。

（10）混凝土抗渗试件应按上述要求第（1）、（2）、（6）、（7）、（8）、（9）条制作。

（11）应定期对试模进行核查，核查周期不宜超过 3 个月。

（12）送样时应该注意试块的强度等级、龄期、规格尺寸和试块的摆放顺序。

四、委托单填写范例

混凝土试块抗压强度、混凝土试块抗折强度、混凝土抗渗等级检验委托单范例见表 1.4.1～表 1.4.3。

表 1.4.1 混凝土试块抗压强度检验/检测委托单

（合同编号为涉及收费的关键信息，由委托单位提供并确认无误!!）

所属合同编号：

工程名称					
委托单位/建设单位		联系人		电话	
施工单位		取样人		电话	
见证单位		见证人		电话	
监督单位		生产厂家			
使用部位		出厂编号			

混凝土试块抗压强度 样品及检测信息

样品编号		样品数量		代表批量	
规格型号	尺寸（mm）：□100×100×100 □150×150×150 □200×200×200 强度等级：C30 成型日期：2019.03.03 养护条件：□标养 □同条件 □同条件拆模 □同条件 600℃/天 □其他				
检测项目	抗压强度				
检测依据	GB/T 50081—2019				
评定依据	委托/设计值				
检后样品处理约定	□由委托方取回 □由检测机构处理	检测类别		□见证 □委托	
□常规 □加急 □初检 □复检 原检编号：_____		检测费用			
样品状态	尺寸及形状、尺寸公差符合要求	收样日期		年 月 日	

续表

备注	
说明	1. 取样/送样人和见证人应对试样及提供的资料、信息的真实性、规范性和代表性负责； 2. 委托方要求加急检测时，加急费按检测费的 200％核收，单组（项）收费最多不超过 1000 元； 3. 委托检测时，本公司仅对来样负责；见证检测时，委托单上无见证人签章无效，空白处请画"—"； 4. 一组试样填写一份委托单，出具一份检测报告，检测结果以书面检测报告为准； 5. 委托方要求取回检测后的余样时，若在检测报告出具后一个月内未取回，且未说明原因的，余样由本公司统一处理；委托方将余样领回后，本公司不再受理异议申诉

见证人签章： 取样/送样人签章： 收样人：

正体签字： 正体签字： 签章：

表 1.4.2 混凝土试块抗折强度检验/检测委托单

（合同编号为涉及收费的关键信息，由委托单位提供并确认无误！！）

所属合同编号：

工程名称					
委托单位/ 建设单位		联系人		电话	
施工单位		取样人		电话	
见证单位		见证人		电话	
监督单位		生产厂家			
使用部位		出厂编号			

混凝土试块抗折强度 样品及检测信息

样品编号		样品数量		代表批量	
规格型号	尺寸（mm）：□100×100×400 □150×150×550 混凝土抗折强度：_____ 混凝土强度等级：_____ 成型日期：_____ 养护条件：□标养 □同条件 □同条件拆模 □同条件 600℃/天 □其他				
检测项目	抗折强度				
检测依据	GB/T 50081—2019				
评定依据	委托/设计值				
检后样品 处理约定	□由委托方取回 □由检测机构处理	检测类别		□见证 □委托	
□常规 □加急 □初检 □复检 原检编号：_____		检测费用			
样品状态	尺寸及形状、尺寸公差符合要求	收样日期		年 月 日	
备注					
说明	1. 取样/送样人和见证人应对试样及提供的资料、信息的真实性、规范性和代表性负责； 2. 委托方要求加急检测时，加急费按检测费的 200％核收，单组（项）收费最多不超过 1000 元； 3. 委托检测时，本公司仅对来样负责；见证检测时，委托单上无见证人签章无效，空白处请画"—"； 4. 一组试样填写一份委托单，出具一份检测报告，检测结果以书面检测报告为准； 5. 委托方要求取回检测后的余样时，若在检测报告出具后一个月内未取回，且未说明原因的，余样由本公司统一处理；委托方将余样领回后，本公司不再受理异议申诉				

见证人签章： 取样/送样人签章： 收样人：

正体签字： 正体签字： 签章：

表 1.4.3 混凝土抗渗等级检验/检测委托单

（合同编号为涉及收费的关键信息，由委托单位提供并确认无误!!）

所属合同编号：

工程名称						
委托单位/ 建设单位			联系人		电话	
施工单位			取样人		电话	
见证单位			见证人		电话	
监督单位			生产厂家			
使用部位			出厂编号			

混凝土抗渗等级　样品及检测信息

样品编号			样品数量			代表批量	
规格型号	☑ 175mm×185mm×150mm　　等级：_____　　成型日期：_____ 养护条件：☑标养　□其他						
检测项目	抗渗等级						
检测依据	GB/T 50082—2009/6.2						
评定依据	☑ GB/T 50082—2009　□委托/设计值：　□不做评定　□客户自行提供：						
检后样品处理约定	□由委托方取回　☑由检测机构处理		检测类别		☑见证　□委托		
☑常规　□加急　☑初检　□复检　原检编号：_____			检测费用				
样品状态	□外观完好无破损 □其他：		收样日期		年　月　日		
备注							
说明	1. 取样/送样人和见证人应对试样及提供的资料、信息的真实性、规范性和代表性负责； 2. 委托方要求加急检测时，加急费按检测费的200％核收，单组（项）收费最多不超过1000元； 3. 委托检测时，本公司仅对来样负责；见证检测时，委托单上无见证人签章无效，空白处请画"—"； 4. 一组试样填写一份委托单，出具一份检测报告，检测结果以书面检测报告为准； 5. 委托方要求取回检测后的余样时，若在检测报告出具后一个月内未取回，且未说明原因的，余样由本公司统一处理；委托方将余样领回后，本公司不再受理异议申诉						

见证人签章：　　　　　　　　　　取样/送样人签章：　　　　　　　　收样人：

正体签字：　　　　　　　　　　　正体签字：　　　　　　　　　　　签章：

五、结果判定

（1）抗压强度、抗折强度值应符合下列规定：

① 应以3个试件测值的算术平均值作为该组试件的抗压强度、抗折强度值，应精确至0.1MPa；

② 3个测值中的最大值或最小值中当有一个与中间值的差值超过中间值的15％时，应把最大值和最小值一并舍除，取中间值作为该组试件的抗压强度、抗折强度值；

③ 当最大值和最小值与中间值的差值均超过中间值的15％时，该组试件的试验结果无效。

（2）混凝土抗渗等级评定。混凝土抗渗试件6个中当3个试件表面出现渗水时，或加至规定压力（设计抗渗等级）在8h内6个试件表面渗水试件少于3个时可停止试验。混凝土的抗渗等级应以每组6个试件中有4个试件未出现渗水时的最大压力乘以10来确定。混凝土抗渗等级应符合工程设计要求。

常见问题解答

1. 同条件养护试件什么时间拆模？

【解答】同条件养护试件的拆模时间可与实际构件的拆模时间相同。拆模后，试件仍保持同条件养护。

2. 混凝土抗渗等级试件什么时间去除两端面的水泥浆膜？

【解答】混凝土抗渗等级试件应在拆模后，用钢丝刷刷去两端面的水泥浆膜，并应立即将件送入标准养护室进行养护。

3. 混凝土试件如果外观尺寸不符合标准，是否可以检测？

【解答】当试件公差不满足要求时，原则上试件应作废处理。当必须用于试验时，也可通过加工处理，在满足试件公差要求的前提下进行试验。

4. 对于临近拆模和拆模时间不长的试件搬运过程中应注意什么？

【解答】对于拆模时间不长的混凝土试件不宜长距离搬运，避免在搬运途中剧烈振动或磕碰，从而导致混凝土试块的破损。

5. 抗渗试块不合格应如何处理？

【解答】混凝土抗渗试块检测结果不合格，应进行该部位结构实体检测。如结构实体检测仍不满足设计和验收规范要求，应经原设计单位认可并出具处理方案。经返修和加固处理后能够达到设计的安全和使用功能，可予以验收。

6. 施工现场制作混凝土试块应具备哪些仪器、设备？

【解答】施工现场的混凝土和砂浆试件的留置和制作、养护应按标准规定进行。其基本配备应具有振动台、捣棒、坍落度筒、标准试模、标准养护室（箱）等。

7. 混凝土和砂浆立方体试块强度不作评定依据是怎么回事？

【解答】混凝土和砂浆立方体试块在做抗压强度检测时，取算术平均值作为该组试件的抗压强度值，当最大值或最小值中有一个与中间值的差超过中间值的 15%，则取中间值作为该组试件的抗压强度值；如果最大值和最小值均超过中间值的 15%，则该组试件的试验结果无效，即不作评定依据。

第五节　建筑砂浆

一、依据标准

（1）《建筑砂浆基本性能试验方法标准》（JGJ/T 70—2009）。
（2）《砌体结构工程施工质量验收规范》（GB 50203—2011）。

二、抽检数量

《砌体结构工程施工质量验收规范》（GB 50203—2011）规定："每一检验批且不超过 250m³ 砌体的各类、各强度等级的普通砌筑砂浆，每台搅拌机应至少抽检一次。验收批的预拌砂浆、蒸压加气混凝土砌块专用砂浆，抽检可为 3 组。"

三、检验方法

（1）在砂浆搅拌机出料口或在湿拌砂浆的存储容器出料口随机取样制作砂浆试块（现场拌制的砂浆，同盘砂浆只应作 1 组试块），试块标养 28d 后作强度试验。建筑砂浆试验用料应从同一盘砂浆或同一车砂浆中至少 3 个不同部位取样。取样量不应少于试验所需量的 4 倍。试验前应人工搅拌均匀，预拌砂浆中的湿拌砂浆稠度应在进场时取样检验。

（2）砂浆立方体抗压强度试件成型应使用下列仪器设备：试模为 70.7mm×70.7mm×70.7mm 的带底试模，应符合行业标准《混凝土试模》（JG 237—2008）的规定，应具有足够的刚度并拆装方便，试模的内表面应机械加工，其不平度为每 100mm 不超过 0.05mm，组装后各相邻面的不垂直度不应超过 ±0.5°；钢制捣棒应为直径 10mm，长度 350mm，端部磨圆；振动台空载时台面的垂直振幅应为 (0.5±0.05) mm，空载频率应为 (50±3) Hz，空载台面振幅均匀度不应大于 10%；压力试验机精度应为 1%。

（3）砂浆立方体抗压强度试件成型应按下列步骤进行：

① 应采用黄油等密封材料涂抹试模的外接缝，试模内应涂刷薄层机油或隔离剂。将拌好的砂浆一次性装入砂浆试模，成型方法根据稠度而确定。当稠度大于 50mm 时，宜采用人工插捣成型；当稠度不大于 50mm 时，宜采用振动台振实成型。人工插捣时，应采用捣棒均匀地由边缘向中心按螺旋方式插捣 25 次，插捣过程中当砂浆沉落低于试模口时应随时添加，可用油灰刀插捣数次，并用手将试模一边抬高 5～10mm 各振动 5 次，砂浆应高出试模顶面 6～8mm。振动台振动成型时，将砂浆一次装满试模，放置到振动台上，振动时试模不得跳动，振动 5～10s 或持续到表面出浆为止，不得过振。

② 待试件表面水分稍干后，再将高出试模部分的砂浆沿试模顶面刮去并抹平。

③ 试件制作应置 0.5℃的环境中静置 24h，对试件编号、拆模。当气温转低时，或者凝结时间大于 24h 的砂浆，可适当延长时间，但不应超过 2d。试件拆模后即放入温度为（20±2）℃、相对湿度 90%以上的标准养护室养护。养护期间，试件彼此应间隔，并防止有水滴在试件上。标准养护龄期为 28d，也可根据相关标准要求增加 7d 或 14d。

四、委托单填写范例

砂浆抗压强度检验委托单范例见表 1.5.1。

表 1.5.1　砂浆抗压强度检验/检测委托单
（合同编号为涉及收费的关键信息，由委托单位提供并确认无误!!）

所属合同编号：

工程名称					
委托单位/ 建设单位		联系人		电话	
施工单位		取样人		电话	
见证单位		见证人		电话	
监督单位		生产厂家			
使用部位		出厂编号			

砂浆抗压强度　样品及检测信息

样品编号		样品数量		代表批量	
规格型号	尺寸（mm）：70.7×70.7×70.7　　□水泥砂浆　　□混合砂浆　　□强度：_____ 成型日期：××××年××月××日　养护条件：□标养　□其他：				
检测项目	抗压强度				
检测依据	JGJ/T 70—2009				
评定依据	委托/设计值				
检后样品处理约定	□由委托方取回　　□由检测机构处理	检测类别		□见证　□委托	
□常规　□加急　□初检　□复检　原检编号：_____		检测费用			
样品状态	外观完好无破损	收样日期		年　月　日	
备注					
说明	1. 取样/送样人和见证人应对试样及提供的资料、信息的真实性、规范性和代表性负责； 2. 委托方要求加急检测时，加急费按检测费的 200%核收，单组（项）收费最多不超过 1000 元； 3. 委托检测时，本公司仅对来样负责；见证检测时，委托单上无见证人签章无效，空白处请画"—"； 4. 一组试样填写一份委托单，出具一份检测报告，检测结果以书面检测报告为准； 5. 委托方要求取回检测后的余样时，若在检测报告出具后一个月内未取回，且未说明原因的，余样由本公司统一处理；委托方将余样领回后，本公司不再受理异议申诉				

见证人签章：　　　　　　　　　　　取样/送样人签章：　　　　　　　　　　　收样人

正体签字：　　　　　　　　　　　　正体签字：　　　　　　　　　　　　　　签章：

五 、结果判定

（1）砂浆立方体抗压强度试验的试验结果应按下列要求确定：

① 应以三个试件测值的算术平均值作为该组试件的砂浆立方体抗压强度平均值，精确至 0.1MPa。

② 当三个测试值的最大值或最小值中有一个与中间值的差值超过中间值的 15% 时，应把最大值及最小值一并舍去，取中间值作为该组试件的抗压强度值。

③ 当两个测值与中间值的差值均超过中间值的 15% 时，该组试验结果应为无效。

（2）砌筑砂浆试块强度验收时其强度合格标准应符合下列规定：

① 同一验收批砂浆试块强度平均值应大于或等于设计强度等级值的 1.10 倍。

② 同一验收批砂浆试块抗压强度的最小一组平均值应大于或等于设计强度等级值的 85%。

值得注意的是，①砌筑砂浆的验收批，同一类型、强度等级的砂浆试块不应少于 3 组；同一验收批砂浆只有 1 组或 2 组试块时，每组试块抗压强度平均值应大于或等于设计强度等级值的 1.10 倍；对于建筑结构的安全等级为一级或设计使用年限为 50 年及以上的房屋，同一验收批砂浆试块的数量不得少于 3 组；②砂浆强度应以标准养护、28d 龄期的试块抗压强度为准；③制作砂浆试块的砂浆稠度应与配合比设计一致。

常见问题解答

砂浆立方体强度试件取样代表批量是 250m³ 砂浆吗？

【解答】砂浆立方体强度试件取样代表批量是 250m³ 砌体，而不是 250m³ 砂浆拌合物。砌体是各种砌筑材料和砂浆的砌筑体。

第六节　外加剂

一、依据标准

（1）《混凝土外加剂术语》（GB/T 8075—2017）。

（2）《混凝土外加剂》（GB 8076—2008）。

（3）《混凝土外加剂匀质性试验方法》（GB/T 8077—2012）。

（4）《混凝土膨胀剂》（GB/T 23439—2017）。

（5）《混凝土防冻剂》（JC 475—2004）。

（6）《砂浆、混凝土防水剂》（JC/T 474—2008）。

（7）《混凝土外加剂应用技术规范》（GB 50119—2013）。

（8）《聚羧酸系高性能减水剂》（JG/T 223—2017）。

（9）《普通混凝土拌合物性能试验方法标准》（GB/T 50080—2016）。

（10）《混凝土物理力学性能试验方法标准》（GB/T 50081—2019）。

（11）《普通混凝土长期性能和耐久性能试验方法标准》（GB/T 50082—2009）。

（12）《高强高性能混凝土用矿物外加剂》（GB/T 18736—2017）。

（13）《混凝土外加剂中释放氨的限量》（GB 18588—2001）。

（14）《民用建筑工程室内环境污染控制标准》（GB 50325—2020）。

（15）《建筑砂浆基本性能试验方法标准》（JGJ/T 70—2009）。

（16）《混凝土质量控制标准》（GB 50164—2011）。

二、检验项目（表 1.6.1）

表 1.6.1 各种外加剂检验项目表

种类	检验项目
普通减水剂（早强型）WR-A	抗压强度比（4 个龄期）、减水率、凝结时间差、氯离子含量、碱含量、pH 值
普通减水剂（标准型）WR-S	抗压强度比（3 个龄期）、减水率、凝结时间差、氯离子含量、碱含量、pH 值
普通减水剂（缓凝型）WR-R	抗压强度比（2 个龄期）、减水率、凝结时间差、氯离子含量、碱含量、pH 值
高效减水剂（标准型）HWR-S	抗压强度比（4 个龄期）、减水率、凝结时间差、氯离子含量、碱含量、pH 值
高效减水剂（缓凝型）HWR-R	抗压强度比（2 个龄期）、减水率、凝结时间差、氯离子含量、碱含量、pH 值
高性能减水剂（标准型）HPWR-S	抗压强度比（4 个龄期）、减水率、凝结时间差、氯离子含量、碱含量、pH 值
高性能减水剂（早强型）HPWR-A	抗压强度比（4 个龄期）、减水率、凝结时间差、氯离子含量、碱含量、pH 值
高性能减水剂（缓凝型）HPWR-R	抗压强度比（2 个龄期）、减水率、凝结时间差、氯离子含量、碱含量、pH 值
引气减水剂 AEWR	抗压强度比（3 个龄期）、减水率、凝结时间差、含气量、含气量 1h 经时变化量、氯离子含量、碱含量、pH 值
泵送剂 PA	抗压强度比（2 个龄期）、减水率、坍落度 1h 经时变化量、氯离子含量、碱含量、pH 值
早强剂 AC	抗压强度比（4 个龄期）、减水率、凝结时间差、氯离子含量、碱含量、pH 值
缓凝剂 RE	抗压强度比（2 个龄期）、减水率、凝结时间差、氯离子含量、碱含量、pH 值
引气剂 AE	抗压强度比（3 个龄期）、减水率、凝结时间差、含气量、含气量 1h 经时变化量、氯离子含量、碱含量、pH 值
防水剂	抗压强度比（3 个龄期）、透水压力比（砂浆）、渗透高度比（混凝土）、安定性、氯离子含量、碱含量
防冻剂	抗压强度比（4 个龄期）、含气量、50 次冻融强度损失率比、钢筋锈蚀、氯离子含量、碱含量、释放氨量（含有氨或氨基类的防冻剂用于办公、居住等建筑物）
膨胀剂	限制膨胀率（2 个龄期）、抗压强度（2 个龄期）、凝结时间
速凝剂	凝结时间、1d 抗压强度

三、取样要求、结果判定

（一）混凝土外加剂

1. 取样要求

（1）代表批量：掺量大于 1%（含 1%）同品种的外加剂每一批号为 100t，掺量小于 1% 的外加剂每一批号为 50t。不足 100t 或 50t 的也按一个批量计。

（2）取样数量及方法：每一批号取样量不少于 0.2t 水泥所需用的外加剂量。从三个或更多的部位取等量的样品并混合均匀。

（3）样品要求：同一批号的产品必须混合均匀，每一批号混合样分为两等份，一份进行试验，另一份密封保存半年。

2. 结果判定

产品经检验，匀质性检验结果符合匀质性要求；各种类型外加剂受检混凝土性能指标中，高性能减水剂及泵送剂的减水率和坍落度的经时变化量，其他减水剂的减水率、缓凝型外加剂的凝结时间差、引气型外加剂的含气量及其经时变化量、硬化混凝土的各项性能符合受检混凝土性能指标的要求，则判定该批号外加剂合格。如不符合上述要求，则判定该批号外加剂不合格。其余项目可作为参考指标。

（二）混凝土膨胀剂

1. 取样要求

（1）代表批量：按同类型编号和取样，以不超过200t为一编号，不足200t也为一编号，每一编号为一取样单位。

（2）取样数量及方法：从20个以上不同部位取等量样品，总量不小于10kg。

（3）样品要求：取得的试样充分混匀，分为两等份，一份为检验样，一份为封存样，密封保存180d。

2. 结果判定

试验结果符合全部技术要求时，判定该批产品合格，否则为不合格。

（三）混凝土防冻剂

1. 取样要求

（1）代表批量：同一品种的防冻剂，每50t为一批，不足50t也可作为一批。

（2）取样数量及方法：取样应具有代表性，从20个以上不同部位取等量样品。液体防冻剂取样时应注意从容器的上、中、下三层分别取样。每批取样量不少于0.15t水泥所需用的防冻剂量（以其最大掺量计）。

（3）样品要求：每批取得的试样应充分混匀，分为两等份，一份进行试验，另一份密封保存半年。

2. 结果判定

产品经检验，混凝土拌合物的含气量、硬化混凝土性能（抗压强度比、收缩率比、渗透高度比、50次冻融强度损失率比）、钢筋锈蚀全部符合掺防冻剂混凝土性能指标要求，除碱含量外的匀质性全部符合匀质性要求，则可判定为相应等级的产品，否则判定为不合格。

（四）砂浆、混凝土防水剂

1. 取样要求

（1）代表批量：每30t为一批，不足30t也可作为一批。

（2）取样数量及方法：同一批号的产品必须混合均匀，混合样是三个或更多的点样等量均匀混合而取得的试样。每一批号取样量不少于0.2t水泥所需用的外加剂量。

（3）样品要求：每一批号混合样分为两等份，一份进行试验，另一份密封保存半年。

2. 结果判定

砂浆防水剂各项性能指标符合防水剂匀质性指标和受检砂浆性能的技术要求，可判定为相应等级的产品。混凝土防水剂各项性能指标符合防水剂匀质性指标和受检混凝土的性能技术要求，可判定为相应等级的产品。如不符合上述要求，则判定该批号防水剂不合格。

（五）聚羧酸系高性能减水剂

1. 取样要求

（1）代表批量：同一品种的聚羧酸系高性能减水剂，每100t为一批，不足100t也可作为一批。

（2）取样数量及方法：同一批号的产品必须混合均匀，混合样是三个或更多的点样等量均匀混合而取得的试样。每一批号取样量不少于0.2t水泥所需用的聚羧酸系高性能减水剂量。

（3）样品要求：每一批号混合样分为两等份，一份进行试验，另一份密封保存半年。

2. 结果判定

检验结果完全符合掺聚羧酸系高性能减水剂混凝土性能指标、聚羧酸系高性能减水剂化学指标、聚羧酸系高性能减水剂匀质性指标要求，则判定该编号聚羧酸系高性能减水剂为相应等级的产品；如不符合上述要求，则判定该编号聚羧酸系高性能减水剂不合格。

（六）水泥基灌浆材料

1. 检验项目

（1）抗压强度（1d、3d、28d）。

（2）竖向膨胀率。

（3）对钢筋锈蚀作用。

（4）截锥流动度。

（5）其他。

2. 取样要求

（1）代表批量：每一编号为一取样单位。每 200t 为一编号，不足 200t 也可为一编号。

（2）取样数量及方法：从 20 个以上不同部位取等量样品，取样数量不少于 40kg，Ⅳ类取样不少于 80kg。

（3）样品要求：样品混合均匀。

3. 结果判定

检验项目符合标准技术要求指标为合格品，若有一项指标不符合要求为不合格品。

四、委托单填写范例

（一）混凝土外加剂委托单填写范例

混凝土外加剂检验委托单填写范例见表 1.6.2。

表 1.6.2　外加剂检验/检测委托单

（合同编号为涉及收费的关键信息，由委托单位提供并确认无误!!）

所属合同编号：

工程名称					
委托单位/ 建设单位		联系人		电话	
施工单位		取样人		电话	
见证单位		见证人		电话	
监督单位		生产厂家			
使用部位		出厂编号			

減水剂　样品及检测信息

样品编号		样品数量		代表批量	
规格型号	□高性能　□高效　□普通	类型：□早强型　□标准型　□缓凝型　□其他　　掺量：_____			
检测项目	1. 减水率；2. 泌水率比；3. 含气量；4. 凝结时间差；5.1h 经时变化量：坍落度；6. 抗压强度比；7. 收缩率比；8. 含固量（提供场控值）；9. 含水率（提供场控值）；10. 细度（提供场控值）；11. 氯离子含量（提供场控值）；12. 总碱量（提供场控值）；13. 其他：				
检测依据	1.GB 8076—2008（6.5.2）；2.GB 8076—2008（6.5.3）；3.GB 8076—2008（6.5.4）；4.GB 8076—2008（6.5.5）；5.GB 8076—2008（6.5.1）；6.GB 8076—2008（6.6.1）；7.GB/T 50082—2009（8.2）；8.GB/T 8077—2012（5）；9.GB/T 8077—2012（6）；10.GB/T 8077—2012（8）；11.GB/T 8077—2012（11.1）；12.GB/T 8077—2012（15.1）				
评定依据	□GB 8076—2008　□委托/设计值；　□不做评定　　□客户自行提供：_____				
检后样品处理约定	□由委托方取回　☑由检测机构处理	检测类别		☑见证　□委托	
☑常规　□加急　□初检　□复检　原检编号：_____		检测费用			
样品状态	□透明液体无凝结 □其他：	收样日期		年　月　日	
备注					
说明	1. 取样/送样人和见证人应对试样及提供的资料、信息的真实性、规范性和代表性负责； 2. 委托方要求加急检测时，加急费按检测费的 200% 核收，单组（项）收费最多不超过 1000 元； 3. 委托检测时，本公司仅对来样负责；见证检测时，委托单上无见证人签章无效，空白处请画"—"； 4. 一组试样填写一份委托单，出具一份检测报告，检测结果以书面检测报告为准； 5. 委托方要求取回检测后的余样时，若在检测报告出具后一个月内未取回，且未说明原因的，余样由本公司统一处理；委托方将余样领回后，本公司不再受理异议申诉				

见证人签章：　　　　　　　　　取样/送样人签章：　　　　　　　　　收样人：

正体签字：　　　　　　　　　　正体签字：　　　　　　　　　　　　签章：

（二）混凝土膨胀剂委托单填写范例

混凝土膨胀剂检验委托单填写范例见表 1.6.3。

表 1.6.3　混凝土膨胀剂检验/检测委托单

（合同编号为涉及收费的关键信息，由委托单位提供并确认无误!!）

所属合同编号：

工程名称					
委托单位/ 建设单位		联系人		电话	
施工单位		取样人		电话	
见证单位		见证人		电话	
监督单位		生产厂家			
使用部位		出厂编号			

混凝土膨胀剂　样品及检测信息

样品编号		样品数量		代表批量	
规格型号	☑Ⅰ型　□Ⅱ型　掺量：_____				
检测项目	1. 抗压强度（7d、28d）；2. 凝结时间；3. 限制膨胀率；4. 细度；5. 其他：				
检测依据	1. GB/T 17671—1999；2. GB/T 1346—2011；3. GB 23439—2017（附录 A）；4. GB/T 1345—2005				
评定依据	☑GB 23439—2017　□委托/设计值：　　□不做评定				
检后样品 处理约定	□由委托方取回　☑由检测机构处理		检测类别		☑见证　□委托
☑常规　□加急　□初检　□复检　原检编号：_____			检测费用		
样品状态	□灰色粉状无结块 □其他：		收样日期		年　月　日
备注					
说明	1. 取样/送样人和见证人应对试样及提供的资料、信息的真实性、规范性和代表性负责； 2. 委托方要求加急检测时，加急费按检测费的 200％核收，单组（项）收费最多不超过 1000 元； 3. 委托检测时，本公司仅对来样负责；见证检测时，委托单上无见证人签章无效，空白处请画"—"； 4. 一组试样填写一份委托单，出具一份检测报告，检测结果以书面检测报告为准； 5. 委托方要求取回检测后的余样时，若在检测报告出具后一个月内未取回，且未说明原因的，余样由本公司统一处理；委托方将余样领回后，本公司不再受理异议申诉				

见证人签章：	取样/送样人签章：	收样人：
正体签字：	正体签字：	签章：

（三）混凝土防冻剂委托单填写范例

混凝土防冻剂检验委托单填写范例见表 1.6.4。

表 1.6.4　混凝土防冻剂检验/检测委托单

（合同编号为涉及收费的关键信息，由委托单位提供并确认无误!!）

所属合同编号：

工程名称					
委托单位/ 建设单位		联系人		电话	
施工单位		取样人		电话	
见证单位		见证人		电话	
监督单位		生产厂家			
使用部位		出厂编号			

混凝土防冻剂　样品及检测信息

样品编号		样品数量		代表批量	
规格型号	□−5℃　☑−10℃　□−15℃　　等级：☑一等品　□合格品　　掺量：＿＿＿＿				
检测项目	1. 抗压强度比（−7d.28d.−7d＋28d）；2. 含气量；3 钢筋锈蚀；4. 泌水率比；5. 减水率；6. 凝结时间差；7. 氯离子含量（提供场控值）；8. 总碱量（提供场控值）；9. 其他：				
检测依据	1.JC 475—2004（6.2.4.2）；2.GB 8076—2008（6.5.4）；3.JC 475—2004（6.2.4.6）；4.GB 8076—2008（6.5.3）；5.GB 8076—2008（6.5.2）；6.GB 8076—2008（6.5.5）；7.GB/T 8077—2012（11.1）；8.GB/T 8077—2012（15.1）				
评定依据	□JC 475—2004　　□委托/设计值：　　□不做评定　　□客户自行提供：				
检后样品 处理约定	□由委托方取回　□由检测机构处理		检测类别		□见证　□委托
□常规　□加急　□初检　□复检　原检编号：＿＿＿＿			检测费用		
样品状态	□透明液体无凝结 □其他：		收样日期		年　月　日
备注					
说明	1. 取样/送样人和见证人应对试样及提供的资料、信息的真实性、规范性和代表性负责； 2. 委托方要求加急检测时，加急费按检测费的200％核收，单组（项）收费最多不超过1000元； 3. 委托检测时，本公司仅对来样负责；见证检测时，委托单上无见证人签章无效，空白处请画"—"； 4. 一组试样填写一份委托单，出具一份检测报告，检测结果以书面检测报告为准； 5. 委托方要求取回检测后的余样时，若在检测报告出具后一个月内未取回，且未说明原因的，余样由本公司统一处理；委托方将余样领回后，本公司不再受理异议申诉				

见证人签章：　　　　　　　　　　　取样/送样人签章：　　　　　　　　　　　收样人：

正体签字：　　　　　　　　　　　　正体签字：　　　　　　　　　　　　　　签章：

（四）砂浆、混凝土防水剂委托单填写范例

砂浆、混凝土防水剂委托单填写范例见表1.6.5。

表 1.6.5　混凝土、砂浆防水剂检验/检测委托单

（合同编号为涉及收费的关键信息，由委托单位提供并确认无误！！）

所属合同编号：

工程名称					
委托单位/ 建设单位		联系人		电话	
施工单位		取样人		电话	
见证单位		见证人		电话	
监督单位		生产厂家			
使用部位		出厂编号			

<u>混凝土、砂浆防水剂</u>　样品及检测信息

样品编号		样品数量		代表批量	
规格型号	掺量：2%				
检测项目	1. 抗压强度比（7d.28d）；2. 泌水率比；3. 凝结时间差；4. 安定性；5. 收缩率比；6. 渗透高度比；7. 氯离子含量（提供场控值）；8. 总碱量（提供场控值）；9. 其他：				
检测依据	1.GB 8076—2008（6.6.1）；2.GB 8076—2008（6.5.3）；3.GB 8076—2008（6.5.5）；4.GB/T 1346—2011；5.GB/T 50082—2009（8.2）；6.JC 474—2008（5.3.5）；7.GB/T 8077—2012（11.1）；8.GB/T 176—2017（17） 其他：				
评定依据	☑JC 474—2008　□委托/设计值：_____　　　□不做评定　□客户自行提供：_____				
检后样品 处理约定	□由委托方取回　☑由检测机构处理		检测类别	☑见证　□委托	
☑常规　□加急　□初检　□复检　原检编号：_____			检测费用		
样品状态	□透明液体无凝结 □其他：		收样日期	年　月　日	
备注					
说明	1. 取样/送样人和见证人应对试样及提供的资料、信息的真实性、规范性和代表性负责； 2. 委托方要求加急检测时，加急费按检测费的200%核收，单组（项）收费最多不超过1000元； 3. 委托检测时，本公司仅对来样负责；见证检测时，委托单上无见证人签章无效，空白处请画"—"； 4. 一组试样填写一份委托单，出具一份检测报告，检测结果以书面检测报告为准； 5. 委托方要求取回检测后的余样时，若在检测报告出具后一个月内未取回，且未说明原因的，余样由本公司统一处理；委托方将余样领回后，本公司不再受理异议申诉				

见证人签章：　　　　　　　　　　　取样/送样人签章：　　　　　　　　　　　收样人：

正体签字：　　　　　　　　　　　　正体签字：　　　　　　　　　　　　　　签章：

（五）聚羧酸系高性能减水剂委托单填写范例

聚羧酸系高性能减水剂检验委托单填写范例见表 1.6.6。

表 1.6.6　聚羧酸系高性能减水剂检验/检测委托单

（合同编号为涉及收费的关键信息，由委托单位提供并确认无误!!）

所属合同编号：

工程名称					
委托单位/ 建设单位		联系人		电话	
施工单位		取样人		电话	
见证单位		见证人		电话	
监督单位		生产厂家			
使用部位		出厂编号			

<u>聚羧酸系高性能减水剂</u>　样品及检测信息

样品编号		样品数量		代表批量	
规格型号	☑高性能　□高效　□普通　　类型　□早强型　☑标准型　□缓凝型　□其他：　　掺量：2%				
检测项目	1. 含水率；2. 固体含量；3. 细度；4. 减水率；5. 泌水率比；6. 凝结时间差；7. 抗压强度比；8. 收缩率比；9.50 次冻融强度损失率比；10. 氯离子含量；11. 总碱量（提供场控值）；12. 其他：				
检测依据	1. GB/T 8077—2012（6）；2. GB/T 8077—2012（5）；3. GB/T 8077—2012（8）；4. GB 8076—2008（6.5.2）；5. GB 8076—2008（6.5.3）；6. GB 8076—2008（6.5.5）；7. GB 8076—2008（6.6.1）；8. GB/T 50082—2009（8.2）；9. JG/T 377—2012（7.3.3）；10. GB/T 8077—2012（11.1）；11. GB/T 8077—2012（15.1）；12. 其他：				
评定依据	☑JG/T 223—2017　□委托/设计值：　　□不做评定　　□客户自行提供：＿＿＿＿				
检后样品 处理约定	□由委托方取回　☑由检测机构处理		检测类别		☑见证　□委托
☑常规　□加急　□初检　□复检　原检编号：＿＿＿＿			检测费用		
样品状态	□透明液体无凝结 □其他：		收样日期		年　月　日
备注					
说明	1. 取样/送样人和见证人应对试样及提供的资料、信息的真实性、规范性和代表性负责； 2. 委托方要求加急检测时，加急费按检测费的 200% 核收，单组（项）收费最多不超过 1000 元； 3. 委托检测时，本公司仅对来样负责；见证检测时，委托单上无见证人签章无效，空白处请画"—"； 4. 一组试样写一份委托单，出具一份检测报告，检测结果以书面检测报告为准； 5. 委托方要求取回检测后的余样时，若在检测报告出具后一个月内未取回，且未说明原因的，余样由本公司统一处理；委托方将余样领回后，本公司不再受理异议申诉				

见证人签章：	取样/送样人签章：	收样人：
正体签字：	正体签字：	签章：

（六）水泥基灌浆材料委托单填写范例

水泥基灌浆材料检验委托单填写范例见表1.6.7。

表1.6.7　水泥基灌浆材料检验/检测委托单

（合同编号为涉及收费的关键信息，由委托单位提供并确认无误！！）

所属合同编号：

工程名称				
委托单位/建设单位		联系人	电话	
施工单位		取样人	电话	
见证单位		见证人	电话	
监督单位		生产厂家		
使用部位		出厂编号		

水泥基灌浆材料　样品及检测信息

样品编号		样品数量		代表批量	
规格型号	类别：□Ⅰ类 ☑Ⅱ类 □Ⅲ类 □Ⅳ类　级别：□A50 ☑A60 □A70 □A85				
检测项目	1. 截锥流动度；2. 抗压强度（3d、7d、28d）；3. 竖向膨胀率；4. 对钢筋锈蚀作用；5. 其他；				
检测依据	1.JC/T 986—2018（7.3）；2.JC/T 986—2018（7.6）；3.JC/T 986—2018（7.7）；4.JC/T 986—2018（7.8）				
评定依据	☑JC/T 986—2018　　□委托/设计值：____　　□不做评定　　□客户自行提供：____				
检后样品处理约定	□由委托方取回　☑由检测机构处理	检测类别		☑见证 □委托	
☑常规 □加急 ☑初检 □复检　原检编号：____		检测费用			
样品状态	□样品灰色粉状，无结块 □其他：	收样日期		年　月　日	
备注					
说明	1. 取样/送样人和见证人应对试样及提供的资料、信息的真实性、规范性和代表性负责； 2. 委托方要求加急检测时，加急费按检测费的200％核收，单组（项）收费最多不超过1000元； 3. 委托检测时，本公司仅对来样负责；见证检测时，委托单上无见证人签章无效，空白处请画"—"； 4. 一组试样写一份委托单，出具一份检测报告，检测结果以书面检测报告为准； 5. 委托方要求取回检测后的余样时，若在检测报告出具后一个月内未取回，且未说明原因的，余样由本公司统一处理；委托方将余样领回后，本公司不再受理异议申诉				

见证人签章：　　　　　　　　取样/送样人签章：　　　　　　　收样人：
正体签字：　　　　　　　　　正体签字：　　　　　　　　　　签章：

常见问题解答

1. 生产厂随货提供技术文件应包括哪些内容？

【解答】生产厂随货提供技术文件应包括：产品名称及型号、出厂日期、特性及主要成分、适用范围及推荐掺量、外加剂总碱量、氯离子含量、安全防护提示、贮存条件及有效期。

2. 外加剂的掺量如何表示？

【解答】使用固体产品的掺量以水泥质量百分数表示，而液体产品的掺量以体积计量，以 mL/kg 胶凝材料表示。

3. 在配制混凝土选择外加剂和水泥时应注意什么问题？

【解答】我国的水泥产品品种较多，熟料矿物组成的变化也很大，因此外加剂对水泥的适应性（相容性）就成为突出的问题。所以在选择外加剂时，要进行水泥与外加剂的相容性试验以确定与水泥相匹配的外加剂。

4. 防冻剂的规定温度有几种？如何选用？

【解答】防冻剂的规定温度是指按《混凝土防冻剂》（JC 475—2004）规定的试验条件成型的试件在恒负温条件下养护的温度。施工使用的最低气温可比规定温度低 5℃。日最低气温为 −5～0℃，混凝土采用塑料薄膜和保温材料覆盖养护时，可采用早强剂或早强减水剂，其目的是更快地达到临界强度。在日平均气温为 −10～−5℃、−15～−10℃、−20～−15℃，混凝土采用塑料薄膜和保温材料覆盖养护时，宜分别采用规定温度为 −5℃、−10℃、−15℃的防冻剂，其目的是保证低温下混凝土内部仍然保持足够的液相，以使水泥水化作用得以继续进行，而不被冻胀破坏。

5. 外加剂掺得越多越好吗？

【解答】外加剂生产厂家一般都对不同品种、不同需求所复配的外加剂提供了明确的推荐掺量，有些施工单位认为掺量越大越能满足检测及施工要求，这种想法是错误的。例如减水剂超掺容易引起混凝土泌水，缓凝剂超掺会使混凝土严重缓凝甚至降低混凝土强度。

6. 送检复合防冻剂时为什么要去掉缓凝组分？

【解答】由于一些复合防冻剂复配过程中要加入缓凝剂以提高工作性和减少坍落度损失，虽然采用凝结时间差较小的缓凝剂，但对早期强度增长有影响，所以在送样进行防冻剂检测时应去掉缓凝组分。

7. 氯化物对钢筋混凝土有什么危害？

【解答】氯离子半径很小，活性很大，具有很强的穿透能力，即使混凝土尚未碳化，也能进入其中并到达钢筋表面。当氯离子吸附于钢筋表面的钝化膜处时，可使该处的 pH 值迅速降低。一般情况下，处于混凝土中的钢筋表面都有一层钝化膜，且这层钝化膜在高碱性质中是稳定的。当环境中存在的氯化物进入到混凝土中，特别是当钢筋周围的氯化物含量达到引起钢筋锈蚀的临界值时，将导致钢筋表面的钝化膜破坏，钢筋失去保护而导致锈蚀，最终因钢筋锈蚀膨胀而引起混凝土开裂。

第七节 掺合料

一、依据标准

（1）《用于水泥、砂浆和混凝土中的粒化高炉矿渣粉》（GB/T 18046—2017）。

（2）《用于水泥和混凝土中的粉煤灰》（GB/T 1596—2017）。

（3）《水泥化学分析方法》（GB/T 176—2017）。

（4）《水泥胶砂流动度测定方法》（GB/T 2419—2005）。

（5）《水泥胶砂强度检验方法（ISO法）》（GB/T 17671—1999）。

(6)《水泥取样方法》(GB/T 12573—2008)。

(7)《混凝土质量控制标准》(GB 50164—2011)。

二、检测项目、取样要求、结果判定

(一) 用于水泥和混凝土中的粒化高炉矿渣粉

1. 检测项目

(1) 比表面积。

(2) 活性指数。

(3) 流动度比。

(4) 烧失量（如掺有石膏等）。

2. 取样要求

(1) 代表批量：按同级别编号和取样，每一编号为一个取样单位。不超过 200t 为一编号。

(2) 取样数量及方法：在 20 个以上部位取等量样品，总量至少 20kg。

(3) 样品要求：样品混合均匀，按四分法缩取出 10kg，分为两等份，一份为试验样，另一份封存三个月。

3. 结果判定

检验结果符合标准中密度、比表面积、活性指数、流动度比、含水量、三氧化硫等技术要求的为合格品；检验结果不符合标准中密度、比表面积、活性指数、流动度比、含水量、三氧化硫等技术要求的为不合格品。若其中一项不符合要求，应重新加倍取样，对不合格项进行复检，评定时以复检结果为准。

(二) 用于水泥和混凝土中的粉煤灰

1. 检测项目

(1) 细度。

(2) 需水量比。

(3) 烧失量。

(4) 三氧化硫。

(5) 安定性（C 类粉煤灰）。

2. 取样要求

(1) 代表批量：以连续供应的 200t 相同等级、相同种类的粉煤灰为一编号。不足 200t 按一个编号论，粉煤灰质量按干灰（含水量小于 1%）的质量计算。

(2) 取样数量及方法：每一编号为一个取样单位，在 10 个以上部位取等量样品，总量至少 3kg。

(3) 样品要求：样品混合均匀，按四分法缩取出比试验用量大一倍的试样。

3. 结果判定

(1) 拌制混凝土和砂浆用粉煤灰：若其中任何一项不符合标准要求，允许在同一编号中重新加倍取样进行全部项目的复检，以复检结果判定，复检不合格可以降级处理。低于标准最低级别要求的为不合格品。

(2) 水泥活性混合材料用粉煤灰：若其中任何一项不符合标准要求，允许在同一编号中重新加倍取样进行全部项目的复检，以复检结果判定。只有当活性指数小于 70.0% 时，该粉煤灰可作为水泥生产中的非活性混合材料。

三、委托单填写范例

（一）用于水泥和混凝土中的粒化高炉矿渣粉委托单填写范例

用于水泥和混凝土中的粒化高炉矿渣粉检验委托单范例见表1.7.1。

表 1.7.1 矿渣粉检验/检测委托单

（合同编号为涉及收费的关键信息，由委托单位提供并确认无误!!）

所属合同编号：

工程名称					
委托单位/ 建设单位		联系人		电话	
施工单位		取样人		电话	
见证单位		见证人		电话	
监督单位		生产厂家			
使用部位		出厂编号			

__矿渣粉__ 样品及检测信息

样品编号		样品数量		代表批量	
规格型号	□S105 ☑S95 □S75				
检测项目	1. 烧失量；2. 三氧化硫；3. 含水量；4. 活性指数；5. 密度；6. 其他				
检测依据	1.GB/T 176—2017 2.GB/T 176—2017；3.GB/T 18046—2017（附录 B）；4.GB/T 18046—2017（附录 A）； 5.GB/T 208—2014；6. 其他：				
评定依据	☑GB/T 18046—2017 □委托/设计值：_____ □不做评定 □客户自行提供：_____				
检后样品 处理约定	□由委托方取回 ☑由检测机构处理		检测类别		☑见证 □委托
☑常规 □加急 ☑初检 □复检 原检编号：_____			检测费用		
样品状态	□灰色粉状无结块 □其他：		收样日期		年 月 日
备注					
说明	1. 取样/送样人和见证人应对试样及提供的资料、信息的真实性、规范性和代表性负责； 2. 委托方要求加急检测时，加急费按检测费的200％核收，单组（项）收费最多不超过1000元； 3. 委托检测时，本公司仅对来样负责；见证检测时，委托单上无见证人签章无效，空白处请画"—"； 4. 一组试样填写一份委托单，出具一份检测报告，检测结果以书面检测报告为准； 5. 委托方要求取回检测后的余样时，若在检测报告出具后一个月内未取回，且未说明原因的，余样由本公司统一处理；委托方将余样领回后，本公司不再受理异议申诉				

见证人签章：	取样/送样人签章：	收样人：
正体签字：	正体签字：	签章：

（二）用于水泥和混凝土中的粉煤灰委托单填写范例

用于水泥和混凝土中的粉煤灰检验委托单见表 1.7.2。

表 1.7.2　粉煤灰检验/检测委托单

（合同编号为涉及收费的关键信息，由委托单位提供并确认无误!!）

所属合同编号：

工程名称					
委托单位/ 建设单位		联系人		电话	
施工单位		取样人		电话	
见证单位		见证人		电话	
监督单位		生产厂家			
使用部位		出厂编号			

粉煤灰　样品及检测信息

样品编号		样品数量		代表批量	
规格型号	☑F 类　□C 类　　　等级　☑I　□II　□III				
检测项目	1. 细度；2 需水量比；3. 烧失量；4. 三氧化硫；5. 含水量；6. 安定性（C 类检）；7. 活性指数；8. 均匀性； 9. 密度；其他：				
检测依据	1. GB/T 1596—2017（7.1）；2. GB/T 1596—2017（附录 A）；3. GB/T 176—2017；4. GB/T 176—2017；5. GB/T 1596—2017（附录 B）；6. GB/T 1346—2011；7. GB/T 1596—2017（附录 C）；8. GB/T 1596—2017（6.5）；9. GB/T 208—2014				
评定依据	☑GB/T 1596—2017　　□委托/设计值：_____　　□不做评定　　客户自行提供：_____				
检后样品处理约定	□由委托方取回　☑由检测机构处理		检测类别	☑见证　□委托	
☑常规　□加急　☑初检　□复检　原检编号：_____			检测费用		
样品状态	☑灰色粉状无结块 □其他：		收样日期	年　月　日	
备注					
说明	1. 取样/送样人和见证人应对试样及提供的资料、信息的真实性、规范性和代表性负责； 2. 委托方要求加急检测时，加急费按检测费的 200％核收，单组（项）收费最多不超过 1000 元； 3. 委托检测时，本公司仅对来样负责；见证检测时，委托单上无见证人签章无效，空白处请画"—"； 4. 一组试样填写一份委托单，出具一份检测报告，检测结果以书面检测报告为准； 5. 委托方要求取回检测后的余样时，若在检测报告出具后一个月内未取回，且未说明原因的，余样由本公司统一处理；委托方将余样领回后，本公司不再受理异议申诉				

见证人签章：　　　　　　　　　　　　取样/送样人签章：　　　　　　　　　　　　收样人：

正体签字：　　　　　　　　　　　　　正体签字：　　　　　　　　　　　　　　　签章：

常见问题解答

1. 什么是粒化高炉矿渣粉？

【解答】粒化高炉矿渣粉（矿粉）是炼铁高炉排出的熔渣（注意是炼铁高炉渣），经水淬而成，且其经干燥、粉磨达到规定的细度且符合相应的活性指数。矿粉在粉磨时可以掺入石膏及水泥粉磨的助磨剂。细度大的矿粉具有高度活性，储存时间久会使活性下降。

2. 粉煤灰与磨细矿粉有何不同？

【解答】

（1）二者来源不同：粉煤灰是电厂煤粉炉烟道气体中收集到的粉末；磨细矿粉则是由炼铁高炉排

出的熔融态矿渣经水淬（粒化）后再进行干燥、磨细加工而得到的超细粉末。

（2）二者水化活性不同：粉煤灰不具有自身水化硬化特性，只能在有活性激发剂（如硅酸盐水泥等）作用下，才能具有强度。磨细矿粉具有自身水化硬化特点，能在加水拌合后自行水化硬化并具有强度。当有硅酸盐水泥激发时，其活性得到更充分的发挥。

（3）二者在混凝土中的掺加方式不同：粉煤灰一般采用"超量"取代水泥方式以保证混凝土强度达标；磨细矿粉则通常采用"等量"取代水泥方式配制混凝土，其强度仍然可以满足设计要求。

3. 为什么磨细矿粉质量比粉煤灰质量稳定？

【解答】由于炼铁过程中的所有物料投放配比有严格的控制，因此其副产物——矿渣的化学组成得以稳定控制，经现代化的粉磨工艺处理后，矿粉的细度可以很好地控制，进而达到质量稳定的目的。而一般技术收集的粉煤灰均不具备上述性能特点，质量波动较大。

4. 为什么 C 类粉煤灰必须检验安定性？

【解答】粉煤灰是用燃煤炉发电的电厂排出的烟道灰。混凝土中所使用的都是干排灰，并经粉磨达到规定细度的产品。C 类粉煤灰与 F 类粉煤灰是由不同品种的煤粉煅烧收集的，烟道中产生的灰尘和废气不同。褐煤或次烟煤经煅烧烟道中生成大量的三氧化硫烟气，为解决污染大气问题而在煤粉中掺氧化钙粉，使得收集的粉煤灰存在含量较高的游离氧化钙，高含量游离氧化钙会使水泥安定性不良，所以使用前一定要检验安定性。

5. C 类粉煤灰如何使用？

【解答】C 类粉煤灰氧化钙含量在 8％以上或游离氧化钙含量大于 1％。C 类粉煤灰具有需水量比低、活性高，兼具水硬性和气硬性的特点，使用 C 类粉煤灰只能单掺，不得用作复合掺合料，且不得和膨胀剂、防水剂共同使用。

6. 为什么掺矿粉混凝土拆模后常常会出现蓝色斑斓？

【解答】这是矿粉混凝土的独有特点，属正常现象。出现蓝色斑斓的原因是矿粉中有少量的硫化物，在水化硬化过程中会转变成多硫化合物，并呈蓝绿色。随着混凝土暴露在空气中一段时间后，上述微量化合物会进一步氧化变成硫酸盐，蓝色斑斓也就随之消失。

第八节　混凝土、砂浆配合比

一、依据标准

（1）《普通混凝土配合比设计规程》（JGJ 55—2019）。
（2）《混凝土质量控制标准》（GB 50164—2011）。
（3）《砌筑砂浆配合比设计规程》（JGJ/T 98—2010）。
（4）《普通混凝土拌合物性能试验方法标准》（GB/T 50080—2016）。
（5）《混凝土物理力学性能试验方法标准》（GB/T 50081—2019）。

二、混凝土配合比

取样要求：水泥 20kg，砂、石各 50kg。

三、砂浆配合比设计

取样要求：水泥 10kg，砂 20kg。
砂浆配合比的设计及使用应遵循混凝土配合比设计使用原则。

四、委托单填写范例

（一）混凝土配合比委托单填写范例

混凝土配合比检验委托单填写范例见表 1.8.1。

表 1.8.1　混凝土配合比检验/检测委托单

（合同编号为涉及收费的关键信息，由委托单位提供并确认无误!!）

所属合同编号：

工程名称					
委托单位/ 建设单位		联系人		电话	
施工单位		取样人		电话	
见证单位		见证人		电话	
监督单位		生产厂家			
使用部位		出厂编号			

<u>　混凝土配合比　</u>样品及检测信息

样品编号		样品数量		代表批量	
规格型号					
检测项目					
检测依据	JGJ 55—2019				
评定依据	☑不做评定　□其他：				
检后样品 处理约定	□由委托方取回　☑由检测机构处理		检测类别		☑见证　□委托
☑常规　□加急　☑初检　□复检　□原检编号：_____			检测费用		
样品状态	□水泥灰色粉状无结块，砂、石干净无杂物 □其他：		收样日期		年　月　日
备注					
说明	1. 取样/送样人和见证人应对试样及提供的资料、信息的真实性、规范性和代表性负责； 2. 委托方要求加急检测时，加急费按检测费的 200% 核收，单组（项）收费最多不超过 1000 元； 3. 委托检测时，本公司仅对来样负责；见证检测时，委托单上无见证人签章无效，空白处请画"—"； 4. 一组试样填写一份委托单，出具一份检测报告，检测结果以书面检测报告为准； 5. 委托方要求取回检测后的余样时，若在检测报告出具后一个月内未取回，且未说明原因的，余样由本公司统一处理；委托方将余样领回后，本公司不再受理异议申诉				

见证人签章：	取样/送样人签章：	收样人：
正体签字：	正体签字：	签章：

（二）砂浆配合比委托单填写范例

砂浆配合比检验委托单填写范例见表 1.8.2。

表 1.8.2　砂浆配合比检验/检测委托单

（合同编号为涉及收费的关键信息，由委托单位提供并确认无误!!）

所属合同编号：

工程名称					
委托单位/ 建设单位		联系人		电话	
施工单位		取样人		电话	
见证单位		见证人		电话	
监督单位		生产厂家			
使用部位		出厂编号			

砂浆配合比　样品及检测信息

样品编号		样品数量		代表批量	
规格型号					
检测项目					
检测依据	JGJ/T 98—2010　其他：				
评定依据	☑不做评定　□其他				
检后样品 处理约定	□由委托方取回　☑由检测机构处理		检测类别	☑见证　□委托	
☑常规　□加急　☑初检　□复检　□原检编号：＿＿＿＿			检测费用		
样品状态	□水泥灰色无结块，砂干净无杂物 □其他：		收样日期	年　月　日	
备注					
说明	1. 取样/送样人和见证人应对试样及提供的资料、信息的真实性、规范性和代表性负责； 2. 委托方要求加急检测时，加急费按检测费的 200％核收，单组（项）收费最多不超过 1000 元； 3. 委托检测时，本公司仅对来样负责；见证检测时，委托单上无见证人签章无效，空白处请画"—"； 4. 一组试样填写一份委托单，出具一份检测报告，检测结果以书面检测报告为准； 5. 委托方要求取回检测后的余样时，若在检测报告出具后一个月内未取回，且未说明原因的，余样由本公司统一处理；委托方将余样领回后，本公司不再受理异议申诉				

见证人签章：　　　　　　　　　　取样/送样人签章：　　　　　　　　收样人：
　　正体签字：　　　　　　　　　　　　正体签字：　　　　　　　　　　　签章：

常见问题解答

1. 在委托设计混凝土配合比时应提供哪些材料？

【解答】设计混凝土强度等级、强度标准差（没有统计资料的可以不提供）、工作度要求（坍落度或扩展度）、各种原材料及其检验报告、混凝土所处的特殊环境条件（干燥环境可以不提供）、特殊的构件尺寸（如薄壁构件、大体积混凝土等）。

2. 在施工过程中使用实验室提供的配合比应注意什么？

【解答】实验室配合比提供的是干骨料配合比。施工现场受外界环境温湿度的影响，粗、细骨料的含水率不断变化，所以现场搅拌混凝土要测定粗、细骨料的含水量，并在配合比中扣除由骨料带入的水量。现场原材料性能变化应重新设计配合比。

3. 委托设计砂浆配合比应填写哪些内容？注意什么？

【解答】设计砂浆强度等级、稠度要求、原材料及其检测报告、使用部位（砌筑石砌体的在使用部位中要特别注明"石砌体砌筑"）。混合砂浆白灰膏的稠度不大于 120mm。

4. 混凝土拌合物性能指的是什么？

【解答】混凝土拌合物性能即混凝土和易性，主要包括流动性、黏聚性和保水性三个方面内容。流动性是指拌合物在自重或外力作用下产生流动的难易程度；黏聚性是指拌合物各组成材料之间不产生分层离析现象；保水性是指拌合物不产生严重泌水现象。

第二章　安全检测

安全无时无刻不围绕在我们每一个人的身边，建筑生产当中的安全更不容小觑。建筑生产当中的安全防护工具一定要保证质量，因此安全用品的检测显得更加重要。

第一节　钢管脚手架扣件

钢管脚手架扣件是指用可锻铸铁或铸钢制造的用于固定脚手架、井架等支撑体系的连接部件，简称扣件。其中钢管公称外径一般为 48.3mm。

一、依据标准

《钢管脚手架扣件》（GB 15831—2006）。

二、检测项目

（一）直角扣件

一般检验项目：抗滑力学性能、抗破坏力学性能、扭转刚度力学性能。

（二）旋转扣件

一般检验项目：抗滑力学性能、抗破坏力学性能。

（三）对接扣件

一般检验项目：抗拉力学性能。

（四）底座

一般检验项目：抗压力学性能。

三、抽样方法

（1）按 GB/T 2828.1—2012 中规定的正常检验二次抽样方案进行抽样，见表 2.1.1。

表 2.1.1　正常检验二次抽样方案

项目类别	检验项目性能	检查水平	AQL	批量范围	样本	样本大小		Ac	Re
主要项目	抗滑 抗破坏 扭转刚度 抗拉 抗压	S-4	4	281～500	第一	8	—	0	2
					第二	—	8	1	2
				501～1200	第一	13	—	0	3
					第二	—	13	3	4
				1201～10000	第一	20	—	1	3
					第二	—	20	4	5

（2）被检产品采用随机抽样。

（3）抽样的批量范围：每批扣件必须大于 280 件。当批量超过 10000 件，超过部分应作另一批抽样。

四、委托单填写范例

扣件检验委托单填写范例见表 2.1.2（注：直角扣件和旋转扣件委托时分开委托）。

表 2.1.2　钢管脚手架扣件检验/检测委托单

（合同编号为涉及收费的关键信息，由委托单位提供并确认无误!!）

所属合同编号：

工程名称					
委托单位/ 建设单位		联系人		电话	
施工单位		取样人		电话	
见证单位		见证人		电话	
监督单位		生产厂家			
使用部位		出厂编号			

<u>　　钢管脚手架扣件　</u>样品及检测信息

样品编号		样品数量		代表批量	
类别/ 规格型号	☑直角扣件（GKZ48A） □旋转扣件（GKU） □对接扣件（GKD） □底座　　（GKDZ）	批次			
检测项目	☑抗滑力学性能（6.2.1）　□抗破坏力学性能（6.2.2） □扭转刚度力学性能（6.2.3） □抗拉力学性能（6.4）　　□抗压力学性能（6.5）				
检测依据	☑GB 15831—2006				
评定依据	☑GB 15831—2006　□不做评定				
检后样品 处理约定	□由委托方取回 ☑由检测机构处理	检测类别		☑见证　□委托	
☑常规　□加急　□初检　□复检　原检编号：		检测费用			
样品状态	☑样品无锈蚀，无破损 □其他	收样日期		年　　月　　日	
备注					
说明	1. 取样/送样人和见证人应对试样及提供的资料、信息的真实性、规范性和代表性负责； 2. 委托方要求加急检测时，加急费按检测费的 200% 核收，单组（项）收费最多不超过 1000 元； 3. 委托检测时，本公司仅对来样负责；见证检测时，委托单上无见证人签章无效，空白处请画"—"； 4. 一组试样填写一份委托单，出具一份检测报告，检测结果以书面检测报告为准； 5. 委托方要求取回检测后的余样时，若在检测报告出具后一个月内未取回，且未说明原因的，余样由本公司统一处理；委托方将余样领回后，本公司不再受理异议申诉				

备注栏内表格：

代表批量	样品数量
281~500	8
501~1200	13
1201~10000	20

见证人签章：　　　　　　　　　　取样/送样人签章：　　　　　　　　　　收样人：

正体签字：　　　　　　　　　　　正体签字：　　　　　　　　　　　　　签章：

五、检验结果评定

扣件的力学性能应符合表 2.1.3 中要求。

表 2.1.3　扣件力学性能

性能名称	扣件型式	性能要求
抗滑性能	直角	$P＝7.0\text{kN}$ 时，$\Delta_1\leqslant7.00\text{mm}$；$P＝10.0\text{kN}$ 时，$\Delta_2\leqslant0.50\text{mm}$
	旋转	$P＝7.0\text{kN}$ 时，$\Delta_1\leqslant7.00\text{mm}$；$P＝10.0\text{kN}$ 时，$\Delta_2\leqslant0.50\text{mm}$
抗破坏性能	直角	$P＝25.0\text{kN}$ 时，各部分不应破坏
	旋转	$P＝17.0\text{kN}$ 时，各部分不应破坏
扭转刚度性能	直角	扭力矩为 900N·m 时，$f\leqslant70.0\text{mm}$
抗拉性能	对接	$P＝4.0\text{kN}$ 时，$\Delta\leqslant2.00\text{mm}$
抗压性能	底座	$P＝50.0\text{kN}$ 时，各部分不应破坏

六、不合格情况的处理方法

经检验力学性能只要有一种不合格，则该样品就不合格。不合格样品不允许复检，应当退厂换批。

第二节　安全网

安全网是指用来防止人、物坠落，或用来避免、减轻坠落及物体打击伤害的网具。

一、依据标准

《安全网》（GB 5725—2009）。

二、检测项目

安全网检测项目：耐冲击性能。

三、抽样方法及判定

安全网取样数量与判定见表 2.2.1。

表 2.2.1　安全网取样数量及判定要求

检验项目	批量范围	检验样本大小	判定数	
			合格判定数	不合格判定数
耐冲击性能	＜500	3	0	1
	501～5000	5		
	≥5001	8		

四、委托单填写范例

安全网填写范例见表2.2.2。

表2.2.2　安全网检验/检测委托单

(合同编号为涉及收费的关键信息，由委托单位提供并确认无误!!)

所属合同编号：

工程名称					
委托单位/建设单位		联系人		电话	
施工单位		取样人		电话	
见证单位		见证人		电话	
监督单位		生产厂家			
使用部位		出厂编号			

安全网　样品及检测信息

样品编号		样品数量		代表批量	
类别/规格型号	☑密目网（ML-1.8×10A级） □平　网（P-长×宽） □立　网（L-长×宽）		批次		
检测项目	☑耐冲击性能				
检测依据	☑GB 5725—2009（附录A）				
评定依据	☑GB 5725—2009　　□不做评定				
检后样品处理约定	□由委托方取回 ☑由检测机构处理		检测类别		☑见证　　□委托
☑常规　□加急　□初检　□复检　原检编号：＿＿＿＿			检测费用		
样品状态	☑样品完整，无破损 □其他		收样日期		年　月　日
备注					
说明	1. 取样/送样人和见证人应对试样及提供的资料、信息的真实性、规范性和代表性负责； 2. 委托方要求加急检测时，加急费按检测费的200%核收，单组（项）收费最多不超过1000元； 3. 委托检测时，本公司仅对来样负责；见证检测时，委托单上无见证人签章无效，空白处请画"—"； 4. 一组试样填写一份委托单，出具一份检测报告，检测结果以书面检测报告为准； 5. 委托方要求取回检测后的余样时，若在检测报告出具后一个月内未取回，且未说明原因的，余样由本公司统一处理；委托方将余样领回后，本公司不再受理异议申诉				

批次表：

代表批量	样品数量
<500	3
501~5000	5
≥5001	8

见证人签章：　　　　　　　　　　　　取样/送样人签章：　　　　　　　　　　　　收样人：

正体签字：　　　　　　　　　　　　　正体签字：　　　　　　　　　　　　　　签章：

五、测试结果评定

（1）密目式立网：以截面200mm×50mm的立方体不能穿过撕裂空洞视为测试通过。
测试结果以测试重物吊起之前为准，立方体穿过撕裂空洞时不应施加明显外力。

（2）平（立）网耐冲击性能应符合表2.2.3的规定。

表2.2.3　平（立）网测试结果

安全网类别	平网	立网
冲击高度（m）	7	2
测试结果	网绳、边绳、系绳不断裂， 测试重物不应接触地面	网绳、边绳、系绳不断裂， 测试重物不应接触地面

六、不合格情况处理方法

经检验不合格的样品不允许复检，应当退厂换批。

第三节　安全帽

安全帽是指对人头部受坠落物及其他特定因素引起的伤害起防护作用的帽。由帽壳、帽衬、下颏带、附件组成。

一、依据标准

（1）《头部防护安全帽》（GB 2811—2019）。
（2）《安全帽测试方法》（GB/T 2812—2006）。

二、检测项目

安全帽检测项目见表2.3.1。

表2.3.1　安全帽检测项目

检验项目	要求
安全帽	高温（50℃）处理后冲击吸收性能
	低温（−10℃）处理后冲击吸收性能
	浸水处理后冲击吸收性能
	辐照处理后冲击吸收性能
	高温（50℃）处理后耐穿刺性能
	低温（−10℃）处理后耐穿刺性能
	浸水处理后耐穿刺性能
	辐照处理后耐穿刺性能

三、抽样方法及判定

各检测项目样本大小及其判定见表2.3.2。

表2.3.2　安全帽取样数量及其判定数　　　　　　（单位：个）

检验项目	批量范围	单项检验样本大小	单项判定数组	
			合格判定数	不合格判定数
冲击吸收性能、耐穿刺性能	<500	3	0	1
	501~5000	5	0	1
	5001~50000	8	0	1
	≥50001	13	1	2

四、委托单填写范例

安全帽检验委托单填写范例见表2.3.3。

表 2.3.3　安全帽检验/检测委托单

（合同编号为涉及收费的关键信息，由委托单位提供并确认无误！！）

所属合同编号：

工程名称				
委托单位/ 建设单位		联系人	电话	
施工单位		取样人	电话	
见证单位		见证人	电话	
监督单位		生产厂家		
使用部位		出厂编号		

__安全帽__样品及检测信息

样品编号			样品数量		代表批量	
类别/ 规格型号	预处理条件： ☑ 高温 50℃　☑ 低温－10℃ ☑ 浸水 20℃　☑ 紫外线照射			批次		
检测项目	☑ 冲击吸收性能　☑ 耐穿刺性能					
检测依据	☑ GB/T 2812—2006					
评定依据	☑ GB 2811—2019　□不做评定					
检后样品 处理约定	□由委托方取回　☑由检测机构处理		检测		□委托	
☑常规　□加急　□初检　□复检　原检编号：＿＿＿＿			检测			
样品状态	☑ 红色 样品，外观完整，无破损 □其他：		收样		日	
备注	佩戴高度≤85mm					
说明	1. 取样/送样人和见证人应对试样及提供的资料、信息的真实性、规范性和代表性负责； 2. 委托方要求加急检测时，加急费按检测费的 200％核收，单组（项）收费最多不超过 1000 元； 3. 委托检测时，本公司仅对来样负责；见证检测时，委托单上无见证人签章无效，空白处请画"—"； 4. 一组试样填写一份委托单，出具一份检测报告，检测结果以书面检测报告为准； 5. 委托方要求取回检测后的余样时，若在检测报告出具后一个月内未取回，且未说明原因的，余样由本公司统一处理；委托方将余样领回后，本公司不再受理异议申诉					

代表批量对照表：

代表批量	样品数量
＜500	3
501~5000	5
5001~50000	8
≥50001	13

见证人签章：　　　　　　　　　　取样/送样人签章：　　　　　　　　　　收样人：

正体签字：　　　　　　　　　　　　正体签字：　　　　　　　　　　　　签章：

五、检验结果评定

（一）冲击吸收性能

经过高温、低温、浸水、紫外线照射预处理后做冲击测试，传递到头模型上的力不超过 4900N，帽壳不得有碎片脱落。

（二）耐穿刺性能

经过高温、低温、浸水、紫外线照射预处理后做穿刺测试，钢锥不得接触头模型表面，帽壳不得有碎片脱落。

六、不合格情况处理

经检验不合格的产品不允许复检，应当退厂换批。

第三章 使用功能类材料检测

第一节 墙体材料

一、依据标准

(1)《蒸压加气混凝土砌块》(GB/T 11968—2020)。

(2)《蒸压加气混凝土性能试验方法》(GB/T 11969—2020)。

(3)《普通混凝土小型砌块》(GB/T 8239—2014)。

(4)《轻集料混凝土小型空心砌块》(GB/T 15229—2011)。

(5)《烧结空心砖和空心砌块》(GB/T 13545—2014)。

(6)《烧结普通砖》(GB/T 5101—2017)。

(7)《烧结多孔砖和多孔砌块》(GB 13544—2011)。

(8)《砌墙砖试验方法》(GB/T 2542—2012)。

(9)《混凝土砌块和砖试验方法》(GB/T 4111—2013)。

(10)《砌体结构工程施工质量验收规范》(GB 50203—2011)。

(11)《蒸压粉煤灰砖》(JC/T 239—2014)。

(12)《混凝土实心砖》(GB/T 21144—2007)。

二、取样数量、代表批量和检验项目

墙体材料的取样数量、代表批量和检验项目见表3.1.1。

表 3.1.1 取样数量、代表批量和检验项目

墙体材料种类	检验批构成	检验项目	取样数量（块）
烧结普通砖	3.5万～15万块为一批，不足3.5万块按一批计	强度等级	10
		尺寸偏差	20
		外观质量	50
		吸水率和饱和系数	5
		冻融	5
		泛霜	5
		石灰爆裂	5
烧结多孔砖和多孔砌块	3.5万～15万块为一批，不足3.5万块按一批计	强度等级	10
		密度等级	3
		尺寸偏差	20
		外观质量	50
		泛霜	5
		石灰爆裂	5
		吸水率和饱和系数	5
		冻融	5
		孔型孔结构及孔洞率	3

续表

墙体材料种类	检验批构成	检验项目	取样数量（块）
烧结空心砖和空心砌块	3.5万～15万块为一批，不足3.5万块按一批计	外观质量	50
		尺寸偏差	20
		强度	10
		密度	5
		孔洞排列及其结构	5
		泛霜	5
		石灰爆裂	5
		吸水率和饱和系数	5
		冻融	5
轻集料混凝土小型空心砌块	同一品种轻集料和水泥按同一生产工艺制成的相同密度等级和强度等级的300m³砌块为一批，不足300m³者也按一批计	尺寸偏差和外观质量	32
		强度	5
		密度、吸水率和相对含水率	3
		干燥收缩率	3
		抗冻性	10
普通混凝土小型砌块	同一种原材料配制成的相同规格、龄期、强度等级和相同生产工艺生产的500m³且不超过3万块砌块为一批，每周生产不足500m³且不超过3万块砌块按一批计	尺寸偏差和外观质量	32
		强度等级	5（$H/B \geqslant 0.6$）
			10（$H/B < 0.6$）
		空心率	3
		抗冻性	10（$H/B \geqslant 0.6$）
			20（$H/B < 0.6$）
蒸压加气混凝土砌块	同品种、同规格、同级别的砌块，以3万块为一批，不足3万块也为一批	干密度	3组9块
		抗压强度	3组9块
		抗冻性	6组18块
蒸压粉煤灰砖	同一批原材料、同一生产工艺生产、同一规格型号、同一强度等级和同一龄期的每10万块砖为一批，不足10万块按一批计	尺寸偏差和外观质量	50
		强度等级	20
		吸水率	3
		抗冻性	20
混凝土实心砖	同一种原材料、同一工艺生产、相同质量等级的10万块为一批，不足10万块也按一批计	强度	10
		密度	3

三、取样方法

（1）烧结普通砖：外观质量检验的试样采用随机抽样法，在每一检验批的产品堆垛中抽取，尺寸偏差检验和其他检验项目的样品用随机抽样法从外观质量检验合格的样品中抽取。

（2）烧结多孔砖和多孔砌块：外观质量检验的试样采用随机抽样法，在每一检验批的产品堆垛中抽取，其他检验项目的样品用随机抽样法从外观质量检验合格的样品中抽取。

（3）烧结空心砖和空心砌块：外观质量检验的样品采用随机抽样法，在每一检验批的产品堆垛中抽取，其他检验项目的样品用随机抽样法从外观质量检验合格的样品中抽取。

（4）轻集料混凝土小型空心砌块：每批随机抽取相应数量做尺寸偏差和外观质量检验，再从外观质量和尺寸偏差检验合格的砌块中随机抽取进行其他项目的检验。

（5）普通混凝土小型砌块：每批随机抽取相应数量做尺寸偏差和外观质量检验，再从外观质量和尺寸偏差检验合格的砌块中随机抽取进行其他项目的检验。

（6）蒸压加气混凝土砌块：从外观质量和尺寸偏差检验合格的砌块中随机抽取进行其他项目的检验，按图 3.1.1 制作 100mm×100mm×100mm 的立方体试件。试件的制备，应采用机锯，锯切时不得将试件弄湿。试件应沿制品发气方向中心部分上、中、下顺序锯取一组，"上"块上表面距离制品顶面 30mm，"中"块在制品正中处，"下"块下表面距离制品底面 30mm。制品的高度不同，试件略有不同。试件表面应平整，不得有裂缝或明显缺陷，尺寸允许偏差为±1mm，平整度应不大于 0.5mm，垂直度应不大于 0.5mm。试件应逐块标明锯取部位和发气方向。

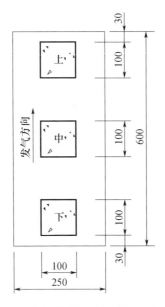

图 3.1.1 立方体试件锯取示意图（单位：mm）

（7）蒸压粉煤灰砖：外观质量和尺寸偏差的检验样品用随机抽样法从每一检验批的产品中抽取，其他项目的检验样品用随机抽样法从外观质量和尺寸偏差检验合格的样品中抽取。

（8）混凝土实心砖：用随机抽样法从外观质量检验合格的样品中抽取相应数量进行其他项目检验。

四、委托单填写（表 3.1.2～表 3.1.9）

烧结普通砖、烧结多孔砖和多孔砌块、烧结空心砖和空心砌块、轻集料混凝土小型空心砌块等检验委托填写范例见表 3.1.2～表 3.1.9。

表 3.1.2　烧结普通砖检验/检测委托单

（合同编号为涉及收费的关键信息，由委托单位提供并确认无误！！）

所属合同编号：

工程名称					
委托单位/建设单位		联系人		电话	
施工单位		取样人		电话	
见证单位		见证人		电话	
监督单位		生产厂家			
使用部位		出厂编号			

烧结普通砖　样品及检测信息					
样品编号		样品数量		代表批量	
规格型号	尺寸（mm）：□240×115×53　□其他： 强度等级：□MU10　□MU15　□MU20　□MU25　□MU30				

续表

工程名称			
检测项目	1. 强度；2. 吸水率和饱和系数；3. 冻融；4. 泛霜；5. 石灰爆裂；6. 尺寸偏差；7. 外观质量		
检测依据	GB/T 2542—2012		
评定依据	GB/T 5101—2017		
检后样品处理约定	□由委托方取回　□由检测机构处理	检测类别	□见证　□委托
□常规　□加急　□初检　□复检　原检编号：_____		检测费用	
样品状态	外观完好无破损	收样日期	年　月　日
备注			
说明	1. 取样/送样人和见证人应对试样及提供的资料、信息的真实性、规范性和代表性负责； 2. 委托方要求加急检测时，加急费按检测费的 200%核收，单组（项）收费最多不超过 1000 元； 3. 委托检测时，本公司仅对来样负责；见证检测时，委托单上无见证人签章无效，空白处请画"—"； 4. 一组试样填写一份委托单，出具一份检测报告，检测结果以书面检测报告为准； 5. 委托方要求取回检测后的余样时，若在检测报告出具后一个月内未取回，且未说明原因的，余样由本公司统一处理；委托方将余样领回后，本公司不再受理异议申诉		
见证人签章： 正体签字：	取样/送样人签章： 正体签字：		收样人： 签章：

表 3.1.3　烧结多孔砖和多孔砌块检验/检测委托单

（合同编号为涉及收费的关键信息，由委托单位提供并确认无误！！）

所属合同编号：

工程名称					
委托单位/ 建设单位		联系人		电话	
施工单位		取样人		电话	
见证单位		见证人		电话	
监督单位		生产厂家			
使用部位		出厂编号			

烧结多孔砖和多孔砌块　样品及检测信息

样品编号		样品数量		代表批量	
规格型号	砖尺寸（mm）：□240×115×90　□其他： 砌块尺寸（mm）：□390×190×190　□其他： 抗压强度等级：□MU10　□MU15　□MU20　□MU25　□MU30 砖密度等级：□1000　□1100　□1200　□1300 砌块密度等级：□900　□1000　□1100　□1200				
检测项目	1. 抗压强度；2. 密度等级；3. 尺寸偏差；4. 外观质量；5. 泛霜；6. 石灰爆裂；7. 冻融；8. 孔型、孔结构及孔洞率				
检测依据	检测项目 1 为 GB 13544—2011（6.4）；检测项目 2、3、4、5、6、7、8 为 GB/T 2542—2012				
评定依据	GB 13544—2011				
检后样品处理约定	□由委托方取回　□由检测机构处理		检测类别	□见证　□委托	
□常规　□加急　□初检　□复检　原检编号：_____			检测费用		
样品状态	外观完好无破损		收样日期	年　月　日	
备注					
说明	1. 取样/送样人和见证人应对试样及提供的资料、信息的真实性、规范性和代表性负责； 2. 委托方要求加急检测时，加急费按检测费的 200%核收，单组（项）收费最多不超过 1000 元； 3. 委托检测时，本公司仅对来样负责；见证检测时，委托单上无见证人签章无效，空白处请画"—"； 4. 一组试样填写一份委托单，出具一份检测报告，检测结果以书面检测报告为准； 5. 委托方要求取回检测后的余样时，若在检测报告出具后一个月内未取回，且未说明原因的，余样由本公司统一处理；委托方将余样领回后，本公司不再受理异议申诉				
见证人签章： 正体签字：	取样/送样人签章： 正体签字：			收样人： 签章：	

表 3.1.4 烧结空心砖和空心砌块检验/检测委托单

（合同编号为涉及收费的关键信息，由委托单位提供并确认无误!!）

所属合同编号：

工程名称						
委托单位/ 建设单位		联系人		电话		
施工单位		取样人		电话		
见证单位		见证人		电话		
监督单位		生产厂家				
使用部位		出厂编号				

烧结空心砖和空心砌块 样品及检测信息

样品编号		样品数量		代表批量	
规格型号	尺寸（mm）：□240×115×90　□390×190×180　□其他： 抗压强度等级：□MU3.5　□MU5.0　□MU7.5　□MU10 密度等级：□800 级　□900 级　□1000 级　□1100 级				
检测项目	1. 抗压强度；2. 密度等级；3. 尺寸偏差；4. 外观质量；5. 泛霜；6. 石灰爆裂；7. 冻融；8. 孔型、孔结构及孔洞率				
检测依据	GB/T 2542—2012				
评定依据	GB/T 13545—2014				
检后样品 处理约定	□由委托方取回　□由检测机构处理	检测类别		□见证　□委托	
□常规　□加急　□初检　□复检　原检编号：_____		检测费用			
样品状态	外观完好无破损	收样日期		年　月　日	
备注					
说明	1. 取样/送样人和见证人应对试样及提供的资料、信息的真实性、规范性和代表性负责； 2. 委托方要求加急检测时，加急费按检测费的 200％核收，单组（项）收费最多不超过 1000 元； 3. 委托检测时，本公司仅对来样负责；见证检测时，委托单上无见证人签章无效，空白处请画"—"； 4. 一组试样填写一份委托单，出具一份检测报告，检测结果以书面检测报告为准； 5. 委托方要求取回检测后的余样时，若在检测报告出具后一个月内未取回，且未说明原因的，余样由本公司统一处理；委托方将余样领回后，本公司不再受理异议申诉				

见证人签章：　　　　　　　　取样/送样人签章：　　　　　　收样人：
正体签字：　　　　　　　　　正体签字：　　　　　　　　　　签章：

表 3.1.5　轻集料混凝土小型空心砌块检验/检测委托单

（合同编号为涉及收费的关键信息，由委托单位提供并确认无误!!）

所属合同编号：

工程名称				
委托单位/ 建设单位		联系人		电话
施工单位		取样人		电话
见证单位		见证人		电话
监督单位		生产厂家		
使用部位		出厂编号		

轻集料混凝土小型空心砌块　样品及检测信息

样品编号		样品数量		代表批量	
规格型号	尺寸（mm）：□390×190×190　□395×90×195　□395×140×195　□其他： 强度等级：□MU2.5　□MU3.5　□MU5.0　□MU7.5　□MU10.0　□其他： 密度等级：□700　□800　□900　□1000　□1100　□1200　□其他：				
检测项目	1. 强度等级；2. 密度等级；3. 吸水率；4. 相对含水量；5. 抗冻性；6. 干燥收缩值；7. 尺寸偏差和外观质量				
检测依据	GB/T 4111—2013				
评定依据	GB/T 15229—2011				
检后样品 处理约定	□由委托方取回　□由检测机构处理		检测类别		□见证　□委托
□常规　□加急　□初检　□复检　原检编号：＿＿＿＿			检测费用		
样品状态	外观完好无破损		收样日期		年　月　日
备注					
说明	1. 取样/送样人和见证人应对试样及提供的资料、信息的真实性、规范性和代表性负责； 2. 委托方要求加急检测时，加急费按检测费的200%核收，单组（项）收费最多不超过1000元； 3. 委托检测时，本公司仅对来样负责；见证检测时，委托单上无见证人签章无效，空白处请画"—"； 4. 一组试样填写一份委托单，出具一份检测报告，检测结果以书面检测报告为准； 5. 委托方要求取回检测后的余样时，若在检测报告出具后一个月内未取回，且未说明原因的，余样由本公司统一处理；委托方将余样领回后，本公司不再受理异议申诉				

见证人签章：　　　　　　　　　　取样/送样人签章：　　　　　　　　　　收样人：

正体签字：　　　　　　　　　　　正体签字：　　　　　　　　　　　　　签章：

表 3.1.6 普通混凝土小型砌块检验/检测委托单

（合同编号为涉及收费的关键信息，由委托单位提供并确认无误!!）

所属合同编号：

工程名称					
委托单位/建设单位		联系人		电话	
施工单位		取样人		电话	
见证单位		见证人		电话	
监督单位		生产厂家			
使用部位		出厂编号			

普通混凝土小型砌块　样品及检测信息

样品编号		样品数量		代表批量	
规格型号	尺寸（mm）：□390×90×190　□390×190×190　□其他： 抗压强度等级：□MU5.0　□MU7.5　□MU10.0　□MU15.0　□MU20.0　□其他：				
检测项目	1. 抗压强度；2. 尺寸偏差；3. 外观质量；4. 抗冻性；5. 空心率				
检测依据	GB/T 4111—2013				
评定依据	GB/T 8239—2014				
检后样品处理约定	□由委托方取回　□由检测机构处理		检测类别	□见证　□委托	
□常规　□加急　□初检　□复检　原检编号：_____			检测费用		
样品状态	外观完好无破损		收样日期	年　月　日	
备注					
说明	1. 取样/送样人和见证人应对试样及提供的资料、信息的真实性、规范性和代表性负责； 2. 委托方要求加急检测时，加急费按检测费的 200％核收，单组（项）收费最多不超过 1000 元； 3. 委托检测时，本公司仅对来样负责；见证检测时，委托单上无见证人签章无效，空白处请画"—"； 4. 一组试样填写一份委托单，出具一份检测报告，检测结果以书面检测报告为准； 5. 委托方要求领回检测后的余样时，若在检测报告出具后一个月内未取回，且未说明原因的，余样由本公司统一处理；委托方将余样领回后，本公司不再受理异议申诉				

见证人签章：　　　　　　　　　　取样/送样人签章：　　　　　　　　　　收样人：

正体签字：　　　　　　　　　　　　正体签字：　　　　　　　　　　　　　签章：

表 3.1.7　蒸压加气混凝土砌块检验/检测委托单

（合同编号为涉及收费的关键信息，由委托单位提供并确认无误!!）

所属合同编号：

工程名称					
委托单位/ 建设单位		联系人		电话	
施工单位		取样人		电话	
见证单位		见证人		电话	
监督单位		生产厂家			
使用部位		出厂编号			

<u>　　蒸压加气混凝土砌块　　</u>样品及检测信息

样品编号		样品数量	强度级别 3 组 9 块 干密度级别 3 组 9 块 抗冻性 6 组 18 块 尺寸 100mm×100mm ×100mm	代表批量	3 万块
规格型号	尺寸（mm）：□600×240×200　□640×240×300　□其他： 强度级别：□A2.5　□A3.5　□A5.0 干密度级别：□B05　□B06　□B07　□其他： 产品分类：□Ⅰ型　□Ⅱ型				
检测项目	1. 强度级别；2. 干密度级别；3. 抗冻性				
检测依据	GB/T 11969—2020				
评定依据	GB/T 11968—2020				
检后样品 处理约定	□由委托方取回　□由检测机构处理		检测类别	□见证　□委托	
□常规　□加急　□初检　□复检　原检编号：＿＿＿＿			检测费用		
样品状态	外观完好无破损		收样日期	年　月　日	
备注					
说明	1. 取样/送样人和见证人应对试样及提供的资料、信息的真实性、规范性和代表性负责； 2. 委托方要求加急检测时，加急费按检测费的 200％核收，单组（项）收费最多不超过 1000 元； 3. 委托检测时，本公司仅对来样负责；见证检测时，委托单上无见证人签章无效，空白处请画"—"； 4. 一组试样填写一份委托单，出具一份检测报告，检测结果以书面检测报告为准； 5. 委托方要求取回检测后的余样时，若在检测报告出具后一个月内未取回，且未说明原因的，余样由本公司统一处理；委托方将余样领回后，本公司不再受理异议申诉				

见证人签章：	取样/送样人签章：	收样人：
正体签字：	正体签字：	签章：

表 3.1.8　蒸压粉煤灰砖检验/检测委托单

（合同编号为涉及收费的关键信息，由委托单位提供并确认无误!!）

所属合同编号：

工程名称					
委托单位/ 建设单位		联系人		电话	
施工单位		取样人		电话	
见证单位		见证人		电话	
监督单位		生产厂家			
使用部位		出厂编号			

<u>　　蒸压粉煤灰砖　　</u> 样品及检测信息

样品编号		样品数量		代表批量	
规格型号	尺寸（mm）：☑240×115×53　□其他： 强度等级：□MU10　□MU15　□MU20　□MU25　□MU30				
检测项目	1. 抗压强度；2. 抗折强度；3. 吸水率；4. 抗冻性；5. 尺寸偏差；6. 外观质量				
检测依据	JC/T 239—2014（附录 A、附录 B）；GB/T 4111—2013				
评定依据	JC/T 239—2014				
检后样品 处理约定	□由委托方取回　□由检测机构处理		检测类别		□见证　□委托
□常规　□加急　□初检　□复检　原检编号：_____			检测费用		
样品状态	外观完好无破损		收样日期		年　月　日
备注					
说明	1. 取样/送样人和见证人应对试样及提供的资料、信息的真实性、规范性和代表性负责； 2. 委托方要求加急检测时，加急费按检测费的 200％核收，单组（项）收费最多不超过 1000 元； 3. 委托检测时，本公司仅对来样负责；见证检测时，委托单上无见证人签章无效，空白处请画"—"； 4. 一组试样填写一份委托单，出具一份检测报告，检测结果以书面检测报告为准； 5. 委托方要求取回检测后的余样时，若在检测报告出具后一个月内未取回，且未说明原因的，余样由本公司统一处理；委托方将余样领回后，本公司不再受理异议申诉				

见证人签章：	取样/送样人签章：	收样人：
正体签字：	正体签字：	签章：

表 3.1.9 混凝土实心砖检验/检测委托单

（合同编号为涉及收费的关键信息，由委托单位提供并确认无误！！）

所属合同编号：

工程名称						
委托单位/ 建设单位		联系人		电话		
施工单位		取样人		电话		
见证单位		见证人		电话		
监督单位	×××××公司	生产厂家		×××××公司		
使用部位	××××××	出厂编号		××××××		

混凝土实心砖 样品及检测信息

样品编号		样品数量		代表批量	
规格型号	尺寸（mm）：□240×115×53 □其他尺寸：_____ 密度等级：□A级 □B级 □C级 强度等级：□MU15 □MU20 □MU25 □MU30 □MU35 □MU40				
检测项目	1. 抗压强度；2. 密度等级				
检测依据	1. GB/T 21144—2007（附录A）；2. GB/T 4111—2013				
评定依据	GB/T 21144—2007				
检后样品处理约定	□由委托方取回 □由检测机构处理	检测类别		□见证 □委托	
□常规 □加急 □初检 □复检 原检编号：_____		检测费用			
样品状态	外观完好无破损	收样日期		年 月 日	
备注					
说明	1. 取样/送样人和见证人应对试样及提供的资料、信息的真实性、规范性和代表性负责； 2. 委托方要求加急检测时，加急费按检测费的200％核收，单组（项）收费最多不超过1000元； 3. 委托检测时，本公司仅对来样负责；见证检测时，委托单上无见证人签章无效，空白处请画"—"； 4. 一组试样填写一份委托单，出具一份检测报告，检测结果以书面检测报告为准； 5. 委托方要求取回检测后的余样时，若在检测报告出具后一个月内未取回，且未说明原因的，余样由本公司统一处理；委托方将余样领回后，本公司不再受理异议申诉				

见证人签章：   取样/送样人签章：   收样人：

正体签字：   正体签字：   签章：

五、结果判定

以上墙体材料的检验项目应符合相关标准要求，否则判定不合格。

第二节 防水材料

一、依据标准

（1）《弹性体改性沥青防水卷材》（GB 18242—2008）。

（2）《改性沥青聚乙烯胎防水卷材》（GB 18967—2009）。

（3）《自粘聚合物改性沥青防水卷材》（GB 23441—2009）。

（4）《预铺防水卷材》（GB/T 23457—2017）。

（5）《湿铺防水卷材》（GB/T 35467—2017）。

（6）《石油沥青玻璃纤维胎防水卷材》（GB/T 14686—2008）。

（7）《聚氯乙烯（PVC）防水卷材》（GB 12952—2011）。

（8）《氯化聚乙烯防水卷材》（GB 12953—2003）。

（9）《高分子防水材料 第 1 部分：片材》（GB 18173.1—2012）。

（10）《高分子防水材料 第 2 部分：止水带》（GB/T 18173.2—2014）。

（11）《聚合物乳液建筑防水涂料》（JC/T 864—2008）。

（12）《聚氨酯防水涂料》（GB/T 19250—2013）。

（13）《聚合物水泥防水涂料》（GB/T 23445—2009）。

（14）《水泥基渗透结晶型防水材料》（GB 18445—2012）。

（15）《建筑防水卷材试验方法》（GB/T 328.1～27—2007）。

（16）《建筑防水涂料试验方法》（GB/T 16777—2008）。

（17）《硫化橡胶或热塑性橡胶拉伸应力应变性能的测定》（GB/T 528—2009）。

（18）《硫化橡胶或热塑性橡胶撕裂强度的测定（裤形、直角形和新月形试样）》（GB/T 529—2008）。

（19）《色漆、清漆和色漆与清漆用原材料 取样》（GB/T 3186—2006）。

（20）《屋面工程质量验收规范》（GB 50207—2012）。

（21）《建筑工程检测试验技术管理规范》（JGJ 190—2010）。

（22）《地下防水工程质量验收规范》（GB 50208—2011）

二、检测项目、取样要求、结果判定

（一）弹性体改性沥青防水卷材（简称 SBS 防水卷材）

1. 检测项目

（1）耐热性（地下工程除外）。

（2）低温柔性。

（3）不透水性。

（4）拉力（最大峰拉力）。

（5）最大峰时延伸率（G 类、PYG 类除外）。

（6）可溶物含量（PYG 类除外）。

（7）热老化低温柔性。

（8）渗油性。

（9）接缝剥离强度。

（10）卷材下表面沥青涂盖层厚度。

（11）其他。

2. 取样要求

（1）代表批量：以同一类型、同一规格 10000m² 为一批，不足 10000m² 时也可作为一批。

（2）取样数量及方法：在每批产品中随机抽取 5 卷进行厚度、面积、卷重与外观检查。从厚度、面积、卷重及外观合格的卷材中随机抽取 1 卷取至少 1.5m² 的试样进行物理力学性能或材料性能检测。

（3）样品要求：厚度、面积、卷重及外观合格。

3. 结果判定

（1）单项判定。

① 单位面积质量、面积、厚度及外观：抽取的 5 卷样品均符合单位面积质量、面积、厚度及外观的规定时，判定为单位面积质量、面积、厚度及外观合格。若其中有一项不符合规定，允许从该批产

品中再随机抽取 5 卷样品，对不合格项进行复查。如全部达到标准规定时则判定为合格，否则判定该批产品不合格。

② 材料性能：各项试验结果均符合材料性能的规定，则判定该批产品材料性能合格。若有一项指标不符合标准规定，允许在该批产品中再随机抽取 5 卷，从中任取 1 卷对不合格项进行单项复验。达到标准规定时，则判定该批产品材料性能合格。

（2）总判定。

试验结果符合全部要求时，判定该批产品合格。

（二）改性沥青聚乙烯胎防水卷材

1. 检测项目

（1）耐热性（地下工程除外）。

（2）低温柔性。

（3）不透水性。

（4）拉力。

（5）断裂延伸率。

（6）其他。

2. 取样要求

（1）代表批量：以同一类型、同一规格 10000m² 为一批，不足 10000m² 时也可作为一批。

（2）取样数量及方法：在每批产品中随机抽取 5 卷进行厚度、面积、卷重与外观检查。从厚度、面积、卷重及外观合格的卷材中随机抽取 1 卷取至少 1.5m² 的试样进行物理力学性能或材料性能检测。

（3）样品要求：厚度、面积、卷重及外观合格。

3. 结果判定

（1）单项判定。

① 单位面积质量、规格尺寸及外观：在抽取的 5 卷样品中单位面积质量、规格尺寸及外观均符合标准规定时，判定其单位面积质量、规格尺寸及外观合格。若其中有一项不符合规定，允许从该批产品中再随机抽取 5 卷样品，对不合格项进行复查。如全部达到标准规定时则判定为合格，否则判定该批产品不合格。

② 物理力学性能：各项试验结果均符合物理力学性能的规定，则判定该批产品物理力学性能合格。若有一项指标不符合标准规定，允许在该批产品中再随机抽取 1 卷对不合格项进行单项复验。达到标准规定时，则判定该批产品物理力学性能合格。

（2）总判定。

试验结果符合全部要求时，判定该批产品合格。

（三）自粘聚合物改性沥青防水卷材（简称自粘卷材）

1. 检测项目

（1）耐热性（地下工程除外）。

（2）低温柔性。

（3）不透水性。

（4）拉力（D 类除外）。

（5）最大拉力时延伸率（D 类除外）。

（6）沥青断裂延伸率（PE、PET 类除外）。

（7）可溶物含量（PYG 类除外）。

（8）热老化低温柔性。

（9）其他。

2. 取样要求

（1）代表批量：以同一类型、同一规格 10000m² 为一批，不足 10000m² 时也可作为一批。

（2）取样数量及方法：在每批产品中随机抽取 5 卷进行厚度、面积、卷重与外观检查。从厚度、面积、卷重及外观合格的卷材中随机抽取 1 卷取至少 1.5m² 的试样进行物理力学性能或材料性能检测。

（3）样品要求：厚度、面积、卷重及外观合格。

3. 结果判定

（1）单项判定。

① 面积、单位面积质量、厚度、外观：面积、单位面积质量、厚度、外观均符合标准规定时，判定其面积、单位面积质量、厚度、外观合格。若其中有一项不符合规定，允许从该批产品中再随机抽取 5 卷样品，对不合格项进行复查。如全部达到标准规定时则判定为合格，否则判定该批产品不合格。

② 物理力学性能：各项试验结果均符合物理力学性能的规定，则判定该批产品物理力学性能合格。若其中仅有一项不符合标准规定，允许在该批产品中随机另抽取 1 卷进行单项复测。若该项目符合标准规定，则判定该批产品物理力学性能合格，否则判定该批产品不合格。

（2）总判定。

试验结果符合全部要求时，判定该批产品合格。

（四）预铺防水卷材

1. 检测项目

（1）耐热性（地下工程除外）。

（2）低温柔性（R 类除外）。

（3）低温弯折性（PY 类除外）。

（4）不透水性。

（5）拉力。

（6）最大拉力时延伸率（P、R 类除外）。

（7）膜断裂伸长率（PY 类除外）。

（8）拉伸强度（PY 类除外）。

（9）可溶物含量（P、R 类除外）。

（10）热老化低温柔性（R 类除外）。

（11）其他。

2. 取样要求

（1）代表批量：以同一类型、同一规格 10000m² 为一批，不足 10000m² 时也可作为一批。

（2）取样数量及方法：在每批产品中随机抽取 5 卷进行厚度、面积、卷重与外观检查。从厚度、面积、卷重及外观合格的卷材中随机抽取 1 卷取至少 1.5m² 的试样进行物理力学性能或材料性能检测。

（3）样品要求：厚度、面积、卷重及外观合格。

3. 结果判定

（1）单项判定。

① 面积、单位面积质量、厚度、外观：面积、单位面积质量、厚度、外观均符合标准规定时，判定其面积、单位面积质量、厚度、外观合格。对不合格的项目，允许从该批产品中随机另抽取 5 卷重新检验，全部达到标准规定时即判定其面积、单位面积质量、厚度、外观合格；若仍有不符合标准规定的即判定该批产品不合格。

② 物理力学性能：各项试验结果均符合物理力学性能的规定，则判定该批产品物理力学性能合格。若其中仅有一项不符合标准规定，允许在该批产品中随机另抽取 1 卷进行单项复测，合格则判定该批产品物理力学性能合格，否则判定该批产品物理力学性能不合格。

（2）总判定。

试验结果符合全部要求时，判定该批产品合格。

（五）湿铺防水卷材

1．检测项目

（1）耐热性（地下工程除外）。

（2）低温柔性。

（3）低温弯折性。

（4）不透水性。

（5）拉力。

（6）最大拉力时延伸率。

（7）可溶物含量（H、E类除外）。

（8）热老化低温柔性。

（9）其他。

2．取样要求

（1）代表批量：以同一类型、同一规格10000m² 为一批，不足10000m² 时也可作为一批。

（2）取样数量及方法：在每批产品中随机抽取5卷进行厚度、面积、卷重与外观检查。从厚度、面积、卷重及外观合格的卷材中随机抽取1卷取至少1.5m² 的试样进行物理力学性能或材料性能检测。

（3）样品要求：厚度、面积、卷重及外观合格。

3．结果判定。

（1）单项判定。

① 面积、单位面积质量、厚度、外观：面积、单位面积质量、厚度、外观均符合标准规定时，判定其面积、单位面积质量、厚度、外观合格。对不合格的项目，允许从该批产品中随机另抽取5卷重新检验，全部达到标准规定时即判定其面积、单位面积质量、厚度、外观合格；若仍有不符合标准规定的即判定该批产品不合格。

② 物理力学性能：各项试验结果均符合物理力学性能的规定，则判定该批产品物理力学性能合格。若其中仅有一项不符合标准规定，允许在该批产品中随机另抽取1卷进行单项复测，合格则判定该批产品物理力学性能合格，否则判定该批产品物理力学性能不合格。

（2）总判定。

试验结果符合全部要求时，判定该批产品合格。

（六）聚氯乙烯（PVC）防水卷材

1．检测项目

（1）低温弯折性。

（2）不透水性。

（3）最大拉力（H、G类除外）。

（4）拉伸强度（L、P、GL类除外）。

（5）断裂伸长率（P类除外）。

（6）最大拉力伸长率（只有P类做此项）。

（7）其他。

2．取样要求

（1）代表批量：以同类同型的10000m² 卷材为一批，不满10000m² 也可作为一批。

（2）取样数量及方法：在该批产品中随机抽取3卷进行尺寸偏差和外观检查，在上述检查合格的样品中任取1卷，在距外层端部500mm处截取3m（出厂检验为1.5m）进行理化性能检验。

（3）样品要求：厚度、面积、卷重及外观合格。

3. 结果判定

（1）尺寸偏差和外观：尺寸偏差和外观均符合标准规定时，判定其尺寸偏差、外观合格。对不合格的，允许在该批产品中随机抽取 3 卷重新检验，全部达到标准规定即判定其尺寸偏差、外观合格，若仍有不符合标准规定的即判定该批产品不合格。

（2）理化性能：试验结果符合标准规定，判定该批产品理化性能合格。若仅有一项不符合标准规定，允许在该批产品中随机另取 1 卷进行单项复测，合格则判定该批产品理化性能合格，否则判定该批产品理化性能不合格。

（3）总判定：试验结果符合标准全部要求，且标记符合规定时，判定该批产品合格。

（七）氯化聚乙烯防水卷材

1. 检测项目

（1）低温弯折性。

（2）不透水性。

（3）拉力（适合于 L 类及 W 类卷材）。

（4）拉伸强度（适合于 N 类卷材）。

（5）断裂伸长率。

（6）其他。

2. 取样要求

（1）代表批量：以同类同型的 10000m² 卷材为一批，不满 10000m² 也可作为一批。

（2）取样数量及方法：在该批产品中随机抽取 3 卷进行尺寸偏差和外观检查，在上述检查合格的样品中任取 1 卷，在距外层端部 500mm 处截取 3m（出厂检验为 1.5m）进行理化性能检验。

（3）样品要求：厚度、面积、卷重及外观合格。

3. 结果判定

（1）尺寸偏差和外观：尺寸偏差和外观均符合标准规定时，判定其尺寸偏差、外观合格。对不合格的，允许在该批产品中随机抽取 3 卷重新检验，全部达到标准规定即判定其尺寸偏差、外观合格，若仍有不符合标准规定的即判定该批产品不合格。

（2）理化性能：试验结果符合标准规定，判定该批产品理化性能合格。若仅有一项不符合标准规定，允许在该批产品中随机另取 1 卷进行单项复测，合格则判定该批产品理化性能合格，否则判定该批产品理化性能不合格。

（3）总判定：试验结果符合标准全部要求，且标记符合规定时，判定该批产品合格。

（八）高分子防水材料（第 1 部分：片材）

1. 检测项目

（1）低温弯折温度。

（2）不透水性。

（3）扯断伸长率。

（4）断裂拉伸强度。

（5）撕裂强度。

（6）复合强度（FS2）。

（7）其他。

2. 取样要求

（1）代表批量：以同品种、同规格的 5000m² 片材为一批，如日产量超过 8000m²，则 8000m² 为一批。

（2）取样数量及方法：随机抽取3卷进行规格尺寸和外观质量检验，在上述检验合格的样品中再随机抽取 2.0m² 的试样进行物理性能检验。

（3）样品要求：厚度、面积、卷重及外观合格。

3. 结果判定

规格尺寸、外观质量及物理性能各项指标全部符合技术要求，则为合格品。若物理性能有一项指标不符合技术要求，应另取双倍试样进行该项复试，复试结果若仍不合格，则该批产品为不合格品。

（九）高分子防水材料（第2部分：止水带）

1. 检测项目

（1）拉伸强度。

（2）扯断伸长率。

（3）撕裂强度。

（4）其他。

2. 取样要求

（1）代表批量：以同标记的止水带产量为一批。

（2）取样数量的方法：逐一进行规格尺寸和外观质量检验，并在上述检验合格的样品中随机抽取足够的试样（1.5m）进行物理性能检验。

（3）样品要求：规格尺寸和外观合格。

3. 结果判定

尺寸公差、外观质量及物理性能各项指标全部符合技术要求，则为合格品。若物理性能有一项指标不符合技术要求，应另取双倍试样进行该项复试，复试结果如仍不合格，则该批产品为不合格。

（十）聚合物乳液建筑防水涂料

1. 检测项目

（1）固体含量。

（2）不透水性。

（3）低温柔性。

（4）拉伸强度。

（5）断裂延伸率。

（6）其他。

2. 取样要求

（1）代表批量：对同一原料、配方、连续生产的产品，出厂检验以每5t为一批，不足5t也可按一批计。

（2）取样数量及方法：从已初检过外观的容器内不同部位取相同量的样品混合均匀后取 2kg 样品用于检验。

（3）样品要求：样品取样后立刻装入干燥容器中密封，立即做好标志，避免变质混淆。

3. 结果判定

（1）单项判定。

① 外观不符合标准规定，则判定该批产品不合格。

② 物理力学性能：各项试验结果均符合标准规定，则判定该批产品物理力学性能合格。若有两项或两项以上不符合标准规定，则判定该批产品物理力学性能不合格。若有一项指标不符合规定，允许在同批产品中，抽取双倍试样对不符合项进行双倍复验。若复验结果均符合本标准规定，则判定该批产品物理力学性能合格，否则判定为不合格。

（2）综合判定。

外观、物理力学性能均符合标准规定的全部要求时，判定该批产品合格。

（十一）聚氨酯防水涂料

1. 检验项目

（1）固体含量。

（2）不透水性。

（3）低温弯折性。

（4）拉伸强度。

（5）断裂伸长率。

（6）撕裂强度。

（7）表干时间。

（8）实干时间。

（9）其他。

2. 取样要求

（1）代表批量：以同一类型、同一规格15t为一批，不足15t也可作为一批（多组分产品按组分配套组批）。

（2）取样数量及方法：从每批产品中随机抽取5kg样品用于检验。

（3）样品要求：样品取样后立刻装入干燥容器中密封，立即做好标志，避免变质混淆。

3. 结果判定

（1）单项判定。

① 外观：抽取的样品外观符合标准规定时，判定该项合格。

② 物理力学性能：各项试验结果均符合标准规定，则判定该批产品性能合格。若有一项指标不符合标准规定，则用备用样对不合格项进行单项复验，若符合标准规定，则判定该批产品性能合格，否则判定为不合格。

（2）总判定。

外观、物理力学性能均符合标准规定的全部要求时，判定该批产品合格。

（十二）聚合物水泥防水涂料

1. 检验项目

（1）固体含量。

（2）拉伸强度（无处理）。

（3）断裂伸长率（无处理）。

（4）低温柔性（适用于Ⅰ型）。

（5）不透水性。

（6）黏结强度（无处理/潮湿基层）。

（7）其他。

2. 取样要求

（1）代表批量：以同一类型的10t产品为一批，不足10t也可作为一批。

（2）取样数量及方法：从已初检过外观的容器内不同部位取相同量的样品混合均匀，抽取液、粉各3kg样品用于检验。

（3）样品要求：样品取样后立刻装入干燥容器中密封，立即做好标志，避免变质混淆。

3. 结果判定

外观质量符合标准规定时，则判定该项目合格，否则判定该批产品不合格。所有项目的检验结果均符合要求时，则判定该批产品合格。有两项或两项以上指标不符合规定时，则判定该批产品不合格；若有一项指标不符合标准，允许在同批产品中加倍抽样进行单项复验，若该项仍不符合标准，则判定该批产品不合格。

（十三）水泥基渗透结晶型防水材料

1. 检验项目

（1）抗折强度。

（2）抗压强度。

（3）潮湿基面黏结强度。

（4）含水率。

（5）细度。

（6）其他。

2. 取样要求

（1）代表批量：同一类型、型号的50t产品为一批，不足50t也可作为一批。

（2）取样数量及方法：每批产品随机抽样，抽取10kg样品。

（3）样品要求：取样后应充分拌合均匀，一分为二，一份检验，一份备用。

3. 结果判定

产品经检验，各项性能均符合标准技术要求，则判定该产品为合格品。若有两项或两项以上不符合标准要求，则判定该批产品不合格。若有一项性能指标不符合标准要求，可用留样对该项目复验。若该复检项目符合标准规定，则判定该批产品合格，否则判定该批产品不合格。

三、检验委托单范例

弹性体改性沥青防水卷材、改性沥青聚乙烯胎防水卷材等防水材料检验委托单填写范例见表3.2.1～表3.2.13。

表 3.2.1　弹性体改性沥青防水卷材检验/检测委托单
（合同编号为涉及收费的关键信息，由委托单位提供并确认无误!!）

所属合同编号：

工程名称					
委托单位/ 建设单位		联系人		电话	
施工单位		取样人		电话	
见证单位		见证人		电话	
监督单位		生产厂家			
使用部位		出厂编号			

弹性体改性沥青防水卷材　样品及检测信息

样品编号		样品数量		代表批量	
规格型号	□Ⅰ ☑Ⅱ　胎基：☑PY　□G　□PYG 表面材料：☑PE　□S　□M　　厚度（mm）：☑3　□4　□5				
检测项目	1. 最大峰拉力；2. 最大峰时延伸率（G类、PYG类不检）；3. 低温柔性；4. 不透水性；5. 耐热性（用于地下可不检）；6. 可溶物含量；7. 浸水后质量增加；8. 热老化低温柔性；9. 渗油性；10. 接缝剥离强度；11. 卷材下表面沥青涂盖层厚度；12. 其他：				
检测依据	1. GB/T 328.8—2007；2. GB/T 328.8—2007；3. GB/T 328.14—2007；4. GB/T 328.10—2007（B法）；5. GB/T 328.11—2007（A法）；6. GB/T 328.26—2007；7. GB 18242—2008（6.12）；8. GB 18242—2008（6.13）；9. GB 18242—2008（6.14）；10. GB/T 328.20—2007；11. GB 18242—2008（6.18）；12. 其他：				
评定依据	☑GB 18242—2008　□委托/设计值：　　□不做评定　□客户自行提供：＿＿＿＿				
检后样品处理约定	□由委托方取回　☑由检测机构处理		检测类别		☑见证　□委托
☑常规　□加急　☑初检　□复检　原检编号：＿＿＿＿			检测费用		

工程名称			
样品状态	□样品表面平整，无缺陷 □其他：＿＿＿＿＿	收样日期	年　月　日
备注			
说明	1. 取样/送样人和见证人应对试样及提供的资料、信息的真实性、规范性和代表性负责； 2. 委托方要求加急检测时，加急费按检测费的200％核收，单组（项）收费最多不超过1000元； 3. 委托检测时，本公司仅对来样负责；见证检测时，委托单上无见证人签章无效，空白处请画"一"； 4. 一组试样填写一份委托单，出具一份检测报告，检测结果以书面检测报告为准； 5. 委托方要求取回检测后的余样时，若在检测报告出具后一个月内未取回，且未说明原因的，余样由本公司统一处理；委托方将余样领回后，本公司不再受理异议申诉		

见证人签章：　　　　　　　　　取样/送样人签章：　　　　　　　　　收样人：

正体签字：　　　　　　　　　　　正体签字：　　　　　　　　　　　　签章：

表3.2.2　改性沥青聚乙烯胎防水卷材检验/检测委托单

（合同编号为涉及收费的关键信息，由委托单位提供并确认无误！！）

所属合同编号：

工程名称					
委托单位/ 建设单位		联系人		电话	
施工单位		取样人		电话	
见证单位		见证人		电话	
监督单位		生产厂家			
使用部位		出厂编号			

改性沥青聚乙烯胎防水卷材　样品及检测信息

样品编号		样品数量		代表批量	
规格型号	类型：☑T　□S 材质：☑P　□O　□M　□R　其他：＿＿＿＿＿				
检测项目	1. 拉力；2. 断裂伸长率；3. 低温柔性；4. 不透水性；5. 耐热性（用于地下可不检）；6. 其他：				
检测依据	1. GB/T 328.8—2007；2. GB/T 328.8—2007；3. GB/T 328.14—2007；4. GB/T 328.10—2007（B法）；5. GB/T 328.11—2007（B法）；6. GB/T 328.26—2007；7. 其他：				
评定依据	☑GB 18967—2009　□委托/设计值：　□不做评定　□客户自行提供：＿＿＿＿＿				
检后样品处理约定	□由委托方取回　☑由检测机构处理		检测类别	☑见证　□委托	
☑常规　□加急　☑初检　□复检　原检编号：＿＿＿＿＿			检测费用		
样品状态	□样品表面平整，无缺陷　□其他：		收样日期	年　月　日	
备注					
说明	1. 取样/送样人和见证人应对试样及提供的资料、信息的真实性、规范性和代表性负责； 2. 委托方要求加急检测时，加急费按检测费的200％核收，单组（项）收费最多不超过1000元； 3. 委托检测时，本公司仅对来样负责；见证检测时，委托单上无见证人签章无效，空白处请画"一"； 4. 一组试样填写一份委托单，出具一份检测报告，检测结果以书面检测报告为准； 5. 委托方要求取回检测后的余样时，若在检测报告出具后一个月内未取回，且未说明原因的，余样由本公司统一处理；委托方将余样领回后，本公司不再受理异议申诉				

见证人签章：　　　　　　　　　取样/送样人签章：　　　　　　　　　收样人：

正体签字：　　　　　　　　　　　正体签字：　　　　　　　　　　　　签章：

表 3.2.3 自粘防水卷材检验/检测委托单

（合同编号为涉及收费的关键信息，由委托单位提供并确认无误！！）

所属合同编号：

工程名称				
委托单位/ 建设单位		联系人	电话	
施工单位		取样人	电话	
见证单位		见证人	电话	
监督单位		生产厂家		
使用部位		出厂编号		

__自粘防水卷材__ 样品及检测信息

样品编号		样品数量		代表批量	
规格型号	表面材料：☑PE □S □D □PET　　胎体：□N ☑PY 类型：☑Ⅰ □Ⅱ　　　　　　　　　厚度：☑3 □4　其他：_____				
检测项目	1. 拉力；2. 最大拉力时伸长率；3. 沥青断裂延伸率；4. 耐热性；5. 低温柔性；6. 不透水性；7. 剥离强度（卷材与卷材）；8. 渗油性；9. 持粘性；10. 热老化低温柔性；11. 热老化尺寸稳定性；12. 其他				
检测依据	1. GB/T 328.8—2007；2. GB/T 328.8—2007；3. GB/T 328.8—2007；4. GB/T 328.11—2007（A法）；5. GB/T 328.14—2007；6. GB/T 328.10—2007（B法）；7. GB/T 328.20—2007；8. GB 23441—2009（5.14）；9. GB 23441—2009（5.15）；10. GB 23441—2009（5.16）；11. GB 23441—2009（5.16）；12. 其他				
评定依据	☑GB 23441—2009 □委托/设计值：　□不做评定 □客户自行提供：				
检后样品 处理约定	□由委托方取回 ☑由检测机构处理		检测类别	☑见证 □委托	
☑常规 □加急 ☑初检 □复检 原检编号：_____			检测费用		
样品状态	□样品表面平整，无缺陷 □其他：		收样日期	年 月 日	
备注					
说明	1. 取样/送样人和见证人应对试样及提供的资料、信息的真实性、规范性和代表性负责； 2. 委托方要求加急检测时，加急费按检测费的200％核收，单组（项）收费最多不超过1000元； 3. 委托检测时，本公司仅对来样负责；见证检测时，委托单上无见证人签章无效，空白处请画"—"； 4. 一组试样填写一份委托单，出具一份检测报告，检测结果以书面检测报告为准； 5. 委托方要求取回检测后的余样时，若在检测报告出具后一个月内未取回，且未说明原因的，余样由本公司统一处理；委托方将余样领回后，本公司不再受理异议申诉				

见证人签章：　　　　　　　　　　　取样/送样人签章：　　　　　　　　　　收样人：

正体签字：　　　　　　　　　　　　正体签字：　　　　　　　　　　　　　签章：

表3.2.4 预铺防水卷材检验/检测委托单

（合同编号为涉及收费的关键信息，由委托单位提供并确认无误!!）

所属合同编号：

工程名称					
委托单位/ 建设单位		联系人		电话	
施工单位		取样人		电话	
见证单位		见证人		电话	
监督单位		生产厂家			
使用部位		出厂编号			

预铺防水卷材 样品及检测信息

样品编号		样品数量		代表批量	
规格型号	厚度（mm）：4 类型：☑PY　□P　□R　□其他：＿＿＿＿				
检测项目	1. 拉力；2. 最大拉力时延伸率；3. 低温柔性；4. 不透水性；5. 耐热性；6. 其他：				
检测依据	1.GB/T 35467—2017（5.8）；2.GB/T 35467—2017（5.8）；3.GB/T 35467—2017（5.11）；4.GB/T 35467—2017（5.12）；5.GB/T 35467—2017（5.10）；6. 其他：				
评定依据	☑GB/T 23457—2017　□委托/设计值：　□不做评定　□客户自行提供：				
检后样品 处理约定	□由委托方取回　☑由检测机构处理		检测类别		☑见证　□委托
☑常规　□加急　☑初检　□复检　原检编号：＿＿＿＿			检测费用		
样品状态	□样品表面平整，无缺陷 □其他：		收样日期		年　　月　　日
备注					
说明	1. 取样/送样人和见证人应对试样及提供的资料、信息的真实性、规范性和代表性负责； 2. 委托方要求加急检测时，加急费按检测费的200%核收，单组（项）收费最多不超过1000元； 3. 委托检测时，本公司仅对来样负责；见证检测时，委托单上无见证人签章无效，空白处请画"—"； 4. 一组试样填写一份委托单，出具一份检测报告，检测结果以书面检测报告为准； 5. 委托方要求取回检测后的余样时，若在检测报告出具后一个月内未取回，且未说明原因的，余样由本公司统一处理；委托方将余样领回后，本公司不再受理异议申诉				

见证人签章：　　　　　　　　　　　取样/送样人签章：　　　　　　　　　　收样人：

正体签字：　　　　　　　　　　　　正体签字：　　　　　　　　　　　　　签章：

表 3.2.5 湿铺防水卷材检验/检测委托单

（合同编号为涉及收费的关键信息，由委托单位提供并确认无误！！）

所属合同编号：

工程名称					
委托单位/ 建设单位		联系人		电话	
施工单位		取样人		电话	
见证单位		见证人		电话	
监督单位		生产厂家			
使用部位		出厂编号			

湿铺防水卷材 样品及检测信息

样品编号		样品数量		代表批量	
规格型号	厚度（mm）：□1.5 □2.0 ☑3.0 类型：☑PY □H □E □其他：_____				
检测项目	1.拉力；2.最大拉力时延伸率；3.低温柔性；4.不透水性；5.耐热性；6.其他：				
检测依据	1.GB/T 35467—2017（5.8）；2.GB/T 35467—2017（5.8）；3.GB/T 35467—2017（5.11）；4.GB/T 35467—2017（5.12）；5.GB/T 35467—2017（5.10）；6.其他：				
评定依据	☑GB/T 35467—2017 □委托/设计值：□不做评定 □客户自行提供：_____				
检后样品处理约定	□由委托方取回 ☑由检测机构处理		检测类别		☑见证 □委托
☑常规 □加急 ☑初检 □复检 原检编号：_____			检测费用		
样品状态	□样品表面平整，无缺陷 □其他：		收样日期		年 月 日
备注					
说明	1.取样/送样人和见证人应对试样及提供的资料、信息的真实性、规范性和代表性负责； 2.委托方要求加急检测时，加急费按检测费的200%核收，单组（项）收费最多不超过1000元； 3.委托检测时，本公司仅对来样负责；见证检测时，委托单上无见证人签章无效，空白处请画"—"； 4.一组试样填写一份委托单，出具一份检测报告，检测结果以书面检测报告为准； 5.委托方要求取回检测后的余样时，若在检测报告出具后一个月内未取回，且未说明原因的，余样由本公司统一处理；委托方将余样领回后，本公司不再受理异议申诉				

见证人签章：　　　　　　　　　　取样/送样人签章：　　　　　　　　　　收样人：
正体签字：　　　　　　　　　　　正体签字：　　　　　　　　　　　　　签章：

表 3.2.6 聚氯乙烯（PVC）防水卷材检验/检测委托单

（合同编号为涉及收费的关键信息，由委托单位提供并确认无误！！）

所属合同编号：

工程名称					
委托单位/ 建设单位		联系人		电话	
施工单位		取样人		电话	
见证单位		见证人		电话	
监督单位		生产厂家			
使用部位		出厂编号			

聚氯乙烯（PVC）防水卷材 样品及检测信息

样品编号		样品数量		代表批量	
规格型号	类型：□H □L ☑P □G □GL 厚度（mm）：□1.2 ☑1.5 □1.8 □2.0				
检测项目	1. 最大拉力（H/G 型做拉伸强度）；2. 最大拉力时延伸率（L/H/G/GL 型做断裂伸长率）；3. 热处理尺寸变化率；4. 不透水性；5. 梯形撕裂强度（H/G 做直角撕裂强度）；6. 吸水率；7. 其他：				
检测依据	1. GB/T 328.9—2007；2. GB/T 328.9—2007；3. GB/T 328.13—2007；4. GB/T 328.10—2007（B 法）；5. GB/T 529—2008；6. GB 12952—2011（6.14）；7. 其他：				
评定依据	☑GB 12952—2011 □委托/设计值： □不做评定 □客户自行提供：＿＿＿＿				
检后样品 处理约定	□由委托方取回 ☑由检测机构处理		检测类别	☑见证 □委托	
☑常规 □加急 ☑初检 □复检 原检编号：＿＿＿＿			检测费用		
样品状态	□样品表面平整，无缺陷 □其他：		收样日期		年 月 日
备注					
说明	1. 取样/送样人和见证人应对试样及提供的资料、信息的真实性、规范性和代表性负责； 2. 委托方要求加急检测时，加急费按检测费的 200％核收，单组（项）收费最多不超过 1000 元； 3. 委托检测时，本公司仅对来样负责；见证检测时，委托单上无见证人签章无效，空白处请画"—"； 4. 一组试样填写一份委托单，出具一份检测报告，检测结果以书面检测报告为准； 5. 委托方要求取回检测后的余样时，若在检测报告出具后一个月内未取回，且未说明原因的，余样由本公司统一处理；委托方将余样领回后，本公司不再受理异议申诉				

见证人签章：　　　　　　　　　取样/送样人签章：　　　　　　　　　收样人：

正体签字：　　　　　　　　　　　正体签字：　　　　　　　　　　　　签章：

表 3.2.7　氯化聚乙烯防水卷材检验/检测委托单

（合同编号为涉及收费的关键信息，由委托单位提供并确认无误!!）

所属合同编号：

工程名称					
委托单位/ 建设单位		联系人		电话	
施工单位		取样人		电话	
见证单位		见证人		电话	
监督单位		生产厂家			
使用部位		出厂编号			

氯化聚乙烯防水卷材　样品及检测信息

样品编号		样品数量		代表批量	
规格型号	类型：□L　☑N　□W 厚度（mm）：□1.2　☑1.5　□2.0				
检测项目	1. 拉伸强度；2. 断裂伸长率；3. 热处理尺寸变化率；4. 不透水性；5. 其他：				
检测依据	1. GB 12953—2003（5.5）；2. GB 12953—2003（5.5）；3. GB 12953—2003（5.6）；4. GB/T 328.10—2007；5. 其他：				
评定依据	☑GB 12953—2003　□委托/设计值：_____　□不做评定　□客户自行提供：_____				
检后样品 处理约定	□由委托方取回　☑由检测机构处理	检测类别		☑见证　□委托	
☑常规　□加急　☑初检　□复检　原检编号：_____		检测费用			
样品状态	□样品表面平整，无缺陷 □其他：	收样日期		年　月　日	
备注					
说明	1. 取样/送样人和见证人应对试样及提供的资料、信息的真实性、规范性和代表性负责； 2. 委托方要求加急检测时，加急费按检测费的200％核收，单组（项）收费最多不超过1000元； 3. 委托检测时，本公司仅对来样负责；见证检测时，委托单上无见证人签章无效，空白处请画"—"； 4. 一组试样填写一份委托单，出具一份检测报告，检测结果以书面检测报告为准； 5. 委托方要求取回检测后的余样时，若在检测报告出具后一个月内未取回，且未说明原因的，余样由本公司统一处理；委托方将余样领回后，本公司不再受理异议申诉				

见证人签章：　　　　　　　　　　　　取样/送样人签章：　　　　　　　　　　　　收样人：

正体签字：　　　　　　　　　　　　　正体签字：　　　　　　　　　　　　　签章：

表 3.2.8 高分子片材检验/检测委托单

（合同编号为涉及收费的关键信息，由委托单位提供并确认无误！！）

所属合同编号：

工程名称					
委托单位/ 建设单位		联系人		电话	
施工单位		取样人		电话	
见证单位		见证人		电话	
监督单位		生产厂家			
使用部位		出厂编号			

<u>高分子片材</u> 样品及检测信息

样品编号		样品数量		代表批量	
规格型号	类型：□FS1 ☑FS2 □其他：　厚度（mm）：1.5				
检测项目	1. 复合强度；2. 撕裂强度；3. 不透水；4. 低温柔性；5. 拉伸强度；6. 拉断伸长率；7. 其他：				
检测依据	1. GB 18173.1—2012（附录 E）；2. GB/T 529—2008；3. GB 18173.1—2012（6.3.4）；4. GB 18173.1—2012（附录 B）；5. GB 18173.1—2012（6.3.2）；6. GB 18173.1—2012（6.3.2）；7. 其他				
评定依据	☑GB 18173.1—2012 □委托/设计值：　□不做评定 □客户自行提供：_____				
检后样品 处理约定	□由委托方取回 ☑由检测机构处理		检测类别		☑见证 □委托
☑常规 □加急 ☑初检 □复检　原检编号：_____			检测费用		
样品状态	□表面平整，无缺陷 □其他：		收样日期		年　月　日
备注					
说明	1. 取样/送样人和见证人应对试样及提供的资料、信息的真实性、规范性和代表性负责； 2. 委托方要求加急检测时，加急费按检测费的 200%核收，单组（项）收费最多不超过 1000 元； 3. 委托检测时，本公司仅对来样负责；见证检测时，委托单上无见证人签章无效，空白处请画"—"； 4. 一组试样填写一份委托单，出具一份检测报告，检测结果以书面检测报告为准； 5. 委托方要求取回检测后的余样时，若在检测报告出具后一个月内未取回，且未说明原因的，余样由本公司统一处理；委托方将余样领回后，本公司不再受理异议申诉				

见证人签章：　　　　　　　　　　取样/送样人签章：　　　　　　　　收样人：

正体签字：　　　　　　　　　　　正体签字：　　　　　　　　　　　签章：

表 3.2.9　止水带检验/检测委托单

（合同编号为涉及收费的关键信息，由委托单位提供并确认无误!!）

所属合同编号：

工程名称					
委托单位/ 建设单位		联系人		电话	
施工单位		取样人		电话	
见证单位		见证人		电话	
监督单位		生产厂家			
使用部位		出厂编号			

<u>　止水带　</u>样品及检测信息

样品编号		样品数量		代表批量	
规格型号	类型：☑B 型　□S 型　□其他： 规格（宽×厚，mm）：300×10				
检测项目	1. 拉伸强度；2. 撕裂强度；3. 拉断伸长率；4. 其他：				
检测依据	1. GB/T 528—2009；2. GB/T 529—2008；3. GB/T 528—2009；4. 其他：				
评定依据	☑GB 18173.2—2014　□委托/设计值：□不做评定　□客户自行提供：_____				
检后样品处理约定	□由委托方取回　☑由检测机构处理		检测类别	☑见证　□委托	
☑常规　□加急　☑初检　□复检　原检编号：_____			检测费用		
样品状态	□样品表面平整，无缺陷 □其他：		收样日期	年　月　日	
备注					
说明	1. 取样/送样人和见证人应对试样及提供的资料、信息的真实性、规范性和代表性负责； 2. 委托方要求加急检测时，加急费按检测费的 200％核收，单组（项）收费最多不超过 1000 元； 3. 委托检测时，本公司仅对来样负责；见证检测时，委托单上无见证人签章无效，空白处请画"—"； 4. 一组试样填写一份委托单，出具一份检测报告，检测结果以书面检测报告为准； 5. 委托方要求取回检测后的余样时，若在检测报告出具后一个月内未取回，且未说明原因的，余样由本公司统一处理；委托方将余样领回后，本公司不再受理异议申诉				

见证人签章：　　　　　　　　　取样/送样人签章：　　　　　　　　收样人：

正体签字：　　　　　　　　　　正体签字：　　　　　　　　　　　　签章：

表 3.2.10 聚合物乳液防水涂料检验/检测委托单

（合同编号为涉及收费的关键信息，由委托单位提供并确认无误！！）

所属合同编号：

工程名称					
委托单位/建设单位		联系人		电话	
施工单位		取样人		电话	
见证单位		见证人		电话	
监督单位		生产厂家			
使用部位		出厂编号			

<u>聚合物乳液防水涂料</u> 样品及检测信息

样品编号		样品数量		代表批量	
规格型号	☑Ⅰ级　□Ⅱ级				
检测项目	1. 低温柔性；2. 无处理拉伸强度；3. 断裂伸长率；4. 不透水性；5. 固体含量；6. 其他：				
检测依据	1. JC/T 864—2008（5.4.4）；2. GB/T 16777—2008（9）；3. GB/T 16777—2008（9）；4. GB/T 16777—2018（15）；5. GB/T 16777—2008（5）；6. 其他：				
评定依据	☑JC/T 864—2008　□委托/设计值：　□不做评定　□客户自行提供：_____				
检后样品处理约定	□由委托方取回　☑由检测机构处理		检测类别		☑见证　□委托
☑常规　□加急　☑初检　□复检　原检编号：_____			检测费用		
样品状态	□样品经搅拌后无结块，呈均匀状态 □其他：		收样日期		年　月　日
备注					
说明	1. 取样/送样人和见证人应对试样及提供的资料、信息的真实性、规范性和代表性负责； 2. 委托方要求加急检测时，加急费按检测费的 200％核收，单组（项）收费最多不超过 1000 元； 3. 委托检测时，本公司仅对来样负责；见证检测时，委托单上无见证人签章无效，空白处请画"—"； 4. 一组试样填写一份委托单，出具一份检测报告，检测结果以书面检测报告为准； 5. 委托方要求取回检测后的余样时，若在检测报告出具后一个月内未取回，且未说明原因的，余样由本公司统一处理；委托方将余样领回后，本公司不再受理异议申诉				

见证人签章：　　　　　　　　　　取样/送样人签章：　　　　　　　　　　收样人：

正体签字：　　　　　　　　　　　正体签字：　　　　　　　　　　　　　签章：

表 3.2.11　聚氨酯防水涂料检验/检测委托单

（合同编号为涉及收费的关键信息，由委托单位提供并确认无误！！）

所属合同编号：

工程名称					
委托单位/ 建设单位		联系人		电话	
施工单位		取样人		电话	
见证单位		见证人		电话	
监督单位		生产厂家			
使用部位		出厂编号			

<u>　聚氨酯防水涂料　</u>样品及检测信息

样品编号		样品数量		代表批量	
规格型号	☑单组分 S　□双组分 M　等级☑ Ⅰ　□Ⅱ　□Ⅲ				
检测项目	1. 固体含量；2. 表干时间；3. 实干时间；4. 拉伸强度；5. 撕裂强度；6. 断裂伸长率；7. 低温弯折性；8. 不透水性；9. 黏结强度；10. 其他：				
检测依据	1.GB/T 19250—2013（6.5）；2.GB/T 16777—2008（16）；3.GB/T 16777—2008（16）；4.GB/T 16777—2008（9）；5.GB/T 529—2008；6.GB/T 16777—2008（9）；7.GB/T 16777—2008（14）；8.GB/T 16777—2008（15）；9.GB/T 16777—2008（7.1/A 法）；10. 其他：				
评定依据	☑GB/T 19250—2013　□委托/设计值：　□不做评定　□客户自行提供：_____				
检后样品 处理约定	□由委托方取回　☑由检测机构处理		检测类别		☑见证　□委托
☑常规　□加急　☑初检　□复检　原检编号：_____			检测费用		
样品状态	□样品为黑色均匀黏稠体，无胶凝、结块 □其他：		收样日期		年　月　日
备注					
说明	1. 取样/送样人和见证人应对试样及提供的资料、信息的真实性、规范性和代表性负责； 2. 委托方要求加急检测时，加急费按检测费的 200％核收，单组（项）收费最多不超过 1000 元； 3. 委托检测时，本公司仅对来样负责；见证检测时，委托单上无见证人签章无效，空白处请画"—"； 4. 一组试样填写一份委托单，出具一份检测报告，检测结果以书面检测报告为准； 5. 委托方要求取回检测后的余样时，若在检测报告出具后一个月内未取回，且未说明原因的，余样由本公司统一处理；委托方将余样领回后，本公司不再受理异议申诉				

见证人签章：　　　　　　　　　取样/送样人签章：　　　　　　　　　收样人：

正体签字：　　　　　　　　　　正体签字：　　　　　　　　　　　　签章：

表 3.2.12 聚合物水泥防水涂料检验/检测委托单

（合同编号为涉及收费的关键信息，由委托单位提供并确认无误！！）

所属合同编号：

工程名称					
委托单位/ 建设单位		联系人		电话	
施工单位		取样人		电话	
见证单位		见证人		电话	
监督单位		生产厂家			
使用部位		出厂编号			

聚合物水泥防水涂料　样品及检测信息

样品编号		样品数量		代表批量	
规格型号	☑Ⅰ　☐Ⅱ　☐Ⅲ　☐其他：				
检测项目	1. 固体含量；2. 拉伸强度（无处理）；3. 断裂伸长率（无处理）；4. 低温柔性（仅限Ⅰ类）；5. 黏结强度（无处理/潮湿基层）；6. 不透水性；7. 其他：				
检测依据	1. GB/T 16777—2008（5）；2. GB/T 16777—2008（9.2.1）；3. GB/T 16777—2008（9.2.1）；4. GB/T 16777—2008（13.2.1）；5. GB/T 23445—2009（7.6）；6. GB/T 16777—2008（15）；7. 其他：				
评定依据	☑GB/T 23445—2009　☐委托/设计值：　☐不做评定　☐客户自行提供：＿＿＿＿＿				
检后样品 处理约定	☐由委托方取回　☑由检测机构处理		检测类别		☑见证　☐委托
☑常规　☐加急　☑初检　☐复检　原检编号：＿＿＿＿＿			检测费用		
样品状态	☐液体白色无凝结，粉白色无结块 ☐其他		收样日期		年　月　日
备注					
说明	1. 取样/送样人和见证人应对试样及提供的资料、信息的真实性、规范性和代表性负责； 2. 委托方要求加急检测时，加急费按检测费的 200％核收，单组（项）收费最多不超过 1000 元； 3. 委托检测时，本公司仅对来样负责；见证检测时，委托单上无见证人签章无效，空白处请画"—"； 4. 一组试样填写一份委托单，出具一份检测报告，检测结果以书面检测报告为准； 5. 委托方要求取回检测后的余样时，若在检测报告出具后一个月内未取回，且未说明原因的，余样由本公司统一处理；委托方将余样领回后，本公司不再受理异议申诉				

见证人签章：　　　　　　　　　　　取样/送样人签章：　　　　　　　　　　　收样人：

正体签字：　　　　　　　　　　　　正体签字：　　　　　　　　　　　　　　签章：

表 3.2.13 水泥基渗透结晶型防水涂料检验/检测委托单

（合同编号为涉及收费的关键信息，由委托单位提供并确认无误！！）

所属合同编号：

工程名称					
委托单位/ 建设单位		联系人		电话	
施工单位		取样人		电话	
见证单位		见证人		电话	
监督单位		生产厂家			
使用部位		出厂编号			

水泥基渗透结晶型防水涂料 样品及检测信息

样品编号		样品数量		代表批量	
规格型号	$m_水 ：m_粉 ＝1：4$				
检测项目	1. 含水率；2. 细度；3. 抗压强度；4. 抗折强度；5. 湿基面黏结强度；6. 其他：				
检测依据	1. JC 475—2004（附录 A）；2. GB/T 8077—2012（6）；3. GB/T 17671—1999；4. GB/T 17671—1999；5. GB 18445—2012（7.2.7）；6. 其他：				
评定依据	☑GB 18445—2012 □委托/设计值： □不做评定 □客户自行提供：_____				
检后样品处理约定	□由委托方取回 ☑由检测机构处理		检测类别		☑见证 □委托
☑常规 □加急 ☑初检 □复检 原检编号：_____			检测费用		
样品状态	□灰色粉状无结块 □其他：		收样日期		年 月 日
备注					
说明	1. 取样/送样人和见证人应对试样及提供的资料、信息的真实性、规范性和代表性负责； 2. 委托方要求加急检测时，加急费按检测费的 200％核收，单组（项）收费最多不超过 1000 元； 3. 委托检测时，本公司仅对来样负责；见证检测时，委托单上无见证人签章无效，空白处请画"—"； 4. 一组试样填写一份委托单，出具一份检测报告，检测结果以书面检测报告为准； 5. 委托方要求取回检测后的余样时，若在检测报告出具后一个月内未取回，且未说明原因的，余样由本公司统一处理；委托方将余样领回后，本公司不再受理异议申诉				

见证人签章：　　　　　　　　　　　取样/送样人签章：　　　　　　　　收样人：

　正体签字：　　　　　　　　　　　　正体签字：　　　　　　　　　　　　签章：

常见问题解答

1. 弹性体改性沥青防水卷材的一般用途是什么？

【解答】弹性体改性沥青防水卷材主要适用于工业和民业用建筑的屋面和地下防水工程。玻纤增强聚酯毡卷材可用于机械固定单层防水，但需通过抗风荷载试验。玻纤毡卷材适用于多层防水中的底层防水。外露使用采用上表面隔离材料为不透明的矿物粒料的防水卷材。地下防水工程采用表面隔离材料为细砂的防水卷材。

2. 自粘防水卷材是怎样分类的？

【解答】产品按有无胎基增强分为无胎基（N类）、聚酯胎基（PY类）。N类按上表面材料分为聚乙烯膜（PE）、聚酯膜（PET）、无膜双面自粘（D）；PY类按上表面材料分为聚乙烯膜（PE）、细砂（S）、无膜双面自粘（D）。产品按性能分为Ⅰ型和Ⅱ型，卷材厚度为2mm的PY类只有Ⅰ型。

3. 预铺、湿铺防水卷材标准变化大的原因何在？

【解答】预铺、湿铺防水卷材标准变化大是因为：以前标准为《预铺/湿铺防水卷材》（GB/T 23457—2009），两种防水卷材是合在一部标准上；标准重新起草，2018年11月1日起实施，变更为《预铺防水卷材》（GB/T 23457—2017）和《湿铺防水卷材》（GB/T 35467—2017）。

4. 聚氨酯防水涂料如何分类？

【解答】聚氨酯防水涂料按组分分为单组分（S）和多组分（M）两种，按基本性能分为Ⅰ型、Ⅱ型、Ⅲ型，按是否暴露分为外漏（E）和非外漏（N），按有害物质限量分为A类和B类。

5. 聚氨酯防水涂料各类型宜应用何种领域？

【解答】聚氨酯防水涂料产品的分类较大，为了便于建设、设计、施工、生产等选择产品，提出了以下建议的应用领域，但不表明该类产品仅限于以下的应用领域：Ⅰ型产品可用于工业与民用建筑工程，Ⅱ型产品可用于桥梁等非直接通行部位，Ⅲ型产品可用于桥梁、停车场、上人屋面等外露通行部位；室内、隧道等密闭空间宜选用有害物质限量A类的产品，施工与使用时应注意通风。

6. 聚合物水泥防水涂料运输和贮存应注意什么？

【解答】运输：聚合物水泥防水涂料非易燃易爆材料，可按一般货物运输。运输时应防止雨淋、暴晒、受冻，避免挤压、碰撞、外包装破坏。

贮存：产品应在干燥、阴凉、通风的场所贮存，液体组分贮存温度不应低于5℃。

产品自生产之日起，在正常运输、贮存条件下贮存期不应少于6个月。

7. 什么是水泥基渗透结晶型防水材料？

【解答】水泥基渗透结晶型防水材料是一种用于水泥混凝土的刚性防水材料。其与水作用后，材料中含有的活性化学物质以水为载体在混凝土中渗透，与水泥水化产物生成不溶于水的针状结晶体，填塞毛细孔道和细微缝隙，从而提高混凝土致密性与防水性。水泥基渗透结晶型防水材料按使用方法分为水泥基渗透结晶型防水涂料和水泥基渗透结晶型防水剂。

8. 地下防水工程对防水卷材有什么特殊要求？

【解答】地下防水工程应用的防水卷材如无具体要求可不检测耐热性参数，弹性体改性沥青防水卷材和自粘聚合物改性沥青防水卷材不透水性参数指标变更为压力"0.3MPa，保持120min，不透水"。

9. 为何多次送检水性聚氨酯防水涂料都不合格？

【解答】除去产品本身质量因素，发生过不同产品混淆的情况，部分聚合物乳液防水涂料出厂时产品名称为水性聚氨酯，但执行标准为《聚合物乳液建筑防水涂料》（JC/T 864—2008），聚氨酯防水涂料执行标准为《聚氨酯防水涂料》（GB/T 19250—2013），并且聚合物乳液防水涂料参数指标远低于聚氨酯防水涂料，差异巨大。因此，送检产品时委托信息一定要填写正确。

10. 防水涂料送检时应注意什么？

【解答】防水涂料品类繁多，有些涂料形状相近，不易区分，送检时委托信息要填写正确，如不能准确分辨应查看相关资料（如出厂检验报告）或咨询相关技术人员，样品取样时需搅拌均匀，取出后马上放入干燥、清洁的密封容器内，并粘贴标签，避免混淆变质。

11. 防水卷材送检时应注意什么？

【解答】防水卷材样品首先应放置和贮存在通风、阴凉、干燥处，以避免暴晒、受冻、淋雨。取样时去掉卷材外层，避开有明显伤痕处裁取符合要求长度的样品。送检过程中应尽量把样品卷成卷运输，不要把样品折叠或压成死褶，以免影响检测结果。

第三节　塑料管材管件

一、依据标准

(1)《建筑排水用硬聚氯乙烯（PVC-U）管材》（GB/T 5836.1—2018）。

(2)《建筑排水用硬聚氯乙烯（PVC-U）结构壁管材》（GB/T 33608—2017）。

(3)《建筑排水用硬聚氯乙烯（PVC-U）管件》（GB/T 5836.2—2018）。

(4)《给水用硬聚氯乙烯（PVC-U）管材》（GB/T 10002.1—2006）。

(5)《给水用硬聚氯乙烯（PVC-U）管件》（GB/T 10002.2—2003）。

(6)《排水用芯层发泡硬聚氯乙烯（PVC-U）管材》（GB/T 16800—2008）。

(7)《冷热水用交联聚乙烯（PE-X）管道系统 第 2 部分：管材》（GB/T 18992.2—2003）。

(8)《冷热水用聚丙烯管道系统 第 2 部分：管材》（GB/T 18742.2—2017）。

(9)《冷热水用聚丙烯管道系统 第 3 部分：管件》（GB/T 18742.3—2017）。

(10)《铝塑复合压力管 第 1 部分：铝管搭接焊式铝塑管》（GB/T 18997.1—2020）。

(11)《铝塑复合压力管 第 2 部分：铝管对接焊式铝塑管》（GB/T 18997.2—2020）。

(12)《冷热水用耐热聚乙烯（PE-RT）管道系统》（CJ/T 175—2002）。

(13)《冷热水用耐热聚乙烯（PE-RT）管道系统 第 2 部分：管材》（GB/T 28799.2—2020）。

(14)《低压输水灌溉用硬聚氯乙烯（PVC-U）管材》（GB/T 13664—2006）。

(15)《冷热水用氯化聚氯乙烯（PVC-C）管道系统 第 2 部分：管材》（GB/T 18993.2—2020）。

(16)《冷热水用氯化聚氯乙烯（PVC-C）管道系统 第 3 部分：管件》（GB/T 18993.3—2020）。

(17)《冷热水用聚丁烯（PB）管道系统 第 2 部分：管材》（GB/T 19473.2—2020）。

(18)《冷热水用聚丁烯（PB）管道系统 第 3 部分：管件》（GB/T 19473.3—2020）。

(19)《给水用聚乙烯（PE）管道系统 第 2 部分：管材》（GB/T 13663.2—2018）。

(20)《无压埋地排污、排水用硬聚氯乙烯（PVC-U）管材》（GB/T 20221—2006）。

(21)《埋地排水用硬聚氯乙烯（PVC-U）结构壁管道系统 第 1 部分：双壁波纹管材》（GB/T 18477.1—2007）。

(22)《埋地排水用硬聚氯乙烯（PVC-U）结构壁管道系统 第 3 部分：轴向中空壁管材》（GB/T 18477.3—2019）。

(23)《埋地用聚乙烯（PE）结构壁管道系统 第 1 部分：聚乙烯双壁波纹管材》（GB/T 19472.1—2019）。

(24)《埋地用聚乙烯（PE）结构壁管道系统 第 2 部分：聚乙烯缠绕结构壁管材》（GB/T 19472.2—2017）。

(25)《建筑用硬聚氯乙烯（PVC-U）雨落水管材及管件》（QB/T 2480—2000）。

(26)《建筑用绝缘电工套管及配件》（JG 3050—1998）。

二、常见管材管件检测项目、取样要求及判定

（一）建筑排水用硬聚氯乙烯（PVC-U）管材

(1)检测项目：外观、颜色、规格尺寸、拉伸屈服强度、纵向回缩率、维卡软化温度、落锤冲击试验。

(2)取样要求：$DN \leqslant 75$mm 时，不超过 80000m；75mm$< DN \leqslant$160mm 时，不超过 50000m；160mm$< DN \leqslant$315mm 时，不超过 30000m。如果生产 7d 尚不足规定数量，则以 7d 产量为一批。

样品数量：6 根，每根 1m。

（3）委托单填写范例见表 3.3.19。

（4）结果判定：外观、颜色、规格尺寸中任意一项不符合标准时则判定为不合格，其他项目中除落锤冲击试验外，有一项达不到指标时，则在该批中随机抽取双倍的样品对该项进行复验，如仍不合格，则判定该批不合格。

（二）建筑排水用硬聚氯乙烯（PVC-U）结构壁管材

（1）检测项目：外观、颜色、规格尺寸、拉伸屈服强度、纵向回缩率、维卡软化温度、落锤冲击试验。

（2）取样要求：同一原料配方、同一工艺和同一规格连续生产的管材作为一批，每批数量不超过 50t，如果生产 7d 尚不足 50t，则以 7d 产量为一批。

（3）委托单填写范例见表 3.3.20。

（4）结果判定：外观、颜色、规格尺寸中任意一项不符合标准时则判定为不合格，其他项目中有一项达不到指标时，则在该批中随机抽取双倍的样品对该项进行复验，如仍不合格，则判定该批不合格。

（三）建筑排水用硬聚氯乙烯（PVC-U）管件

（1）检测项目：颜色、外观、规格尺寸、维卡软化温度、坠落试验、烘箱试验。

（2）取样要求：同一原料、配方和工艺生产的同一规格的管件为一批，当 $DN<75mm$ 时，每批数量不超过 10000 件；当 $DN\geqslant75mm$ 时，每批数量不超过 5000 件。如果生产 7d 仍不足一批，以 7d 生产量为一批。

样品数量：10 件。

（3）委托单填写范例见表 3.3.21。

（4）结果判定：项目颜色、外观、规格尺寸中任意一项不符合标准时，则判定该批不合格。其他项目中有一项达不到指标时，则在该批中随机抽取双倍样品进行该项的复验，如仍不合格，则判定该批为不合格批。

（四）给水用硬聚氯乙烯（PVC-U）管材

（1）检测项目：外观、颜色、管材尺寸、维卡软化温度、落锤冲击试验、纵向回缩率、液压试验。

（2）取样要求：用相同原料、配方和工艺生产的同一规格的管材作为一批。当 $DN\leqslant63mm$ 时，每批数量不超过 50t；当 $DN>63mm$ 时，每批数量不超过 100t。如果生产 7d 仍不足批量，以 7d 产量为一批。

样品数量：$DN<75mm$ 每组 12 根，每根 1m；$DN\geqslant75mm$ 每组 10 根，每根 1m（委托时注明管材级别）。

（3）委托单填写范例见表 3.3.22。

（4）结果判定：项目外观、颜色、不透光性、管材尺寸中任意一项不符合规定时，则判定该批不合格。其他项目中有一项达不到要求，则在该批中随机抽取双倍样品进行该项复验。如仍不合格，则判定该批为不合格批。

（五）给水用硬聚氯乙烯（PVC-U）管件

（1）检测项目：外观、注塑成型管件尺寸、弯制成型管件承口尺寸、维卡软化温度、烘箱试验、坠落试验、液压试验。

（2）取样要求：用相同原料、配方和工艺生产的同一规格的管件为一批。当 $DN\leqslant32mm$ 时，每批数量不超过 20000 个；当 $DN>32mm$ 时，每批数量不超过 5000 个。如果生产 7d 仍不足批量，以 7d 产量为一批。一次交付可由一批或多批组成，交付时注明批号，同一交付批号产品为一个交付检验批。

样品数量：13 个。

（3）委托单填写范例见表3.3.23。

（4）结果判定：项目外观、注塑成型管件尺寸、弯制成型管件承口尺寸中任一项不符合标准时，则判定该批不合格。其他项目中有一项达不到指标时，则在该批中随机抽取双倍样品进行该项的复验，如仍不合格，则判定该批为不合格批。

（六）排水用芯层发泡硬聚氯乙烯（PVC-U）管材

（1）检测项目：颜色、外观、规格尺寸、环刚度、扁平试验、落锤冲击试验、纵向回缩率。

（2）取样要求：同一原料配方、同一工艺和同一规格连续生产的管材为一批，每批数量不超过50t。如果生产7d尚不足50t，则以7d产量为一批。

样品数量：6根，每根1m。

（3）委托单填写范例见表3.3.24。

（4）结果判定：颜色、外观、规格尺寸中任意一项不符合规定时则判定为不合格，其他项目中有一项达不到指标时，可随机在该批中抽取双倍样品进行该项的复验。如果仍不合格，则判定该批为不合格。

（七）冷热水用交联聚乙烯（PE-X）管材

（1）检测项目：颜色、外观、规格尺寸、纵向回缩率及耐静液压（20℃/1h）、耐静液压（95℃/22h）、耐静液压（95℃/165h）试验。

（2）取样要求：同一材料、配方和工艺连续生产的管材为一批，每批数量为15t，不足15t按一批计。一次交付可由一批或多批组成，交付时应注明批号，同一交付批号产品为一个交付检验批。

样品数量：6根，每根1m。

（3）委托单填写范例见表3.3.25。

（4）结果判定：外观、尺寸按表3.3.1进行判定。其他项目有一项达不到指标时，则随机抽取双倍样品进行该项复检，如仍不合格，则判定该批为不合格批。

表3.3.1 冷热水用交联聚乙烯（PE-X）管材抽样方案

批量范围（根）	样本大小（根）	合格判定数（根）	不合格判定数（根）
≤25	2	0	1
26～50	8	1	2
51～90	8	1	2
91～150	8	1	2
151～280	13	2	3
281～500	20	3	4
501～1200	32	5	6
1201～3200	50	7	8
3201～10000	80	9	10

（八）冷热水用聚丙烯管材

（1）检测项目：颜色、外观、规格及尺寸、纵向回缩率及耐静液压（20℃/1h）、耐静液压（95℃/22h）、耐静液压（95℃/165h）、简支梁冲击试验。

（2）取样要求：同一原料配方、工艺和设备且连续生产同一规格管材为一批，每批数量不超过100t。如果生产10d尚不足100t，则以10d产量为一批。

样品数量：6根，每根1m。

（3）委托单填写范例见表3.3.26。

（4）结果判定：外观、尺寸按表3.3.2进行判定。其他项目有一项达不到规定时，则随机抽取双倍样品进行该项复验，如仍不合格，则判定该批为不合格批。

表 3.3.2　冷热水用聚丙烯管材抽样方案

批量范围（根）	样本大小（根）	合格判定数（根）	不合格判定数（根）
≤15	2	0	1
16～25	3	0	1
26～90	5	0	1
91～150	8	1	2
151～280	13	1	2
281～500	20	2	3
501～1200	32	3	4
1201～3200	50	5	6
3201～10000	80	7	8
10001～35000	125	10	11
35001～150000	200	14	15
150001～500000	315	21	22

（九）冷热水用聚丙烯管件

（1）检验项目：颜色、外观、规格及尺寸及耐静液压（20℃/1h）、耐静液压（95℃/22h）、耐静液压（95℃/165h）试验。

（2）取样要求：同一原料配方、工艺和同一规格连续生产的管件，当 $DN≤25$mm 每批数量不超过 50000 个，当 $32≤DN≤63$mm 每批数量不超过 20000 个，$DN>63$mm 每批数量不超过 5000 个，如果生产 7d 不足一批，则以 7d 产量为一批。

样品数量：6 件。

（3）委托单填写范例见表 3.3.27。

（4）结果判定：外观、尺寸按表 3.3.3 进行判定。其他项目有一项达不到规定时，则随机抽取双倍样品进行该项复验；如仍不合格，则判定该批为不合格批。

表 3.3.3　冷热水用聚丙烯管件抽样方案

批量范围（根）	样本大小（根）	合格判定数（根）	不合格判定数（根）
≤15	2	0	1
16～25	3	0	1
26～90	5	0	1
91～150	8	1	2
151～280	13	1	2
281～500	20	2	3
501～1200	32	3	4
1201～3200	50	5	6
3201～10000	80	7	8
10001～35000	125	10	11
35001～150000	200	14	15

（十）铝管搭接焊式铝塑复合压力管

（1）检验项目：外观、结构尺寸、管环径向拉力、爆破试验、静液压强度。

（2）取样要求：同一原料、配方和工艺连续生产的同一规格产品，每90000m作为一批，如不足90000m，以上述生产方式7d产量作为一批。不足7d产量，也可作为一批。

样品数量：6根，每根1m。

（3）委托单填写范例见表3.3.28。

（4）结果判定：检验项目中所有试样合格，则项目合格；如有一件试样不合格，则允许二次抽样，即抽取同数量试样进行检验，如仍有一件试样或一次检测不合格，则该检验项目不合格。

（十一）铝管对接焊式铝塑复合压力管

（1）检验项目：外观、结构尺寸、管环径向拉力、爆破试验、静液压强度。

（2）取样要求：同一原料、配方和工艺连续生产的同一规格产品，每90000m作为一个检查批。如不足90000m，以上述生产方式7d产量作为一个检查批。不足7d产量，也可作为一个检查批。

样品数量：6根，每根1m。

（3）委托单填写范例见表3.3.29。

（4）结果判定：检验项目中所有试样合格，则项目合格；如有一件试样不合格，则允许二次抽样，即抽取同数量试样进行测试，如仍有一件试样或一次检测不合格，则该检验项目不合格。

（十二）冷热水用耐热聚乙烯（PE-RT）管材

（1）检验项目：外观要求、规格及尺寸、纵向回缩率及静液压（20℃/1h）、静液压（95℃/165h）试验。

（2）取样要求：同一原料配方、工艺和同一规格连续生产的管材，每批数量不超过90000m。如果生产7d尚不足90000m，则以7d产量为一批。

样品数量：6根，每根1m。

（3）委托单填写范例见表3.3.30。

（4）结果判定：外观、尺寸按表3.3.4进行判定。检验项目中所有试样合格，则项目合格；如有一件试样不合格，则允许二次抽样，即抽取同样数量试样进行测试，如仍不合格，则该检验项目不合格。

表3.3.4 出厂检验抽样和合格质量水平判定

批量 N [管材（km）管件（件）]	样本大小（n/件）	合格质量水平 AQL			
		4.0		6.5	
		合格判定数 Ac	不合格判定数 Re	合格判定数 Ac	不合格判定数 Re
≤90	5	0	1	1	2
91～150	8	1	2	1	2
151～280	13	1	2	2	3
281～500	20	2	3	3	4
501～1200	32	3	4	5	6
1201～3200	50	5	6	7	8
3201～10000	80	7	8	10	11

（十三）冷热水用耐热聚乙烯（PE-RT）第二部分：管材（GB/T 28799.2—2020）

（1）检验项目：外观、规格尺寸、纵向回缩率、静液压强度。

（2）取样要求：同一原料配方、工艺和同一规格连续生产的管材为一批，$DN \leqslant 250mm$，每批数量不超过50t，$DN > 250mm$ 规格的管材每批不超过100t。如果生产7d尚不足上述数量，则以7d产量为一批。

样品数量：6根，每根1m。

（3）委托单填写范例见表 3.3.31。

（4）结果判定：外观、尺寸按表 3.3.5 进行判定。其他项目有一项达不到指标时，则随机抽取双倍样品进行该项复检，如仍不合格，则判该批为不合格批。

表 3.3.5　冷热水用耐热聚乙烯（PE-RT）管材抽样方案

批量范围（根/盘）	样本大小（根/盘）	接收数（根/盘）	拒收数（根/盘）
≤15	2	0	1
16～25	3	0	1
26～90	5	0	1
91～150	8	1	2
151～280	13	1	2
281～500	20	2	3
501～1200	32	3	4
1201～3200	50	5	6
3201～10000	80	7	8

（十四）低压输水灌溉用硬聚氯乙烯（PVC-U）管材

（1）检验项目：颜色、外观、规格尺寸及偏差、弯曲度、纵向回缩率、拉伸屈服应力、静液压试验、落锤冲击、环刚度、扁平试验。

（2）取样要求：同一原料、配方和工艺情况下生产的同一规格管材为一批，每批数量不超过 30t，如生产数量少，生产 7d 尚不足 30t，则以 7d 产量为一批。

样品数量：6 根，每根 1m。

（3）委托单填写范例见表 3.3.32。

（4）结果判定：项目颜色、外观、规格尺寸及偏差、弯曲度按表 3.3.6 进行判定。其他项目有一项达不到规定指标时，可在计数抽样合格的产品中再随机抽取双倍样品进行该项的复验。复验样品均合格，则判定该批为合格。

表 3.3.6　低压输水灌溉用硬聚氯乙烯（PVC-U）管材抽样方案

批量范围（根）	样本大小（根）	接收数（根）	拒收数（根）
≤150	8	1	2
151～280	13	2	3
281～500	20	3	4
501～1200	32	5	6
1201～3200	50	7	8
3201～10000	80	10	11

（十五）冷热水用氯化聚氯乙烯（PVC-C）管材

（1）检验项目：颜色、外观、规格及尺寸、维卡软化温度、纵向回缩率、静液压试验、落锤冲击试验、拉伸屈服强度。

（2）取样要求：同一原料、配方和工艺连续生产的同一规格管材为一批，每批数量不超过 50t。如生产数量少，生产 7d 仍不足 50t，则以 7d 产量或以实际生产天数产量为一批。一次交付可由一批或多批组成，交付时应注明批号，同一交付批号产品为一个交付检验批。

样品数量：6 根，每根 1m。

（3）委托单填写范例见表 3.3.33。

（4）结果判定：外观和尺寸按表3.3.7进行判定。维卡软化温度、纵向回缩率、静液压试验、落锤冲击试验、拉伸屈服强度中有一项达不到指标时，可随机抽取双倍样品进行该项复检，如仍不合格则判定该批不合格。

表3.3.7　冷热水用氯化聚氯乙烯（PVC-C）管材抽样方案　　　（单位：件）

批量 N	样本量 n	接收数 Ac	拒收数 Re
2～15	2	0	1
16～25	3	0	1
26～90	5	0	1
91～150	8	1	2
151～280	13	1	2
281～500	20	2	3
501～1200	32	3	4
1201～3200	50	5	6
3201～10000	80	7	8
10001～35000	125	10	11
35001～150000	200	14	15

（十六）冷热水用氯化聚氯乙烯（PVC-C）管件

（1）检验项目：颜色、外观、规格及尺寸、维卡软化温度、烘箱试验、静液压试验。

（2）取样要求：同一原料、配方和工艺生产的同一规格的管件作为一批。规格尺寸 $DN\leqslant 32mm$ 的每批不超过15000件，规格尺寸 $DN>32mm$ 的每批不超过10000件。如果生产7d仍不足上述数量，则以7d的产量或实际生产天数的产量为一批。

样品数量：10件。

（3）委托单填写范例见表3.3.34。

（4）结果判定：外观和尺寸按表3.3.8进行判定。维卡软化温度、烘箱试验、静液压试验中有一项达不到指标时，则随机抽取双倍样品进行该项复检，如仍不合格，则判定该批不合格。

表3.3.8　冷热水用氯化聚氯乙烯（PVC-C）管件抽样方案　　　（单位：件）

批量 N	样本量 n	接收数 Ac	拒收数 Re
2～15	2	0	1
16～25	3	0	1
26～90	5	0	1
91～150	8	1	2
151～280	13	1	2
281～500	20	2	3
501～1200	32	3	4
1201～3200	50	5	6
3201～10000	80	7	8
10001～35000	125	10	11

（十七）冷热水用聚丁烯（PB）管材

（1）检验项目：颜色、外观、规格尺寸、纵向回缩率及静液压试验（20℃/1h）、静液压试验

（95℃/22h）、静液压试验（95℃/165h）。

（2）取样要求：同一原料、配方和工艺且连续生产的同一规格管材作为一批，每批数量为50t。如果生产7d仍不足50t，则以7d产量为一批。

样品数量：6根，每根1m。

（3）委托单填写范例见表3.3.35。

（4）结果判定：外观、尺寸按表3.3.9进行判定。其他项目有一项达不到指标时，则随机抽取双倍样品进行该项复检，如仍不合格，则判定该批为不合格批。

表3.3.9　冷热水用聚丁烯（PB）管材抽样方案　　　　　　（单位：盘）

批量 N	样本量 n	接收数 Ac	拒收数 Re
2～15	2	0	1
16～25	3	0	1
26～90	5	0	1
91～150	8	1	2
151～280	13	1	2
281～500	20	2	3
501～1200	32	3	4
1201～3200	50	5	6
3201～10000	80	7	8
10001～35000	125	10	11
35001～150000	200	14	15
150001～500000	315	21	22
≥500001	500	21	22

（十八）冷热水用聚丁烯（PB）管件

（1）检验项目：颜色、外观、规格尺寸、静液压试验。

（2）取样要求：同一原料配方、工艺和同一规格连续生产的管件，当DN≤32mm时每批数量不超过20000个，当32mm＜DN≤75mm时每批数量不超过10000个，当DN＞75mm时每批数量不超过5000个。如果生产7d不足一批，则以7d产量为一批。

样品数量：10件。

（3）委托单填写范例见表3.3.36。

（4）结果判定：外观、尺寸按表3.3.10进行判定。其他项目有一项达不到规定时，则随机抽取双倍样品进行该项复检，如仍不合格，则判定该批为不合格批。

表3.3.10　冷热水用聚丁烯（PB）管件抽样方案　　　　　　（单位：件）

批量 N	样本量 n	接收数 Ac	拒收数 Re
2～15	2	0	1
16～25	3	0	1
26～90	5	0	1
91～150	8	1	2
151～280	13	1	2

批量 N	样本量 n	接收数 Ac	拒收数 Re
281～500	20	2	3
501～1200	32	3	4
1201～3200	50	5	6
3201～10000	80	7	8
10001～35000	125	10	11

（十九）给水用聚乙烯（PE）管材

（1）检验项目：颜色、外观、管材尺寸、静液压强度、断裂伸长率、纵向回缩率。

（2）取样要求：同一原料、配方和工艺连续生产的同一规格管材作为一批，每批数量不超过200t。生产10d尚不足200t，则以10d产量为一批。

样品数量：6根，每根1m。

（3）委托单填写范例见表3.3.37。

（4）结果判定：颜色、外观、管材尺寸按表3.3.11进行判定，其他项目有一项达不到规定时，则随机抽取双倍样品进行复验。如仍不合格，则判该批产品不合格。

表3.3.11　给水用聚乙烯（PE）管材抽样方案　　　　　　（单位：根）

批量 N	样本量 n	接收数 Ac	拒收数 Re
≤15	2	0	1
16～25	3	0	1
26～90	5	0	1
91～150	8	1	2
151～280	13	1	2
281～500	20	2	3
501～1200	32	3	4
1201～3200	50	5	6
3201～10000	80	7	8

（二十）无压埋地排污、排水用硬聚氯乙烯（PVC-U）管材

（1）检验项目：颜色、外观、规格尺寸、环刚度、落锤冲击试验、维卡软化温度、纵向回缩率。

（2）取样要求：同一原料、同一配方和工艺情况下生产的同一规格管材为一批，每批数量不超过100t。如生产数量少，生产7d尚不足100t，则以7d产量为一批。

样品数量：6根，每根1m。

（3）委托单填写范例见表3.3.38。

（4）结果判定：颜色、外观、规格尺寸按表3.3.12进行判定。其他项目中有一项达不到规定指标时，在计数抽样合格的产品中任意抽取双倍样品进行该项的复验。复检样品均合格，则判定该批合格。

表3.3.12　无压埋地排污、排水用硬聚氯乙烯（PVC-U）管材抽样方案　　　　　　（单位：根）

批量范围	样本大小	合格判定数	不合格判定数
≤150	8	1	2
151～280	13	2	3

批量范围	样本大小	合格判定数	不合格判定数
281~500	20	3	4
501~1200	32	5	6
1201~3200	50	7	8
3201~10000	80	10	11

（二十一）埋地排水用硬聚氯乙烯（PVC-U）双壁波纹管材

（1）检验项目：颜色、外观、规格尺寸、环刚度、冲击性能、环柔性、烘箱试验。

（2）取样要求：同一原料、配方和工艺连续生产的同一规格管材为一批，每批数量不超过60t；如生产7d尚不足60t，则以7d产量为一个交付检验批。

样品数量：6根，每根1m。

（3）委托单填写范例见表3.3.39。

（4）结果判定：颜色、外观和规格尺寸中任一项不符合表3.3.13的规定时，判定该批不合格。其他项目中任一项达不到指标时，按规定在原抽取的样品中抽取双倍样品进行该项复检，试验样品均合格，则判定该批为合格批。

表 3.3.13　埋地排水用硬聚氯乙烯（PVC-U）双壁波纹管材抽样方案　（单位：根）

批量	样本量	接收数	拒收数
≤150	8	1	2
151~280	13	2	3
281~500	20	3	4
501~1200	32	5	6
1201~3200	50	7	8
3201~5000	80	10	11

（二十二）埋地排水用硬聚氯乙烯（PVC-U）轴向中空壁管材

（1）检验项目：外观、规格尺寸、纵向回缩率、环刚度、冲击性能、环柔性、烘箱试验。

（2）取样要求：同一原料、同一配方和工艺情况下生产的同一规格管材为一批，$DN \leqslant 315mm$ 时，每批数量不超过 15000m；$315mm < DN \leqslant 700mm$ 时，每批数量不超过 9000m；$700mm < DN \leqslant 1200mm$ 时，每批数量不超过6000m；当 $DN > 1200mm$ 时，每批数量不超过5000m。生产7d尚不足批，则以7d产量为一批。

样品数量：6根，每根1m。

（3）委托单填写范例见表3.3.40。

（4）结果判定：外观、规格尺寸中任一项不符合表3.3.14的规定时，判定该批不合格。其他项目中有一项达不到指标时，按规定在原抽取的样品中再随机抽取双倍样品进行该项的复验。若仍不合格，即判定该批为不合格批。

表 3.3.14　埋地排水用硬聚氯乙烯（PVC-U）轴向中空壁管材抽样方案　（单位：根）

批量 N	样本量 n	接收数 Ac	拒收数 Re
≤15	2	0	1
16~25	3	0	1
26~90	5	0	1

批量 N	样本量 n	接收数 Ac	拒收数 Re
91～150	8	1	2
151～280	13	1	2
281～500	20	2	3
501～1200	32	3	4
1201～3200	50	5	6
3201～10000	80	7	8

（二十三）埋地用聚乙烯（PE）双壁波纹管材

（1）检验项目：颜色、外观、规格尺寸、冲击性能、环柔性、烘箱试验、环刚度。

（2）取样要求：同一批原料、同一配方和工艺情况下生产的同一规格管材为一批。管材内径不大于500mm时，每批数量不超过60t，如生产数量少，生产7d尚不足60t，则以7d产量为一批。管材内径大于500mm时，每批数量不超过300t，如生产数量少，生产30d尚不足300t，则以30d产量为一批。

样品数量：6根，每根1m。

（3）委托单填写范例见表3.3.41。

（4）结果判定：颜色、外观和规格尺寸中除层压壁厚和内层壁厚外，任一项不符合表3.3.15的规定时，判定该批不合格。规格尺寸中层压壁厚、内层壁厚、环刚度、环柔性和烘箱试验有一项达不到指标时，按规定在原抽取的样品中再抽取双倍样品进行该项的复验，若仍不合格，判定该批为不合格批。

表3.3.15　埋地用聚乙烯（PE）双壁波纹管材抽样方案　　（单位：根）

批量 N	样本量 n	接收数 Ac	拒收数 Re
2～15	2	0	1
16～25	3	0	1
26～90	5	0	1
91～150	8	1	2
151～280	13	1	2
281～500	20	2	3
501～1200	32	3	4
1201～3200	50	5	6
3201～10000	80	7	8

（二十四）埋地用聚乙烯（PE）缠绕结构壁管材

（1）检验项目：颜色、外观、规格尺寸、纵向回缩率、烘箱试验、冲击性能、环刚度、环柔性、缝的拉伸强度、焊接或熔接连接的拉伸强度。

（2）取样要求：同一原料、配方和工艺情况下生产的同一规格管材、管件为一批，管材、管件 $DN \leqslant 500mm$ 时，每批数量不超过60t。如生产7d仍不足60t，则以7d产量为一批。管材、管件 $DN > 500mm$ 时，每批数量不超过300t，如生产30d仍不足300t，则以30d产量为一批。

样品数量：6根，每根1m。

（3）委托单填写范例见表3.3.42。

（4）结果判定：项目颜色、外观、规格尺寸按表 3.3.16 进行判定。纵向回缩率、烘箱试验、冲击性能、环刚度、环柔性、缝的拉伸强度有一项达不到标准指标时，按规定在原抽取的样品中再随机抽取双倍样品进行该项的复验，如仍不合格，则判定该批为不合格批。

表 3.3.16　埋地用聚乙烯（PE）缠绕结构壁管材抽样方案　（单位：根）

批量 N	样本量 n	接收数 Ac	拒收数 Re
≤15	2	0	1
16～25	3	0	1
26～90	5	0	1
91～150	8	1	2
151～280	13	1	2
281～500	20	2	3
501～1200	32	3	4
1201～3200	50	5	6
3201～10000	80	7	8

（二十五）建筑用硬聚氯乙烯（PVC-U）雨落水管材

（1）检验项目：颜色、外观、尺寸及偏差、弯曲度、拉伸强度与断裂伸长率、纵向回缩率、维卡软化温度、落锤冲击试验。

（2）取样要求：以同一原料配方、同一工艺、同一品种、同一规格连续生产的产品为一批。管材每批数量不超过 10t，管件不超过 5000 只为一批。如果生产数量少，可按生产 10d 的产品为一批量。

样品数量：6 根，每根 1m。

（3）委托单填写范例见表 3.3.43。

（4）结果判定：外观、规格尺寸及弯曲度的测定按表 3.3.17 的规定进行。拉伸强度与断裂伸长率、纵向回缩率、维卡软化温度、落锤冲击试验中有一项达不到规定指标时，可随机从原抽取的样品中取双倍样品对该项进行复验，如仍有不合格，则判定该批为不合格批。

表 3.3.17　建筑用硬聚氯乙烯（PVC-U）雨落水管材抽样方案及判定　（单位：根）

批量范围	样本大小	合格判定数	不合格判定数
≤150	8	1	2
151～280	13	2	3
281～500	20	3	4
501～1200	32	5	6
1201～3200	50	7	8
3201～10000	80	10	11

（二十六）建筑用硬聚氯乙烯（PVC-U）雨落水管件

（1）检验项目：颜色、外观、尺寸及偏差、维卡软化温度、烘箱试验。

（2）取样要求：以同一原料配方、同一工艺、同一品种、同一规格连续生产的产品为一批。管材每批数量不超过 10t，管件不超过 5000 只为一批。如果生产数量少，可按生产 10d 的产品为一批量。

样品数量：10 只。

（3）委托单填写范例见表 3.3.44。

（4）结果判定：外观、规格尺寸的测定按表 3.3.18 的规定进行。维卡软化温度、烘箱试验有一项达不到规定指标时，可随机从原抽取的样品中取双倍样品对该项进行复验，如仍有不合格，则判定该批为不合格批。

表 3.3.18　建筑用硬聚氯乙烯（PVC-U）雨落水管件抽样方案及判定　　　　（单位：件）

批量范围	样本大小	合格判定数	不合格判定数
≤150	8	1	2
151～280	13	2	3
281～500	20	3	4
501～1200	32	5	6
1201～3200	50	7	8
3201～10000	80	10	11

（二十七）建筑用绝缘电工套管及配件

（1）检验项目：外观、壁厚均匀度、最大外径、最小外径、最小内径、最小壁厚、跌落性能、抗压性能、抗冲击性能、弯曲性能、弯扁性能、耐热性能、自熄时间、绝缘强度、绝缘电阻。

（2）取样要求：同一类型、同一规格、同一进场批、同一生产日期、同一生产厂家为一验收批。

样品数量：硬质套管（m）：8×1.2。

半硬质、波纹套管取 36m 制样，每隔 3m 取 3m 制样。

（3）委托单填写范例见表 3.3.45。

（4）结果判定：一组试样中一项试验不满足要求时，应另取一组试样重新进行全部技术性能测定，如仍有一项试验不满足要求则判定该批产品不合格。

表 3.3.19　建筑排水用硬聚氯乙烯（PVC-U）管材检验/检测委托单

（合同编号为涉及收费的关键信息，由委托单位提供并确认无误！！）

所属合同编号：

工程名称					
委托单位/ 建设单位		联系人		电话	
施工单位		取样人		电话	
见证单位		见证人		电话	
监督单位		生产厂家			
使用部位	（根据实际情况填写）	出厂编号			
建筑排水用硬聚氯乙烯（PVC-U）管材　样品及检测信息					
样品编号	由收样人员填写	样品数量		代表批量	
规格尺寸 （mm）	（按产品标识填写）				
检测项目	拉伸屈服强度、维卡软化温度、落锤冲击、纵向回缩率 （送样人根据检测需要填写所需检测项目）				
检测依据	GB/T 8804.2—2003、GB/T 8802—2001、GB/T 14152—2001、GB/T 6671—2001/5				
评定依据	GB/T 5836.1—2018（委托人可以根据实际情况要求自行填写）				
检后样品处理约定	□由委托方取回　□由检测机构处理	检测类别		□见证　□委托	
□常规　□加急　□初检　□复检　原检编号：		检测费用			
样品状态	内外壁光滑，无气泡、裂口和明显的痕纹、凹陷、色泽不均及分解变色线	收样日期		年　月　日	

续表

工程名称	
备注	生产日期： 以上填写为范例样品名称、代表批量、规格型号、检测项目、检测依据等，需要根据实际情况进行填写或勾选
说明	1. 取样/送样人和见证人应对试样及提供的资料、信息的真实性、规范性和代表性负责； 2. 委托方要求加急检测时，加急费按检测费的200％核收，单组（项）收费最多不超过1000元； 3. 委托检测时，本公司仅对来样负责；见证检测时，委托单上无见证人签章无效，空白处请画"—"； 4. 一组试样填写一份委托单，出具一份检测报告，检测结果以书面检测报告为准； 5. 委托方要求取回检测后的余样时，若在检测报告出具后一个月内未取回，且未说明原因的，余样由本公司统一处理；余样领取后不再受理异议申诉

见证人签章： 正体签字：	取样/送样人签章： 正体签字：	收样人： 签章：

表 3.3.20　建筑排水用硬聚氯乙烯（PVC-U）结构壁管材检验/检测委托单

（合同编号为涉及收费的关键信息，由委托单位提供并确认无误!!）

所属合同编号：

工程名称				
委托单位/ 建设单位		联系人	电话	
施工单位		取样人	电话	
见证单位		见证人	电话	
监督单位		生产厂家		
使用部位	（根据实际情况填写）	出厂编号		

建筑排水用硬聚氯乙烯（PVC-U）结构壁管材　样品及检测信息

样品编号	由收样人员填写	样品数量		代表批量	
规格尺寸（mm）	（按产品标识填写）				
检测项目	拉伸屈服强度、维卡软化温度、落锤冲击、纵向回缩率 （送样人根据检测需要填写所需检测项目）				
检测依据	GB/T 8804.2—2003、GB/T 8802—2001、GB/T 14152—2001、GB/T 6671—2001（5）				
评定依据	GB/T 33608—2017（委托人可以根据实际情况要求自行填写）				
检后样品 处理约定	□由委托方取回　□由检测机构处理		检测类别	□见证　□委托	
□常规　□加急　□初检　□复检　原检编号：_____			检测费用		
样品状态	内外壁光滑，无气泡、裂口和明显的痕纹、凹陷、色泽不均及分解变色线		收样日期	年　月　日	
备注	生产日期： 以上填写为范例样品名称、代表批量、规格型号、检测项目、检测依据等，需要根据实际情况进行填写或勾选				
说明	1. 取样/送样人和见证人应对试样及提供的资料、信息的真实性、规范性和代表性负责； 2. 委托方要求加急检测时，加急费按检测费的200％核收，单组（项）收费最多不超过1000元； 3. 委托检测时，本公司仅对来样负责；见证检测时，委托单上无见证人签章无效，空白处请画"—"； 4. 一组试样填写一份委托单，出具一份检测报告，检测结果以书面检测报告为准； 5. 委托方要求取回检测后的余样时，若在检测报告出具后一个月内未取回，且未说明原因的，余样由本公司统一处理；余样领取后不再受理异议申诉				

见证人签章： 正体签字：	取样/送样人签章： 正体签字：	收样人： 签章：

表 3.3.21　建筑排水用硬聚氯乙烯（PVC-U）管件检验/检测委托单

（合同编号为涉及收费的关键信息，由委托单位提供并确认无误!!）

所属合同编号：

工程名称					
委托单位/ 建设单位		联系人		电话	
施工单位		取样人		电话	
见证单位		见证人		电话	
监督单位		生产厂家			
使用部位	（根据实际情况填写）	出厂编号			

建筑排水用硬聚氯乙烯（PVC-U）管件　样品及检测信息

样品编号	由收样人员填写	样品数量		代表批量	
规格型号	（由送样人根据实际情况填写）				
检测项目	维卡软化温度、烘箱试验、坠落试验 （送样人根据检测需要填写所需检测项目）				
检测依据	GB/T 8803—2001、GB/T 8802—2001、GB/T 8801—2007				
评定依据	GB/T 5836.2—2018（按产品标识填写或由客户提供）				
检后样品处理约定	□由委托方取回　□由检测机构处理		检测类别		□见证　□委托
□常规　□加急　□初检　□复检　原检编号：_____			检测费用		
样品状态	内外壁光滑，无气泡、裂口和明显的痕纹、色泽不均及分解变色线。管件完整无缺口，浇口及溢边平整		收样日期		年　月　日
备注	生产日期： 以上填写为范例样品名称、代表批量、规格型号、检测项目、检测依据等，需要根据实际情况进行填写或勾选				
说明	1. 取样/送样人和见证人应对试样及提供的资料、信息的真实性、规范性和代表性负责； 2. 委托方要求加急检测时，加急费按检测费的200％核收，单组（项）收费最多不超过1000元； 3. 委托检测时，本公司仅对来样负责；见证检测时，委托单上无见证人签章无效，空白处请画"—"； 4. 一组试样填写一份委托单，出具一份检测报告，检测结果以书面检测报告为准； 5. 委托方要求取回检测后的余样时，若在检测报告出具后一个月内未取回，且未说明原因的，余样由本公司统一处理；余样领取后不再受理异议申诉				

见证人签章：　　　　　　　　　　　取样/送样人签章：　　　　　　　　　　收样人：

正体签字：　　　　　　　　　　　　正体签字：　　　　　　　　　　　　　签章：

表 3.3.22 给水用硬聚氯乙烯（PVC-U）管材检验/检测委托单

（合同编号为涉及收费的关键信息，由委托单位提供并确认无误!!）

所属合同编号：

工程名称					
委托单位/建设单位		联系人		电话	
施工单位		取样人		电话	
见证单位		见证人		电话	
监督单位		生产厂家			
使用部位	（根据实际情况填写）	出厂编号			

给水用硬聚氯乙烯（PVC-U）管材 样品及检测信息

样品编号	由收样人员填写	样品数量	一组（6根×1m）	代表批量	50t
规格尺寸（mm）	直径：_____ 壁厚：_____ 压力等级：_____				
检测项目	液压试验（20℃，1h）、维卡软化温度、落锤冲击试验、纵向回缩率、（送样人根据检测需要填写所需检测项目，静液压试验在备注那里写上按公称尺寸加压，还是按实际尺寸加压）				
检测依据	GB/T 6111—2018、GB/T 8802—2001、GB/T 14152—2001、GB/T 6671—2001/5				
评定依据	GB/T 10002.1—2006（除评定依据外委托人可以根据实际情况要求自行填写）				
检后样品处理约定	□由委托方取回 由检测机构处理		检测类别	□见证 □委托	
□常规 □加急 □初检 □复检 原检编号：			检测费用		
样品状态	内外表面光滑，无明显划痕、凹陷、可见杂质和其他表面缺陷		收样日期	年 月 日	
备注	取样数量（根）。DN32：14根；DN40：14根；DN50：12根；DN63：12根；DN75：7根；DN90：7根；≥DN110：6根（每根长度1m）；≥DN110：暂时不能委托液压试验。 以上填写为范例样品名称、代表批量、规格型号、检测项目、检测依据等，需要根据实际情况进行填写或勾选				
说明	1. 取样/送样人和见证人应对试样及提供的资料、信息的真实性、规范性和代表性负责； 2. 委托方要求加急检测时，加急费按检测费的200%核收，单组（项）收费最多不超过1000元； 3. 委托检测时，本公司仅对来样负责；见证检测时，委托单上无见证人签章无效，空白处请画"—"； 4. 一组试样填写一份委托单，出具一份检测报告，检测结果以书面检测报告为准； 5. 委托方要求取回检测后的余样时，若在检测报告出具后一个月内未取回，且未说明原因的，余样由本公司统一处理；余样领取后不再受理异议申诉				

见证人签章：　　　　　　　　　　取样/送样人签章：　　　　　　　　　　收样人：

正体签字：　　　　　　　　　　　　正体签字：　　　　　　　　　　　　　签章：

表 3.3.23 给水用硬聚氯乙烯 (PVC-U) 管件检验/检测委托单

（合同编号为涉及收费的关键信息，由委托单位提供并确认无误！！）

所属合同编号：

工程名称					
委托单位/建设单位		联系人		电话	
施工单位		取样人		电话	
见证单位		见证人		电话	
监督单位		生产厂家			
使用部位	（根据实际情况填写）	出厂编号			

给水用硬聚氯乙烯（PVC-U）管件 样品及检测信息

样品编号	由收样人员填写	样品数量		代表批量	
规格尺寸（mm）	直径：_____ 弯头：_____ 压力等级：_____				
检测项目	液压试验（20℃，1h）、维卡软化温度、烘箱试验、坠落试验 （送样人根据检测需要填写所需检测项目）				
检测依据	GB/T 6111—2018、GB/T 8802—2001、GB/T 8803—2001、GB/T 8801—2007				
评定依据	GB/T 10002.2—2006（除评定依据外委托人可以根据实际情况要求自行填写）				
检后样品处理约定	□由委托方取回 □由检测机构处理	检测类别		□见证 □委托	
□常规 □加急 □初检 □复检 原检编号：_____		检测费用			
样品状态	内外表面光滑，无脱层、明显气泡、痕纹、冷斑以及色泽不均匀等缺陷	收样日期		年 月 日	
备注	生产日期： 以上填写为范例样品名称、代表批量、规格型号、检测项目、检测依据等，需要根据实际情况进行填写或勾选				
说明	1. 取样/送样人和见证人应对试样及提供的资料、信息的真实性、规范性和代表性负责； 2. 委托方要求加急检测时，加急费按检测费的 200％核收，单组（项）收费最多不超过 1000 元； 3. 委托检测时，本公司仅对来样负责；见证检测时，委托单上无见证人签章无效，空白处请画"—"； 4. 一组试样填写一份委托单，出具一份检测报告，检测结果以书面检测报告为准； 5. 委托方要求取回检测后的余样时，若在检测报告出具后一个月内未取回，且未说明原因的，余样由本公司统一处理；余样领取后不再受理异议申诉				

见证人签章：　　　　　　　　　　取样/送样人签章：　　　　　　　　　　收样人：

正体签字：　　　　　　　　　　　正体签字：　　　　　　　　　　　　签章：

表 3.3.24 排水用芯层发泡硬聚氯乙烯（PVC-U）管材检验/检测委托单

（合同编号为涉及收费的关键信息，由委托单位提供并确认无误！！）

所属合同编号：

工程名称					
委托单位/建设单位		联系人		电话	
施工单位		取样人		电话	
见证单位		见证人		电话	
监督单位		生产厂家			
使用部位	（根据实际情况填写）	出厂编号			

排水用芯层发泡硬聚氯乙烯（PVC-U）管材 样品及检测信息

样品编号	由收样人员填写	样品数量		代表批量	
规格尺寸（mm）	（按产品标识填写）				
检测项目	环刚度、扁平试验、落锤冲击试验、纵向回缩率 （送样人根据检测需要填写所需检测项目）				
检测依据	GB/T 9647—2015、GB/T 14152—2001、GB/T 6671—2001（5）				
评定依据	GB/T 16800—2008（委托人可以根据实际情况要求自行填写）				
检后样品处理约定	□由委托方取回　□由检测机构处理		检测类别	□见证　□委托	
□常规　□加急　□初检　□复检　原检编号：＿＿＿＿			检测费用		
样品状态	内外壁光滑，无气泡、裂口和明显的痕纹、凹陷、色泽不均及分解变色线，芯层与内外表面紧密熔接，无分脱现象		收样日期	年　月　日	
备注	生产日期： 以上填写为范例样品名称、代表批量、规格型号、检测项目、检测依据等，需要根据实际情况进行填写或勾选				
说明	1. 取样/送样人和见证人应对试样及提供的资料、信息的真实性、规范性和代表性负责； 2. 委托方要求加急检测时，加急费按检测费的200%核收，单组（项）收费最多不超过1000元； 3. 委托检测时，本公司仅对来样负责；见证检测时，委托单上无见证人签章无效，空白处请画"—"； 4. 一组试样填写一份委托单，出具一份检测报告，检测结果以书面检测报告为准； 5. 委托方要求取回检测后的余样时，若在检测报告出具后一个月内未取回，且未说明原因的，余样由本公司统一处理；余样领取后不再受理异议申诉				

见证人签章：　　　　　　　　　　　取样/送样人签章：　　　　　　　　　　　收样人：

正体签字：　　　　　　　　　　　　正体签字：　　　　　　　　　　　　　　签章：

表 3.3.25 冷热水用交联聚乙烯（PE-X）管材检验/检测委托单

（合同编号为涉及收费的关键信息，由委托单位提供并确认无误!!）

所属合同编号：

工程名称					
委托单位/ 建设单位		联系人		电话	
施工单位		取样人		电话	
见证单位		见证人		电话	
监督单位		生产厂家			
使用部位	（根据实际情况填写）	出厂编号			

<u>　　冷热水用交联聚乙烯（PE-X）管材　　</u> 样品及检测信息

样品编号	由收样人员填写	样品数量		代表批量	
规格尺寸（mm）	直径：_____；　　壁厚：_____；　　类别：_____				
检测项目	静液压（95℃/22h）、纵向回缩率 （送样人根据检测需要填写所需检测项目，静液压试验在备注那里写上按公称尺寸加压，还是按实际尺寸加压）				
检测依据	GB/T 6111—2018、GB/T 6671—2001（5）				
评定依据	GB/T 18992.2—2003（按产品标识填写或由客户提供）				
检后样品 处理约定	□由委托方取回　□由检测机构处理		检测类别	□见证　□委托	
□常规　□加急　□初检　□复检　原检编号：_____			检测费用		
样品状态	内外表面光滑、平整、干净、无有影响产品性能的明显划痕、凹陷、气泡、可见杂质、无明显色差等缺陷		收样日期	年　月　日	
备注	以上填写为范例样品名称、代表批量、规格型号、检测项目、检测依据等，需要根据实际情况进行填写或勾选				
说明	1. 取样/送样人和见证人应对试样及提供的资料、信息的真实性、规范性和代表性负责； 2. 委托方要求加急检测时，加急费按检测费的200%核收，单组（项）收费最多不超过1000元； 3. 委托检测时，本公司仅对来样负责；见证检测时，委托单上无见证人签章无效，空白处请画"—"； 4. 一组试样填写一份委托单，出具一份检测报告，检测结果以书面检测报告为准； 5. 委托方要求取回检测后的余样时，若在检测报告出具后一个月内未取回，且未说明原因的，余样由本公司统一处理；余样领取后不再受理异议申诉				

见证人签章：　　　　　　　　　　　　取样/送样人签章：　　　　　　　　　　收样人：

正体签字：　　　　　　　　　　　　　正体签字：　　　　　　　　　　　　　签章：

表 3.3.26　冷热水用聚丙烯管材检验/检测委托单

（合同编号为涉及收费的关键信息，由委托单位提供并确认无误!!）

所属合同编号：

工程名称					
委托单位/建设单位		联系人		电话	
施工单位		取样人		电话	
见证单位		见证人		电话	
监督单位		生产厂家			
使用部位	（根据实际情况填写）	出厂编号			

___冷热水用聚丙烯管材___ 样品及检测信息

样品编号	由收样人员填写	样品数量		代表批量	
规格尺寸（mm）	直径：_____；　　壁厚：_____；　　压力等级：_____ （按产品标识填写）				
检测项目	静液压试验（20℃/1h）、纵向回缩率、简支梁冲击试验 （送样人根据检测需要填写所需检测项目）				
检测依据	GB/T 6111—2018、GB/T 6671—2001（5）、GB/T 18743—2002				
评定依据	GB/T 18742.2—2017（按产品标识填写或由客户提供）				
检后样品处理约定	□由委托方取回　□由检测机构处理	检测类别		□见证　□委托	
□常规　□加急　□初检　□复检　原检编号：_____		检测费用			
样品状态	内外表面光滑、平整，无凹陷、气泡和其他影响性能的表面缺陷，无可见杂质	收样日期		年　月　日	
备注	以上填写为范例样品名称、代表批量、规格型号、检测项目、检测依据等，需要根据实际情况进行填写或勾选				
说明	1. 取样/送样人和见证人应对试样及提供的资料、信息的真实性、规范性和代表性负责； 2. 委托方要求加急检测时，加急费按检测费的 200％核收，单组（项）收费最多不超过 1000 元； 3. 委托检测时，本公司仅对来样负责；见证检测时，委托单上无见证人签章无效，空白处请画"—"； 4. 一组试样填写一份委托单，出具一份检测报告，检测结果以书面检测报告为准； 5. 委托方要求取回检测后的余样时，若在检测报告出具后一个月内未取回，且未说明原因的，余样由本公司统一处理；余样领取后不再受理异议申诉				

见证人签章：　　　　　　　　　　取样/送样人签章：　　　　　　　　　　收样人：

正体签字：　　　　　　　　　　　　正体签字：　　　　　　　　　　　　签章：

表 3.3.27　冷热水用聚丙烯管件检验/检测委托单

（合同编号为涉及收费的关键信息，由委托单位提供并确认无误！！）

所属合同编号：

工程名称					
委托单位/ 建设单位		联系人		电话	
施工单位		取样人		电话	
见证单位		见证人		电话	
监督单位		生产厂家			
使用部位	（根据实际情况填写）	出厂编号			

<u>　　冷热水用聚丙烯管件　</u>样品及检测信息

样品编号	由收样人员填写	样品数量		代表批量	
规格尺寸（mm）	直径：_____；　　压力等级：_____ （按产品标识填写）				
检测项目	静液压试验（20℃/1h） （送样人根据检测需要填写所需检测项目）				
检测依据	GB/T 6111—2018				
评定依据	GB/T 18742.3—2017（除评定依据外委托人可以根据实际情况要求自行填写）				
检后样品 处理约定	□由委托方取回　□由检测机构处理	检测类别		□见证　□委托	
□常规　□加急　□初检　□复检　原检编号：_____		检测费用			
样品状态	表面光滑、平整，无裂纹、气泡、脱皮和明显杂质、严重室温缩形以及色泽不均、分解变色等缺陷	收样日期		年　月　日	
备注	生产日期： 以上填写为范例样品名称、代表批量、规格型号、检测项目、检测依据等需要根据实际情况进行填写或勾选				
说明	1. 取样/送样人和见证人应对试样及提供的资料、信息的真实性、规范性和代表性负责； 2. 委托方要求加急检测时，加急费按检测费的200％核收，单组（项）收费最多不超过1000元； 3. 委托检测时，本公司仅对来样负责；见证检测时，委托单上无见证人签章无效，空白处请画"—"； 4. 一组试样填写一份委托单，出具一份检测报告，检测结果以书面检测报告为准； 5. 委托方要求取回检测后的余样时，若在检测报告出具后一个月内未取回，且未说明原因的，余样由本公司统一处理；余样领取后不再受理异议申诉				

见证人签章：　　　　　　　　　　取样/送样人签章：　　　　　　　　　　收样人：

正体签字：　　　　　　　　　　　　正体签字：　　　　　　　　　　　　　签章：

表 3.3.28　铝管搭接焊式铝塑复合压力管检验/检测委托单

（合同编号为涉及收费的关键信息，由委托单位提供并确认无误!!）

所属合同编号：

工程名称					
委托单位/ 建设单位		联系人		电话	
施工单位		取样人		电话	
见证单位		见证人		电话	
监督单位		生产厂家			
使用部位	（根据实际情况填写）	出厂编号			

铝管搭接焊式铝塑复合压力管　样品及检测信息

样品编号	由收样人员填写	样品数量		代表批量	
规格型号（mm）	（按产品标识填写）				
检测项目	静液压试验（20℃/1h）、管环径向拉力 （送样人根据检测需要填写所需检测项目）				
检测依据	GB/T 6111—2018、GB/T 18997.1—2020（8.4）				
评定依据	GB/T 18997.1—2020 （按产品标识填写或由客户提供）				
检后样品 处理约定	□由委托方取回　□由检测机构处理		检测类别	□见证　□委托	
□常规　□加急　□初检　□复检　原检编号：_____			检测费用		
样品状态	内外表面光滑、平整、清洁，无凹陷、气泡、明显的划伤、杂质等缺陷，外表面无颜色不均等现象		收样日期	年　月　日	
备注	生产日期： 以上填写为范例样品名称、代表批量、规格型号、检测项目、检测依据等，需要根据实际情况进行填写或勾选				
说明	1. 取样/送样人和见证人应对试样及提供的资料、信息的真实性、规范性和代表性负责； 2. 委托方要求加急检测时，加急费按检测费的200％核收，单组（项）收费最多不超过1000元； 3. 委托检测时，本公司仅对来样负责；见证检测时，委托单上无见证人签章无效，空白处请画"—"； 4. 一组试样填写一份委托单，出具一份检测报告，检测结果以书面检测报告为准； 5. 委托方要求取回检测后的余样时，若在检测报告出具后一个月内未取回，且未说明原因的，余样由本公司统一处理；余样领取后不再受理异议申诉				

见证人签章：　　　　　　　　　取样/送样人签章：　　　　　　　　　收样人：

正体签字：　　　　　　　　　　正体签字：　　　　　　　　　　　　签章：

表 3.3.29 铝管对接焊式铝塑复合压力管检验/检测委托单

（合同编号为涉及收费的关键信息，由委托单位提供并确认无误!!）

所属合同编号：

工程名称					
委托单位/建设单位		联系人		电话	
施工单位		取样人		电话	
见证单位		见证人		电话	
监督单位		生产厂家			
使用部位	（根据实际情况填写）	出厂编号			

<u>铝管对接焊式铝塑复合压力管</u> 样品及检测信息

样品编号	由收样人员填写	样品数量		代表批量	
规格型号（mm）	（按产品标识填写）				
检测项目	静液压试验（20℃/1h）、管环径向拉力 （送样人根据检测需要填写所需检测项目）				
检测依据	GB/T 6111—2018、GB/T 18997.1—2020/8.4				
评定依据	GB/T 18997.2—2020 （按产品标识填写或由客户提供）				
检后样品处理约定	□由委托方取回 □由检测机构处理		检测类别		□见证 □委托
□常规 □加急 □初检 □复检 原检编号：_____			检测费用		
样品状态	内外表面光滑、平整、清洁，无凹陷、气泡、明显的划伤、杂质等缺陷，外表面无颜色不均等现象		收样日期		年 月 日
备注	生产日期： 以上填写为范例样品名称、代表批量、规格型号、检测项目、检测依据等，需要根据实际情况进行填写或勾选				
说明	1. 取样/送样人和见证人应对试样及提供的资料、信息的真实性、规范性和代表性负责； 2. 委托方要求加急检测时，加急费按检测费的200％核收，单组（项）收费最多不超过1000元； 3. 委托检测时，本公司仅对来样负责；见证检测时，委托单上无见证人签章无效，空白处请画"—"； 4. 一组试样填写一份委托单，出具一份检测报告，检测结果以书面检测报告为准； 5. 委托方要求取回检测后的余样时，若在检测报告出具后一个月内未取回，且未说明原因的，余样由本公司统一处理；余样领取后不再受理异议申诉				

见证人签章：	取样/送样人签章：	收样人
正体签字：	正体签字：	签章：

表 3.3.30　冷热水用耐热聚乙烯（PE-RT）管材检验/检测委托单

（合同编号为涉及收费的关键信息，由委托单位提供并确认无误！！）

所属合同编号：

工程名称					
委托单位/建设单位		联系人		电话	
施工单位		取样人		电话	
见证单位		见证人		电话	
监督单位		生产厂家			
使用部位	（根据实际情况填写）	出厂编号			

冷热水用耐热聚乙烯（PE-RT）管材　样品及检测信息

样品编号	由收样人员填写	样品数量		代表批量	
规格尺寸（mm）	（按产品标识填写）				
检测项目	静液压试验（95℃/22h）、纵向回缩率 （送样人根据检测需要填写所需检测项目，静液压试验在备注那里写上按公称尺寸加压，还是按实际尺寸加压）				
检测依据	GB/T 6111—2018、GB/T 6671—2001（5）				
评定依据	CJ/T 175—2002				
检后样品处理约定	□由委托方取回　□由检测机构处理	检测类别		□见证　□委托	
□常规　□加急　□初检　□复检　原检编号：＿＿＿		检测费用			
样品状态	内外表面光滑、平整、清洁，无凹陷、气泡、明显的划伤和其他影响性能的表面缺陷、杂质	收样日期		年　月　日	
备注	生产日期： 以上填写为范例样品名称、代表批量、规格型号、检测项目、检测依据等，需要根据实际情况进行填写或勾选				
说明	1. 取样/送样人和见证人应对试样及提供的资料、信息的真实性、规范性和代表性负责； 2. 委托方要求加急检测时，加急费按检测费的200%核收，单组（项）收费最多不超过1000元； 3. 委托检测时，本公司仅对来样负责；见证检测时，委托单上无见证人签章无效，空白处请画"—"； 4. 一组试样填写一份委托单，出具一份检测报告，检测结果以书面检测报告为准； 5. 委托方要求取回检测后的余样时，若在检测报告出具后一个月内未取回，且未说明原因的，余样由本公司统一处理；余样领取后不再受理异议申诉				

见证人签章：　　　　　　　　取样/送样人签章：　　　　　　收样人：
正体签字：　　　　　　　　　正体签字：　　　　　　　　　签章：

表 3.3.31 冷热水用耐热聚乙烯（PE-RT）管材检验/检测委托单

（合同编号为涉及收费的关键信息，由委托单位提供并确认无误!!）

所属合同编号：

工程名称					
委托单位/ 建设单位		联系人		电话	
施工单位		取样人		电话	
见证单位		见证人		电话	
监督单位		生产厂家			
使用部位	（根据实际情况填写）	出厂编号			

冷热水用耐热聚乙烯（PE-RT）管材 样品及检测信息

样品编号	由收样人员填写	样品数量		代表批量	
规格尺寸（mm）	（按产品标识填写）				
检测项目	静液压试验（95℃/22h）、纵向回缩率 （送样人根据检测需要填写所需检测项目）				
检测依据	GB/T 6111—2018、GB/T 6671—2001（5）				
评定依据	GB/T 28799.2—2020（按产品标识填写或由客户提供）				
检后样品 处理约定	□由委托方取回　□由检测机构处理		检测类别	□见证　□委托	
□常规　□加急　□初检　□复检　原检编号：_____			检测费用		
样品状态	内外表面光滑、平整、清洁、无凹陷、气泡、 明显的划伤和其他影响性能的表面缺陷、杂质		收样日期	年　月　日	
备注	生产日期： 以上填写为范例样品名称、代表批量、规格型号、检测项目、检测依据等，需要根据实际情况进行填写或勾选				
说明	1. 取样/送样人和见证人应对试样及提供的资料、信息的真实性、规范性和代表性负责； 2. 委托方要求加急检测时，加急费按检测费的200％核收，单组（项）收费最多不超过1000元； 3. 委托检测时，本公司仅对来样负责；见证检测时，委托单上无见证人签章无效，空白处请画"—"； 4. 一组试样填写一份委托单，出具一份检测报告，检测结果以书面检测报告为准； 5. 委托方要求取回检测后的余样时，若在检测报告出具后一个月内未取回，且未说明原因的，余样由本公司统一处理；余样领取后不再受理异议申诉				

见证人签章：　　　　　　　　　　　　　取样/送样人签章：　　　　　　　　　　　　收样人：

正体签字：　　　　　　　　　　　　　　　正体签字：　　　　　　　　　　　　　　　签章：

表 3.3.32 低压输水灌溉用硬聚氯乙烯（PVC-U）管材检验/检测委托单

（合同编号为涉及收费的关键信息，由委托单位提供并确认无误!!）

所属合同编号：

工程名称					
委托单位/ 建设单位		联系人		电话	
施工单位		取样人		电话	
见证单位		见证人		电话	
监督单位		生产厂家			
使用部位	（根据实际情况填写）	出厂编号			

低压输水灌溉用硬聚氯乙烯（PVC-U）管材 样品及检测信息

样品编号	由收样人员填写	样品数量		代表批量	
规格尺寸（mm）	（按产品标识填写）				
检测项目	拉伸屈服应力、静液压试验、落锤冲击、纵向回缩率、环刚度、扁平试验 （送样人根据检测需要填写所需检测项目）				
检测依据	GB/T 8804.2—2003、GB/T 6671—2018、GB/T 14152—2001、GB/T 6671—2001（5）、GB/T 9647—2015				
评定依据	GB/T 13664—2006（委托人可以根据实际情况要求自行填写）				
检后样品 处理约定	□由委托方取回 □由检测机构处理		检测类别		□见证 □委托
□常规 □加急 □初检 □复检 原检编号：_____			检测费用		
样品状态	内外壁光滑，无气泡、裂口和明显的痕纹、凹陷、色泽不均及分解变色线		收样日期		年 月 日
备注	生产日期： 以上填写为范例样品名称、代表批量、规格型号、检测项目、检测依据等，需要根据实际情况进行填写或勾选				
说明	1. 取样/送样人和见证人应对试样及提供的资料、信息的真实性、规范性和代表性负责； 2. 委托方要求加急检测时，加急费按检测费的200％核收，单组（项）收费最多不超过1000元； 3. 委托检测时，本公司仅对来样负责；见证检测时，委托单上无见证人签章无效，空白处请画"—"； 4. 一组试样填写一份委托单，出具一份检测报告，检测结果以书面检测报告为准； 5. 委托方要求取回检测后的余样时，若在检测报告出具后一个月内未取回，且未说明原因的，余样由本公司统一处理；余样领取后不再受理异议申诉				

见证人签章：　　　　　　　　　　取样/送样人签章：　　　　　　　　　　收样人：

正体签字：　　　　　　　　　　　　正体签字：　　　　　　　　　　　　签章：

表 3.3.33 冷热水用氯化聚氯乙烯（PVC-C）管材检验/检测委托单

（合同编号为涉及收费的关键信息，由委托单位提供并确认无误!!）

所属合同编号：

工程名称					
委托单位/ 建设单位		联系人		电话	
施工单位		取样人		电话	
见证单位		见证人		电话	
监督单位		生产厂家			
使用部位	（根据实际情况填写）	出厂编号			

冷热水用氯化聚氯乙烯（PVC-C）管材 样品及检测信息

样品编号	由收样人员填写	样品数量		代表批量	
规格尺寸（mm）	（按产品标识填写）				
检测项目	拉伸屈服强度、维卡软化温度、落锤冲击、纵向回缩率、静液压试验（95℃/22h） （送样人根据检测需要填写所需检测项目）				
检测依据	GB/T 8804.2—2003、GB/T 8802—2001、GB/T 14152—2001、GB/T 6671—2001（5）、GB/T 6111—2018				
评定依据	GB/T 18993.2—2020 （委托人可以根据实际情况要求自行填写）				
检后样品 处理约定	□由委托方取回 □由检测机构处理		检测类别		□见证 □委托
□常规 □加急 □初检 □复检 原检编号：_____			检测费用		
样品状态	内外壁光滑，无气泡、裂口和明显的痕纹、凹陷、色泽不均及分解变色线，芯层与内外表面紧密熔接，无分脱现象		收样日期		年 月 日
备注	生产日期： 以上填写为范例样品名称、代表批量、规格型号、检测项目、检测依据等，需要根据实际情况进行填写或勾选				
说明	1. 取样/送样人和见证人应对试样及提供的资料、信息的真实性、规范性和代表性负责； 2. 委托方要求加急检测时，加急费按检测费的 200%核收，单组（项）收费最多不超过 1000 元； 3. 委托检测时，本公司仅对来样负责；见证检测时，委托单上无见证人签章无效，空白处请画"—"； 4. 一组试样填写一份委托单，出具一份检测报告，检测结果以书面检测报告为准； 5. 委托方要求取回检测后的余样时，若在检测报告出具后一个月内未取回，且未说明原因的，余样由本公司统一处理；余样领取后不再受理异议申诉				

见证人签章：　　　　　　　　　　　取样/送样人签章：　　　　　　　　　　　收样人

正体签字：　　　　　　　　　　　　正体签字：　　　　　　　　　　　　　　签章：

表 3.3.34　冷热水用氯化聚氯乙烯（PVC-C）管件 检验/检测委托单

（合同编号为涉及收费的关键信息，由委托单位提供并确认无误!!）

所属合同编号：

工程名称					
委托单位/ 建设单位		联系人		电话	
施工单位		取样人		电话	
见证单位		见证人		电话	
监督单位		生产厂家			
使用部位	（根据实际情况填写）	出厂编号			

冷热水用氯化聚氯乙烯（PVC-C）管件　样品及检测信息

样品编号	由收样人员填写	样品数量		代表批量	
规格尺寸（mm）	（按产品标识填写）				
检测项目	静液压试验（20℃/1h） （送样人根据检测需要填写所需检测项目）				
检测依据	GB/T 6111—2018				
评定依据	GB/T 18993.3—2020（委托人可以根据实际情况要求自行填写）				
检后样品 处理约定	□由委托方取回　□由检测机构处理		检测类别	□见证　□委托	
□常规　□加急　□初检　□复检　原检编号：_____			检测费用		
样品状态	表面光滑、平整，无气泡、裂纹、脱皮和明显的杂质及严重的冷斑、色泽不均、分解变色线		收样日期	年　月　日	
备注	生产日期： 以上填写为范例样品名称、代表批量、规格型号、检测项目、检测依据等，需要根据实际情况进行填写或勾选				
说明	1. 取样/送样人和见证人应对试样及提供的资料、信息的真实性、规范性和代表性负责； 2. 委托方要求加急检测时，加急费按检测费的 200％核收，单组（项）收费最多不超过 1000 元； 3. 委托检测时，本公司仅对来样负责；见证检测时，委托单上无见证人签章无效，空白处请画"—"； 4. 一组试样填写一份委托单，出具一份检测报告，检测结果以书面检测报告为准； 5. 委托方要求取回检测后的余样时，若在检测报告出具后一个月内未取回，且未说明原因的，余样由本公司统一处理；余样领取后不再受理异议申诉				

见证人签章：　　　　　　　　　　取样/送样人签章：　　　　　　　　　　收样人：

正体签字：　　　　　　　　　　　　正体签字：　　　　　　　　　　　　签章：

表 3.3.35 冷热水用聚丁烯（PB）管材检验/检测委托单

（合同编号为涉及收费的关键信息，由委托单位提供并确认无误!!）

所属合同编号：

工程名称						
委托单位/ 建设单位			联系人		电话	
施工单位			取样人		电话	
见证单位			见证人		电话	
监督单位			生产厂家			
使用部位	（根据实际情况填写）		出厂编号			

冷热水用聚丁烯（PB）管材 样品及检测信息

样品编号	由收样人员填写	样品数量		代表批量	
规格尺寸（mm）					
检测项目	静液压试验（20℃/1h）、纵向回缩率 （送样人根据检测需要填写所需检测项目，静液压试验在备注那里写上按公称尺寸加压，还是按实际尺寸加压）				
检测依据	GB/T 6111—2018、GB/T 6671—2001（5）				
评定依据	GB/T 19473.2—2020（除评定依据外委托人可以根据实际情况要求自行填写）				
检后样品 处理约定	□由委托方取回 □由检测机构处理		检测类别		□见证 □委托
□常规 □加急 □初检 □复检 原检编号：_____			检测费用		
样品状态	内外表面光滑、平整、清洁，无明显划痕、凹陷、气泡等缺陷，表面颜色均匀一致，无明显色差		收样日期		年 月 日
备注	生产日期： 以上填写为范例样品名称、代表批量、规格型号、检测项目、检测依据等，需要根据实际情况进行填写或勾选				
说明	1. 取样/送样人和见证人应对试样及提供的资料、信息的真实性、规范性和代表性负责； 2. 委托方要求加急检测时，加急费按检测费的200%核收，单组（项）收费最多不超过1000元； 3. 委托检测时，本公司仅对来样负责；见证检测时，委托单上无见证人签章无效，空白处请画"—"； 4. 一组试样填写一份委托单，出具一份检测报告，检测结果以书面检测报告为准； 5. 委托方要求取回检测后的余样时，若在检测报告出具后一个月内未取回，且未说明原因的，余样由本公司统一处理；余样领取后不再受理异议申诉				

见证人签章：　　　　　　　　　　　取样/送样人签章：　　　　　　　　　　　收样人：

正体签字：　　　　　　　　　　　　正体签字：　　　　　　　　　　　　　　签章：

表 3.3.36 冷热水用聚丁烯（PB）管件检验/检测委托单

（合同编号为涉及收费的关键信息，由委托单位提供并确认无误!!）

所属合同编号：

工程名称					
委托单位/ 建设单位		联系人		电话	
施工单位		取样人		电话	
见证单位		见证人		电话	
监督单位		生产厂家			
使用部位	（根据实际情况填写）	出厂编号			

冷热水用聚丁烯（PB）管件 样品及检测信息

样品编号	由收样人员填写	样品数量		代表批量	
规格尺寸（mm）					
检测项目	静液压试验（20℃/1h） （送样人根据检测需要填写所需检测项目）				
检测依据	GB/T 6111—2018				
评定依据	GB/T 19473.3—2020 （或由客户提供）				
检后样品 处理约定	□由委托方取回 □由检测机构处理	检测类别		□见证 □委托	
□常规 □加急 □初检 □复检 原检编号：_____		检测费用			
样品状态	管件表面光滑、平整，无裂纹、气泡、脱皮和明显的杂质、严重的冷斑以及色泽不匀、分解变色等缺陷	收样日期		年 月 日	
备注	生产日期： 以上填写为范例样品名称、代表批量、规格型号、检测项目、检测依据等，需要根据实际情况进行填写或勾选				
说明	1. 取样/送样人和见证人应对试样及提供的资料、信息的真实性、规范性和代表性负责； 2. 委托方要求加急检测时，加急费按检测费的 200%核收，单组（项）收费最多不超过 1000 元； 3. 委托检测时，本公司仅对来样负责；见证检测时，委托单上无见证人签章无效，空白处请画"—"； 4. 一组试样填写一份委托单，出具一份检测报告，检测结果以书面检测报告为准； 5. 委托方要求取回检测后的余样时，若在检测报告出具后一个月内未取回，且未说明原因的，余样由本公司统一处理；余样领取后不再受理异议申诉				

见证人签章：　　　　　　　　取样/送样人签章：　　　　　　　收样人：

正体签字：　　　　　　　　　正体签字：　　　　　　　　　　签章：

表 3.3.37 给水用聚乙烯（PE）管材检验/检测委托单

（合同编号为涉及收费的关键信息，由委托单位提供并确认无误!!）

所属合同编号：

工程名称					
委托单位/建设单位		联系人		电话	
施工单位		取样人		电话	
见证单位		见证人		电话	
监督单位		生产厂家			
使用部位	（根据实际情况填写）	出厂编号			

给水用聚乙烯（PE）管材 样品及检测信息

样品编号	由收样人员填写	样品数量		代表批量	
规格尺寸（mm）	（按产品标识真写）				
检测项目	静液压强度（20℃/1h）、断裂伸长率、纵向回缩率 （送样人根据检测需要填写所需检测项目）				
检测依据	GB/T 6111—2018、GB/T 8804.3—2003、GB/T 6671—2001（5）				
评定依据	GB/T 13663.2—2018 □委托/设计值：_____ □不做评定				
检后样品处理约定	□由委托方取回 □由检测机构处理		检测类别	□见证 □委托	
□常规 □加急 □初检 □复检 原检编号：_____			检测费用		
样品状态	内外表面清洁、光滑，无气泡、明显划痕、凹陷、杂质、颜色不均匀等缺陷		收样日期	年 月 日	
备注	生产日期： 以上填写为范例样品名称、代表批量、规格型号、检测项目、检测依据等，需要根据实际情况进行填写或勾选				
说明	1. 取样/送样人和见证人应对试样及提供的资料、信息的真实性、规范性和代表性负责； 2. 委托方要求加急检测时，加急费按检测费的200%核收，单组（项）收费最多不超过1000元； 3. 委托检测时，本公司仅对来样负责；见证检测时，委托单上无见证人签章无效，空白处请画"—"； 4. 一组试样填写一份委托单，出具一份检测报告，检测结果以书面检测报告为准； 5. 委托方要求取回检测后的余样时，若在检测报告出具后一个月内未取回，且未说明原因的，余样由本公司统一处理；余样领取后不再受理异议申诉				

见证人签章：

正体签字：

取样/送样人签章：

正体签字：

收样人

签章：

表 3.3.38　无压埋地排污、排水用硬聚氯乙烯（PVC-U）管材检验/检测委托单

（合同编号为涉及收费的关键信息，由委托单位提供并确认无误!!）

所属合同编号：

工程名称				
委托单位/建设单位		联系人		电话
施工单位		取样人		电话
见证单位		见证人		电话
监督单位		生产厂家		
使用部位	（根据实际情况填写）	出厂编号		

无压埋地排污、排水用硬聚氯乙烯（PVC-U）管材　样品及检测信息

样品编号	由收样人员填写	样品数量		代表批量	
规格尺寸（mm）	（按产品标识填写）				
检测项目	环刚度、落锤冲击试验、维卡软化温度、纵向回缩率 （送样人根据检测需要填写所需检测项目）				
检测依据	GB/T 9647—2015、GB/T 14152—2001、GB/T 8802—2001、GB/T 6671—2001（5）				
评定依据	GB/T 20221—2006 （委托人可以根据实际情况要求自行填写）				
检后样品处理约定	□由委托方取回　□由检测机构处理		检测类别	□见证　□委托	
□常规　□加急　□初检　□复检　原检编号：_____			检测费用		
样品状态	内外壁光滑，无气泡、裂口和明显的痕纹、凹陷、色泽不均及分解变色线		收样日期	年　月　日	
备注	生产日期： 以上填写为范例样品名称、代表批量、规格型号、检测项目、检测依据等，需要根据实际情况进行填写或勾选				
说明	1. 取样/送样人和见证人应对试样及提供的资料、信息的真实性、规范性和代表性负责； 2. 委托方要求加急检测时，加急费按检测费的200%核收，单组（项）收费最多不超过1000元； 3. 委托检测时，本公司仅对来样负责；见证检测时，委托单上无见证人签章无效，空白处请画"—"； 4. 一组试样填写一份委托单，出具一份检测报告，检测结果以书面检测报告为准； 5. 委托方要求取回检测后的余样时，若在检测报告出具后一个月内未取回，且未说明原因的，余样由本公司统一处理；余样领取后不再受理异议申诉				

见证人签章：　　　　　　　　　取样/送样人签章：　　　　　　　　　收样人：

正体签字：　　　　　　　　　　正体签字：　　　　　　　　　　　　签章：

表 3.3.39 埋地排水用硬聚氯乙烯（PVC-U）双壁波纹管材检验/检测委托单

（合同编号为涉及收费的关键信息，由委托单位提供并确认无误！！）

所属合同编号：

工程名称					
委托单位/建设单位		联系人		电话	
施工单位		取样人		电话	
见证单位		见证人		电话	
监督单位		生产厂家			
使用部位	（根据实际情况填写）	出厂编号			

埋地排水用硬聚氯乙烯（PVC-U）双壁波纹管材 样品及检测信息

样品编号	由收样人员填写	样品数量		代表批量	
规格尺寸（mm）					
检测项目	冲击性能、环刚度、烘箱试验 （送样人根据检测需要填写所需检测项目）				
检测依据	GB/T 14152—2001、GB/T 9647—2015、GB/T 18477.1—2007				
评定依据	GB/T 18477.1—2007 （按产品标识或由客户提供）				
检后样品处理约定	□由委托方取回　□由检测机构处理		检测类别		□见证　□委托
□常规　□加急　□初检　□复检　原检编号：_____			检测费用		
样品状态	内外壁无气泡、凹陷、明显的杂质和不规则波纹，管材波谷区内外壁应紧密熔接，无脱开现象		收样日期		年　月　日
备注	生产日期： 以上填写为范例样品名称、代表批量、规格型号、检测项目、检测依据等，需要根据实际情况进行填写或勾选				
说明	1. 取样/送样人和见证人应对试样及提供的资料、信息的真实性、规范性和代表性负责； 2. 委托方要求加急检测时，加急费按检测费的200％核收，单组（项）收费最多不超过1000元； 3. 委托检测时，本公司仅对来样负责；见证检测时，委托单上无见证人签章无效，空白处请画"—"； 4. 一组试样填写一份委托单，出具一份检测报告，检测结果以书面检测报告为准； 5. 委托方要求取回检测后的余样时，若在检测报告出具后一个月内未取回，且未说明原因的，余样由本公司统一处理；余样领取后不再受理异议申诉				

见证人签章：　　　　　　　　　　取样/送样人签章：　　　　　　　　　　收样人：

正体签字：　　　　　　　　　　　　正体签字：　　　　　　　　　　　　　签章：

表 3.3.40 埋地排水用硬聚氯乙烯（PVC-U）轴向中空壁管材检验/检测委托单

（合同编号为涉及收费的关键信息，由委托单位提供并确认无误！！）

所属合同编号：

工程名称					
委托单位/ 建设单位		联系人		电话	
施工单位		取样人		电话	
见证单位		见证人		电话	
监督单位		生产厂家			
使用部位	（根据实际情况填写）	出厂编号			

埋地排水用硬聚氯乙烯（PVC-U）轴向中空壁管材 样品及检测信息

样品编号	由收样人员填写	样品数量		代表批量	
规格尺寸（mm）	（按产品标识填写）				
检测项目	冲击性能、环刚度、纵向回缩率、烘箱试验 （送样人根据检测需要填写所需检测项目）				
检测依据	GB/T 14152—2001、GB/T 9647—2015、GB/T 6671—2001（5）、GB/T 18477.1—2007				
评定依据	GB/T 18477.3—2019 （按产品标识或由客户提供）				
检后样品 处理约定	□由委托方取回 □由检测机构处理	检测类别		□见证 □委托	
□常规 □加急 □初检 □复检 原检编号：_____		检测费用			
样品状态	内外壁无气泡、砂眼、明显的杂质，管材内外壁与连接筋无脱开现象	收样日期		年 月 日	
备注	生产日期： 以上填写为范例样品名称、代表批量、规格型号、检测项目、检测依据等，需要根据实际情况进行填写或勾选				
说明	1. 取样/送样人和见证人应对试样及提供的资料、信息的真实性、规范性和代表性负责； 2. 委托方要求加急检测时，加急费按检测费的 200％核收，单组（项）收费最多不超过 1000 元； 3. 委托检测时，本公司仅对来样负责；见证检测时，委托单上无见证人签章无效，空白处请画"—"； 4. 一组试样填写一份委托单，出具一份检测报告，检测结果以书面检测报告为准； 5. 委托方要求取回检测后的余样时，若在检测报告出具后一个月内未取回，且未说明原因的，余样由本公司统一处理；余样领取后不再受理异议申诉				

见证人签章：　　　　　　　　　取样/送样人签章：　　　　　　　　收样人：

正体签字：　　　　　　　　　　正体签字；　　　　　　　　　　　签章：

表 3.3.41 埋地用聚乙烯（PE）双壁波纹管材检验/检测委托单

（合同编号为涉及收费的关键信息，由委托单位提供并确认无误！！）

所属合同编号：

工程名称					
委托单位/ 建设单位		联系人		电话	
施工单位		取样人		电话	
见证单位		见证人		电话	
监督单位		生产厂家			
使用部位	（根据实际情况填写）	出厂编号			

埋地用聚乙烯（PE）双壁波纹管材 样品及检测信息

样品编号	由收样人员填写	样品数量		代表批量	
规格尺寸（mm）	（按产品标识填写）				
检测项目	冲击性能、环柔性、环刚度、烘箱试验 （送样人根据检测需要填写所需检测项目）				
检测依据	GB/T 14152—2001、GB/T 9647—2015、GB/T 19472.1—2019（8.7）				
评定依据	GB/T 19472.1—2019 （按产品标识或由客户提供）				
检后样品 处理约定	□由委托方取回 □由检测机构处理		检测类别		□见证 □委托
□常规 □加急 □初检 □复检 原检编号：_____			检测费用		
样品状态	内外壁无气泡、凹陷、明显的杂质和不规则波纹，管材波谷区内外壁应紧密熔接，无脱开现象		收样日期		年 月 日
备注	生产日期： 以上填写为范例样品名称、代表批量、规格型号、检测项目、检测依据等，需要根据实际情况进行填写或勾选				
说明	1. 取样/送样人和见证人应对试样及提供的资料、信息的真实性、规范性和代表性负责； 2. 委托方要求加急检测时，加急费按检测费的200％核收，单组（项）收费最多不超过1000元； 3. 委托检测时，本公司仅对来样负责；见证检测时，委托单上无见证人签章无效，空白处请画"—"； 4. 一组试样填写一份委托单，出具一份检测报告，检测结果以书面检测报告为准； 5. 委托方要求取回检测后的余样时，若在检测报告出具后一个月内未取回，且未说明原因的，余样由本公司统一处理；余样领取后不再受理异议申诉				

见证人签章：　　　　　　　　　　取样/送样人签章：　　　　　　　　　　收样人：

　　正体签字：　　　　　　　　　　　　正体签字：　　　　　　　　　　　　签章：

表3.3.42 埋地用聚乙烯（PE）缠绕结构壁管材检验/检测委托单

（合同编号为涉及收费的关键信息，由委托单位提供并确认无误!!）

所属合同编号：

工程名称				
委托单位/ 建设单位		联系人		电话
施工单位		取样人		电话
见证单位		见证人		电话
监督单位		生产厂家		
使用部位	（根据实际情况填写）	出厂编号		

<u>埋地用聚乙烯（PE）缠绕结构壁管材</u> 样品及检测信息

样品编号	由收样人员填写	样品数量		代表批量	
规格尺寸（mm）	（按产品标识填写）				
检测项目	纵向回缩率、烘箱试验、冲击性能、环刚度 （送样人根据检测需要填写所需检测项目）				
检测依据	GB/T 6671—2001（5）、GB/T 19472.2—2017（8.5）、GB/T 14152—2001、GB/T 9647—2015				
评定依据	GB/T 19472.2—2017 （按产品标识或由客户提供）				
检后样品 处理约定	□由委托方取回 □由检测机构处理	检测类别		□见证 □委托	
□常规 □加急 □初检 □复检 原检编号：_____		检测费用			
样品状态	□A型：内外表面平整，外壁平整，色泽均 匀，无气泡和可见杂质 □RC型：内表面微有波峰波谷轮廓，外壁平 整，色泽均匀，无气泡和可见杂质	收样日期		年 月 日	
备注	生产日期： 以上填写为范例样品名称、代表批量、规格型号、检测项目、检测依据等，需要根据实际情况进行填写或勾选				
说明	1. 取样/送样人和见证人应对试样及提供的资料、信息的真实性、规范性和代表性负责； 2. 委托方要求加急检测时，加急费按检测费的200％核收，单组（项）收费最多不超过1000元； 3. 委托检测时，本公司仅对来样负责；见证检测时，委托单上无见证人签章无效，空白处请画"—"； 4. 一组试样填写一份委托单，出具一份检测报告，检测结果以书面检测报告为准； 5. 委托方要求取回检测后的余样时，若在检测报告出具后一个月内未取回，且未说明原因的，余样由本公司统一处理；余样领取后不再受理异议申诉				

见证人签章：　　　　　　　　　　　取样/送样人签章：　　　　　　　　　　收样人：

正体签字：　　　　　　　　　　　　　正体签字：　　　　　　　　　　　　　签章：

表 3.3.43　建筑用硬聚氯乙烯（PVC-U）雨落水管材检验/检测委托单

（合同编号为涉及收费的关键信息，由委托单位提供并确认无误!!）

所属合同编号：

工程名称					
委托单位/ 建设单位		联系人		电话	
施工单位		取样人		电话	
见证单位		见证人		电话	
监督单位		生产厂家			
使用部位	（根据实际情况填写）	出厂编号			

__建筑用硬聚氯乙烯（PVC-U）雨落水管材__ 样品及检测信息

样品编号	由收样人员填写	样品数量	一组（6×1m）	代表批量	10t
规格尺寸（mm）	（按产品标识填写）				
检测项目	拉伸屈服强度、维卡软化温度、落锤冲击、纵向回缩率 （送样人根据检测需要填写所需检测项目）				
检测依据	GB/T 8804.2—2003、GB/T 8802—2001、GB/T 14152—2001、GB/T 6671—2001（5）				
评定依据	QB/T 2480—2000（委托人可以根据实际情况要求自行填写）				
检后样品 处理约定	□由委托方取回　□由检测机构处理		检测类别		□见证　□委托
□常规　□加急　□初检　□复检　原检编号：_____			检测费用		
样品状态	内外壁光滑，无凹陷、色泽不均及分解变色线，无可见杂质		收样日期		年　月　日
备注	生产日期： 以上填写为范例样品名称、代表批量、规格型号、检测项目、检测依据等，需要根据实际情况进行填写或勾选				
说明	1. 取样/送样人和见证人应对试样及提供的资料、信息的真实性、规范性和代表性负责； 2. 委托方要求加急检测时，加急费按检测费的200％核收，单组（项）收费最多不超过1000元； 3. 委托检测时，本公司仅对来样负责；见证检测时，委托单上无见证人签章无效，空白处请画"—"； 4. 一组试样填写一份委托单，出具一份检测报告，检测结果以书面检测报告为准； 5. 委托方要求取回检测后的余样时，若在检测报告出具后一个月内未取回，且未说明原因的，余样由本公司统一处理；余样领取后不再受理异议申诉				

见证人签章：　　　　　　　　　　　取样/送样人签章：　　　　　　　　　　收样人：

正体签字：　　　　　　　　　　　　正体签字：　　　　　　　　　　　　　签章：

表 3.3.44 建筑用硬聚氯乙烯（PVC-U）雨落水管件检验/检测委托单

（合同编号为涉及收费的关键信息，由委托单位提供并确认无误!!）

所属合同编号：

工程名称				
委托单位/ 建设单位		联系人	电话	
施工单位		取样人	电话	
见证单位		见证人	电话	
监督单位		生产厂家		
使用部位	（根据实际情况填写）	出厂编号		

建筑用硬聚氯乙烯（PVC-U）雨落水管件　样品及检测信息

样品编号	由收样人员填写	样品数量	一组（10 个）	代表批量	10t
规格尺寸（mm）	（按产品标识填写）				
检测项目	维卡软化温度、烘箱试验 （送样人根据检测需要填写所需检测项目）				
检测依据	GB/T 8802—2001、GB/T 8803—2001				
评定依据	QB/T 2480—2000 （委托人可以根据实际情况要求自行填写）				
检后样品 处理约定	□由委托方取回　□由检测机构处理		检测类别	□见证　□委托	
□常规　□加急　□初检　□复检　原检编号：_____			检测费用		
样品状态	内外壁光滑，无气泡、裂口和明显的痕纹、 无凹陷、色泽不均及分解变色线		收样日期	年　月　日	
备注	生产日期： 以上填写为范例样品名称、代表批量、规格型号、检测项目、检测依据等，需要根据实际情况进行填写或勾选				
说明	1. 取样/送样人和见证人应对试样及提供的资料、信息的真实性、规范性和代表性负责； 2. 委托方要求加急检测时，加急费按检测费的 200％核收，单组（项）收费最多不超过 1000 元； 3. 委托检测时，本公司仅对来样负责；见证检测时，委托单上无见证人签章无效，空白处请画"—"； 4. 一组试样填写一份委托单，出具一份检测报告，检测结果以书面检测报告为准； 5. 委托方要求取回检测后的余样时，若在检测报告出具后一个月内未取回，且未说明原因的，余样由本公司统一处理；余样领取后不再受理异议申诉				

见证人签章：	取样/送样人签章：	收样人：
正体签字：	正体签字：	签章：

表 3.3.45　建筑用绝缘电工套管及配件检验/检测委托单

（合同编号为涉及收费的关键信息，由委托单位提供并确认无误!!）

所属合同编号：

工程名称					
委托单位/建设单位		联系人		电话	
施工单位		取样人		电话	
见证单位		见证人		电话	
监督单位		生产厂家		××××××公司	
使用部位	根据实际情况填写	出厂编号			

__建筑用绝缘电工套管及配件__ 样品及检测信息

样品编号	由收样人员填写	样品数量		代表批量	
规格尺寸（mm）	（示例，按产品标识上面写）				
检测项目	抗压性能、弯曲性能、弯扁性能、自熄时间（所示项目为部分检测项目）				
检测依据	JG/T 3050—1998				
评定依据	JG/T 3050—1998				
检后样品处理约定	□由委托方取回　□由检测机构处理	检测类别		□见证　□委托	
□常规　□加急　□初检　□复检　原检编号：_____		检测费用			
样品状态	内外壁光滑，无裂纹、凸棱、毛刺等缺陷	收样日期		年　月　日	
备注	生产日期： 以上填写为范例样品名称、代表批量、规格型号、检测项目、检测依据等，需要根据实际情况进行填写或勾选				
说明	1. 取样/送样人和见证人应对试样及提供的资料、信息的真实性、规范性和代表性负责； 2. 委托方要求加急检测时，加急费按检测费的200％核收，单组（项）收费最多不超过1000元； 3. 委托检测时，本公司仅对来样负责；见证检测时，委托单上无见证人签章无效，空白处请画"—"； 4. 一组试样填写一份委托单，出具一份检测报告，检测结果以书面检测报告为准； 5. 委托方要求取回检测后的余样时，若在检测报告出具后一个月内未取回，且未说明原因的，余样由本公司统一处理；余样领取后不再受理异议申诉				

见证人签章：　　　　　　　　　　取样/送样人签章：　　　　　　　　收样人：

正体签字：　　　　　　　　　　　正体签字：　　　　　　　　　　　签章：

第四节　水暖阀门

一、依据标准

（1）《建筑给水排水及采暖工程施工质量验收规范》（GB 50242—2002）。

（2）《工业阀门 压力试验》（GB/T 13927—2008）。

二、检验项目

壳体试验、上密封试验、密封试验。

三、取样要求

阀门安装前，应做强度和严密性试验。试验应在每批（同牌号、同型号、同规格）数量中抽查10％，且不少于一个。对于安装在主干道上起切断作用的闭路阀门，应逐个做强度和严密性试验。

样品数量：按相关产品标准规定。

四、委托单填写范例

水暖阀门检验委托单范本见表 3.4.1。

表 3.4.1　水暖阀门检验/检测委托单

（合同编号为涉及收费的关键信息，由委托单位提供并确认无误！！）

所属合同编号：

工程名称				
委托单位/建设单位		联系人		电话
施工单位		取样人		电话
见证单位		见证人		电话
监督单位		生产厂家		
使用部位	（根据实际情况填写）	出厂编号		

___水暖阀门___ 样品及检测信息

样品编号			样品数量	一组（3 件）	代表批量	件
规格型号	（由送样人根据实际情况填写）					
检测项目	壳体试验、上密封试验、密封试验（D 级）					
检测依据	GB/T 13927—2008					
评定依据	GB/T 8464—2008					
检后样品处理约定	□由委托方取回　□由检测机构处理			检测类别		□见证　□委托
□常规　□加急　□初检　□复检　原检编号：_____				检测费用		
样品状态	样品表面清洁光滑无裂纹，阀门表面无涂漆和使用其他可以防止渗漏的涂层			收样日期		年　月　日
备注	以上填写为范例样品名称、代表批量、规格型号、检测项目、检测依据等，需要根据实际情况进行填写或勾选					
说明	1. 取样/送样人和见证人应对试样及提供的资料、信息的真实性、规范性和代表性负责； 2. 委托方要求加急检测时，加急费按检测费的 200% 核收，单组（项）收费最多不超过 1000 元； 3. 委托检测时，本公司仅对来样负责；见证检测时，委托单上无见证人签章无效，空白处请画"—"； 4. 一组试样填写一份委托单，出具一份检测报告，检测结果以书面检测报告为准； 5. 委托方要求取回检测后的余样时，若在检测报告出具后一个月内未取回，且未说明原因的，余样由本公司统一处理；余样领取后不再受理异议申诉					

见证人签章：　　　　　　　　　取样/送样人签章：　　　　　　　　收样人：
正体签字：　　　　　　　　　　正体签字：　　　　　　　　　　　签章：

第五节　建筑电料

以额定电压为 450/750V 及以下聚氯乙烯绝缘固定布线用无护套电缆/聚氯乙烯、绝缘固定布线用护套电缆/橡皮绝缘软线和软电缆为例，介绍其见证取样检测过程。

一、额定电压 450/750V 及以下聚氯乙烯绝缘固定布线用无护套电缆

（一）依据标准

（1）《额定电压 450/750V 及以下聚氯乙烯绝缘电缆 第 3 部分：固定布线用无护套电缆》（GB/T 5023.3—2008）。

（2）《电缆的导体》（GB/T 3956—2008）。

（3）《额定电压 450/750V 及以下聚氯乙烯绝缘电缆 第 2 部分：试验方法》（GB/T 5023.2—2008）。

（4）《电缆和光缆在火焰条件下的燃烧试验　第 12 部分：单根绝缘电线电缆火焰垂直蔓延试验 1kW 预混合型火焰试验方法》（GB/T 18380.12—2008）。

（5）《电缆和光缆绝缘和护套材料通用试验方法　第 14 部分：通用试验方法 低温试验》（GB/T 2951.14—2008）。

（6）《电缆和光缆绝缘和护套材料通用试验方法　第 31 部分：聚氯乙烯混合料专用试验方法 高温压力试验-抗开裂试验》（GB/T 2951.31—2008）。

（二）检验项目

绝缘厚度、导体电阻、电压试验、绝缘电阻、不延燃、绝缘低温卷绕、高温压力。

（三）取样要求

（1）代表批量：每个单位工程，每种规格型号取一组试样。

（2）取样数量：每组试样长度为 30m。

（3）取样方法：在施工现场随机抽取。

（4）样品要求：取样时注意避免划伤样品，样品表面应光滑，无麻面或气泡，确保无针孔或划伤。

（四）委托单填写范例

委托单范例见表 3.5.1。

（五）检测结果判定及不合格情况的处理

对于所检测的单芯硬导体无护套电缆试样，检测项目均合格则该试样判定为合格。其中至少有一项不合格的则该试样判定为不合格，委托方应更换产品批次，重新委托见证取样检测。

二、额定电压 450/750V 及以下聚氯乙烯绝缘固定布线用护套电缆

（一）依据标准

（1）《额定电压 450/750V 及以下聚氯乙烯绝缘电缆　第 1 部分：一般要求》（GB/T 5023.1—2008）。

（2）《额定电压 450/750V 及以下聚氯乙烯绝缘电缆　第 4 部分：固定布线用护套电缆》（GB/T 5023.4—2008）。

（3）《电缆的导体》（GB/T 3956—2008）。

（4）《额定电压 450/750V 及以下聚氯乙烯绝缘电缆　第 2 部分：试验方法》（GB/T 5023.2—2008）。

（5）《电缆和光缆在火焰条件下的燃烧试验　第 12 部分：单根绝缘电线电缆火焰垂直蔓延试验 1kW 预混合型火焰试验方法》（GB/T 18380.12—2008）。

（6）《电缆和光缆绝缘和护套材料通用试验方法　第 14 部分：通用试验方法低温试验》（GB/T 2951.14—2008）。

（7）《电缆和光缆绝缘和护套材料通用试验方法　第 31 部分：聚氯乙烯混合料专用试验方法 高温压力试验-抗开裂试验》（GB/T 2951.31—2008）。

（二）检验项目

绝缘厚度、护套厚度、导体电阻、绝缘电阻、绝缘线芯电压试验、成品电缆电压试验、不延燃试验、绝缘低温卷绕试验、护套低温卷绕试验、绝缘高温压力试验、护套高温压力试验。

（三）取样要求

（1）代表批量：每个单位工程，每种规格型号取一组试样。

（2）取样数量：每组试样长度为 30m。

（3）取样方法：在施工现场随机抽取。

（4）样品要求：取样时注意避免划伤样品，样品表面应光滑，无麻面或气泡，确保无针孔或划伤。

（四）委托单填写范例

委托单填写范例见表 3.5.1。

（五）检测结果判定及不合格情况的处理

对于所检测的单芯硬导体无护套电缆试样，检测项目均合格则该试样判定为合格。其中至少有一项不合格的则该试样判定为不合格，委托方应更换产品批次，重新委托见证取样检测。

三、额定电压 450/750V 及以下橡皮绝缘软线和软电缆

（一）依据标准

（1）《额定电压 450/750V 及以下橡皮绝缘电缆 第 4 部分：软线和软电缆》（GB/T 5013.4—2008）。

（2）《额定电压 450/750V 及以下橡皮绝缘电缆 第 2 部分：试验方法》（GB/T 5013.2—2008）。

（3）《电缆的导体》（GB/T 3956—2008）。

（二）检验项目

绝缘厚度、护套厚度、导体电阻、绝缘线芯的电压试验、成品电缆电压试验、曲挠试验及试验后的浸水电压试验。

（三）取样要求

（1）代表批量：每个单位工程，每种规格型号取一组试样。

（2）取样数量：每组试样长度为 30m。

（3）取样方法：在施工现场随机抽取。

（4）样品要求：取样时注意避免划伤样品，样品表面应光滑，无麻面或气泡，确保无针孔或划伤。

（四）委托单填写范例

委托单填写范例见表 3.5.1。

（五）检测结果判定及不合格情况的处理

对于所检测的单芯硬导体无护套电缆试样，检测项目均合格则该试样判定为合格。其中至少有一项不合格的则该试样判定为不合格，委托方应更换产品批次，重新委托见证取样检测。

四、交联聚乙烯绝缘聚氯乙烯护套电力电缆

以额定电压为 0.6/1（1.2）kV 交联聚乙烯绝缘聚氯乙烯护套电力电缆为例，介绍交联聚乙烯绝缘电力电缆的见证取样检测过程。

（一）依据标准

（1）《额定电压 1kV（U_m＝1.2kV）到 35kV（U_m＝40.5kV）挤包绝缘电力电缆及附件 第 1 部分：额定电压 1kV（U_m＝1.2kV）和 3kV（U_m＝3.6kV）电缆》（GB/T 12706.1—2020）。

（2）《电缆和光缆绝缘和护套材料通用试验方法 第 11 部分：通用试验方法 厚度和外形尺寸测量 机械性能试验》（GB/T 2951.11—2008）。

（3）《电缆的导体》（GB/T 3956—2008）。

（4）《电线电缆电性能试验方法 第 4 部分：导体直流电阻试验》（GB/T 3048.4—2007）。

（二）检验项目

绝缘厚度、导体电阻。

（三）取样要求

（1）代表批量：同一施工单位、同一型号、同一厂家取一组试样。

（2）取样数量：每组试样长度为 2.5m。

（3）取样方法：在施工现场随机抽取试样。

（4）样品要求：取样时注意避免划伤样品，样品表面应光滑，无麻面或气泡，确保无针孔或划伤。

（四）委托单填写范例

委托单填写范例见表 3.5.2。

（五）检测结果判定及不合格情况的处理

对于所检测的交联聚乙烯绝缘聚氯乙烯护套电力电缆试样，两个检测项目均合格则该试样判定为合格。其中至少有一项不合格的则该试样判定为不合格，委托方应更换产品批次，重新委托见证取样检测。

表 3.5.1　（电线）检验/检测委托单

（合同编号为涉及收费的关键信息，由委托单位提供并确认无误!!）

所属合同编号：

工程名称					
委托单位/建设单位		联系人		电话	
施工单位		取样人		电话	
见证单位		见证人		电话	
监督单位		生产厂家			
使用部位	（根据实际情况填写）	出厂编号			

额定电压 450/750V 及以下聚氯乙烯绝缘固定布线用无护套电线样品及检测信息（根据实际产品填写）

样品编号	由收样人员填写	样品数量	一组（30m）	代表批量	m
规格型号	ZD-BV 450/750V 2.5mm² （由送样人根据实际情况填写）				
检测项目	绝缘厚度 导体电阻 电压试验 绝缘电阻（送样人根据检测需要填写所需检测项目）				
检测依据	GB/T 5023.2—2008（1.9/2.1/2.2/2.4）（对应相应章节试验方法填写相应标准）				
评定依据	GB/T 5023.3—2008（或由客户提供，见产品标识）				
检后样品处理约定	□由委托方取回　☑由检测机构处理		检测类别	☑见证　□委托	
	☑常规　□加急		检测费用		
样品状态	＿＿＿＿色绝缘层，表面无针孔		收样日期	年　月　日	
备注	注：以上填写为范例样品名称、代表批量、规格型号、检测项目、检测依据等需要根据实际情况进行填写或勾选				
说明	1. 取/送样人和见证人应对试样及提供的资料、信息的真实性、规范性和代表性负责； 2. 委托方要求加急检测时，加急费按检测费的 200% 核收，单组（项）收费最多不超过 1000 元； 3. 委托检测时，本公司仅对来样负责；见证检测时，委托单上无见证人签章无效，空白处请划"—"； 4. 一组试样填写一份委托单，出具一份检测报告，检测结果以书面检测报告为准； 5. 委托方要求取回检测后的余样时，若在检测报告出具后一个月内未取回，且未说明原因的，余样由本公司统一处理；余样领取后不再受理异议申诉。				

见证人签章：　　　　　　　　　取样/送样人签章：　　　　　　　　　收样人：

正体签字：　　　　　　　　　　正体签字：　　　　　　　　　　　　签章：

表 3.5.2 （电缆）检验/检测委托单

（合同编号为涉及收费的关键信息，由委托单位提供并确认无误！！）

所属合同编号：

工程名称				
委托单位/建设单位		联系人		电话	
施工单位		取样人		电话	
见证单位		见证人		电话	
监督单位		生产厂家			
使用部位	（根据实际情况填写）	出厂编号			

电缆样品及检测信息（根据实际产品填写）

样品编号	由收样人员填写	样品数量	一组（2.5m）	代表批量	m
规格型号	YJV22 0.6/1KV 5×4mm² （由送样人根据产品标识填写）				
检测项目	绝缘厚度（芯数：5）导体电阻（芯数：5）（送样人根据检测需要填写所需检测项目）				
检测依据	GB/T 2951.11—2008 GB/T 3048.4—2007				
评定依据	GB/T 12706.1—2020（按产品标识或客户提供）				
检后样品处理约定	□由委托方取回 ☑由检测机构处理		检测类别	☑见证 □委托	
	☑常规 □加急		检测费用		
样品状态	黑色护套，表面无针孔 其他：		收样日期	年 月 日	
备注	注：以上填写为范例样品名称、代表批量、规格型号、检测项目、检测依据等需要根据实际情况进行填写或勾选				
说明	1. 取/送样人和见证人应对试样及提供的资料、信息的真实性、规范性和代表性负责； 2. 委托方要求加急检测时，加急费按检测费的200％核收，单组（项）收费最多不超过1000元； 3. 委托检测时，本公司仅对来样负责；见证检测时，委托单上无见证人签章无效，空白处请划"—"； 4. 一组试样填写一份委托单，出具一份检测报告，检测结果以书面检测报告为准； 5. 委托方要求取回检测后的余样时，若在检测报告出具后一个月内未取回，且未说明原因的，余样由本公司统一处理；余样领取后不再受理异议申诉。				

见证人签章：	取样/送样人签章：	收样人：
正体签字：	正体签字：	签章：

五、开关

（一）依据标准

《家用和类似用途固定式电气装置的开关 第1部分：通用要求》（GB/T 16915.1—2014）。

（二）检测项目

通断能力、正常操作。

（三）取样要求

（1）代表批量：每个单位工程，每种规格型号取一组试样。

（2）取样数量：每组试样6个样品。

（3）取样方法：在施工现场随机抽取。

（4）样品要求：取样时注意避免划伤样品，样品表面应光滑、无划痕。

（四）委托单填写范例

委托单填写范例见表3.5.3。

（五）检测结果判定及不合格情况的处理

对于所检测的开关试样，两个检测项目均合格则该试样判定为合格。其中至少有一项不合格的则该试样判定为不合格，委托方应更换产品批次，重新委托见证取样检测。

六、插座

（一）依据标准

《家用和类似用途插头插座 第1部分：通用要求》（GB 2099.1—2008）。

（二）检测项目

分断容量、正常操作、插头耐热试验、低温冲击。

（三）取样要求

（1）代表批量：每个单位工程，每种规格型号取一组试样。

（2）取样数量：每组试样6个样品。

（3）取样方法：在施工现场随机抽取。

（4）样品要求：取样时注意避免划伤样品，样品表面应光滑、无划痕。

（四）委托单填写范例

委托单填写范例见表3.5.4。

（五）检测结果判定及不合格情况的处理

对于所检测的插座试样，两个检测项目均合格则该试样判定为合格。其中至少有一项不合格的则该试样判定为不合格，委托方应更换产品批次，重新委托见证取样检测。

表 3.5.3　开关检验/检测委托单

（合同编号为涉及收费的关键信息，由委托单位提供并确认无误!!）

所属合同编号：

工程名称					
委托单位/ 建设单位		联系人		电话	
施工单位		取样人		电话	
见证单位		见证人		电话	
监督单位		生产厂家			
使用部位	（根据实际情况填写）	出厂编号			

___单极开关___ 样品及检测信息

样品编号	由收样人员填写	样品数量		代表批量	
规格型号	（由送样人根据实际情况填写）				
检测项目	通断能力 （送样人根据检测需要填写所需检测项目）				
检测依据	GB/T 16915.1—2014				
评定依据	GB/T 16915.1—2014 （或由客户提供）				
检后样品处理约定	□由委托方取回　□由检测机构处理		检测类别		□见证　□委托
	□常规　□加急		检测费用		
样品状态	□表面光滑无划痕 □其他：		收样日期		年　月　日
备注	以上填写为范例样品名称、代表批量、规格型号、检测项目、检测依据等，需要根据实际情况进行填写或勾选				
说明	1. 取样/送样人和见证人应对试样及提供的资料、信息的真实性、规范性和代表性负责； 2. 委托方要求加急检测时，加急费按检测费的200%核收，单组（项）收费最多不超过1000元； 3. 委托检测时，本公司仅对来样负责。见证检测时，委托单上无见证人签章无效，空白处请画"—"； 4. 一组试样填写一份委托单，出具一份检测报告，检测结果以书面检测报告为准； 5. 委托方要求取回检测后的余样时，若在检测报告出具后一个月内未取回，且未说明原因的，余样由本公司统一处理；余样领取后不再受理异议申诉				

见证人签章：	取样/送样人签章：	收样人：
正体签字：	正体签字：	签章：

表 3.5.4 插座检验/检测委托单

（合同编号为涉及收费的关键信息，由委托单位提供并确认无误!!）

所属合同编号：

工程名称						
委托单位/建设单位			联系人		电话	
施工单位			取样人		电话	
见证单位			见证人		电话	
监督单位			生产厂家			
使用部位	（根据实际情况填写）		出厂编号			

五孔插座　样品及检测信息

样品编号	由收样人员填写	样品数量		代表批量	
规格型号	（由送样人根据实际情况填写）				
检测项目	分断容量 （送样人根据检测需要填写所需检测项目）				
检测依据	GB/T 2099.1—2008				
评定依据	GB/T 2099.1—2008 （或由客户提供）				
检后样品处理约定	□由委托方取回　□由检测机构处理		检测类别	□见证　□委托	
	□常规　□加急		检测费用		
样品状态	□表面光滑无划痕 □其他：		收样日期	年　月　日	
备注	以上填写为范例样品名称、代表批量、规格型号、检测项目、检测依据等，需要根据实际情况进行填写或勾选				
说明	1. 取样/送样人和见证人应对试样及提供的资料、信息的真实性、规范性和代表性负责； 2. 委托方要求加急检测时，加急费按检测费的 200% 核收，单组（项）收费最多不超过 1000 元； 3. 委托检测时，本公司仅对来样负责；见证检测时，委托单上无见证人签章无效，空白处请画"—"； 4. 一组试样填写一份委托单，出具一份检测报告，检测结果以书面检测报告为准； 5. 委托方要求取回检测后的余样时，若在检测报告出具后一个月内未取回，且未说明原因的，余样由本公司统一处理；余样领取后不再受理异议申诉				

见证人签章：　　　　　　　　　　　　　　　取样/送样人签章：　　　　　　　　　　　　　收样人：

正体签字：　　　　　　　　　　　　　　　　正体签字：　　　　　　　　　　　　　　　　签章：

常见问题解答

1.BV 线的见证取样检测项目有哪些？这些检测项目对产品的使用功能有什么影响？

【解答】BV 线的见证取样检测项目有五项。分别是：绝缘厚度、导体电阻、电压试验、绝缘电阻、不延燃。导体电阻、电压试验、绝缘电阻属于电气性能检测。导体电阻超标不合格首先会加大电能的损耗，其次会使线芯产生多余的热量，加速绝缘层的老化，可能造成电线短路甚至是火灾等安全隐患；电压试验能够发现电线结构设计及制作工艺过程中的某些缺陷，这些缺陷是其他试验不易揭露的；绝缘电阻反映产品在正常工作状态下所具有的电气绝缘性能，是电线产品绝缘特性的重要指标，通过测定绝缘电阻可以发现工艺中的缺陷以及所选用绝缘材料的优劣。绝缘厚度属于物理性能检测，绝缘厚度越大，显然电线的绝缘性能越好。不延燃属于燃烧性能检测，它直接反映绝缘材料的阻燃性能。

2. 电力电缆的见证取样检测项目有哪些？

【解答】电力电缆的见证取样检测有两项。分别是：绝缘厚度、导体电阻。

3. 电线、电缆的代表批量、取样数量如何确定？

【解答】对于电线产品，每个单位工程每种规格型号取一组试样，每组试样长度为 30m。

对于电缆产品，每个单位工程每种规格型号取一组试样，每组试样长度为 2.5m。

4. 电线、电缆试样的取样要求及注意事项有哪些？

【解答】取样时注意避免划伤样品，样品表面应光滑，无麻面或气泡，确保无针孔及划伤。样品应附产品合格证。

5. 交联聚乙烯绝缘电力电缆有哪些特性？

【解答】交联聚乙烯绝缘电缆是采用化学方法或物理方法，使聚乙烯分子由线型分子结构转变为三维网状结构，由热塑性的聚乙烯变成热固性的交联聚乙烯。从而提高了聚乙烯的耐老化性能、机械性能和耐环境能力，并保持了优良的电气性能。交联聚乙烯绝缘电力电缆广泛应用于建筑工程领域。

6. 开关、插座的见证取样检测项目有哪些？

【解答】开关的检测项目有两项，分别是通断能力和正常操作；插座的检测项目有两项，分别是分断容量和正常操作。

7. 开关、插座试样的代表批量如何确定？

【解答】开关、插座的抽样数量为：每个单位工程每种规格型号取一组试样，每组试样 6 个样品。

8. 开关、插座试样的取样要求及注意事项有哪些？

【解答】取样时注意避免划伤样品，样品表面应光滑、无划痕。样品应附产品合格证。

9. 电线电缆、开关、插座检测不合格怎样处理？

【解答】样品检测出现不合格项目即判定为该样品不合格，委托单位应将该批次产品退场，更换产品批次后重新委托见证取样检测。

10. 电力电缆的定义是什么？

【解答】电力电缆是用于传输和分配电能的电缆。电力电缆常用于城市地下电网、发电站引出线路、工矿企业内部供电及过江海水下输电线。在电力线路中，电缆所占比重正逐渐增加。电力电缆是在电力系统的主干线路中用以传输和分配大功率电能的电缆产品，包括 1～500kV 以及以上各种电压等级、各种绝缘的电力电缆。

11. 电线电缆的定义是什么？

【解答】电线电缆是指传导电流的导线，可以有效传导电流。

12. 电线电缆与电力电缆如何区分？

【解答】电线电缆是由一根或几根柔软的导线组成，外面包以软软的护层；电缆是由一根或几个绝缘包导线组成，再包以金属或橡皮制的坚韧外层。

13. 电线电缆分别存放多久才可以进行试验？

【解答】电线全部试验应在绝缘或护套硫化后至少存放 16h 后才能进行，成品电缆或从成品电缆上取下的试样，应在保持适当温度的试验室内至少存放 12h。若不确定导体温度是否与室温一致，电缆应在试验室内存放 24h 后测量。

第六节　建筑涂料

一、依据标准

(1)《色漆、清漆和色漆与清漆用原材料　取样》(GB/T 3186—2006)。

(2)《合成树脂乳液内墙涂料》(GB/T 9756—2018)。

(3)《合成树脂乳液外墙涂料》(GB/T 9755—2014)。

(4)《溶剂型外墙涂料》(GB/T 9757—2001)。

(5)《钢结构防火涂料》(GB 14907—2018)。

(6)《建筑涂料 涂层耐碱性的测定》(GB/T 9265—2009)。

（7）《色漆和清漆 涂层老化的评级方法》（GB/T 1766—2008）。

（8）《建筑涂料 涂层耐洗刷性的测定》（GB/T 9266—2009）。

（9）《漆膜耐水性测定法》（GB/T 1733—1993）。

（10）《建筑涂料涂层耐温变性试验方法》（JG/T 25—2017）。

（11）《乳胶漆耐冻融性的测定》（GB/T 9268—2008）。

（12）《涂料试样状态调节和试验的温湿度》（GB/T 9278—2008）。

二、检验项目

（1）合成树脂乳液内墙涂料：施工性、低温稳定性、涂膜外观、干燥时间（表干）、耐碱性、耐洗刷性。

（2）合成树脂乳液外墙涂料：施工性、低温稳定性、涂膜外观、干燥时间（表干）、耐碱性、耐水性、涂层耐温变性。

（3）溶剂型外墙涂料：涂膜外观、耐水性、耐碱性、耐洗刷性、涂层耐温变性。

（4）钢结构防火涂料：黏结强度。

三、取样要求

（一）代表批量

视具体情况确定代表批量。

（1）生产批：在同一条件下生产的一定数量的物料。

（2）检查批：需要取样的物料总量，可以由若干生产批或若干取样单元组成。

（二）取样数量

样品的最少量应为 2kg 或完成规定试验所需量的 3～4 倍。样品应分两份，一份密封贮存备查，另一份作检验样品。

（三）取样方法

1. 大容器

大容器可以理解为贮槽、公路槽车、贮仓、贮仓车、铁路槽车、槽船或平均高度至少 1m 的反应器。

除了永久性不均匀产品外，产品在取样前应是均匀的。对大型容器中复合样品的取样，例如用浸入式罐取样，一般无再现性可言，所以上部样品应选用取样勺或取样管取样，中部样品用浸入式罐取样，距液面 9/10 深度处的底部样品用浸入式罐或区域取样器取样。当大容器由几个隔段组成时，至少应从每个隔段中取一个样品。如果是相同的产品，那么这几个单一样品可以混合成一个平均样品。

2. 小容器

小容器包括鼓状桶、柱状桶、袋以及其他类似的容器。一般从每个被取样的容器中取一个样品就足够了。当交付批有若干个容器时，符合统计学要求的正确的取样数列于表 3.6.1。若取样数低于表中数值，应在取样报告中注明。

表 3.6.1 被取样容器的最低件数

容器的总数 N	被取样容器的最低件数 n
1～2	全部
3～8	2
9～25	3

续表

容器的总数 N	被取样容器的最低件数 n
26～100	5
101～500	8
501～1000	13
其后类推	$n=\sqrt{N/2}$

若交付批由不同生产批的容器组成，那么应对每个生产批的容器取样。

（四）样品要求

1. 样品量的缩减

将按合适的方法取得的全部样品充分混合。

对于液体，在一个清洁、干燥的容器，最好是不锈钢容器中混合。尽快取出至少 2000mL 或完成规定试验所需样品量的 3～4 倍，然后将样品装入符合要求的容器中。

对于固体，用旋转分样器（格槽缩样器）将全部样品取出，至少 2kg 或完成规定试验所需样品量 3～4 倍的样品，并将样品装入符合要求的容器中。

2. 标识

样品取得后，应贴上符合质量管理要求的能够追溯样品情况的标签。

标签至少应包括下列信息：

（1）样品名称。

（2）商品名称和（或）代码。

（3）取样日期。

（4）样品的生产厂名（若有必要）。

（5）取样地点，例如工厂、承销商或卖主。

（6）生产批号或生产日期（若有的话）。

（7）取样者姓名。

（8）任何必需的危险性符号。

3. 贮存

参考样品应装入密闭的容器中在适当的贮存条件下贮存，必要时，在规定的期限内应避光和防潮并符合所有相关的安全法规要求。

四、委托单填写范例

委托单填写范例见表 3.6.2～表 3.6.5。

五、结果判定及不合格情况的处理

（一）合成树脂乳液内墙涂料、合成树脂乳液外墙涂料

应检项目的检测结果均达到标准要求时，判定该试验样品符合标准要求。

（二）溶剂型外墙涂料

当样品所检项目全部检测结果符合标准规定时，可判定该试验样品符合标准要求。当不符合标准规定时，委托方需按 GB/T 3186 的规定重新取样进行复验，当复验结果符合标准规定时，可判定该试验样品符合标准要求；如仍不符合标准规定，即该试验样品不符合标准要求。

（三）钢结构防火涂料

钢结构防火涂料的检验结果、所检项目性能指标符合标准要求时，判定该样品所检项目质量合格。

表 3.6.2 合成树脂乳液内墙涂料检验/检测委托单

（合同编号为涉及收费的关键信息，由委托单位提供并确认无误！！）

所属合同编号：

工程名称					
委托单位/建设单位		联系人		电话	
施工单位		取样人		电话	
见证单位		见证人		电话	
监督单位		生产厂家			
使用部位		出厂编号			

合成树脂乳液内墙涂料 样品及检测信息

样品编号		样品数量		代表批量	
产品等级	☐优等品　☑一等品　☐合格品				
检测项目	1. 施工性；2. 低温稳定性；3. 涂膜外观；4. 干燥时间；5. 耐碱性；6. 耐洗刷性；7. 其他：				
检测依据	1. GB/T 9756—2018（5.5.3）；2. GB/T 9268—2008（A 法）；3. GB/T 9756—2018（5.5）.6；4. GB 1728—2020（乙法）；5. GB/T 9265—2009；6. GB/T 9266—2009；7. 其他：				
评定依据	☑GB/T 9756—2018　☐不做评定　☐委托/设计值：　☐客户自行提供：＿＿＿＿				
检后样品处理约定	☐由委托方取回　☑由检测机构处理	检测类别		☑见证　☐委托	
☑常规　☐加急　☑初检　☐复检　原检编号：＿＿＿＿		检测费用			
样品状态	☐面漆为白色，底漆为灰色，无凝结 ☐其他；	收样日期		年　月　日	
备注					
说明	1. 取样/送样人和见证人应对试样及提供的资料、信息的真实性、规范性和代表性负责； 2. 委托方要求加急检测时，加急费按检测费的 200％核收，单组（项）收费最多不超过 1000 元； 3. 委托检测时，本公司仅对来样负责；见证检测时，委托单上无见证人签章无效，空白处请画"—"； 4. 一组试样填写一份委托单，出具一份检测报告，检测结果以书面检测报告为准； 5. 委托方要求取回检测后的余样时，若在检测报告出具后一个月内未取回，且未说明原因的，余样由本公司统一处理；委托方将余样领回后，本公司不再受理异议申诉				

见证人签章：　　　　　　　　　　　取样/送样人签章：　　　　　　　　　　收样人：

正体签字：　　　　　　　　　　　　正体签字：　　　　　　　　　　　　　签章：

表 3.6.3　合成树脂乳液外墙涂料检验/检测委托单

（合同编号为涉及收费的关键信息，由委托单位提供并确认无误!!）

所属合同编号：

工程名称					
委托单位/建设单位		联系人		电话	
施工单位		取样人		电话	
见证单位		见证人		电话	
监督单位		生产厂家			
使用部位		出厂编号			

　　　　合成树脂乳液外墙涂料　　样品及检测信息

样品编号		样品数量		代表批量	
产品等级	□优等品　☑一等品　□合格品				
检测项目	1.施工性；2.低温稳定性；3.涂膜外观；4.干燥时间；5.耐碱性；6.耐水性；7.涂层耐温变性；8.其他：				
检测依据	1.GB/T 9755—2014（5.5）；2.GB/T 9268—2008（A 法）；3.GB/T 9755—2014（5.7）；4.GB 1728—1979（乙法）；5.GB/T 9265—2009；6.GB/T 1733—1993（甲法）；7.JG/T 25—2017；7.其他：				
评定依据	☑GB/T 9755—2014　□不做评定　□委托/设计值：　□客户自行提供：				
检后样品处理约定	□由委托方取回 ☑由检测机构处理		检测类别	☑见证　□委托	
☑常规　□加急 ☑初检 □复检 原检编号：＿＿＿			检测费用		
样品状态	□面漆为白色，底漆为灰色，无凝结 □其他：		收样日期	年　月　日	
备注					
说明	1.取样/送样人和见证人应对试样及提供的资料、信息的真实性、规范性和代表性负责； 2.委托方要求加急检测时，加急费按检测费的200％核收，单组（项）收费最多不超过1000元； 3.委托检测时，本公司仅对来样负责；见证检测时，委托单上无见证人签章无效，空白处请画"—"； 4.一组试样填写一份委托单，出具一份检测报告，检测结果以书面检测报告为准； 5.委托方要求取回检测后的余样时，若在检测报告出具后一个月内未取回，且未说明原因的，余样由本公司统一处理；委托方将余样领回后，本公司不再受理异议申诉				

见证人签章：　　　　　　　　取样/送样人签章：　　　　　　　收样人：

正体签字：　　　　　　　　　正体签字：　　　　　　　　　　签章：

135

表 3.6.4 溶剂型外墙涂料检验/检测委托单

（合同编号为涉及收费的关键信息，由委托单位提供并确认无误!!）

所属合同编号：

工程名称					
委托单位/ 建设单位		联系人		电话	
施工单位		取样人		电话	
见证单位		见证人		电话	
监督单位		生产厂家			
使用部位		出厂编号			

溶剂型外墙涂料 样品及检测信息

样品编号		样品数量		代表批量	
产品等级	□优等品　☑一等品　□合格品				
检测项目	1.涂膜外观；2.耐水性；3.耐碱性；4.耐洗刷性；5.涂层耐温变性；6.其他：				
检测依据	1.GB/T 9757—2001（5.6）；2.GB/T 1733—1993（甲法）；3.GB/T 9265—2009；4.GB/T 9266—2009；5.JG/T 25—2017；6.其他：				
评定依据	☑GB/T 9757—2001　□不做评定　□委托/设计值：　□客户自行提供：＿＿＿				
检后样品 处理约定	□由委托方取回　☑由检测机构处理		检测类别		☑见证　□委托
☑常规　□加急　☑初检　□复检　原检编号：＿＿			检测费用		
样品状态	□面漆为白色，底漆为灰色，无凝结 □其他：		收样日期		年　月　日
备注					
说明	1.取样/送样人和见证人应对试样及提供的资料、信息的真实性、规范性和代表性负责； 2.委托方要求加急检测时，加急费按检测费的200%核收，单组（项）收费最多不超过1000元； 3.委托检测时，本公司仅对来样负责；见证检测时，委托单上无见证人签章无效，空白处请画"—"； 4.一组试样填写一份委托单，出具一份检测报告，检测结果以书面检测报告为准； 5.委托方要求取回检测后的余样时，若在检测报告出具后一个月内未取回，且未说明原因的，余样由本公司统一处理；委托方将余样领回后，本公司不再受理异议申诉				

见证人签章：　　　　　　　　　取样/送样人签章：　　　　　　　收样人：

正体签字：　　　　　　　　　　正体签字：　　　　　　　　　　签章：

表 3.6.5 钢结构防火涂料检验/检测委托单

（合同编号为涉及收费的关键信息，由委托单位提供并确认无误!!）

所属合同编号：

工程名称						
委托单位/建设单位		联系人		电话		
施工单位		取样人		电话		
见证单位		见证人		电话		
监督单位		生产厂家				
使用部位		出厂编号				

<u>钢结构防火涂料</u> 样品及检测信息

样品编号		样品数量		代表批量	
规格型号	其他：				
检测项目	1. 黏结强度（MPa）：_____；2. 其他：				
检测依据	1.GB 14907—2018（6.4.4）；2. 其他：				
评定依据	☑GB 14907—2018 □不做评定 □委托/设计值： □客户自行提供：_____				
检后样品处理约定	□由委托方取回 ☑由检测机构处理		检测类别		☑见证 □委托
☑常规 □加急 ☑初检 □复检 原检编号：_____			检测费用		
样品状态	□面漆为白色，底漆为灰色，无凝结 □其他：		收样日期		年 月 日
备注	防锈漆 1kg，涂料 2kg 以上				
说明	1. 取样/送样人和见证人应对试样及提供的资料、信息的真实性、规范性和代表性负责； 2. 委托方要求加急检测时，加急费按检测费的 200% 核收，单组（项）收费最多不超过 1000 元； 3. 委托检测时，本公司仅对来样负责；见证检测时，委托单上无见证人签章无效，空白处请画"—"； 4. 一组试样填写一份委托单，出具一份检测报告，检测结果以书面检测报告为准； 5. 委托方要求取回检测后的余样时，若在检测报告出具后一个月内未取回，且未说明原因的，余样由本公司统一处理；委托方将余样领回后，本公司不再受理异议申诉				

见证人签章：	取样/送样人签章：	收样人：
正体签字：	正体签字：	签章：

常见问题解答

1. 委托单位在送检水性涂料时，对盛放样品的容器有何要求？

【解答】因为水性涂料是以水为稀释剂的涂料，容易与金属反应生锈，既影响涂料质量，也容易导致锈蚀后的容器发生渗漏现象，所以装样容器应选择有密封盖的塑料、玻璃容器或者选用有防锈涂层的金属容器。

2. 建筑涂料产品取样时应注意什么问题？

【解答】取样是为了得到适当数量的品质一致的测试样品，要求所测试的样品具有足够的代表性。①选择合适的取样工具和装样容器，两者使用之前都要仔细清洗干净，容器内不允许有残留的酸性或碱性物质。②所取样品的数量除足以提供规定的全部试验项目检验之用外，还应有足够的数量作贮存试验以及在日后需要时对某些性能作重复试验之用。③样品放于洁净干燥、密封性好的容器内贴上标签，注明样品名称、样品型号、生产批号、取样日期等有关内容，并贮存在温度没有较大变化的场所以备送检（乳胶漆存放温度不能低于5℃）。

3. 合成树脂乳液内外墙涂料为什么要规定耐碱性和耐洗刷性试验？

【解答】①内外墙涂料一般是涂在水泥混凝土或含石灰抹灰材料等碱性墙体上，这些基面碱性比较

137

强，如果涂料抗碱能力弱，则会出现皂化、返碱发花等现象，结果会导致涂层剥落或变色褪色。所以在涂料生产和检验过程中应该对其耐碱性进行有效控制。②涂料作为建筑的外衣，在外墙要受到雨水的洗刷，而在内墙要受到用户的刷洗，所以在涂料生产和检验过程中应该对其耐洗刷性进行有效控制。

4. 一般建筑涂料对施工环境有哪些要求？

【解答】建筑涂料的施工环境是对施工时周围环境的气象条件（包括温度、湿度、风雨、阳光）及卫生情况（污染物）而言的。建筑涂料的周围环境对涂料的干燥成膜、黏度、涂层的质量都有很大的影响。

（1）温度：不同类型的涂料都有其最佳的成膜条件，对于合成树脂乳液型涂料宜在 10～35℃ 温度下施工。当施工温度低于 5℃ 时，其中的主要成膜物质——乳液容易发生破乳，导致产品质量下降。

（2）湿度：建筑涂料适宜的施工湿度为 60%～70%。

（3）阳光：贮存和运输过程中防止曝晒，在施工过程中尽量避免阳光直射。

（4）大风：当风力级别等于或超过 4 级时，应停止建筑涂料的施工。

（5）污染物：在施工过程中，如果发现有特殊的气味（二氧化硫或硫化氢等强酸气体）或飞扬的尘土，应停止施工。

综上所述，建筑涂料在施工环境温度低于 5℃、雨天、浓雾、4 级以上大风时应停止施工，确保建筑涂料的施工质量。

5. 什么是乳胶漆？它有什么特点？可以分为几类？

【解答】乳胶漆是以合成树脂乳液为黏合剂（成膜物质），以水作为分散体（稀释）的一类涂料。具有不污染环境、安全无毒、无火灾危险、施工方便、涂膜干燥快、保光保色好、透气性好等特点。按使用部位可分为内墙涂料和外墙涂料，按光泽可分为低光、半光和高光等几个品种。

6. 刷涂法施工有哪些优缺点？

【解答】刷涂法是指人工以刷子涂漆，是普遍采用的一种施工方法。①刷涂法优点：节省油漆、工具简单、施工方便、易于掌握、灵活性强且对油漆品种的适应性强，可用于一般油漆。②刷涂法的缺点：手工操作劳动强度大，效率低，不适应于快干性油漆，若操作不熟练、动作不敏捷，漆膜会产生刷痕、流挂、涂刷不均的缺陷。

7. 内墙、外墙涂料的主要功能及特点是什么？

【解答】内墙涂料起装饰及保护室内墙面的作用，使其美观整洁；它色彩适宜、淡雅柔和，可以营造舒适的居住环境。其主要特点有：①颜色方便可调、涂层细腻、遮盖力好；②耐水性、耐沾污性、耐擦洗性好；③具有一定的透气性；④施工性方便，流平性好，不易产生流挂现象，既可以刷涂，也可以喷涂。

外墙涂料用于装饰和保护建筑物的外墙面，使建筑物外貌整洁美观，达到美化城市环境的目的。主要特点有：①装饰性好；②耐候性好；③耐沾污性好；④耐水性好。

8. 醇酸树脂涂料有哪些优缺点？

【解答】醇酸树脂涂料的优点非常明显，特别是醇酸树脂能常温干燥，涂膜能形成高度的网状结构，漆膜光亮、经久不变，漆膜柔韧、附着力好、耐久性强、不易老化。涂后经过一个月左右后，漆膜变得更坚硬耐磨。其耐候性比调和漆及酚醛漆均好，适合于汽车的外层涂用。而且醇酸树脂涂料施工简便，不像硝基漆和过氯乙烯漆需要打磨抛光，可减轻劳动强度。又因醇酸树脂与各种树脂混溶性好，如硝基漆、过氯乙烯漆等使用铁红醇酸油漆作为底漆，可提高和改进涂层的性能等。但是醇酸树脂涂料也有其缺点，如耐水性差、不耐碱。干结成膜虽快，但完全干透时间较长。防潮湿、防霉菌、防盐雾三防性能较差。因此，近年来在有烘烤设备的汽车修理厂，多年普遍使用的三防性能较差的醇酸油漆及底漆已渐被环氧底漆、水性电泳底漆取代，面漆已有被氨基漆取代的趋势。

9. 钢结构防火涂料是如何分类的？

【解答】按适用场所可分为：

（1）室内钢结构防火涂料：用于建筑物室内或隐蔽工程的钢结构表面。

（2）室外钢结构防火涂料：用于建筑物室外或露天工程的钢结构表面。

按使用厚度可分为：

（1）超薄型钢结构防火涂料：涂层厚度小于或等于1mm。

（2）薄型钢结构防火涂料：涂层厚度大于3mm且小于或等于7mm。

（3）厚型钢结构防火涂料：涂层厚度大于7mm且小于或等于45mm。

10. 钢结构防火涂料是如何命名的？

【解答】以汉语拼音字母的缩写作为代号，N和W分别代表室内和室外，CB、B、H分别代表超薄型、薄型和厚型三类。各类涂料名称与代号对应关系如下：

（1）室内超薄型钢结构防火涂料：NCB。

（2）室外超薄型钢结构防火涂料：WCB。

（3）室内薄型钢结构防火涂料：NB。

（4）室外薄型钢结构防火涂料：WB。

（5）室内厚型钢结构防火涂料：NH。

（6）室外厚型钢结构防火涂料：WH。

第四章 主体结构工程检测

第一节 结构实体检验

一、依据标准

(1)《混凝土结构工程施工质量验收规范》(GB 50204—2015)。

(2)《混凝土强度检验评定标准》(GB/T 50107—2010)。

(3)《建筑工程施工质量验收统一标准》(GB 50300—2013)。

二、检验项目

(一)主要检验项目

对涉及混凝土结构安全的有代表性的部位应进行结构实体检验。结构实体检验应包括混凝土强度、钢筋保护层厚度、结构位置与尺寸偏差以及合同约定的项目；必要时可检验其他项目。

施工单位应制订结构实体检验专项方案，并经监理单位审核批准后实施。结构实体检验应由监理单位组织施工单位实施，并见证实施过程。

(二)结构实体混凝土强度

结构实体混凝土强度应按不同强度等级分别检验，检验方法宜采用同条件养护试件方法；当未取得同条件养护试件强度或同条件养护试件强度不符合要求时，可采用回弹-取芯法进行检验。当混凝土强度检验结果不满足要求时，应委托具有资质的检测机构按国家现行有关标准的规定进行检测。

(三)钢筋保护层厚度

钢筋保护层厚度检验应委托具有相应资质的检测机构按《混凝土结构工程施工质量验收规范》(GB 50204—2015)附录 E 规定实施检测。

(四)结构位置与尺寸偏差

结构位置与尺寸偏差检验可由工程相关方自行完成，或委托具有资质的检测机构按国家现行有关标准的规定检测。结构位置与尺寸偏差检验应符合《混凝土结构工程施工质量验收规范》(GB 50204—2015)附录 F 规定。

三、结构实体检测委托单

结构实体检测委托单见表 4.1.1 和表 4.1.2。

四、检验结果处理

当建筑工程施工质量不符合要求时，应按《建筑工程施工质量验收统一标准》(GB 50300—2013)规定处理：

(1)经返工或返修的检验批应重新进行验收。

(2)经有资质的检测机构检测鉴定能够达到设计要求的检验批，应予以验收。

(3)经有资质的检测机构检测鉴定达不到设计要求，但经原设计单位核算认可能够满足安全和使用功能的检验批，可予以验收。

（4）经返修或加固处理的分项、分部工程，满足安全及使用功能要求时，可按技术处理方案和协商文件的要求予以验收。

（5）经返修或加固处理仍不能满足安全或重要使用功能的分部工程及单位工程，严禁验收。

表 4.1.1　结构实体检测委托单

所属合同编号：××

工程名称					
委托单位/ 建设单位		联系人		电话	
施工单位		联系人		电话	
监理单位		见证人		电话	
监督单位		结构形式			
总层数	地下___层，地上___层	委托层数		___层至___层	
总建筑面积	_____m²	委托面积		_____m²	
工程地址	___市___路___号				

委托检测方案

委托编号	W_____（由受理人填写）		报告编号	YG_____（由受理人填写）		
检测项目	结构混凝土抗压强度	楼板 钢筋间距	楼板厚度	楼板钢筋 保护层厚度	梁钢筋 保护层厚度	砌筑砂浆 抗压强度
检测数量	___件	___件	___件	悬挑板___件 非悬挑板___件	悬挑梁___件 非悬挑梁___件	___件
检测依据	☑回弹法 JGJ/T 23 □回弹法检测高强混凝土强度 JGJ/T 294 □钻芯法 JGJ/T 384	JGJ/T 152/4	GB 50204/附录 F	GB 50204/附录 E	GB 50204/附录 E	□GB/T 50315 （回弹法） /3/12/15 □GB/T 50315 （点荷法） /3/13/15
其他	①结构混凝土抗压强度：□超声回弹综合法 CECS 02：　　、□拔出法 CECS 69：　　、□能量回弹法（Q值）DB13（J）/T 201　　、□拉脱法 JGJ/T 378 ②□混凝土构件缺陷：□CECS 21： ③□混凝土构件结构性能：GB 50204 ④□结构实体位置与尺寸偏差：GB 50204 ⑤□建筑物标高、轴线位置、垂直度、沉降：GB 50204　　、JGJ 8 ⑥□混凝土中氯离子含量（电位滴定法）：GB/T 50344　　、GB/T 9725 ⑦□混凝土中骨料的碱活性：JGJ 52　　、GB/T 50344					
☑常规 □加急 □初检 □复检　原检编号：			检测费用	（☑有/□无悬挑构件）		
声明	委托方确认工程现场已经具备检测条件		委托日期	_____年___月___日		
备注	本表"其他"项中所涉及标准，均为现行标准。					
说明	——					

监理（建设）单位签章：　　　　　　　　　　　　　　　　　　　受理人签章：

表 4.1.2 主体结构工程检验/检测委托单

（合同编号为涉及收费的关键信息，由委托单位提供并确认无误！！）

所属合同编号：

工程名称				
委托单位/建设单位		联系人		电话
施工单位		联系人		电话
监理单位		见证人		电话
监督单位		结构形式		
总层数	地下___层，地上___层	委托层数		___层至___层
总建筑面积	___m²	委托面积		___m²
工程地址	___市___路___号			

委托检测方案

委托编号	W_____（由受理人填写）	报告编号	YG_____（由受理人填写）
检测原因			
检测部位			

检测项目及依据标准	□结构混凝土抗压强度：□回弹法 JGJ/T 23；□钻芯法 JGJ/T 384；□拔出法 CECS 69：　； □回弹法检测高强混凝土抗压强度 JGJ/T 294　；□拉脱法 JGJ/T 378　； □超声回弹综合法 CECS 02：　；□能量回弹法（Q 值）DB13（J）/T 201 □砌体砌筑砂浆抗压强度：□回弹法 GB/T 50315　；□点荷法 GB/T 50315 □钢筋间距：电磁感应法 JGJ/T 152 □钢筋保护层厚度：电磁感应法 GB 50204 □现浇楼板厚度：电磁感应法 GB 50204 □混凝土构件缺陷：CECS 21： □混凝土构件结构性能：GB 50204 □结构实体位置与尺寸偏差：GB 50204 □建筑物标高、轴线位置、垂直度、沉降：GB 50204　、JGJ 8 □混凝土中氯离子含量（电位滴定法）：GB/T 50344 □混凝土中骨料的碱活性：JGJ 52　、GB/T 50344

检测数量			
□常规　□加急　□初检　□复检　原检编号：_____		检测费用	
声明	委托方确认工程现场已经具备检测条件；委托方确认待复检工程已全部整改完毕	委托日期	年　月　日
备注	本表"其他"项中所涉及标准，均为现行标准。		
说明			

监理（建设）单位签章：　　　　　　　　　　　　受理人签章：

第二节　结构混凝土强度现场检测

一、依据标准

（1）《回弹法检测混凝土抗压强度技术规程》（JGJ/T 23—2011）。

（2）《钻芯法检测混凝土强度技术规程》（JGJ/T 384—2016）。

（3）《混凝土物理力学性能试验方法标准》（GB/T 50081—2019）。

（4）《混凝土结构工程施工质量验收规范》（GB 50204—2015）。

（5）《建筑结构检测技术标准》（GB/T 50344—2019）。

二、抽样要求

（一）回弹法检测混凝土抗压强度

1. 代表批量

在相同的生产工艺条件下，混凝土强度等级相同，原材料、配合比、成型工艺、养护条件基本一致且龄期相近的同类结构或构件。

2. 抽样数量

（1）单个构件抽测：按照双方约定的数量，或按现行有关标准在受检范围内随机抽取构件或委托方所委托具体构件。

（2）批量检测：按批对结构构件混凝土抗压强度检测时，受检构件数量不得少于同批同类构件总数的 30%，且不得少于 10 件。

3. 取样要求

（1）单个构件抽测：应随机抽取并使所选构件具有代表性。随机抽样应遵循一定的规则。

（2）批量检测：在同检验批的受检范围内应随机抽取，受检构件应具有代表性，并均匀分布。

（二）钻芯法检测混凝土抗压强度

1. 代表批量

在相同的生产工艺条件下，混凝土强度等级相同，原材料、配合比、成型工艺、养护条件基本一致且龄期相近的同类结构或构件。

2. 抽样数量

（1）单个构件抽测：按照双方约定的受检构件数量，在抽测范围内抽取。每个受检构件上钻取芯样数量不少于 3 个；对于较小构件，钻芯数量可为 2 个。

（2）批量检测：确定检测批混凝土抗压强度时，芯样试件数量应根据检测批容量确定，直径 100mm 的芯样试件的最小样本量不宜少于 15 个，小直径芯样试件的最小样本量不宜少于 20 个；芯样应从检测批的结构构件中随机抽取，每个芯样宜取自一个构件或结构局部部位。

3. 取样要求

（1）单构件检测（抽测）：应随机抽取并使所选构件具有代表性。随机抽取应遵循一定的规则。芯样钻取位置应在结构或构件受力较小的部位、混凝土强度质量具有代表性的部位、便于钻芯机安放与操作的部位、避开主筋和管线的部位。

（2）批量检测：在同检验批的受检范围内应随机抽取，受检构件应具有代表性，并均匀分布。

（三）回弹-取芯法检验结构实体混凝土抗压强度

1. 适用条件

当未取得同条件养护试件强度或同条件养护试件不符合要求时，可采用回弹-取芯法进行检验。

2. 代表批量

相同混凝土强度等级的柱、梁、墙、板。

3. 抽样数量

（1）回弹构件抽取最小数量见表 4.2.1。

表 4.2.1　回弹构件抽取最小数量

构件总数量（个）	20 以下	20~150	151~280	281~500	501~1200	1201~3200
最小抽样数量（个）	全数	20	26	40	64	100

（2）取芯数量。将每个构件 5 个测区中的最小测区平均回弹值进行排序，并在其最小的 3 个测区

各钻取 1 个芯样；芯样直径宜为 100mm，且不宜小于混凝土骨料最大粒径的 3 倍。

4. 取样要求

抽取的构件应均匀分布，不宜抽取截面高度小于 300mm 的梁和边长小于 300mm 的柱。

三、不合格情况的处理措施

（一）单构件检测

单个构件混凝土强度推定值未达到混凝土设计强度等级要求时，可采用钻芯法或其他方法对该构件混凝土抗压强度做进一步的检测；采用钻芯法检测的构件混凝土抗压强度未达到设计强度等级要求时，检测机构应提供该构件混凝土中所取 3 个芯样试件抗压强度的算术平均值作为该构件混凝土抗压强度代表值。构件混凝土抗压强度代表值可用于既有结构的构件承载力评定，但不用于混凝土强度的合格评定。若单个构件检测结果不满足设计要求，应对该构件所属检测批混凝土强度按批量检测。

（二）批量检测

经批量检测后的检测批混凝土强度仍不满足设计要求时，应依据《建筑工程施工质量验收统一标准》（GB 50300—2013）第 5.0.6 条规定执行。

第三节　砌筑砂浆抗压强度现场检测

一、依据标准

(1)《砌体结构工程施工质量验收规范》（GB 50203—2011）。
(2)《贯入法检测砌筑砂浆抗压强度技术规程》（JGJ/T 136—2017）。
(3)《砌体工程现场检测技术标准》（GB/T 50315—2011）。

二、抽样要求

（一）贯入法

1. 代表批量

按批抽样检测：应取相同生产工艺条件下，同一楼层，同一品种，同一强度等级，砂浆原材料、配合比、养护条件基本一致，龄期相近，且总量不超过 250m³ 砌体的砌筑砂浆为同一检验批。

2. 抽样数量

(1) 单构件检测（抽测）：应以面积不大于 25m² 的砌体构件或构筑物为一个构件，按照双方约定的构件数量在受检范围内随机抽取构件检测。

(2) 批量检测：抽取数量不应少于同批砌体构件总数的 30％，且不应少于 6 个构件。

3. 取样要求

检测范围内的饰面层、粉刷层、勾缝砂浆、浮浆以及表面损伤层等应清除干净，应使待测灰缝砂浆暴露并经打磨平整后再进行检测。被检测灰缝应饱满，其厚度不应小于 7mm，并应避开竖缝位置、门窗洞口、后砌洞口和预埋件边缘。检测加气混凝土砌块砌体时，其灰缝厚度应大于测钉直径。

（二）回弹法

1. 代表批量
同贯入法。

2. 抽样数量
同贯入法。

3. 抽样方法

（1）每一构件测区数不应少于 5 个；对尺寸较小的构件，测区数量可适当减少。

（2）测区应均匀分布，不同测区不应分布在构件同一水平面和垂直面内，每个测区的面积宜大于 0.3m²。

（3）每个测区内测试 12 个点。选定的测点应均匀分布在砌体的水平灰缝上，同一测区每条灰缝上测点不宜多于 3 点。相邻两弹击点的间距不应小于 20mm。

（三）点荷法

1. 代表批量

同贯入法。

2. 抽样数量

同贯入法。

3. 抽样方法

（1）现场检测和抽样检测，环境温度和试件（试样）温度均应高于 0℃；砌筑砂浆龄期不应低于 28d；检测砌筑砂浆强度时，取样砂浆试件或原位检测的水平灰缝应处于干燥状态。

（2）每一检测单元内，不宜少于 6 个测区，应将单个构件（单片墙体、柱）作为一个测区。当一个检测单元不足 6 个构件时，应将每个构件作为一个测区。

（3）每一个测区应随机布置 5 个测点。

（4）选取的砂浆试件厚度为 5～12mm，预估荷载作用半径为 15～25mm，大面应平整，但边缘可不要求非常规则。

三、不合格情况的处理措施

（一）单个构件检测

若贯入法或回弹法检测单构件砂浆强度不能满足设计强度要求，可采用点荷法、原位轴压法等微破损检测方法进一步检测，检测后砂浆强度仍不能满足设计要求的，可对该批砌体砂浆强度按批量检测。

（二）批量检测

若砌筑砂浆批量检测结果未达到设计强度等级要求，可依据《建筑工程施工质量验收统一标准》（GB 50300—2013）第 5.0.6 条验收。

第四节　混凝土中钢筋间距检测

一、依据标准

《混凝土中钢筋检测技术标准》（JGJ/T 152—2019）。

《建筑结构检测技术标准》（GB/T 50344—2019）。

《混凝土结构现场检测技术标准》（GB/T 50784—2013）。

二、抽样要求

（一）抽样数量

钢筋间距的抽样可按《建筑结构检测技术标准》（GB/T 50344—2019）和《混凝土结构现场检测技术标准》（GB/T 50784—2013）的有关规定进行。当委托方有明确要求时，应按相关要求确定。

（二）取样要求

不适用于含有铁磁性物质的混凝土检测，当含有铁磁性物质时，可采用直接法进行检测。检测部位宜选择无饰面层或饰面层影响较小部位。

三、检测方法

检测前应进行预扫描，电磁感应法钢筋探测仪的探头在检测面上沿探测方向移动，到仪器显示保护层厚度最小时，探头中心线与钢筋线应重合，在相应位置做好标记，并初步了解钢筋埋设深度，重复上述步骤将相邻的其他钢筋位置逐一标出。应将检测范围内的设计间距相同的连续相邻钢筋逐一标出，并应逐个测量钢筋的间距。当同一构件检测的钢筋数量较多时，应对钢筋间距进行连续量测，且不宜少于6个间距。

四、判定标准

当同一构件检测钢筋为连续6个间距时，可给出被测钢筋的最大间距、最小间距和平均间距。检测结果评定应符合《建筑结构检测技术标准》（GB/T 50344—2019）和《混凝土结构现场检测技术标准》（GB/T 50784—2013）的规定。

第五节　结构实体钢筋保护层厚度检验

一、依据标准

《混凝土结构工程施工质量验收规范》（GB 50204—2015）附录 E。

二、抽样要求

（一）抽样数量

结构实体钢筋保护层厚度检验构件抽样数量应符合下列规定：①对非悬挑梁板类构件，应各抽取构件数量的2%且不少于5个构件进行检验。②对悬挑梁，应抽取构件数量5%且不少于10个构件进行检验；当悬挑梁数量少于10个时，应全数检验。③对悬挑板，应抽取构件数量的10%且不少于20个构件进行检验；当悬挑板数量少于20个时，应全数检验。

（二）取样要求

结构实体钢筋保护层厚度检验构件的选取应均匀分布。

三、检测方法

对于选定的梁类构件，应对全部纵向受力钢筋的保护层厚度进行检验；对于选定的板类构件，应抽取不少于6根纵向受力钢筋的保护层厚度进行检验。对每根钢筋，应选择有代表性的不同部位量测3点取平均值。

四、判定标准

（一）纵向受力钢筋保护层厚度允许偏差

对梁类构件为：−7～10mm；对板类构件为：−5～8mm。实测值与保护层设计厚度值偏差超过此范围的测点为不合格点，根据不合格点数和测点总数，计算合格点率。

（二）结果判定

① 当全部钢筋保护层厚度检验的合格率为90%及以上时，钢筋保护层厚度的检验结果应判定为

合格。

② 当全部钢筋保护层厚度检验的合格率小于90%但不小于80%时，可再抽取相同数量的构件进行检验；当按两次抽样总和计算的合格率为90%及以上时，钢筋保护层厚度的检验结果仍应判定为合格。

③ 每次抽样检验结果中不合格点的最大偏差均不应大于允许偏差的1.5倍。

五、不合格情况的处理

若结构实体钢筋保护层厚度检验按两次抽样总和计算的合格率不符合《混凝土结构工程施工质量验收规范》（GB 50204—2015）附录 E 的规定时，可依据《建筑工程施工质量验收统一标准》（GB 50300—2013）第5.0.6条进行验收。

第六节　结构实体位置与尺寸偏差检验

一、依据标准

《混凝土结构工程施工质量验收规范》（GB 50204—2015）附录 F。

二、抽样要求

（一）抽样数量

结构实体位置与尺寸偏差检验构件应符合下列规定：梁、柱应抽取构件数量的1%，且不少于3个构件；墙、板应按有代表性的自然间抽取1%，且不少于3间；层高应按有代表性的自然间抽查1%，且不应少于3间。

（二）抽样方法

结构实体位置与尺寸偏差检验构件的选取应均匀分布。

三、检测方法

结构实体位置与尺寸偏差检验项目、检验方法及其允许偏差见表4.6.1的规定。

表 4.6.1　结构实体位置与尺寸偏差检验项目、检验方法及其允许偏差

项目	检验方法	允许偏差（mm）
柱截面尺寸	选取柱的一边量测柱中部、下部及其他部位，取3点平均值	−5 10
墙厚	墙身中部量测3点，取平均值；测点间距不应大于1m	
梁高	量测一侧边跨中及两个距离支座0.1m处，取3点平均值；量测值可取腹板高度加上此处楼板的实测厚度	
板厚	悬挑板取距离支座0.1m处，沿宽方向取包括中心位置在内的随机3点取平均值；其他楼板，在同一对角线上量测中间及距离两端各0.1m处，取3点平均值	
层高	与板厚测点相同，量测板顶至上层楼板底净高，层高量测值为净高与板厚之和，取3点平均值	±10
柱垂直度	沿两个方向分别量测，取较大值	10（层高不小于6m） 12（层高大于6m）

注：表中为现浇结构位置和尺寸的允许偏差。

四、判定标准

结构实体位置与尺寸偏差项目应分别进行验收，并应符合下列规定：①当检验项目的合格率为80%及以上时，可判定为合格。②当检验项目的合格率小于80%但不小于70%时，可再抽取相同数量的构件进行检验；当按两次抽样总和计算的合格率为80%及以上时，仍可判定为合格。

五、不合格情况的处理

若结构实体位置与尺寸偏差项目检验按两次抽样总和计算的合格率不符合《混凝土结构工程施工质量验收规范》（GB 50204—2015）附录 F 的规定，可依据《建筑工程施工质量验收统一标准》（GB 50300—2013）第 5.0.6 条进行验收。

第七节　混凝土结构后锚固件锚固承载力现场检验

一、依据标准

《混凝土结构后锚固技术规程》（JGJ 145—2013）。

二、材料要求

（一）混凝土基材

锚栓锚固基材可为钢筋混凝土、预应力混凝土或素混凝土。植筋锚固基材应为钢筋混凝土或预应力混凝土，其纵向受力钢筋的配筋率不应低于现行国家标准《混凝土结构设计规范》（GB 50010—2010）中规定的最小配筋率。冻融受损混凝土、腐蚀受损混凝土、严重裂损混凝土、不密实混凝土等，不应作为锚固基材。基材混凝土强度等级不应低于C20，且不得高于C60；安全等级为一级的后锚固连接，其基材混凝土强度等级不应低于C30。

（二）混凝土结构后锚固件

机械锚栓和化学锚栓的性能应符合相关标准规范的规定。用于植筋的钢筋应使用热轧带肋钢筋或全螺纹螺杆，不得使用光圆钢筋和锚入部位无螺纹的螺杆。用于植筋的热轧带肋钢筋宜为HRB400级，全螺纹螺杆钢材等级应为Q345级。

三、抽样要求

（一）代表批量

锚固质量现场检验抽样时，应以同品种、同规格、同强度等级的锚固件安装于锚固部位基本相同的同类构件为一检验批，并应从每一检验批所含的锚固件中进行抽样。

（二）抽样数量

1. 现场破坏性检验

宜选择锚固区以外的同条件位置，应取每一检验批锚固件总数的0.1%且不少于5件进行检验。锚固件为植筋且数量不超过100件时，可取3件进行检验。

2. 现场非破损检验

（1）锚栓锚固质量的非破损检验。

① 对重要结构构件及生命线工程的非结构构件，应按表4.7.1规定的抽样数量对该检验批的锚栓进行检验。

② 对一般结构构件，应取重要结构构件抽样量的50%且不少于5件进行检验。

③ 对非生命线工程的非结构构件，应取每一检验批锚固件总数的 0.1% 且不少于 5 件进行检验。

表 4.7.1　重要结构构件及生命线工程的非结构构件锚栓锚固质量非破损检验抽样表

检验批的锚栓总数	≤100	500	1000	2500	≥5000
按检验批锚栓总数计算的最小抽样量	20%且不少于 5 件	10%	7%	4%	3%

注：当锚栓总数结余两栏数量之间时，可按线性内插法确定抽样数量。

（2）植筋锚固质量的非破损检验。

① 对重要结构构件及生命线工程的非结构构件，应取每一检验批植筋总数的 3% 且不少于 5 件进行检验。

② 对一般结构构件，应取每一检验批植筋总数的 1% 且不少于 3 件进行检验。

③ 对非生命线工程的非结构构件，应取每一检验批锚固件总数的 0.1% 且不少于 3 件进行检验。

3. 试验时间

胶粘锚固件的检验宜在锚固胶达到其产品说明书表示的固化时间的当天进行。若因故需推迟抽样与检验日期，除应征得监理单位同意外，推迟不应超过 3d。

值得注意的是，"生命线工程"主要是指维持城市生存功能系统和对国计民生有重大影响的工程。主要包括：供水、排水系统的工程；电力、燃气及石油管线等能源供给系统的工程；电话和广播电视等情报通信系统的工程；大型医疗系统的工程以及公路、铁路等交通系统的工程等。

（三）取样方法

受现场条件限制无法进行原位破坏性检验时，可在工程施工同时，现场浇筑同条件混凝土试块作为基材安装锚固件，并应按规定时间进行破坏性检验，且应事先征得设计和监理单位的书面同意，并在现场见证试验；非破损检验可采用随机抽样方式取样。

（四）非破损检验的锚固件抗拔承载力值确定

表 4.7.2 给出了非破损法检验的常用化学植筋抗拔承载力值（委托拉力值）。非破损检验的锚栓抗拔承载力宜标注在设计施工图纸上。若图纸未注明，应由设计单位以书面形式给出非破损受检锚栓抗拔承载力值。

表 4.7.2　HRB400 化学植筋抗拔承载力的非破损法检验荷载值

直径（mm）	6	8	10	12
检验荷载值（kN）	10.2	18.1	28.3	40.7

四、判定标准

（一）非破损检验的评定

应按下列规定进行：

（1）试样在持荷期间，锚固件无滑移、基材混凝土裂纹或其他局部损坏迹象出现，且加载装置的荷载示值在 2min 内无下降或下降幅度不超过 5% 的检验荷载时，应评定为合格。

（2）一个检验批所抽取的试样全部合格时，该检验批应评定为合格检验批。

（3）一个检验批中不合格的试样不超过 5% 时，应另抽 3 根试样进行破坏性检验，若检验结果全部合格，该检验批仍评定为合格检验批。

（4）一个检验批中不合格的试样超过 5% 时，该检验批应评定为不合格，且不应重做检验。

（二）破坏性检验结果的评定

应按下列规定进行：

（1）锚栓破坏性检验发生混凝土破坏，检验结果满足下列要求时，其锚固质量应评定为合格：

$$N_{Rm}^c \geqslant \gamma_{u,lim} N_{Rk,*}$$

$$N_{Rmin}^c \geqslant N_{Rk,*}$$

式中：N_{Rm}^c——受检验锚固件极限抗拔力实测平均值，N；

N_{Rmin}^c——受检验锚固件极限抗拔力实测最小值，N；

$N_{Rk,*}$——混凝土破坏受检验锚固件极限抗拔力标准值，按 JGJ 145 规程第 6 章有关规定计算，N；

$\gamma_{u,lim}$——锚固承载力检验系数允许值，取为 1.1。

（2）锚栓破坏性检验发生钢材破坏，检验结果满足下列要求时，其锚固质量应评定为合格：

$$N_{Rmin}^c \geqslant \frac{f_{stk}}{f_{yk}} N_{Rk,s}$$

式中：N_{Rmin}^c——受检验锚固件极限抗拔力实测最小值，N；

$N_{Rk,s}$——锚栓钢材破坏受拉承载力标准值按 JGJ 145 规程第 6 章有关规定计算，N。

（3）植筋破坏性检验结果满足下列要求时，其锚固质量应评定为合格：

$$N_{Rm}^c \geqslant 1.45 f_y A_s$$

$$N_{Rmin}^c \geqslant 1.25 f_y A_s$$

式中：N_{Rm}^c——受检验锚固件极限抗拔力实测平均值，N；

N_{Rmin}^c——受检验锚固件极限抗拔力实测最小值，N；

f_y——植筋用钢筋的抗拉强度设计值，N/mm²；

A_s——钢筋截面面积，mm²。

五、不合格情况的处理

对不满足本节"四、判定标准"的检测批应会同有关部门根据试验结果，研究采取专门处理措施，并返工重做。返工重做后的锚固件施工质量可再行委托检验检测机构检测。

委托单填写示例见表 4.7.3。

表 4.7.3 后锚固件抗拔承载力工程检验/检测委托单

（合同编号为涉及收费的关键信息，由委托单位提供并确认无误！！）

所属合同编号：

工程名称					
委托单位/ 建设单位			联系人		电话	
施工单位			联系人		电话	
监理单位			见证人		电话	
监督单位	＿＿＿＿市建设工程质量监督站		结构形式		
总层数	地下＿＿层，地上＿＿层		委托层数	＿＿＿层至＿＿＿层	
总建筑面积	＿＿＿＿＿m²		委托面积	＿＿＿＿＿m²	
工程地址	＿＿＿市＿＿＿路＿＿＿号				
委托编号	W＿＿＿＿＿＿＿（由受理人填写）		报告编号	YG＿＿＿＿＿＿＿（由受理人填写）	
后锚固件抗拔承载力委托检测方案					

后锚固件抗拔承载力检测方法①：□非破损检测　□破坏性检测

续表

序号	直径（mm）	锚固件植筋力学性能指标或锚栓类型	锚固件安装的锚固部位及其混凝土强度等级	检验批后锚固件数量（件）	委托抽样数量（件）	非破损检测时委托抗拔力值（kN）
1		□HRB400　□其他：＿＿＿＿＿				
2		□HRB400　□其他：＿＿＿＿＿				
3		□HRB400　□其他：＿＿＿＿＿				
4		□HRB400　□其他：＿＿＿＿＿				
5		□化学锚栓　□膨胀型锚栓　□其他：＿＿＿				
6		□化学锚栓　□膨胀型锚栓　□其他：＿＿＿				
7		□化学锚栓　□膨胀型锚栓　□其他：＿＿＿				
8		□化学锚栓　□膨胀型锚栓　□其他：＿＿＿				
检测依据	《混凝土结构后锚固技术规程》（JGJ 145—2013）（附录C）		锚固胶固化日期②：＿＿＿年＿月＿日			

注：①JGJ 145—2013第C.2.2条规定：当委托混凝土结构后锚固件抗拔承载力现场破坏性检测时，宜选择锚固区以外的同条件位置，应取每一检验批锚固件总数的0.1％且不少于5件进行检验；锚固件为植筋且数量不超过100件时，可取3件进行检验，同时在上表中仅填写"检验批后锚固件数量"和"委托抽样数量"两栏信息即可；

②JGJ 145—2013第C.2.4条规定：胶粘的锚固件，其检验宜在锚固胶达到其产品说明书标示的固化时间的当天进行。若因故需推迟抽样与检验日期。除应征得监理单位同意外，推迟不应超过3d。

□常规　□加急　□初检　□复检　原检编号：		检测费用	
声明	委托方确认工程现场已经具备检测条件；委托方确认待复检工程已全部整改完毕	委托日期	＿＿＿＿年＿月＿日
备注			
说明			

监理（建设）单位签章：　　　　　　　　　　　　　　　　　　　　　受理人签章：

第八节　砌体结构后锚固件锚固承载力现场检验

一、依据标准

《砌体结构工程施工质量验收规范》（GB 50203—2011）。

二、抽样要求

（1）代表批量：见表4.8.1。

（2）取样数量：见表4.8.1。

（3）取样方法：在施工现场随机抽取。

（4）取样要求：填充墙与承重墙、柱、梁的连接钢筋，当采用化学植筋连接方式时应进行实体检测。现场检测宜在锚固胶达到其产品说明书标示的固化时间的当天进行。

表 4.8.1　砌体结构后锚固件样本最小容量　　　　　　　　（单位：件）

检验批容量	样本最小容量	检验批容量	样本最小容量
≤90	5	281～500	20
91～150	8	501～1200	32
151～280	13	1201～3200	50

三、判定标准

锚固钢筋拉拔试验的轴向受拉非破坏承载力检验值应为 6.0kN。抽检钢筋在检验值作用下应基材无裂缝、钢筋无滑移宏观裂损现象；持荷 2min 期间荷载值降低不大于 5%。填充墙砌体植筋锚固力检验抽样正常一次与二次判定按表 4.8.2、表 4.8.3 判定。

表 4.8.2　正常一次性抽样的判定　　　　　　　　　　　　（单位：件）

样本容量	合格判定数	不合格判定数	样本容量	合格判定数	不合格判定数
5	0	1	20	2	3
8	1	2	32	3	4
13	1	2	50	5	6

表 4.8.3　正常二次性抽样的判定　　　　　　　　　　　　（单位：件）

抽样次数与样本容量	合格判定数	不合格判定数	抽样次数与样本容量	合格判定数	不合格判定数
(1) —5 (2) —10	0 1	2 2	(1) —20 (2) —40	1 3	3 4
(1) —8 (2) —16	0 1	2 2	(1) —32 (2) —64	2 6	5 7
(1) —13 (2) —26	0 3	3 4	(1) —50 (2) —100	3 9	6 10

注：本表应用可参照现行国家标准《建筑结构检测技术标准》（GB/T 50344）第 3.3.14 条说明。

四、不合格情况的处理

对不满足本节"三、判定标准"的检验批应会同有关部门根据试验结果，研究采取专门处理措施，并返工重做。返工重做后的填充墙砌体植筋锚固力可再行委托检验检测机构检测。

委托单填写示例见表 4.8.4。

表 4.8.4　后锚固件抗拔承载力工程检验/检测委托单
（合同编号为涉及收费的关键信息，由委托单位提供并确认无误!!）

所属合同编号：

工程名称				
委托单位/ 建设单位		联系人	电话	
施工单位		联系人	电话	
监理单位		见证人	电话	
监督单位		结构形式		
总层数	地下___层，地上___层	委托层数	___层至___层	
总建筑面积	_____m²	委托面积	_____m²	

续表

工程名称	___市___小区___号住宅楼				
工程地址	___市___路___号				
委托编号	W_____（由受理人填写）		报告编号	YG_____（由受理人填写）	

后锚固件抗拔承载力委托检测方案

后锚固件抗拔承载力检测方法：□非破损检测　□破坏性检测

序号	直径（mm）	锚固件植筋力学性能指标或锚栓类型	锚固件安装的锚固部位及其混凝土强度等级	检验批后锚固件数量（件）	委托抽样数量（件）	非破损检测时委托抗拔力值（kN）
1						
2						
3						
4						
5						
6						
7						
8						
检测依据	《砌体结构工程施工质量验收规范》（GB 50203—2011）（9.2.3）			锚固胶固化日期：_____年___月___日		
	□常规　□加急　□初检　□复检　原检编号：			检测费用		
声明	委托方确认工程现场已经具备检测条件；委托方确认待复检工程已全部整改完毕			委托日期	_____年___月___日	
备注						
说明						

监理（建设）单位签章：　　　　　　　　　　　　　　　　　　　　　　　　受理人签章：

常见问题解答

1. 什么情况下，工程需要委托有资质的检测机构进行结构实体检验？委托检测机构对工程结构质量进行检测时，对委托方主体是否有要求？

【解答】当工程质量控制资料不齐全完整，或部分资料缺失时，应委托有资质的检测机构按有关标准进行相应的实体检验或抽样试验。按相关法律法规规定，一般情况下，工程质量检测的委托主体应为建设单位，当法律法规有特殊规定的，依其规定实施委托。

2. 什么是混凝土碳化深度？

【解答】混凝土碳化是指混凝土中氢氧化钙与空气中酸性气体二氧化碳发生化学反应生成中性盐碳酸钙的过程。在结构构件混凝土测试面成直径 15mm 孔洞，其深度应大于混凝土碳化深度，清除孔洞中粉末和碎屑且不得用水擦洗。采用浓度为 1‰～2‰酚酞酒精溶液滴在孔洞内壁边缘处。当已碳化与未碳化界线清晰时，采用碳化深度测量仪测量已碳化与未碳化混凝土交界面到混凝土表面的垂直距离即为混凝土碳化深度。这是利用酚酞指示剂遇碱溶液变红色、遇中性溶液不变色原理来分清混凝土碳化与未碳化边界，其中混凝土碳化部分（中性物质）不变色，混凝土未碳化部分（碱性物质）呈紫红色。

3. 碳化对钢筋混凝土结构安全性能劣化的影响程度如何？

【解答】混凝土碳化一般不会直接引起结构构件安全承载性能劣化。对素混凝土结构，混凝土碳化可提高混凝土强度和耐久性。对钢筋混凝土结构构件而言，硬化混凝土未碳化时的内部碱性环境有利于对内部配置纵向受力钢筋的保护，而混凝土碳化后，钢筋失去碱性环境保护，当碳化深度超过钢筋的混凝土保护层达到钢筋位置时，丧失混凝土碱性环境条件保护的钢筋会在水与空气存在条件下生锈。锈蚀后的受力钢筋主要成分体积会膨胀 2～4 倍，导致结构构件混凝土开裂，形成顺筋裂缝。受力钢筋的锈蚀开裂会对钢筋混凝土结构安全性能造成恶劣影响，甚者会导致配筋结构失效。

4. 影响混凝土碳化速度快慢的主要因素有哪些？

【解答】影响混凝土碳化速度快慢的因素主要有以下几个：

（1）环境条件：混凝土在相对湿度过低（小于 25%）或过高（大于 95%）时都不易碳化，只有在空气湿度合适（50%～75%）时最易碳化。

（2）水泥品种。

（3）水灰比：水灰比小的混凝土由于水泥浆的组织密实，透气性小，因而碳化速度就慢。

（4）浇筑成型质量：浇筑成型质量较好的结构混凝土表面比较密实，表层毛细孔隙很小，故不易碳化。

（5）养护质量：混凝土养护时间不足时，就会造成混凝土内部毛细孔道粗大且大部分相互连通，使水、空气容易借助该通道进入混凝土内部，从而加速混凝土碳化。

5. 为减缓混凝土的碳化，施工单位应做好哪几方面的工作？

【解答】混凝土碳化是无法避免的，但我们可以通过采取一系列措施减缓混凝土碳化速度。常见措施如下：

（1）在施工中应根据建筑物所处的地理位置及周围环境，选择合适的水泥品种、优质的骨料。如使用商品混凝土，则应选择信誉较好的商品混凝土公司。

（2）要选好配合比，在施工条件允许的情况下，可适度减小水灰比。使用商品混凝土时，要严禁在浇筑过程中向混凝土拌合物中加水。

（3）适量的外加剂和掺合料，外加剂和粉煤灰掺加过量会加快混凝土碳化。

（4）按照现行国家标准《混凝土结构工程施工规范》（GB 50666）及《混凝土结构工程施工质量验收规范》（GB 50204）的规定采取及时有效的混凝土养护措施，防止混凝土表层失水过快，以确保混凝土表面密实度。

（5）结构构件混凝土养护措施：实际工程中，常采取调整构件晚拆模时间或专人浇水养护措施养护结构混凝土。针对构件层次的养护措施可采用如下方法：剪力墙、柱等竖向构件在拆除模板后迅即对混凝土浇水并快速用塑料薄膜遮盖养护，隔绝外界空气环境中酸性气体渗透与表面失水；对现浇楼板等构件混凝土终凝前及时覆盖塑料薄膜，防止混凝土表面早期失水并可有效隔离空气中酸性气体渗透以及失水造成板表面混凝土疏松现象。

6. 现行国家标准对建筑结构混凝土碳化深度的要求是什么？

【解答】现行国家标准《普通混凝土长期性能和耐久性能试验方法标准》（GB/T 50082）与《混凝土耐久性检验评定标准》（JGJ/T 193）有如下要求：在快速碳化试验（相当于自然环境下 50 年）中，碳化深度小于 20mm 的结构混凝土抗碳化性能较好，一般认为能满足大气环境下 50 年的耐久性要求。这也就是说建筑结构在 50 年设计使用寿命期内，混凝土碳化深度不应超过钢筋混凝土结构构件设计的混凝土保护层厚度。

7. 回弹值、回弹法测强曲线、测区混凝土强度换算值和结构构件混凝土强度推定值各是什么？它们之间有什么关系？

【解答】回弹值是回弹仪弹击受检混凝土测试面后在仪器上显示的数值，它反映的是混凝土测试面硬度。回弹法测强曲线是根据最小二乘法原理，对受检混凝土测试面硬度（用回弹值表示）、相应测试面混凝土碳化深度与混凝土抗压强度试验数据进行回归，得到回弹法测强曲线的最优数学模型。测区混凝土强度换算值是经对受检结构构件混凝土测试面测试得到测区回弹值、碳化深度值，计算得到测区回弹平均值、测区碳化深度均值，将其代入回弹法测强曲线计算得到的该测区混凝土强度换算值。结构构件混凝土强度推定值是采用回弹法检测技术得到测区混凝土强度换算值，经对得到的若干个测区混凝土强度换算值进行数理统计得到测区混凝土强度平均值、测区混凝土强度标准差后，再通过统计公式计算得到的具有一定保证率的混凝土强度特征值。值得注意的是，回弹值不是混凝土抗压强度值，但它们之间存在一定关系，即在其他参数都相同的情况下，回弹值越高，混凝土强度推定值会越大；在碳化深度、标准差等相关参数不同的情况下，回弹值大的构件的混凝土强度推定值不一定大。如检测人员在回弹法检测混凝土构件混凝土强度时，有的施工现场人员注意到回弹值均高于混凝土设计强度值，以为混凝土构件强度达到设计要求了，等看到检测报告后发现构件混凝土强度推定值没有达到设计强度等级值要求，很不理解。那是因为施工人员没有弄清楚回弹值和回弹混凝土强度推定值之间的区别。

8. 碳化深度对回弹法检测的混凝土强度推定值有什么影响？

【解答】混凝土表层碳化实质是表层混凝土中氢氧化钙通过化学变化生成更为致密的碳酸钙物质，这会导致由回弹仪的回弹值表征的表层混凝土硬度比未碳化时混凝土硬度有所增加。在回弹法检测结构构件混凝土抗压强度时，混凝土强度换算值为采用由测区回弹值、测区碳化深度为自变量的计算公式进行混凝土强度换算，而该计算公式表现为相同测区回弹值时，测区碳化深度增大，混凝土强度换算值的折减幅度也增大。

9. 为什么有的构件混凝土碳化深度非常大，而已碳化的表面强度反而比未碳化的内部混凝土强度低呢？

【解答】由于构件混凝土养护不及时、不到位等因素造成混凝土表层失水过快，进而造成表层混凝土中水泥水化程度不完全，使得表面疏松，空气中二氧化碳和水通过该毛细通道极易渗入混凝土表层内部，并和混凝土中氢氧化钙发生碳化反应。这种表层疏松混凝土虽然已经发生了碳化反应，但由于没有充分进行水化反应，混凝土强度比其内部发生了水化反应的混凝土强度要低得多，虽然碳化反应使表层混凝土强度有一定程度的提高，但提高的部分远不能抵消未充分水化反应带来的降低部分，所以混凝土表层碳化深度虽然很大，强度却比未碳化的内部混凝土强度要低。这种情况就属于现行行业标准《回弹法检测混凝土抗压强度技术规程》（JGJ/T 23）适用范围提到的"混凝土表面和内部质量存在较大差异的混凝土"，此时使用回弹法检测结构构件混凝土抗压强度的前提条件已经不存在，而应采取后装拔出法、钻芯法等其他检测方法对构件混凝土抗压强度进行检测。

10. 什么是混凝土的检测批？什么情况下要对构件按批检测？

【解答】现行行业标准《回弹法检测混凝土抗压强度技术规程》（JGJ/T 23）规定：相同的生产工艺条件下，混凝土强度等级相同，原材料、配合比、成型工艺、养护条件基本一致且龄期相近的同类结构或构件构成的检测对象就是一个检测批。

一般情况下，出现下列情况之一时，应对该检测批混凝土抗压强度进行按批检测：

（1）混凝土试块资料丢失。

（2）标准养护立方体试块抗压强度不能通过现行国家标准《混凝土强度检验评定标准》（GB/T 50107）统计方法或非统计方法评定的。

（3）结构实体抽测中构件现龄期混凝土推定值未能达到设计强度等级的。

（4）委托方对结构构件混凝土强度有怀疑的。

11. 批检测的结果为什么比该批混凝土构件中大多数强度值都要低？

【解答】按批检测得到的结构混凝土强度推定值是检测样本强度平均值减去 1.645 倍的标准差得到的统计数值，该数值对该批混凝土强度值具有 95% 保证率。通俗地讲也就是说，该批混凝土构件中有

95％以上的构件的单构件混凝土强度值要高于批检测得到的强度值，或者说有95％的测区混凝土强度换算值要高于检测批混凝土强度推定值。

12. 钻芯法检测单构件混凝土抗压强度时需要钻取的芯样数量是多少？按批检测的取芯数量又是多少个？

【解答】现行行业标准《钻芯法检测混凝土强度技术规程》（JGJ/T 384）规定，钻芯法确定单个构件混凝土抗压强度推定值时的芯样试件数量不应少于3个，对于钻芯影响构件工作性能的小尺寸构件，取芯数量不得少于2个；钻芯法确定构件混凝土抗压强度代表值时的芯样试件数量宜为3个，取3个芯样试件抗压强度的算术平均值作为构件混凝土抗压强度代表值，该值可用于既有结构构件承载力评定，但不能用于混凝土强度的合格评定。钻芯法确定检测批混凝土抗压强度推定值时，直径100mm芯样试件最小样本量不少于15个；考虑推定区间置信度的小直径芯样试件最小样本量不少于20个。

13. 目前常见的结构加固方法有什么？

【解答】目前构件常见加固形式有：板类构件一般用粘碳碳纤维加固；梁类构件一般用粘碳碳纤维或粘钢法加固；柱、剪力墙等竖向受力构件多采用混凝土置换、扩大截面以及粘钢法加固。对混凝土强度过低（低于C15）的构件多采用灌浆料，或高强混凝土置换或扩大构件截面的方法进行加固处理。

14. 标准养护混凝土立方体试块抗压强度未达到设计要求时，应如何处理？

【解答】混凝土标准养护试块强度如果达到设计强度等级值的95％以上，但未达到设计强度等级值的，可按照现行国家标准《混凝土强度检验评定标准》（GB/T 50107）中统计方法或非统计方法进行计算，若统计结果满足该规范相关规定，则直接验收即可；若统计结果不能满足规范相关规定，则应对该检测批混凝土进行结构实体混凝土抗压强度检测，以确定结构构件混凝土实际强度。

15. 影响砌筑砂浆强度最常见的因素有哪些？

【解答】水泥、砂种类、配合比、水灰比、养护、外加剂与掺合料用量、砂的含泥量等。为避免上述因素对砌筑砂浆强度影响，应优选合格的预拌商品砂浆。

16. 为什么有些工地使用砂浆王等微沫剂材料后造成砂浆强度降低呢？

【解答】砂浆王能够提高砂浆和易性、保水性，砌筑时砂浆蓬松、柔软、流动性好，黏结力强，泌水率低，不必反复搅拌，可加快施工速度，提高劳动效率。但砂浆王使用前一定要做外加剂配合比试验，并严格按试验配合比下料，不能超量使用砂浆王。在实际施工过程中，操作工人很难根据比例掌握砂浆王的用量，而且由于使用砂浆王后砂浆制品稠度加大，会人为地减少砂浆中的水泥用量，导致砂浆配合比不准确，强度离散性加大，砂浆强度降低。砂浆王本身是一种保水的结晶体材料，掺入量过大会影响砌筑砂浆强度。如果没有经过配合比试验并且无严格的用量控制措施，最好不要使用该类产品，而且有些地方建设行政主管部门已明确要求不得在砌体施工时使用该类产品，其属于淘汰产品。

17. 砌体砂浆强度通过贯入法、回弹法等无损检测方法检测，得到的砌体砂浆强度不能满足设计要求时，下一步应如何检测？

【解答】可以使用点荷法、原位轴压法等多种微破损的检测方法对砌筑砂浆抗压强度进行检测。

18. 贯入法检测批砌筑砂浆抗压强度时，有一件砌体砂浆强度值只达到了砌筑砂浆设计强度的85％，是否说明该批砌体砂浆强度不能满足设计要求呢？

【解答】不能说明。砌体砌筑砂浆强度具有一定的离散性，现行行业标准《贯入法检测砌筑砂浆抗压强度技术规程》（JGJ/T 136）检测批砌筑砂浆强度推定的计算方法，并不是将强度最小值作为检测批砌筑砂浆抗压强度推定值，而是通过计算得到两个值：一个值是所测样本的强度平均值乘以0.91，另一个值是构件砌筑砂浆抗压强度换算值的最小值乘以1.18，取二者中的较小值作为该检测批砌筑砂浆抗压强度推定值。所以有一件砌体砂浆强度只达到设计强度的85％，该批砂浆强度通过计算还是有可能符合设计要求的。

19. 采用贯入法检测砌筑砂浆强度，若墙面潮湿对检测结果有无影响？

【解答】有影响。潮湿的墙面会使检测结果偏低，而且砌筑砂浆设计强度等级越低的砂浆受潮湿的影响程度越大。

20. 回弹法检测砌体砌筑砂浆抗压强度时应满足的条件是什么？

【解答】回弹法适用于检测烧结普通砖或烧结多孔砖砌体中砌筑砂浆抗压强度，不适用于砂浆抗压强度小于2MPa的墙体。现场检测的砌筑砂浆龄期不应少于28d且水平灰缝应处于干燥状态，检测前应磨掉测点处5～10mm，且不应小于5mm的深度后再行检测。

21. 混凝土中钢筋间距和保护层厚度现场检测对结构构件混凝土是否有要求？

【解答】由于钢筋扫描仪是利用电磁感应原理检测混凝土中钢筋位置和保护层，因此不适用于含有铁磁性物质的混凝土检测，如钢纤维混凝土、压型金属板楼屋盖。若必须对含铁磁性物质混凝土中钢筋检测时，可采用直接法。

22. 混凝土中钢筋间距检测板类构件混凝土中钢筋间距数量是多少？

【解答】现行行业标准《混凝土中钢筋检测技术标准》（JGJ/T 152）规定，钢筋间距检测数量不少于6个间距，可给出受检构件的钢筋间距平均值。

23. 混凝土保护层厚度的概念是什么？《混凝土结构工程施工质量验收规范》（GB 50204—2015）附录E结构实体钢筋保护层厚度检验中的钢筋保护层厚度呢？

【解答】现行国家标准《混凝土结构耐久性设计标准》（GB/T 50476）、《混凝土结构设计规范》（GB 50010）中的钢筋的混凝土保护层，是指从混凝土表面到钢筋公称直径外边缘之间的最小距离；对后张法预应力筋为套管或孔道外边缘到混凝土表面的距离。《混凝土结构工程施工质量验收规范》（GB 50204）附录E中的钢筋保护层厚度是指从混凝土表面到纵向受力钢筋公称直径外边缘之间的最小距离。

24. 钢筋的混凝土保护层作用是什么？混凝土保护层厚度过小或过大是否影响结构安全性？

【解答】由于结构混凝土中的钢筋化学成分比较活跃，在空气中易锈蚀，为保证钢筋耐久性能，同时提供构件混凝土与钢筋间的可靠和有效的握裹力，必须要求在钢筋骨架的四周有一定厚度的混凝土将钢筋包裹住。混凝土保护层厚度过小，在较短的年限内，混凝土已经碳化到受力钢筋，混凝土保护层失去对钢筋的保护作用而造成钢筋锈蚀。同时保护层厚度过小也会使混凝土对钢筋的有效握裹力降低。在结构构件外形尺寸不变时，混凝土保护层过大会造成构件截面的有效高度H_0减小，从而导致结构构件承载力降低。上述两种情况都会不同程度地降低结构构件承载力，影响结构安全，因此应严格按照施工规范规定，科学、精准施工，控制钢筋的混凝土保护层厚度在规定的允许偏差范围内。

25. 哪类构件最容易出现混凝土保护层厚度不合格情况？产生问题的原因是什么？应采取哪些保证措施？

【解答】最为常见的是现浇楼板板底纵向受力钢筋的混凝土保护层厚度偏小和悬挑板（梁）截面上侧配置的负弯矩筋保护层厚度偏大问题。产生问题的原因主要是垫块垫得不合理和踩踏等情况。可采取的保证措施有：①采用卡槽式混凝土垫块，要求其纵横向间距不要太大，特别是对于比较细的钢筋，布置垫块间距应更小、更密一些；②施工时应尽可能合理地安排好各工种交叉作业时间，以减少板面钢筋绑好后，施工作业人员对钢筋的踩踏；③混凝土浇筑前或浇筑中应有钢筋工进行及时的修整，在浇筑混凝土时应铺设临时性活动踏板，扩大接触面、分散应力，避免钢筋因踩踏造成受力钢筋移位或变形。

26. 用钢筋检测仪检测钢筋的混凝土保护层厚度时，绑丝对钢筋的混凝土保护层厚度测量有无影响？

【解答】经试验验证：用钢筋检测仪测量钢筋保护层厚度时，绑丝对测量影响非常小，可以忽略不计。

27. 为什么一般选择较大进深、开间房间的现浇楼板进行混凝土保护层厚度检验？

【解答】较大进深、开间房间的现浇楼板所承受弯矩较大，该类楼板更容易出现施工质量问题。为及时发现现浇楼板构件混凝土保护层存在的施工质量隐患，故现场检测一般选择该类构件进行混凝土保护层厚度检验。

28. 非悬挑楼板构件的混凝土保护层厚度检测时为什么选择测量短向受力钢筋？

【解答】非悬挑楼板构件钢筋绑扎安装施工时，一般短向纵向受力钢筋配置在板截面底部是因其所承受弯矩大于板长向弯矩；现行国家标准《混凝土结构工程施工质量验收规范》（GB 50204）规定所检测构件的混凝土保护层厚度为构件纵向受力钢筋外表面到混凝土表面的距离。因此，结构实体非悬挑楼板构件的混凝土保护层厚度检测时选择测量短向受力钢筋。

29. 测量悬挑板（如住宅的阳台板）钢筋保护层厚度时为什么在悬挑板根部测量，同时还要在测量保护层的位置测量悬挑板厚度？

【解答】悬挑板结构的阳台上侧钢筋为受力主筋，而且阳台根部是作用负弯矩最大的部位，所以阳台板的钢筋保护层厚度应在悬挑板根部上侧进行测量，以检测负弯矩筋在施工过程中有无位移现象。如果通过检测，发现混凝土保护层厚度出现偏差，既有可能是钢筋移位造成的，也有可能是楼板施工厚度出现偏差造成的，需要结合该位置阳台板的施工厚度才能分析出原因，所以测量阳台板保护层厚度时还应同时测量阳台板厚度，悬挑板厚度测量位置为悬挑板距离支座 100mm 的位置测量板宽度中间 1 点与其他位置 2 点，取 3 点平均值作为该构件板厚。

30. 混凝土结构后锚固抗拔承载力检测中，常见化学植筋锚固质量不合格原因主要有哪些？

【解答】常见原因有以下几种：

（1）植筋胶质量：植筋胶质量不好，配制比例不符合产品说明书。

（2）成孔质量：孔径过大或过小；成孔深度不够、清孔不净。

（3）注胶饱满度：植筋胶在孔内的饱满度不够。

（4）混凝土基材原因：混凝土基材成型龄期过短、基材强度过低。

（5）植筋时间：植筋完成时间过短，植筋完成后一般需经过 24h 以上的凝固时间后，才能做拉拔试验。

31. 填充墙体拉结筋后锚固质量不合格会对后砌填充墙体有何影响？

【解答】常见的影响有：

（1）墙体容易开裂。

（2）墙体抗震性能不好，地震时后砌体填充墙容易开裂、倒塌等。

32. 某剪力墙结构住宅楼工程，填充墙拉结筋采取在 C30 剪力墙上后植筋，植筋材料为 HRB400 级热轧带肋钢筋，该检验批植筋总数量为 4000 根。非破损法检验植筋锚固质量时应委托几根进行抗拔承载力检测？

【解答】非破损法检验化学植筋抗拔承载力的抽样数量的计算思路为：

（1）基材混凝土：基材混凝土为钢筋混凝土结构，剪力墙混凝土设计强度等级为 C30，满足现行行业标准《混凝土结构后锚固技术规程》（JGJ 145）"植筋锚固基材应为钢筋混凝土或预应力混凝土"和"基材混凝土强度等级不应低于 C20 且不得高于 C60"的规定。

（2）植筋材料：植筋材料 HRB400 级热轧带肋钢筋满足 JGJ 145 "用于植筋的钢筋应使用热轧带肋钢筋或全螺纹螺杆，不得使用光圆钢筋和锚入部位无螺纹的螺杆"的规定。

（3）抽样数量：该住宅楼工程为非生命线工程，后砌填充墙为非结构构件，因此在对该工程植筋锚固质量进行非破损检验时，应取该检验批锚固件总数的 0.1% 且不少于 3 件进行检验，该检验批植筋数量为 4000 根，因此本次非破损法检验植筋的抽样数量为不少于 4 件。

33. 当采用非破损检验方法评定该组混凝土结构后锚固植筋锚固质量为不合格时，应如何处理？

【解答】依据现行行业标准《混凝土结构后锚固技术规程》（JGJ 145）C.5.1 的规定，当一个检验批所抽取的试样全部合格时，该检验批应评定为合格检验批；当一个检验批中不合格的试样不超过 5% 时，应另抽 3 根试样进行破坏性检验，若检验结果全部合格，该检验批仍评定为合格检验批；当一个检验批中不合格的试样超过 5% 时，该检验批应评定为不合格，且不应重做检验。

34. 非破损法检验锚栓锚固质量时，如何确定受检锚栓试件抽样数量？

【解答】①对重要结构构件及生命线工程的非结构构件，应按本章表 4.7.1 规定的抽样数量对该检验批的锚栓进行检验。②对一般结构构件，应取重要结构构件抽样量的 50%且不少于 5 件进行检验。③对非生命线工程的非结构构件，应取每一检验批锚固件总数的 0.1%且不少于 5 件进行检验。

35. 填充墙拉结用 HPB300 级化学植筋抗拔承载力检测依据是什么？非破损法检验的荷载检验值如何确定？

【解答】填充墙与承重墙、柱、梁的连接钢筋，当采用化学植筋连接方式时应按现行国家标准《砌体结构工程施工质量验收规范》（GB 50203）第 9 章的相关规定进行非破损检验法实体检测，锚固钢筋拉拔试验的轴向受拉非破坏承载力检验值应为 6.0kN。

第五章　钢结构工程检测

第一节　见证取样检测

一、依据标准

(1)《建筑结构检测技术标准》(GB/T 50344—2019)。

(2)《钢结构工程施工质量验收标准》(GB 50205—2020)。

(3)《钢结构用高强度大六角头螺栓、大六角螺母、垫圈技术条件》(GB/T 1231—2006)。

(4)《钢结构用扭剪型高强度螺栓连接副》(GB/T 3632—2008)。

(5)《金属材料 拉伸试验 第1部分：室温试验方法》(GB/T 228.1—2010)。

(6)《金属材料 洛氏硬度试验 第1部分：试验方法》(GB/T 230.1—2018)。

(7)《金属材料 洛氏硬度试验 第2部分：硬度计（A、B、C、D、E、F、G、H、K、N、T标尺）的检验与校准》(GB/T 230.2—2012)。

(8)《金属材料 洛氏硬度试验 第3部分：标准硬度块（A、B、C、D、E、F、G、H、K、N、T标尺）的标定》(GB/T 230.3—2012)。

二、检验项目

(1) 钢结构用高强度大六角头螺栓连接副扭矩系数。

(2) 钢结构用扭剪型高强度螺栓连接副紧固轴力。

(3) 高强度螺栓连接摩擦面抗滑移系数。

(4) 螺栓楔负载试验。

(5) 螺栓拉力载荷试验。

(6) 螺母保证载荷试验。

(7) 高强度螺栓芯部硬度、螺母硬度、垫圈硬度试验。

三、抽样数量、取样要求及相关注意事项

（一）钢结构用高强度大六角头螺栓连接副扭矩系数

1. 代表批量

不超过3000套高强度大六角头螺栓连接副为一个检验批，超过3000套但不超过6000套的应视为两个检验批，超过6000套但不超过9000套的应视为三个检验批，依此类推。

2. 取样数量

每个检验批随机抽取8套（每套连接副包括螺栓一根、螺母一个、垫圈两个）。

3. 取样方法

在施工现场待安装的螺栓检验批中随机抽取。

4. 样品要求

样品应保持清洁、完整、无磕碰或损坏。一般情况下，螺栓、螺母、垫圈应以分离状态送检（送样时已将三者组装好的视为不符合要求的样品）。

5. 判定标准

钢结构用高强度大六角头螺栓连接副扭矩系数合格的条件有两个，即所检测的 8 套连接副扭矩系数的平均值为 0.110~0.150 且标准偏差不大于 0.0100。同时满足上述两个条件的判定为合格，否则判定为不合格。

6. 不合格情况处理

对检测结果不合格的高强度螺栓检验批应全部清退出场，换批购进后应再次见证取样送检。

（二）钢结构用扭剪型高强度螺栓连接副紧固轴力

1. 代表批量

不超过 3000 套高强度大六角头螺栓连接副为一个检验批，超过 3000 套但不超过 6000 套的应视为两个检验批，超过 6000 套但不超过 9000 套的应视为三个检验批，依此类推。

2. 取样数量

每个检验批随机抽取 8 套（每套连接副包括螺栓一根、螺母一个、垫圈一个）。

3. 取样方法

在施工现场待安装的螺栓检验批中随机抽取。

4. 样品要求

样品应保持清洁、完整、无磕碰或损坏。一般情况下，螺栓、螺母、垫圈应以分离状态送检（送样时已将三者组装好的视为不符合要求的样品）。

5. 判定标准

每 8 套连接副紧固轴力的平均值、标准偏差应符合表 5.1.1 的规定。紧固轴力的平均值、标准偏差的计算结果满足表 5.1.1 相应规定数值时判定为合格，否则判定为不合格。

表 5.1.1 螺栓紧固轴力值范围

螺栓螺纹规格		M16	M20	M22	M24	M27	M30
每批紧固轴力的平均值（kN）	公称	110	171	209	248	319	391
	min	100	155	190	225	290	355
	max	121	188	230	272	351	430
紧固轴力标准偏差 σ，（≤，kN）		10.0	15.4	19.0	22.5	29.0	35.4

6. 不合格情况处理

对检测结果不合格的高强度螺栓检验批应全部清退出场，换批购进后应重新见证取样送检。

（三）高强度螺栓连接摩擦面抗滑移系数

1. 代表批量

按分部工程（子分部工程）所含高强度螺栓用量划分，每 5 万个高强度螺栓用量的钢结构为一批，不足 5 万个高强度螺栓视为一批。选用两种及两种以上表面处理（含有涂层摩擦面）工艺时，每种处理工艺均需检验抗滑移系数。

2. 取样数量

每检验批抽取 3 组试件，每组试件含盖板两块、芯板两块、高强度螺栓连接副四套。

3. 取样方法

试件应由制造厂加工，试件与所代表的钢结构构件应为同一材质、同批制作、采用同一摩擦面处理工艺和具有相同的表面状态，并应采用同批同一性能等级的高强度螺栓连接副，在同一环境条件下存放。

4. 样品要求

试件的制作应参照下列要求进行：

（1）抗滑移系数试验应采用双摩擦面的二栓拼接拉力试件（图5.1.1）。

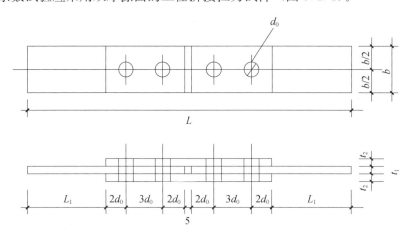

图5.1.1　双摩擦面的二栓拼接拉力试件

（2）试件板面应平整，无油污，孔和板的边缘无飞边、毛刺。

（3）试件钢板（芯板、盖板）的厚度 t_1、t_2 应根据钢结构工程中有代表性的板材厚度来确定，同时应考虑在摩擦面滑移之前，试件钢板的净截面始终处于弹性状态，如果条件允许，建议芯板厚度 t_1 ＞10mm；宽度 b 可参照表5.1.2规定取值；L_1 取150mm。

表5.1.2　试件板的宽度　（单位：mm）

螺栓直径 d	16	20	22	24	27	30
板宽 b	100	100	105	110	120	120

5. 判定标准

当3组高强度螺栓连接摩擦面抗滑移试件中实测抗滑移系数最小值不小于设计抗滑移系数时，判定该组样品的抗滑移系数符合设计要求，否则应判定为不符合设计要求。

6. 不合格情况处理

当送检样品抗滑移系数实测值不能达到设计要求时，应将所有构件摩擦面重新进行处理，按照相关要求重新加工抗滑移试件见证取样送检。

（四）螺栓楔负载试验，螺栓拉力载荷试验，螺母保证载荷试验，高强度螺栓芯部硬度、螺母硬度、垫圈硬度试验

1. 代表批量

不超过3000套高强度大六角头螺栓连接副为一个检验批，超过3000套但不超过6000套的应视为两个检验批，超过6000套但不超过9000套的应视为三个检验批，依此类推。

2. 取样数量

每检验批随机抽取8套（每套连接副包括螺栓一根、螺母一个、垫圈一个）。

3. 取样方法

在施工现场待安装的螺栓批中随机抽取。

4. 样品要求

样品应保持清洁、完整、无磕碰损坏。一般情况下，螺栓、螺母、垫圈应以分离状态送检（送样时已将三者组装好的视为不符合要求的样品）。

5. 判定标准及不合格情况的处理

螺栓楔负载试验，螺栓拉力载荷试验，螺母保证载荷试验，高强度螺栓芯部硬度、螺母硬度、垫圈硬度等试验，凡检测结果不符合规范要求的均应更换批次重新取样检测。

四、见证取样检测委托单示例

（1）高强度螺栓连接副检测委托单示例见表 5.1.3。

表 5.1.3 高强度螺栓连接副检测委托单示例

委托日期：   样品编号：

工程名称（以图纸为准）			
委托单位（填写全称）		联系人： 联系方式：	
监理单位（填写全称）		联系人： 联系方式：	
施工单位（填写全称）		联系人： 联系方式：	
螺栓规格（mm）	M20×75	性能等级	☑10.9S □8.8S
螺栓产地		螺栓批号	
样品状态	□螺栓、螺母、垫片独立包装，无油污； □螺纹完好，无磕碰损坏； □螺栓、螺母顶端标志一致		
样品数量	＿＿套	代表批量	＿＿套
使用部位	☑梁与梁连接 □梁与柱连接 □其他：		
检测项目	☑高强度大六角头螺栓连接副扭矩系数 □扭剪型高强度螺栓连接副紧固轴力		
检测依据	GB 50205—2020、GB/T 1231—2006、GB/T 3632—2008		
检测类别	☑见证检测 □委托检测	检测费用	

说明：

1. 一般情况下，委托单位应为建设单位；

2. 取样人和见证人应对样品的代表性负责；

3. 检测委托单应由专业技术人员填写，要求内容齐全、字迹清楚，填写内容确需更改时应"杠改"并签字，内容混乱、随意涂改的委托单无效；

4. "见证检测"委托单无见证人签字及盖章无效；

5. 复验用螺栓应在施工现场待安装的螺栓批中随机抽取，每批应抽取 8 套连接副进行复验；

6. GB/T 1231—2006、GB/T 3632—2008 规定，同一性能等级、材料、炉号、螺纹规格、长度（当螺栓长度不大于 100mm 时，长度相差不大于 15mm 或螺栓长度大于 100mm 时，长度相差不大于 20mm，可视为同一长度）、机械加工、热处理工艺、表面处理工艺的螺栓为同批；同一性能等级、材料、炉号、螺纹规格、机械加工、热处理工艺、表面处理工艺的螺母为同批；同一性能等级、材料、炉号、规格、机械加工、热处理工艺、表面处理工艺的垫圈为同批。分别由同批螺栓、螺母、垫圈组成的连接副为同批连接副。同批高强度螺栓连接副最大数量为 3000 套；

7. 一般情况，螺栓、螺母、垫圈应以分离状态送检，送样时已将三者组装好的，不予收样

见证人（签章）：　　　　　　　　取（送）样人（签章）：　　　　　　　收样人（签章）：

（2）钢结构用扭剪型高强度螺栓连接副紧固轴力委托单示例见表5.1.4。

表5.1.4　钢结构用扭剪型高强度螺栓连接副检测委托单示例

委托日期：　　　　　　　　　　　　　　　　　　　　　　　　　　　　　　　样品编号：

工程名称（以图纸为准）			
委托单位（填写全称）		联系人： 联系方式：	
监理单位（填写全称）		联系人： 联系方式：	
施工单位（填写全称）		联系人： 联系方式：	
螺栓规格（mm）		性能等级	☑10.9S　□8.8S
螺栓产地		螺栓批号	
样品状态	螺栓、螺母、垫片独立包装，无油污；螺纹完好，无磕碰损坏；螺栓、螺母顶端标志一致		
样品数量	＿＿＿套	代表批量	＿＿＿套
使用部位	☑梁与梁连接　□梁与柱连接　□其他：		
检测项目	□高强度大六角头螺栓连接副扭矩系数　☑扭剪型高强度螺栓连接副紧固轴力		
检测依据	GB 50205—2020、GB/T 1231—2006、GB/T 3632—2008		
检测类别	☑见证检测　□委托检测	检测费用	

说明：
1. 一般情况下，委托单位应为建设单位；
2. 取样人和见证人应对样品的代表性负责；
3. 检测委托单应由专业技术人员填写，要求内容齐全、字迹清楚，填写内容确需更改时应"杠改"并签字，内容混乱、随意涂改的委托单无效；
4. "见证检测"委托单无见证人签字及盖章无效；
5. 复验用螺栓应在施工现场待安装的螺栓批中随机抽取，每批应抽取8套连接副进行复验；
6. GB/T 1231—2006、GB/T 3632—2008规定，同一性能等级、材料、炉号、螺纹规格、长度（当螺栓长度不大于100mm时，长度相差不大于15mm或螺栓长度大于100mm时，长度相差不大于20mm，可视为同一长度）、机械加工、热处理工艺、表面处理工艺的螺栓为同批；同一性能等级、材料、炉号、螺纹规格、机械加工、热处理工艺、表面处理工艺的螺母为同批；同一性能等级、材料、炉号、规格、机械加工、热处理工艺、表面处理工艺的垫圈为同批。分别由同批螺栓、螺母、垫圈组成的连接副为同批连接副。同批高强度螺栓连接副最大数量为3000套；
7. 一般情况，螺栓、螺母、垫圈应以分离状态送检，送样时已将三者组装好的，不予收样

见证人（签章）：　　　　　　　　　　取（送）样人（签章）：　　　　　　　　　　收样人（签章）：

（3）高强度螺栓连接摩擦面抗滑移系数委托单示例见表 5.1.5。

表 5.1.5　高强度螺栓连接摩擦面抗滑移系数检测委托单示例

委托日期：　　　　　　　　　　　　　　　　　　　　　　　　　　　　　　样品编号：

工程名称（以图纸为准）			
委托单位（填写全称）			联系人： 联系方式：
监理单位（填写全称）			联系人： 联系方式：
施工单位（填写全称）			联系人： 联系方式：
螺栓规格（mm）		性能等级	☑10.9S　□8.8S
螺栓产地		螺栓批号	
样品状态	□试件板面平整　□无油污　□孔和板的边缘无飞边、毛刺		
试件数量	×组	代表批量	不超过×万个高强度螺栓用量
抗滑移系数 设计值	□0.30　☑0.35　□0.40　□0.45　□0.50 □0.55　□其他：	摩擦面 处理方法	抛丸
使用部位	☑梁与梁连接　□梁与柱连接　□其他：		
检测项目	高强度螺栓连接摩擦面抗滑移系数	检测依据	GB 50205—2020（B.0.7）

送检试件实际尺寸	
孔径 d_0（mm）	20
芯板厚度 t_1（mm）	22
盖板厚度 t_2（mm）	18
板宽 b（mm）	100
端距 e（mm）	40
间距 p（mm）	60

检测类别	☑见证检测　□委托检测	检测费用	

说明：

1. 一般情况下，委托单位应为建设单位
2. 取样人和见证人应对样品的代表性负责
3. 检测委托单应由专业技术人员填写，要求内容齐全、字迹清楚，填写内容确需更改时应"杠改"并签字，内容混乱、随意涂改的委托单无效
4. "见证检测"委托单无见证人签字及盖章无效
5. 试件应由制造厂加工，试件与所代表的钢结构构件应为同一材质、同批制作、采用同一摩擦面处理工艺和具有相同的表面状态，并应用同批同一性能等级的高强度螺栓连接副，在同一环境条件下存放

见证人（签章）：　　　　　　　　　取（送）样人（签章）：　　　　　　　　　收样人（签章）：

（4）螺栓楔负载试验，螺栓拉力载荷试验，螺母保证载荷试验，高强度螺栓芯部硬度、螺母硬度、

垫圈硬度试验委托单示例见表5.1.6。

表5.1.6 高强度螺栓检测委托单示例

委托日期：　　　　　　　　　　　　　　　　　　　　　　　　　　　样品编号：

工程名称（以图纸为准）		
委托单位（填写全称）		联系人： 联系方式：
监理单位（填写全称）		联系人： 联系方式：
施工单位（填写全称）		联系人： 联系方式：
螺栓规格		性能等级	☑10.9S □8.8S
螺栓类型	☑大六角　□扭剪型	螺栓批号	D8040050
样品数量	8套	代表批量	＿＿＿套
使用部位	□梁与梁连接　☑梁与柱连接　□其他：		

检测项目：

□高强度＿＿＿＿＿＿＿＿＿　　　　　　　□扭剪＿＿＿＿＿＿＿＿＿

□螺栓＿＿＿＿＿＿＿＿＿　　　　　　　　□螺母＿＿＿＿＿＿＿＿＿

□螺母＿＿＿＿＿＿＿＿＿　　　　　　　　□垫圈＿＿＿＿＿＿＿＿＿

（请在需要检测的项目前注明"√"，在不需要检测的项目前注明"×"）

检测依据	GB/T 50344—2019、GB 50205—2020、GB/T 1231—2006、GB/T 3632—2008、GB/T 230.1—2018	
检测类别	☑见证检测　□委托检测	检测费用

说明：

1. 一般情况下，委托单位应为建设单位

2. 复验用螺栓应在施工现场待安装的螺栓批中随机抽取，每批3000套应抽取8套连接副进行复验。取样人和见证人应对样品的代表性负责

3. 检测委托单应由专业技术人员填写，要求内容齐全、字迹清楚，填写内容确需更改时应"杠改"并签字，内容混乱、随意涂改的委托单无效

4. "见证检测"委托单无见证人签字及盖章无效

5. 一般情况下，螺栓、螺母、垫圈应以分离状态送检。送样时已将三者组装好的，不予收样

6. 后附"注意事项"，请相关人员仔细阅读

见证人（签章）：　　　　　　　　取（送）样人（签章）：　　　　　　　收样人（签章）：

五、试验程序

（一）钢结构用高强度大六角头螺栓连接副扭矩系数

连接副扭矩系数的检验应将螺栓穿入轴力计，在测出螺栓预拉力 P 的同时，应测定施加于螺母上的施拧扭矩值 T，并应按下式计算扭矩系数 K。

$$K = \frac{T}{P \cdot d}$$

式中　K——扭矩系数；

　　　T——施拧扭矩（峰值），N·m；

　　　P——螺栓预拉力（峰值），kN；

　　　d——螺栓的螺纹公称直径，mm。

进行连接副扭矩系数试验时，螺栓预拉力值应控制在表5.1.7所规定的范围内。超出该范围者，所测得扭矩系数无效。

表 5.1.7　螺栓预拉力值范围

螺栓螺纹规格			M12	M16	M20	M22	M24	M27	M30
性能等级	10.9s	P(kN) max	66	121	187	231	275	352	429
		中值	60	110	170	210	250	320	390
		min	54	99	153	189	225	288	351
	8.8s	P(kN) max	55	99	154	182	215	281	341
		中值	50	90	140	166	196	256	310
		min	45	81	126	149	176	230	279

（二）钢结构用扭剪型高强度螺栓连接副紧固轴力的测定

扭剪型高强度螺栓连接副紧固轴力的检验应将螺栓直接穿入轴力计，紧固螺栓分初拧、终拧两次进行。初拧应采用手动扭矩扳手或专用定扭矩电动扳手；初拧值应为紧固轴力标准值的 50% 左右。终拧应采用专用电动扳手，至尾部梅花头拧掉，读出紧固轴力值。

（三）高强度螺栓连接摩擦面抗滑移系数

（1）试件的组装顺序应符合下列规定：

先将冲钉打入试件孔定位，然后逐个换成装有压力传感器或贴有电阻片的高强度螺栓，或换成同批经预拉力复验的扭剪型高强度螺栓。

紧固高强度螺栓应分初拧、终拧。初拧应达到螺栓预拉力标准值的 50% 左右。终拧后，螺栓预拉力应符合下列规定：

① 对有压力传感器或贴有电阻片的高强度螺栓，采用电阻应变仪实测控制试件每个螺栓的预拉力值应在 0.95～1.05P（P 为高强度螺栓设计预拉力值）之间。

② 不进行实测时，扭剪型高强度螺栓的预拉力（紧固轴力）可按同批复预拉力的平均值取用。试件应在其侧面画出观察滑移的直线。

（2）将组装好的试件置于拉力试验机上，试件的轴线应与试验机夹具中心严格对中。加荷时，应先加 10% 的抗滑移设计荷载值，停 1min 后，再平稳加荷，加荷速度为 3～5kN/s，拉至滑动破坏，测得滑移荷载 N_v。

在试验中当发生以下情况之一时，所对应的荷载可定为试件的滑移荷载：

① 试验机发生回针现象。

② 试件侧面画线发生错动。

③ X-Y 记录仪上变形曲线发生突变。

④ 试件突然发生"嘣"的响声。

（3）抗滑移系数，应根据试验所测得的滑移荷载 N_v 和螺栓预拉力 P 的实测值，按下式计算，宜取小数点后二位有效数字。

$$\mu = \frac{N_v}{n_f \cdot \sum_{i=1}^{m} P_i}$$

式中　N_v——由试验测得的滑移荷载，kN；

$\quad\quad n_f$——摩擦面面数，取 2；

$\quad\quad \sum_{i=1}^{m} P_i$——试件滑移一侧高强度螺栓预拉力实测值（或同批螺栓连接副的预拉力平均值）之和（取三位有效数字），kN；

$\quad\quad m$——试件一侧螺栓数量，取 2。

（4）当抗滑移系数实测值不能达到设计要求时，应将所有构件摩擦面重新进行处理，按照相关要求重新加工抗滑移试件送检。

（四）螺栓楔负载试验

（1）螺栓头下置一个 10°楔垫，在拉力试验机上将螺栓拧在带有内螺纹的专用夹具上（至少 6 扣），然后进行拉力试验。

（2）进行螺栓实物楔负载试验时，拉力载荷应在表 5.1.8 规定的范围内，且断裂应发生在螺纹部分或螺纹与螺杆交接处。

表 5.1.8　螺栓实物楔负载试验拉力载荷范围

螺纹规格			M12	M16	M20	M22	M24	M27	M30
公称应力截面面积 A_s（m²）			84.3	157	245	303	353	459	561
性能等级	10.9s	拉力载荷（N）	87700～104500	163000～195000	255000～304000	315000～376000	367000～438000	477000～569000	583000～696000
	8.8s		70000～868000	130000～162000	203000～252000	251000～312000	293000～364000	381000～473000	466000～578000

（3）不符合要求的螺栓，应更换批次重新检测。

（五）螺栓拉力载荷试验

（1）当螺栓 $l/d \leqslant 3$ 时，如不能做楔负载试验，允许做拉力载荷试验或芯部硬度试验。

（2）拉力载荷应符合表 5.1.8 的规定，芯部硬度应符合表 5.1.9 的规定。

表 5.1.9　螺栓芯部硬度范围

性能等级	维氏硬度		洛氏硬度	
	min	max	min	max
10.9s	312 HV30	367 HV30	33 HRC	39 HRC
8.8s	249 HV30	296 HV30	24 HRC	31 HRC

（3）不符合要求的螺栓，应更换批次重新检测。

（六）螺母保证载荷试验

（1）将螺母拧入螺纹芯棒，试验时夹头的移动速度不应超过 3mm/min。对螺母施加表 5.1.10 规定的保证载荷，持续 15s，螺母不应脱扣或断裂。当去除荷载后，应可用手将螺母旋出，或者借助扳手松开螺母（但不应超过半扣）后用手旋出。在试验中，如螺纹芯棒损坏，则试验作废。

（2）纹芯的硬度应不小于 45HRC，其螺纹公差带为 5H6g，但大径应控制在 6g 公差带靠近下限的 1/4 的范围内。

（3）螺母的保证载荷应符合表 5.1.10 的规定。

表 5.1.10　螺母的保证载荷

螺栓螺纹规格 D			M12	M16	M20	M22	M24	M27	M30
性能等级	10H	保证载荷（N）	87700	163000	255000	315000	367000	477000	583000
	8H		70000	130000	203000	251000	293000	381000	466000

（4）不符合要求的螺母，应更换批次重新检测。

（七）螺栓芯部硬度试验

（1）试验在距螺杆末端等于螺纹直径的截面上进行，对该截面距离中心的 1/4 螺纹直径处，任测 4 点，取后 3 点平均值。试验方法按 GB/T 230.1 或 GB/T 4340.1 的规定。如有争议，以维氏硬度

（HV30）试验为仲裁。

（2）芯部硬度应符合表 5.1.9 的规定，不符合要求的螺栓，应更换批次重新检测。

（八）螺母硬度试验

（1）试验在螺母支承面上进行，任测 4 点，取后 3 点平均值。试验方法按 GB/T 230.1 或 GB/T 4340.1 的规定。如有争议，以维氏硬度（HV30）试验为仲裁。

（2）螺母的硬度应符合表 5.1.11 的规定。

表 5.1.11　螺母的硬度

性能等级	维氏硬度		洛氏硬度	
	min	max	min	max
10H	222 HV30	304 HV30	98 HRB	32 HRC
8H	206 HV30	289 HV30	95 HRB	30 HRC

（3）不符合要求的螺母，应更换批次重新检测。

（九）垫圈硬度试验

（1）在垫圈的表面上任测 4 点，取后 3 点平均值。试验方法按 GB/T 230.1 或 GB/T 4340.1 的规定。如有争议，以维氏硬度（HV30）试验为仲裁。

（2）垫圈的硬度为 329～436 HV30（35～45 HRC）。

（3）不符合要求的垫圈，应更换批次重新检测。

第二节　钢结构焊接工程现场检测

一、依据标准

（1）《建筑结构检测技术标准》（GB/T 50344—2019）。

（2）《钢结构工程施工质量验收标准》（GB 50205—2020）。

（3）《焊缝无损检测 超声检测 技术、检测等级和评定》（GB/T 11345—2013）。

（4）《建筑钢结构焊接技术规程》（JGJ 81—2002）。

（5）《钢结构焊接规范》（GB 50661—2011）。

（6）《钢结构超声波探伤及质量分级法》（JG/T 203—2007）。

二、现场检测及相关注意事项

（一）焊缝质量等级及相应的检测要求

（1）设计要求全焊透的一级、二级焊缝应采用超声波探伤进行内部缺陷的检验，超声波探伤不能对缺陷作出判断时，应采用射线探伤，其内部缺陷分级及探伤方法应符合现行国家标准 GB/T 11345 或 GB/T 3323.1 的规定。

（2）一级、二级焊缝的质量等级及缺陷分级应符合表 5.2.1 的规定。

表 5.2.1　一级、二级焊缝的质量等级及缺陷分级

焊缝质量等级		一级	二级
	缺陷评定等级	Ⅱ	Ⅲ
内部缺陷超声波探伤	检验等级	B 级	B 级
	检测比例	100%	20%

焊缝质量等级		一级	二级
内部缺陷射线探伤	缺陷评定等级	Ⅱ	Ⅲ
	检验等级	B级	B级
	检测比例	100%	20%

注：二级焊缝检测比例的计数方法应按以下原则确定：工厂制作焊缝按照焊缝长度计算百分比，且探伤长度不小于200mm；当焊缝长度小于200mm时，应对整条焊缝探伤；现场安装焊缝应按照同一类型、同一施焊条件的焊缝条数计算百分比，且不应少于3条焊缝。

（3）根据工程图纸"钢构件设计总说明"中对本工程各类焊缝质量等级的要求，按照规范规定抽取相应数量的焊缝进行探伤，抽样方法应采用随机抽样的方式进行。

（二）检测前的准备工作

（1）超声波探伤应在焊缝外观检查合格后进行，对待检焊缝应标出清晰的编号以备检测后复查。

（2）探伤前必须对探伤面进行清理，必要时应打磨出金属光泽，以保证良好的声学接触。当探伤面的粗糙度大于试块的粗糙度时，应进行表面补偿，以实际测量值为准。

（3）检测人员探伤前应了解待检焊接接头的材质、曲率、钢管壁厚、球径或主支管直径、交叉角度、焊接工艺、坡口形式、焊缝余高和背面衬垫等情况，根据所了解的基本情况及预期的主要缺陷选择合适的探头。

（4）调出与所选探头对应的距离——波幅（DAC）曲线，在标准试块上进行校准，根据待检工件的表面处理情况适当调整探伤灵敏度。

（三）超声波探伤检测

（1）探头扫查速度不应大于150mm/s，相邻的两次扫查之间至少应有探头晶片宽度10%的重叠。

（2）以搜索为目标的手工探头扫查，其探头行走方式应呈"W"形（图5.2.1），并有10°～15°的摆动。为确定缺陷的位置、方向、形状，观察缺陷的动态波形，区别回波信号的需要，应增加前后、左右、转角、环绕等各种扫查方式（图5.2.2）。

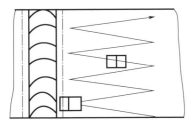

图5.2.1 "W"形扫查

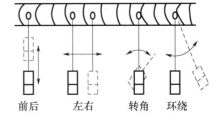

图5.2.2 四种基本扫查方式

（3）焊缝探伤应首先进行初始检测。初始检测采用的探测灵敏度不低于评定线。在检测中，应根据波幅超过评定线的各个回波的特征判断焊缝中有无缺陷以及缺陷性质。危害性大的非体积性缺陷，如裂纹、未熔合；危害性小的体积性缺陷，如气孔、夹渣等。

（4）在初始检测中判断有缺陷的部位，应在焊缝表面做标记，进一步做规定检测，确定缺陷的实际位置和当量，并对回波幅度在评定线以上危害性大的焊缝中上部非体积性缺陷以及包括根部未焊透、回波幅度在定量线以上危害性小的缺陷，测定指示长度。

（5）测定缺陷显示长度。显示长度应由固定回波幅度等级技术获得。

（6）在检测中，当遇到不能准确判断的回波即对检测结果难于判定，或对焊接接头质量有怀疑时，应辅以其他探伤方法检测，再作出综合判断。

三、结果评定及不合格情况的处理

（一）检测结果评定

超声波探伤结果的缺陷按Ⅰ～Ⅳ四个级别评定。除设计另有规定外，一般来说，一级焊缝，Ⅱ级为合格级；二级焊缝，Ⅲ级为合格级。在高温和腐蚀性气体作业环境及动力疲劳荷载工况下，Ⅱ级为合格级。

（二）不合格情况的处理

（1）按比例抽查的焊接接头有不合格的接头或不合格率为焊缝数的2％～5％时，应加倍抽检，且应在原不合格部位两侧的焊缝延长线上各增加一处进行扩探。扩探仍有不合格者，则应对该焊工施焊的焊接接头进行全数检测和质量评定。

（2）经超声波探伤不合格的焊接接头，应予返修。返修次数不得超过两次。在返修后，应在相同条件下重新检测。

常见问题解答

1. 钢结构工程都有哪些项目需要见证取样检测？

【解答】钢结构工程见证取样检测项目主要包括：钢板原材、钢板焊接件、地脚螺栓、钢结构用高强度大六角头螺栓连接副扭矩系数、钢结构用扭剪型高强度螺栓连接副紧固轴力、高强度螺栓连接摩擦面抗滑移系数、螺栓楔负载试验、螺栓拉力载荷试验、螺母保证载荷试验及高强度螺栓芯部硬度、螺母硬度、垫圈硬度试验等。其中钢板原材、钢板焊接件及地脚螺栓的见证取样检测相关事项及常见问题解答请参考本书第一章第二节的"建筑用钢材"部分。

2. 什么是高强度螺栓？

【解答】高强度螺栓是采用优质碳素钢或其他优质材料，制成后进行热处理，进一步提高了强度的一种特殊螺栓。由于其强度高于普通螺栓，故称为高强度螺栓。高强度螺栓广泛应用于钢结构工程中构件的连接，如梁与梁的连接、梁与柱的连接等，具有安装简便迅速、受力性能好、安全可靠等优点。高强度螺栓按性能等级分为8.8S级、10.9S级、12.9S级等，我国常用的是10.9S级和8.8S级两种。

3. 大六角头螺栓和扭剪型螺栓有何区别？

【解答】高强度螺栓按形式分为大六角头螺栓和扭剪型螺栓（图5.2.3和图5.2.4），二者外形上的区别是：大六角头螺栓副的螺栓是六角形的，而扭剪型螺栓副的螺栓是圆形的，且螺杆尾部有一个梅花头。从扭矩的控制方法上的区别是：大六角高强度螺栓的扭矩由施工工具来控制，而扭剪型高强度螺栓属于自标量型螺栓，其施工紧固扭矩由螺杆与螺栓尾部梅花头之间的切口直径决定，即靠其扭断力矩来控制，施工时要采用专用电动扳手，该电动扳手配有内外两个套管，外套筒扭螺母，对螺栓施加扭矩，内套筒反向扭梅花头，两个扭矩大小相等，方向相反，至尾部梅花头拧掉，读出预拉力值。相比于大六角头螺栓来说，扭剪型螺栓具有施工操作简便、施工质量易于保证、易于检查等优点，能够很好地保证钢结构工程节点的连接质量，但因其成本较高，使用量不及高强度大六角头螺栓。

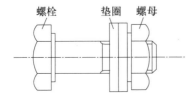

图5.2.3　高强度大六角头螺栓连接副

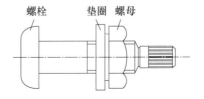

图5.2.4　高强度扭剪型螺栓连接副

4. 同一工程购置了不同规格的多种高强度螺栓，是否应对每种规格的螺栓都应进行取样检测？

【解答】不一定。符合下列要求的长度相近的规格可选送其中之一：

GB/T 1231—2006、GB/T 3632—2008 规定，同一性能等级、材料、炉号、螺纹规格、长度（当螺栓长度不大于 100mm 时，长度相差不大于 15mm，螺栓长度大于 100mm 时，长度相差不大于 20mm，可视为同一长度）、机械加工、热处理工艺、表面处理工艺的螺栓为同批；同一性能等级、材料、炉号、螺纹规格、机械加工、热处理工艺、表面处理工艺的螺母为同批；同一性能等级、材料、炉号、规格、机械加工、热处理工艺、表面处理工艺的垫圈为同批。分别由同批螺栓、螺母、垫圈组成的连接副为同批连接副，连接副的取样送检可按上述批次的规定进行。

5. 高强度螺栓送检时对样品有何要求？

【解答】高强度螺栓样品除应具有真实性和代表性外，还应注意保持样品清洁、完整、无磕碰或损坏。一般情况下，螺栓、螺母、垫圈应以分离状态送检，防止螺栓上的油沾到螺母和垫片上，造成试验结果出现偏差，送样时已将三者组装好的视为不符合要求的样品。

6. 现场已安装的高强度螺栓连接副的施工扭矩如何检测？

【解答】高强度螺栓连接副施工扭矩检验分扭矩法检验和转角法检验两种。施工扭矩检验应在施拧 1h 后，48h 内完成。

扭矩法检验：在螺尾端头和螺母相对位置画线，将螺母退回 60° 左右，用扭矩扳手测定拧回至原来位置时的扭矩值。该扭矩值与施工扭矩值的偏差在 10% 以内为合格。

转角法检验：①检查初拧后在螺母与相对位置所画的终拧起始线和终止线所夹的角度是否达到规定值；②在螺尾端头和螺母相对位置画线，然后全部卸松螺母，再按规定的初拧扭矩和终拧角度重新拧紧螺母，观察与原画线是否重合，终拧转角偏差在 10° 以内为合格。

7. 做完试验的高强度螺栓样品能否由送检单位取回？

【解答】首先，做过试验的样品其力学性能与新螺栓是不同的，为避免试验后的样品被再次用于工程，不允许取回样品；其次，试验完毕的样品需要编号留样备查。故不能将样品由送检单位取回。

8. 当高强度螺栓太短，不能进行楔负载试验时如何处理？

【解答】GB/T 1231—2006、GB/T 3632—2008 规定，当螺栓 $l/d \leqslant 3$ 时，如不能进行楔负载试验，允许用拉力载荷试验或芯部硬度试验代替楔负载试验。

9. 什么是承压型高强度螺栓？它和常用的摩擦型高强度螺栓有何区别？

【解答】常用的高强度螺栓都是摩擦型的，是通过螺栓拧紧后产生的预拉力把连接板夹紧，使连接板之间产生相互作用的摩擦力，当外力超过摩擦力时，连接板产生相对滑移，螺栓连接节点达到设计的极限状态。

承压型高强度螺栓连接中允许外力超过连接板之间产生的摩擦力，这时连接板之间发生相对滑移，直到螺杆与连接件孔壁接触，此后该节点就是螺杆受剪、孔壁受压以及板件接触面间的摩擦力共同抵抗外力作用，最终以螺杆被剪断或孔壁被压坏作为该节点的极限状态。

总之，承压型高强度螺栓和常用的摩擦型高强度螺栓实际上是同一种螺栓，只不过是设计时考虑的极限状态不同而已。所以，一般情况下，使用承压型高强度螺栓连接时，不需要进行抗滑移系数的检测。

10. 抗滑移系数是什么？具体工程的抗滑移系数设计值从哪里能够查到？

【解答】抗滑移系数是指高强度螺栓连接中，使连接件摩擦面产生滑动时滑移一侧的外力与垂直于摩擦面的高强度螺栓预拉力之和的比值。抗滑移系数设计值在工程图纸的"钢结构设计总说明"中能够查到。如果查不到，应由设计单位以书面的形式对抗滑移系数出具证明。

11. 为什么要先进行螺栓扭矩系数、紧固轴力的试验，再进行抗滑移系数试验？

【解答】由于进行抗滑移系数试验之前，首先要了解所用高强度螺栓紧固完成后所能达到的预拉力值，如果使用的螺栓是委托方提供的，检测方事先并不知道螺栓的性能参数，所以必须先进行螺栓的扭矩系数、紧固轴力等试验，再根据相关参数进行抗滑移系数的试验和计算。单独进行抗滑移系数试验也是可以的，此时委托方就不必提供配套的高强度螺栓，检测单位将使用专用的配备压力传感器的螺栓进行试验。

12. 抗滑移系数试验所用的试件一般由哪一方负责制作？

【解答】一般由钢结构构件的加工单位负责制作，试件的摩擦面处理工艺应和构件摩擦面处理工艺相同。常用的方法为喷砂、抛丸。

13. 抗滑移系数试验不合格需如何处理？

【解答】按照相关规范规定，当抗滑移系数实测值不能达到设计要求时，说明该批钢结构构件摩擦面处理质量不能满足设计要求，应将所有构件摩擦面重新进行处理，并按照相关要求重新制作抗滑移试件并另行检测。

14. 钢结构工程中常用的焊接方法有哪些？

【解答】焊接是通过加热或加压（或两者并用），利用连接件之间的金属分子在高温下相互渗透而结合成整体的一种金属结构构件连接方法。实际工程中一般是通过电弧产生热量，使焊条和焊件局部熔化后相互融合，再经冷却凝结形成焊缝，将钢构件连接成整体。

钢结构工程是离不开焊接的，常用的焊接方法有手工电弧焊、二氧化碳气体保护焊、自动埋弧焊等，实际工程中应根据焊接材料、构造形式、环境条件等选择适当的焊接方法及焊缝形式。

15. 钢结构工程中常见的焊缝形式有哪些？

【解答】钢结构工程中常见的焊缝形式有对接焊缝、角焊缝和组合焊缝（图 5.2.5～图 5.2.7）。

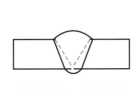

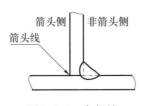

图 5.2.5　对接焊缝　　　　图 5.2.6　角焊缝　　　　图 5.2.7　组合焊缝

对接焊缝主要用于厚度相同或相近的构件的相互连接，一般要求与母材等强，是现场检测的重点。组合焊缝是对接焊缝与角焊缝的组合，也需要抽取一定比例的焊缝进行检测，其检测难度高于对接焊缝。

16. 超声波探伤检测的比例有 100%、20%、3% 等，具体工程中如何确定探伤比例？

【解答】按照 GB 50205—2020 第 5.2.4 条的规定，一级焊缝探伤比例为 100%，二级焊缝探伤比例为 20%。但这里所指的探伤检测应为自检，即构件出厂之前工厂对所制作的构件进行探伤检测或现场焊接完成后，施工单位对焊接接头进行自检时的探伤比例。此外还有一种检测是"见证检测"，按照 GB 50205—2020 第 G.0.1 条的规定，钢结构分部（子分部）工程有关安全功能的检验和见证检测项目中"焊缝质量"的抽检数量为"一、二级焊缝按焊缝处数随机抽检 3%，且不应少于 3 处"。故焊缝探伤的检测比例应根据具体的检测性质来确定。

17. 实际钢结构工程中各类焊缝的质量等级要求在哪里能够查到？

【解答】一般情况下，工程中涉及的各类焊缝的质量等级及检测方法都在工程图纸的"钢结构设计总说明"中予以明确，有部分图纸是在具体的钢架详图中予以明确，如果在图纸上确实查找不到关于焊缝等级的说明，则应要求设计单位针对此问题给出明确的书面说明予以确认。

18. 焊缝探伤时所使用的耦合剂是什么成分，是否对身体有害？

【解答】探伤时必须使用耦合剂，以排除探头和被检工件之间的空气。耦合剂一般是将工业纤维素加水溶解后使用，无毒无害，易于清洗。冬季气温较低时，会加入一定量的酒精以防止耦合剂冻结。在极冷状态下，会使用机油作为耦合剂，机油无毒但不易清洗，此时应注意防止设备、衣物等被染脏。

19. 探伤检测完毕后，留在构件上的耦合剂是否必须清理？

【解答】必须清理。如不清理，耦合剂就直接喷漆覆盖，后期会造成漆膜脱落，引起构件表面生锈，也影响工程观感质量。

20. 探伤检测不合格的焊缝如何进行返修？返修时应注意什么问题？

【解答】不合格焊缝的返修应遵循下列原则：

（1）焊缝内部缺陷应用碳弧气刨将其刨去。为防止裂纹扩大或延伸，刨去长度应在缺陷两端各增加50mm，刨削深度以将缺陷完全彻底清除，露出金属母材为宜，并经砂轮打磨后再行施焊。

（2）焊缝返修的工艺应与原焊接工艺相当，也应严格执行预热、后热等方案。

（3）焊缝返修后应重新进行检测。

（4）若返修后母材上出现裂纹，原则上应将该构件整体更换。

21. 焊缝首次探伤检测不合格，返修后检测仍然不合格怎么办？

【解答】相关规范对于焊缝返修是这样规定的：首次检测不合格，进行返修。返修后进行一次复检。一次复检合格的，该焊缝合格；一次复检不合格的，可进行第二次返修，之后进行二次复检。二次复检合格的，该焊缝合格；二次复检仍不合格的，一般情况下不允许再进行返修，只能将此构件整体替换。若该构件确实不能替换时，必须会同甲方、设计、监理等单位，由具备资质的专业人员提出加固、补强方案并监督实施，做好情况记录备查。

22. 焊缝经返修后，温度太高，不能立即复检，由于工期太紧，是否可以用冷水降温后进行检测？

【解答】不可以。相关规范规定：一般情况下，焊缝探伤应在焊接完成48h后进行检测。这是因为某些材质在焊后冷却过程中会产生延迟裂纹，而裂纹是属于直接判废的缺陷，若提前检测，有可能造成漏检，给工程埋下安全隐患。

另外，使用冷水快速降温的方法不可取，焊缝由较高温度迅速降至较低温度的过程中会发生急剧收缩，可能直接产生收缩裂纹，从而造成构件报废。

23. 焊缝探伤前，必须清理焊缝两侧的探伤面并打磨出金属光泽吗？

【解答】探伤前对焊缝两侧的探伤面进行清理是必要的，但没必要全部打磨出金属光泽，只要保证探伤能顺利进行就可以了。对于探伤面的清理，相关规范是这样规定的：探伤前必须对探伤面进行清理，必要时应打磨出金属光泽，以保证良好的声学接触。

24. 对于实际工程来说，一般什么时间进行探伤检测最合适？

【解答】对于自检来说，钢构件出厂前必须按照规范规定的检测比例对构件上的焊缝进行探伤检测。对于现场焊接的焊缝，自检应安排在焊接48h后，并不应影响下一道工序施工。对于第三方见证检测来说，不需要现场焊接的工程，其最佳检测时机是构件进场之后、吊装之前。此时安排检测有两个好处：①检测方便，构件全部在地面上，不必登高作业；②一旦发现问题，可以及时纠正，如果等构件安装完毕后检测发现问题，返修起来就非常麻烦，很可能造成安全隐患。对于现场焊接的焊缝，检测应安排在焊接后48h、自检完成之后进行，且不应影响下一道工序施工。

25. 对于钢结构工程，有许多构件都是同种尺寸、一模一样的，制作时有没有必要对每个构件单独编号呢？

【解答】非常有必要。目前比较正规的钢结构厂家都将工程的所有构件进行了编号，编号唯一，用钢印打在构件上，并用油漆在钢印旁边喷上相应的编号。这样做是精细化、正规化管理的表现，构件在加工时就被确定了之后安装的位置，这样非常便于施工时对号入座，提高施工效率、保证施工质量。构件单独编号，也为现场探伤检测提供了便利，探伤记录表中只需标明构件编号就能明确其安装位置，建立了可追溯的机制，为返修以后的复验或检测之后的复查提供了便利。与此同时，当发现某个焊工的焊接质量有问题时，可以按照编号查找由此焊工施焊的所有焊缝并进行检测，按图索骥，能够从根本上杜绝质量问题的发生。

第六章 建筑节能工程现场检测

第一节 保温板材与基层的拉伸黏结强度现场拉拔检验

一、依据标准

（1）《建筑节能工程施工质量验收标准》（GB 50411—2019）。

（2）《外墙外保温工程技术标准》（JGJ 144—2019/附录 C）。

（3）《建筑工程饰面砖粘结强度检验标准》（JGJ/T 110—2017）。

（4）《建设工程建筑节能检测管理规程》（DB13（J）/T 170—2014）。

二、仪器设备

（1）数显式黏结强度检测仪，符合《数显式粘结强度检测仪》（JG/T 507）的规定。

（2）标准块，面积为 100mm×100mm，钢材制作。

三、取样要求

（1）取样部位应随机确定，宜兼顾不同朝向和楼层，均匀分布；不得在外墙施工前预先确定。

（2）取样批次应依据验收原则，由监理（建设）单位与检测机构约定。

（3）取样部位须确保检测操作安全且方便操作。

四、结果判定

（1）保温板材与基层的拉伸黏结强度破坏部位应位于保温层内。

（2）保温板材与基层的拉伸黏结强度平均值不应小于 0.1MPa。

（3）保温板材与基层的拉伸黏结强度试验每组可有一个试样的拉伸黏结强度小于 0.1MPa，但不应小于规定值的 75%。

五、委托单示例

保温板材与基层的拉伸黏结强度现场拉拔检验委托单范例见表 6.1.1。

表 6.1.1 保温板材与基层的拉伸黏结强度现场拉拔检验工程检验/检测委托单

（合同编号为涉及收费的关键信息，由委托单位提供并确认无误!!）

所属合同编号：

工程名称					
委托单位/建设单位		联系人		电话	
施工单位		联系人		电话	
监理单位		见证人		电话	
监督单位	_____质监站	结构形式			

续表

工程名称			
总层数	地下___层，地上___层	委托层数	_____层至_____层
总建筑面积	_____m²	委托面积	_____m²
工程地址			
委托检测方案			
委托编号			
检测项目	保温板材与基层的拉伸黏结强度现场拉拔检验		
检测数量	×组		
其他			
检测依据	JGJ/T 110—2017、JGJ 144—2019（附录 C）		
□常规　□加急　□初检　□复检　原检编号：_____		检测费用	
声明	委托方确认工程现场已经具备检测条件；委托方确认待复检工程已全部整改完毕	委托日期	年　月　日
备注			
说明	1. 委托方要求加急检测时，加急费按检测费的 200%核收； 2. 一次委托填写一份委托单，出具一份检测报告，检测结果以书面检测报告为准		

监理（建设）单位签章：　　　　　　　　　　　　　　　　　　　　　受理人签章：

常见问题解答

1. 保温板材与基层的拉伸黏结强度现场拉拔检验宜在何时进行？

【解答】保温板材与基层的拉伸黏结强度现场拉拔检验宜在保温板材黏结完成且黏结材料达到龄期后进行。另建议在建筑外墙饰面层施工前进行，尽量避免后期修复色差。

2. 保温板材与基层的拉伸黏结强度现场拉拔检验不合格怎样处理？

【解答】保温板材与基层的拉伸黏结强度现场拉拔检验不合格时，应由建设单位、监理单位会同设计单位进行评估验算，如经评估验算需要整改的，则由各方商议并出具整改方案且按照整改方案进行整改，整改完成后重新委托检测。

3. 保温板材与基层的拉伸黏结强度现场拉拔检验是否可以做模拟试件？

【解答】保温板材与基层的拉伸黏结强度现场拉拔检验，允许在施工前进行工艺检验、施工过程采用同条件试件检验的方式控制质量。但施工完成后不能进行模拟试件检验。

第二节　外墙保温系统锚栓抗拉承载力检测

一、依据标准

（1）《建筑节能工程施工质量验收标准》（GB 50411—2019）。

（2）《外墙保温用锚栓》（JG/T 366—2012）（附录 B/附录 C）。

（3）《外墙外保温工程技术标准》（JGJ 144—2019）。

（4）《建设工程建筑节能检测管理规程》［DB13（J）/T 170—2014］。

二、仪器设备

可连续平稳加载的拉拔仪。

三、取样要求

（1）取样部位应随机确定，宜兼顾不同朝向和楼层，均匀分布；不得在外墙施工前预先确定。

（2）取样部位应依据验收原则，选取具有代表性部位。

（3）取样批次应依据验收原则，由监理（建设）单位与检测机构约定。

（4）取样部位须确保检测操作安全且方便操作。

四、结果判定

标准试验条件下锚栓抗拉承载力标准值见表 6.2.1。

表 6.2.1　标准试验条件下锚栓抗拉承载力标准值 （单位：kN）

项目	性能指标				
	A 类基层墙体	B 类基层墙体	C 类基层墙体	D 类基层墙体	E 类基层墙体
锚栓抗拉承载力标准值 F_k	≥0.60	≥0.50	≥0.40	≥0.30	≥0.30

注：当锚栓不适用于某类基层墙体时，可不做相应的抗拉承载力标准值检测。

五、委托单示例

外墙保温系统锚栓抗拉承载力检验委托单范例见表 6.2.2。

表 6.2.2　外墙保温系统锚栓抗拉承载力检验/检测委托单

（合同编号为涉及收费的关键信息，由委托单位提供并确认无误!!）

所属合同编号：

工程名称						
委托单位/ 建设单位			联系人		电话	
施工单位			联系人		电话	
监理单位			见证人		电话	
监督单位	_____质监站		结构形式		_____	
总层数	地下____层，地上____层		委托层数		_____层至_____层	
总建筑面积	_____m²		委托面积		_____m²	
工程地址						
委托检测方案						
委托编号						
检测项目	外墙保温系统锚栓抗拉承载力					
检测数量	×组					
其他						
检测依据	JG/T 366—2012（附录 B、附录 C）					
□常规 □加急 □初检 □复检 原检编号：_____			检测费用			
声明	委托方确认工程现场已经具备检测条件； 委托方确认待复检工程已全部整改完毕		委托日期		年 月 日	
备注						
说明	1. 委托方要求加急检测时，加急费按检测费的 200% 核收； 2. 一次委托填写一份委托单，出具一份检测报告，检测结果以书面检测报告为准					

监理（建设）单位签章：　　　　　　　　　　　　　　　　　　　　　　　　　受理人签章：

常见问题解答

1. 外墙保温系统锚栓抗拉承载力现场拉拔检验宜在何时进行？

【解答】外墙保温系统锚栓抗拉承载力现场拉拔检验宜在外墙保温用锚栓施工全部完成后进行。另建议在建筑外墙饰面层施工前进行，尽量避免后期修复色差。

2. 外墙保温用锚栓可用于哪些基层墙体？

【解答】基层墙体分类：①普通混凝土基层墙体（A 类）；②实心砌体基层墙体（B 类），包括烧结普通砖、蒸压灰砂砖、蒸压粉煤灰砌体以及轻集料混凝土砌体；③多孔砖砌体基层墙体（C 类），包括烧结多孔砖、蒸压灰砂多孔砖砌体墙体；④空心砌块基层墙体（D 类），包括普通混凝土小型空心砌块、轻集料混凝土小型空心砌块墙体；⑤蒸压加气混凝土基层墙体（E 类）。

3. 不同类别的基层墙体外墙保温用锚栓类型如何选用？

【解答】C 类基层墙体宜选用通过摩擦和机械锁定承载的锚栓；D 类基层墙体应选用通过摩擦和机械锁定承载的锚栓。

4. 外墙保温系统锚栓抗拉承载力现场拉拔检验不合格怎样处理？

【解答】外墙保温系统锚栓抗拉承载力现场拉拔检验不合格时，应由建设单位、监理单位会同设计单位进行评估验算，如经评估验算需要整改的，则由各方商议并出具整改方案且按照整改方案进行整改，整改完成后重新委托检测。

5. 外墙保温系统锚栓抗拉承载力现场拉拔检验是否可以做模拟试件？

【解答】外墙保温系统锚栓抗拉承载力现场拉拔检验，允许在施工前进行工艺检验、施工过程采用同条件试件检验的方式控制质量。但施工完成后不能进行模拟试件检验。

第三节　外墙节能构造钻芯

一、依据标准

《建筑节能工程施工质量验收标准》（GB 50411—2019）（附录 F）。

二、仪器设备

空心钻头、钢直尺。

三、取样要求

（1）检验应在外墙施工完工后、节能分部工程验收前进行。

（2）外墙节能构造实体检验应按单位工程进行，每种节能构造的外墙检验不得少于 3 处，每处检查一个点。

（3）外墙节能构造钻芯检验应由监理工程师见证，取样部位应由检测人员随机抽样确定，不得在外墙施工前预先确定。

（4）取样部位应选取节能构造有代表性的外墙上相对隐蔽的部位，并宜兼顾不同朝向和楼层；取样部位须确保操作安全且方便操作。

（5）外墙取样数量要求为一个单位工程每种节能保温做法至少取 3 个芯样。取样部位宜均匀分布，不宜在同一个房间外墙上取 2 个或 2 个以上芯样。

四、结果判定

对钻取的芯样，应按照下列规定进行检查：

（1）对照设计图纸观察、判断保温材料种类是否符合设计要求。必要时也可采用其他方法加以判断。

（2）用分度值为 1mm 的钢尺，在垂直于芯样表面（外墙面）的方向上量取保温层厚度，精确到 1mm。

（3）观察或剖开检查保温层构造做法是否符合设计和专项施工方案要求。

在垂直于芯样表面（外墙面）的方向上实测芯样保温层厚度，当实测厚度的平均值达到设计厚度的 95% 及以上时，应判定保温层厚度符合设计要求；否则，应判定保温层厚度不符合设计要求。

五、委托单范例

外墙节能构造钻芯检验委托单范例见表 6.3.1。

表 6.3.1　外墙节能构造钻芯检验/检测委托单
（合同编号为涉及收费的关键信息，由委托单位提供并确认无误！！）

所属合同编号：

工程名称						
委托单位/ 建设单位		联系人		电话		
施工单位		联系人		电话		
监理单位		见证人		电话		
监督单位	_____质监站	结构形式		_____		
总层数	地下____层，地上____层	委托层数		_____层至_____层		
总建筑面积	_____m²	委托面积		_____m²		
工程地址						
委托检测方案						
委托编号						
检测项目	外墙节能构造钻芯					
检测数量	×组					
其他						
检测依据	GB 50411—2019（附录 F）					
□常规　□加急　□初检　□复检　原检编号：_____			检测费用			
声明	委托方确认工程现场已经具备检测条件； 委托方确认待复检工程已全部整改完毕		委托日期		年　月　日	
备注						
说明	1. 委托方要求加急检测时，加急费按检测费的 200% 核收 2. 一次委托填写一份委托单，出具一份检测报告，检测结果以书面检测报告为准					

监理（建设）单位签章：　　　　　　　　　　　　　　　　　　　　　　　　　　　受理人签章：

常见问题解答

1. 外墙节能构造钻芯实体检验不合格怎样处理？

【解答】当取样检验结果不符合设计要求时，应委托具备检测资质的见证检测机构增加一倍数量再次取样检验。仍不符合设计要求时应判定围护结构节能构造不符合设计要求。此时应根据检验结果委托原设计单位或其他有资质的单位重新验算外墙的热工性能，提出技术处理方案，采取技术措施予以弥补或消除后重新进行检测。

2. 外墙节能构造钻芯取样部位如何修补？

【解答】外墙取样部位的修补，可采用聚苯板或其他保温材料制成的圆柱形塞填充并用建筑密封胶密封。修补后宜在取样部位挂贴注有"外墙节能构造检验点"的标志牌。

3. 外墙节能构造钻芯的检验目的是什么？

【解答】外墙节能构造钻芯检验目的是要求检验报告给出相应的检验结果：①验证保温材料的种类是否符合设计要求；②验证保温层厚度是否符合设计要求；③检查保温层构造做法是否符合设计和专项施工方案要求。

第四节　围护结构主体部位传热系数检测

一、依据标准

（1）《建筑节能工程施工质量验收标准》（GB 50411—2019）。
（2）《居住建筑节能检测标准》（JGJ/T 132—2009）。
（3）《公共建筑节能检测标准》（JGJ/T 177—2009）。
（4）《公共建筑节能设计标准》（GB 50189—2015）。

二、检测方法

围护结构主体部位传热系数的现场检测宜采用热流计法。

三、取样要求

1. 公共建筑
（1）热流计法传热系数检测数量应符合下列规定：
① 每一种构造做法不应少于 2 个检测部位；
② 每个检测部位不应少于 4 个测点。
（2）热流计法检测应在受检墙体或屋面施工完成至少 12 个月后进行。
（3）检测时间宜选在最冷月，检测期间建筑室内外温差不宜小于 15℃。

2. 居住建筑
（1）围护结构主体部位传热系数的检测宜在受检围护结构施工完成至少 12 个月后进行。
（2）测点位置不应靠近热桥、裂缝和有空气渗漏的部位，不应受加热、制冷装置和风扇的直接影响，且应避免阳光直射。
（3）检测时间宜选在最冷月，且应避开气温剧烈变化的天气。对设置采暖系统的地区，冬季检测应在采暖系统正常运行后进行；对未设置采暖系统的地区，应在人为适当地提高室内温度后进行检测。在其他季节，可采取人工加热或制冷的方式建立室内外温差。

四、结果判定

1. 公共建筑
（1）外墙（或屋面）受检部位平均传热系数的检测值应不大于相应的设计值，且应符合国家现行有关标准的规定。
（2）当外墙（或屋面）受检部位平均传热系数的检测值符合上条的规定时，应判定为合格。

2. 居住建筑
（1）受检围护结构主体部位传热系数应满足设计图纸的规定；当设计图纸未作具体规定时，应符合国家现行有关标准的规定。

（2）当受检围护结构主体部位传热系数的检测结果满足上条的规定时，应判定为合格，否则应判定为不合格。

五、委托单范例

围护结构主体部位传热系数检验委托单范例见表6.4.1。

表6.4.1　围护结构主体部位传热系数检验/检测委托单

（合同编号为涉及收费的关键信息，由委托单位提供并确认无误!!）

所属合同编号：

工程名称				
委托单位/ 建设单位		联系人		电话	
施工单位		联系人		电话	
监理单位		见证人		电话	
监督单位	＿＿＿＿＿＿质监站	结构形式	＿＿＿＿＿＿
总层数	地下＿＿层，地上＿＿层	委托层数	＿＿＿＿层至＿＿＿＿层
总建筑面积	＿＿＿＿＿＿m²	委托面积	＿＿＿＿＿＿m²
工程地址				
委托检测方案				
委托编号				
检测项目	围护结构传热系数： 设计传热系数［W/（m²·K）］：查看图纸设计			
检测数量	1组			
其他	建筑用途：公共建筑或居住建筑　围护结构完成时间：＿＿＿＿＿＿年＿＿＿月＿＿＿日			
检测依据	JGJ/T 177—2009（公共建筑）或 JGJ/T 132—2009（居住建筑）			
□常规　□加急　□初检　□复检　原检编号：＿＿＿＿＿		检测费用		
声明	委托方确认工程现场已经具备检测条件； 委托方确认待复检工程已全部整改完毕	委托日期	＿＿＿＿＿＿年＿＿＿月＿＿＿日
备注				
说明	1. 委托方要求加急检测时，加急费按检测费的200%核收 2. 一次委托填写一份委托单，出具一份检测报告，检测结果以书面检测报告为准			

监理（建设）单位签章：　　　　　　　　　　　　　　　　　　　　　　　　　受理人签章：

常见问题解答

1. 什么是围护结构传热系数？

【解答】围护结构传热系数，是指围护结构两侧空气温差为1K，在单位时间内通过单位面积围护结构的传热量，单位为 W/（m²·K）。

2. 围护结构主体部位传热系数检测如何选点？

【解答】一般选择外墙检测，每种结构不宜少于一个测点（规范无明确要求，检测方法抽样数量等应在合同中约定或遵守另外的规定）。

3. 围护结构传热系数检验现场有何注意事项？

【解答】①应由监理工程师见证，由建设单位委托具有资质的检测机构实施；其检测方法、抽样数量、检测部位和合格判定标准等可按照相关标准确定，并在合同中约定。②委托方应保证现场的门窗安装完毕，用电安全且稳定，如检测中间发生停电等现象应及时通知检测人员，确保所检房间内温度稳定。③现场检测持续时间一般不应少于96h，其间委托方须负责仪器的安全。

第五节　建筑外门窗传热系数

一、依据标准

(1)《建筑节能工程施工质量验收标准》（GB 50411—2019）。

(2)《建筑外门窗保温性能检测方法》（GB/T 8484—2020）。

(3)《绝热 稳态传热性质的测定 标定和防护热箱法》（GB/T 13475—2008）。

(4)《建筑幕墙、门窗通用技术条件》（GB/T 31433—2015）。

二、检测方法

依据《建筑外门窗保温性能检测方法》（GB/T 8484—2020）进行检测。

三、取样要求

1. 代表批量

按同厂家、同材质、同开启方式、同型材系列的产品各抽查一次；同工程项目、同施工单位且同期施工的多个单位工程，可合并计算抽检数量；当合同另有约定时应按合同执行。

2. 取样数量及方法

相同类型、结构及规格尺寸的试件，应至少检测一樘；施工现场随机抽取。

关于抽样数量的规定是最低要求，为了达到控制质量的目的，在抽取试件时应首先选取有疑问的试件，也可以由双方商定增加抽样数量。

3. 样品要求

被检试件为一件，面积不应小于 $0.8m^2$，构造应符合产品设计和组装要求，不应附加任何多余配件或采取特殊组装工艺。

四、结果判定

依据图纸设计值填写委托单，以委托单填写的设计值为标准判定是否合格。

五、委托单范例

建筑外门窗传热系数检验委托单范例见表 6.5.1。

表 6.5.1　建筑外门窗传热系数检验/检测委托单

（合同编号为涉及收费的关键信息，由委托单位提供并确认无误!!）

所属合同编号：

工程名称					
委托单位/建设单位		联系人		电话	
施工单位		联系人		电话	
监理单位		见证人		电话	
监督单位	_____质监站	生产厂家		_____公司	
使用部位		出厂编号			
建筑外门窗　样品及检测信息					
样品编号	（由受理人填写）	样品数量	1组（1樘）	代表批量	
规格型号：_____（长）_____（高）_____（厚）(mm)，玻璃：___＋___＋___(mm) 玻璃种类					

续表

工程名称			
检测项目	建筑外门窗传热系数（依据委托设计值实际填写数值）		
检测依据	GB/T 8484—2020		
评定依据	委托设计值或 GB/T 31433—2015		
检后样品处理约定	□由委托方取回　□由检测机构处理	检验类别	□见证　□委托
□常规　□加急　□初检　□复检　原检编号：_____		检测费用	
样品状态	描述试件颜色，试件清洁干燥无变形，玻璃完好无破损，五金配件齐全（收样人员依据来样实际情况填写）	收样日期	年　月　日
备注			
说明	1. 取样/送样人和见证人应对试样及提供的资料、信息的真实性、规范性和代表性负责； 2. 委托方要求加急检测时，加急费按检测费的200％核收，单组（项）收费最多不超过1000元； 3. 委托检测时，本公司仅对来样负责；见证检测时，委托单上无见证人签章无效，空白处请画"—"； 4. 一组试样填写一份委托单，出具一份检测报告，检测结果以书面检测报告为准； 5. 委托方要求取回检测后的余样时，若在检测报告出具后一个月内未取回，且未说明原因的，余样由本公司统一处理；委托方将余样领回后，本公司不再受理异议申诉		

见证人签章：　　　　　　　　　　　取样/送样人签章：　　　　　　　　　　收样人：
正体签字：　　　　　　　　　　　　正体签字：　　　　　　　　　　　　　签章：

常见问题解答

1. 建筑外门窗传热系数检测送检样品应注意哪些问题？

【解答】建筑外门窗传热系数检测送检样品应注意以下问题：

（1）试件面积不应小于 0.8m²（宽、高均不宜超过 1.8m）；

（2）无须安装附框；

（3）不应附加任何多余配件或采取特殊组装工艺。

2. 建筑外门窗传热系数检测委托单填写应注意哪些问题？

【解答】建筑外门窗传热系数检测委托单填写应注意以下问题：

（1）试件尺寸、玻璃规格、玻璃种类填写清晰、准确；

（2）委托设计值填写正确。

3. 建筑外门窗传热系数检测的样品状态描述、试件返还时限有哪些规定？

【解答】样品状态描述、试件返还时限等与门窗三性试验相同，也可与检测单位约定。

第六节　墙体构件传热系数

一、依据标准

《绝热 稳态传热性质的测定 标定和防护热箱法》（GB/T 13475—2008）。

二、检测方法

依据《绝热 稳态传热性质的测定 标定和防护热箱法》（GB/T 13475—2008）中的防护热箱法对墙体构件的传热系数进行检测。

三、取样要求

1. 代表批量

同一项目、同一施工、同一监理、同一类型墙体、各种材料相同（保温材料厂家相同、批次相同、规格相同）。

2. 取样数量及方法

由送检单位按照设计要求现场制作外墙试件。

3. 样品要求

（1）试件应按所设计要求现场制作。

（2）试件框四周敷设并用胶带粘接较薄的塑料纸。

（3）制作好的外墙试件在自然条件下风干 20d 左右。

（4）将试件与试件框的四周连接处接缝用保温发泡剂填充，保证密封。

四、结果判定

以委托单填写的设计值为标准，判定是否合格。如不合格，经与设计沟通后或更换材料或重新设计后，再次送检。

五、委托单范例

墙体构件传热系数检验委托单范例见表 6.6.1。

表 6.6.1 墙体构件传热系数检验/检测委托单

（合同编号为涉及收费的关键信息，由委托单位提供并确认无误!!）

所属合同编号：

工程名称						
委托单位/建设单位			联系人		电话	
施工单位			联系人		电话	
监理单位			见证人		电话	
监督单位	_____质监站		生产厂家		_____公司	
使用部位			出厂编号			

墙体构件 样品及检测信息						
样品编号	（由受理人填写）		样品数量	1组	代表批量	
规格型号	（委托方依据图纸设计实际情况填写）					
检测项目	传热系数：（委托方依据图纸设计实际情况填写）					
检测依据	GB/T 13475—2008					
评定依据	委托设计值或 GB/T 13475—2008					
检后样品处理约定	□由委托方取回 □由检测机构处理			检验类别		□见证 □委托
□常规 □加急 □初检 □复检 原检编号：_____				检测费用		
样品状态	（收样人员依据来样实际情况填写）			收样日期		年 月 日
备注						
说明	1. 取样/送样人和见证人应对试样及提供的资料、信息的真实性、规范性和代表性负责； 2. 委托方要求加急检测时，加急费按检测费的 200％核收，单组（项）收费最多不超过 1000 元； 3. 委托检测时，本公司仅对来样负责；见证检测时，委托单上无见证人签章无效，空白处请画"—"； 4. 一组试样填写一份委托单，出具一份检测报告，检测结果以书面检测报告为准； 5. 委托方要求取回检测后的余样时，若在检测报告出具后一个月内未取回，且未说明原因的，余样由本公司统一处理；委托方将余样领回后，本公司不再受理异议申诉					

见证人签章：　　　　　　　　　取样/送样人签章：　　　　　　　　收样人：

正体签字：　　　　　　　　　　　正体签字：　　　　　　　　　　　签章：

常见问题解答

1. 墙体构件传热系数送样委托单如何填写?

【解答】委托单需填写试件名称规格、墙体构件图纸设计要求（注明各层结构材料及厚度）、传热系数设计值或委托值（无委托值时报告出具实测值不做判定）。

2. 墙体构件传热系数检测的样品数量是多少?

【解答】1件（需到试验室制作试件）。

3. 墙体构件传热系数检测的代表批量是多少?

【解答】同一项目、同一施工、同一监理、同一类型墙体、各种材料相同（保温材料厂家相同、批次相同、规格相同）。

4. 墙体构件传热系数检测的试件有哪些要求?

【解答】应由见证人员见证取样相关材料送到检测公司并在试件框上制作试件，试件完成后在自然环境条件下风干28d后进行试验。

第七章 节能检测

第一节 保温材料

一、检测依据

(1)《泡沫塑料及橡胶 表观密度的测定》(GB/T 6343—2009)。

(2)《硬质泡沫塑料 压缩性能的测定》(GB/T 8813—2020)。

(3)《绝热材料稳态热阻及有关特性的测定 防护热板法》(GB/T 10294—2008)。

(4)《塑料 用氧指数法测定燃烧行为 第2部分:室温试验》(GB/T 2406.2—2009)。

(5)《建筑材料可燃性试验方法》(GB/T 8626—2007)。

(6)《建筑材料或制品的单体燃烧试验》(GB/T 20284—2006)。

(7)《外墙外保温工程技术标准》(JGJ 144—2019)。

(8)《硬质泡沫塑料吸水率的测定》(GB/T 8810—2005)。

(9)《绝热 稳态传热性质的测定 标定和防护热箱法》(GB/T 13475—2008)。

(10)《外墙保温复合板通用技术要求》(JG/T 480—2015)。

(11)《无机硬质绝热制品试验方法》(GB/T 5486—2008)。

(12)《建筑用岩棉绝热制品》(GB/T 19686—2015)。

(13)《矿物棉及其制品试验方法》(GB/T 5480—2017)。

(14)《建筑材料不燃性试验方法》(GB/T 5464—2010)。

(15)《建筑材料及制品的燃烧性能 燃烧热值的测定》(GB/T 14402—2007)。

二、检验项目

(1)EPS板。表观密度偏差、压缩强度、导热系数、燃烧性能(氧指数、燃烧分级)、单体燃烧、垂直于板面方向抗拉强度、吸水率。

(2)XPS板。表观密度、压缩强度、导热系数、燃烧性能(氧指数、燃烧分级)、单体燃烧、垂直于板面方向抗拉强度、吸水率。

(3)外墙保温复合板。传热系数、单位面积质量、拉伸黏结强度(原强度、耐水强度)。

(4)热固复合聚苯乙烯泡沫保温板。D型:密度、压缩强度、导热系数、燃烧性能(氧指数、燃烧分级)、体积吸水率;G型:密度、导热系数、燃烧性能(氧指数、燃烧分级)。

(5)硬泡聚氨酯。屋面用喷涂硬泡聚氨酯:表观密度偏差、压缩性能、导热系数、燃烧性能(氧指数、燃烧分级)、吸水率;外墙用喷涂硬泡聚氨酯、外墙用硬泡聚氨酯板:表观密度偏差、导热系数、燃烧性能(氧指数、燃烧分级)、吸水率。

(6)建筑用岩棉绝热制品。外观、密度允许偏差、导热系数、燃烧性能、质量吸湿率、全浸体积吸水率。

(7)建筑绝热用玻璃棉制品。密度允许偏差、导热系数、燃烧性能、质量吸湿率。

(8)建筑保温砂浆。导热系数、燃烧性能。

(9)柔性泡沫橡塑绝热制品。表观密度偏差、导热系数、燃烧性能(氧指数、燃烧分级)。

（10）矿物棉喷涂绝热层。导热系数、不燃性（炉内温升、质量损失率、持续燃烧时间）。

（11）玻璃纤维网布。耐碱断裂强力（经向、纬向）、耐碱断裂强力保留率（经向、纬向）。

三、取样要求、技术指标

（一）EPS 板

1. 定义

绝热用模塑聚苯乙烯泡沫塑料是由聚苯乙烯颗粒经加热预发泡后，在模具中加热成型的、具有闭孔结构的、使用温度不超过 75℃ 的聚苯乙烯泡沫塑料（英文缩写 EPS）板材。

2. 取样要求

（1）代表批量。①墙体节能工程使用保温材料：同厂家、同品种产品，扣除门窗洞口后的保温墙面面积所使用的材料用量，在 5000m² 以内应复验 1 次，面积每增加 5000m² 应增加复验 1 次；②屋面节能工程使用保温材料：同厂家、同品种产品，扣除天窗、采光顶后的屋面面积在 1000m² 以内时应复验 1 次，面积每增加 1000m² 应增加复验 1 次；③地面节能工程使用保温材料：同厂家、同品种产品，地面面积在 1000m² 以内时应复验 1 次，面积每增加 1000m² 应增加复验 1 次。

（2）样品要求。色泽均匀，表面平整，无明显收缩变形和膨胀变形，熔结良好，无明显油渍和杂质。

（3）规格尺寸和允许偏差（表 7.1.1）。

表 7.1.1　规格尺寸和允许偏差

项目	尺寸范围	允许偏差
长度、宽度（mm）	＜1000	±5
	1001～2000	±8
	2001～4000	±10
	＞4001	正偏差不限 −10
厚度（mm）	＜50	±2
	51～75	±3
	76～100	±4
	＞101	±5

3. 技术指标（表 7.1.2～表 7.1.4）

表 7.1.2　物理机械性能

项目	单位	性能指标							检测依据
		I	II	III	IV	V	VI	VII	
压缩强度	kPa	≥60	≥100	≥150	≥200	≥300	≥500	≥800	GB/T 8813—2020
吸水率	%	≤6	≤4	≤2					GB/T 8810—2005
垂直于板面方向抗拉强度	MPa	0.10							JGJ 144—2019 （附录 A6）
表观密度偏差	%	±5							GB/T 6343—2009

注：表观密度偏差由供需双方协商决定。

187

表 7.1.3 绝热性能

项目	单位	033级	037级	检测依据
导热系数 （平均温度25℃）	W/（m·K）	≤0.033	≤0.037	GB/T 10294—2008

燃烧性能分级及判定应符合 GB 8624 中 B_1 或 B_2 或 B_3 级的要求。

对墙面保温泡沫塑料，除满足表 7.1.4 中规定外应同时满足以下要求：B_1 级氧指数值 $OI \geqslant 30\%$；B_2 级氧指数值 $OI \geqslant 26\%$。

表 7.1.4 燃烧性能

燃烧性能等级		试验方法	分级判据	检测依据
B_1	B	且	燃烧增长速率指数 $FIGRA_{0.2MJ} \leqslant 120W/s$； 火焰横向蔓延未到达试样长翼边缘； 600s 的总放热量 $THR_{600s} \leqslant 7.5MJ$	GB/T 20284—2006
		点火时间 30s	60s 内的焰尖高度 $F_s \leqslant 150mm$； 60s 内无燃烧滴落物引燃滤纸现象	GB/T 8626—2007
	C	且	燃烧增长速率指数 $FIGRA_{0.4MJ} \leqslant 250W/s$； 火焰横向蔓延未到达试样长翼边缘； 600s 的总放热量 $THR_{600s} \leqslant 15MJ$	GB/T 20284—2006
		点火时间 30s	60s 内的焰尖高度 $F_s \leqslant 150mm$； 60s 内无燃烧滴落物引燃滤纸现象	GB/T 8626—2007
B_2	D	且	燃烧增长速率指数 $FIGRA_{0.4MJ} \leqslant 750W/s$	GB/T 20284—2006
		点火时间 30s	60s 内的焰尖高度 $F_s \leqslant 150mm$； 60s 内无燃烧滴落物引燃滤纸现象	GB/T 8626—2007
	E	点火时间 15s	20s 内的焰尖高度 $F_s \leqslant 150mm$； 20s 内无燃烧滴落物引燃滤纸现象	GB/T 8626—2007
B_3	F	无性能要求		

4. 判定规则

物理机械性能任意一项不合格时应从原批中双倍取样，对不合格项目进行复验，复验结果仍不合格时整批为不合格。

（二）XPS 板

1. 定义

绝热用挤塑聚苯乙烯泡沫塑料是以聚苯乙烯树脂或共聚物为主要成分，添加少量添加剂，通过加热挤塑成型而制得的、具有闭孔结构的、使用温度不超过75℃的硬质泡沫塑料（英文缩写 XPS）。

2. 取样要求

（1）代表批量。①墙体节能工程使用保温材料：同厂家、同品种产品，扣除门窗洞口后的保温墙面面积所使用的材料用量，在 5000m² 以内应复验 1 次，面积每增加 5000m² 应增加复验 1 次；②屋面节能工程使用保温材料：同厂家、同品种产品，扣除天窗、采光顶后的屋面面积在 1000m² 以内时应复验 1 次，面积每增加 1000m² 应增加复验 1 次；③地面节能工程使用保温材料：同厂家、同品种产品，地面面积在 1000m² 以内时应复验 1 次，面积每增加 1000m² 应增加复验 1 次。

（2）样品要求：表面平整，无夹杂物，颜色均匀。无影响使用的可见缺陷，产品表面状态（如有无表皮、是否开槽等）应准确描述。

（3）规格尺寸和允许偏差（表 7.1.5）。

表 7.1.5 规格尺寸和允许偏差

项目	尺寸范围	允许偏差
长度、宽度（mm）	＜1000	±5.0
	1000～2000	±7.5
	≥2000	±10.0
厚度（mm）	＜75	2 −1
	≥75	3 −1

3. 技术指标（表7.1.6 至表7.1.8）

表 7.1.6 物理力学性能

项目	单位	性能指标											检测依据
		带表皮									不带表皮		
		X150	X200	X250	X300	X400	X450	X500	X700	X900	W200	W300	
压缩强度	kPa	≥60	≥100	≥150	≥200	≥300	≥500	≥800	≥700	≥900	≥200	≥300	GB/T 8813—2020
吸水率（浸水96h）	%（体积分数）	≤2.0	≤1.5	≤1.0							≤2.0	≤1.5	GB/T 8810—2005
垂直于板面方向抗拉强度	MPa	0.10											JGJ 144—2019（附录 A6）

表 7.1.7 绝热性能

等级		单位	024 级	030 级	034 级	检测依据
	平均温度					
导热系数	10℃/(283.15k)	W/(m·K)	≤0.022	≤0.028	≤0.032	B/T 10294—2008
	25℃/(298.15k)		≤0.024	≤0.030	≤0.034	

燃烧性能应满足 GB 8624 中 B_1 级或 B_2 级的要求。

对墙面保温泡沫塑料，除满足表 7.1.8 中规定外应同时满足以下要求：B_1 级氧指数值 $OI≥30\%$；B_2 级氧指数值 $OI≥26\%$。

表 7.1.8 燃烧性能

燃烧性能等级		试验方法	分级判据	检测依据
B_1	B	且	燃烧增长速率指数 $FIGRA_{0.2MJ}≤120W/s$；火焰横向蔓延未到达试样长翼边缘；600s 的总放热量 $THR_{600s}≤7.5MJ$	GB/T 20284—2006
		点火时间 30s	60s 内的焰尖高度 $F_s≤150mm$；60s 内无燃烧滴落物引燃滤纸现象	GB/T 8626—2007
	C	且	燃烧增长速率指数 $FIGRA_{0.4MJ}≤250W/s$；火焰横向蔓延未到达试样长翼边缘；600s 的总放热量 $THR_{600s}≤15MJ$	GB/T 20284—2006
		点火时间 30s	60s 内的焰尖高度 $F_s≤150mm$；60s 内无燃烧滴落物引燃滤纸现象	GB/T 8626—2007
B_2	D	且	燃烧增长速率指数 $FIGRA_{0.4MJ}≤750W/s$	GB/T 20284—2006
		点火时间 30s	60s 内的焰尖高度 $F_s≤150mm$；60s 内无燃烧滴落物引燃滤纸现象	GB/T 8626—2007
	E	点火时间 15s	20s 内的焰尖高度 $F_s≤150mm$；20s 内无燃烧滴落物引燃滤纸现象	GB/T 8626—2007

4. 判定规则

如果有一项指标不合格，应加倍抽样复验。复验结果仍有一项不合格，则判定该批产品不合格。

（三）外墙保温复合板

1. 定义

外墙保温复合板是指由工厂预制成型用于外墙保温的板状制品，由面层、黏结层、保温层和按需设置的防火构造层、底衬、连接构造等组成，简称保温复合板。

2. 取样要求

（1）代表批量。①墙体节能工程使用保温材料：同厂家、同品种产品，扣除门窗洞口后的保温墙面面积所使用的材料用量，在5000m² 以内应复验1次，面积每增加5000m² 应增加复验1次；②屋面节能工程使用保温材料：同厂家、同品种产品，扣除天窗、采光顶后的屋面面积在1000m² 以内时应复验1次，面积每增加1000m² 应增加复验1次；③地面节能工程使用保温材料：同厂家、同品种产品，地面面积在1000m² 以内时应复验1次，面积每增加1000m² 应增加复验1次。

（2）样品要求。保温复合板应无破损，外观应颜色均匀、无明显色差（天然石材天然色差除外）。

（3）规格尺寸和允许偏差（表7.1.9）。

表7.1.9　规格尺寸和允许偏差

项目	允许偏差
长度、宽度（mm）	±2
厚度（mm）	2 0

3. 性能要求（表7.1.10）

表7.1.10　性能要求

项目		单位	指标		检测依据
			Ⅰ型	Ⅱ型	
传热系数		W/（m²·K）	委托要求		GB/T 13475—2008
单位面积质量		kg/m²	<20	20～30	JG/T 480—2015/7.4.1
拉伸黏结强度	原强度	MPa	≥0.10（破坏发生在保温材料中）	≥0.15（破坏发生在保温材料中）	JG/T 480—2015/7.4.2
	耐水强度		≥0.10	≥0.15	

4. 判定规则

任何一项不合格，都不可以复验。

（四）热固复合聚苯乙烯泡沫保温板

1. 定义及分类

（1）热固复合聚苯乙烯泡沫保温板是以聚苯乙烯泡沫颗粒或板材为保温基体，使用处理剂复合制成的匀质板状制品，其复合工艺主要有颗粒包覆、混合成型或基板渗透等，在受火状态下具有一定的形状保持能力且不产生熔融滴落物特点，简称热固复合聚苯板（英文缩写TEPS）。

（2）分类。热固复合聚苯板按密度分为低密度型（D型）、高密度型（G型）。

D型：标称密度为35～50kg/m³，采用以有机材料为主要成分的处理剂通过颗粒包覆处理加工制成；G型：标称密度为140～200kg/m³，采用以无机材料为主要成分的处理剂通过混合成型或基板渗透处理加工制成。

2. 取样要求

（1）代表批量。①墙体节能工程使用保温材料：同厂家、同品种产品，扣除门窗洞口后的保温墙面面积所使用的材料用量，在 5000m² 以内应复验 1 次，面积每增加 5000m² 应增加复验 1 次；②屋面节能工程使用保温材料：同厂家、同品种产品，扣除天窗、采光顶后的屋面面积在 1000m² 以内时应复验 1 次，面积每增加 1000m² 应增加复验 1 次；③地面节能工程使用保温材料：同厂家、同品种产品，地面面积在 1000m² 以内时应复验 1 次，面积每增加 1000m² 应增加复验 1 次。

（2）样品要求：不应有裂缝、破损等可见缺陷。

（3）规格尺寸和允许偏差（表 7.1.11）。

表 7.1.11　规格尺寸和允许偏差

项目	允许偏差
长度、宽度（mm）	±2
厚度（mm）	2 0

3. D 型热固复合聚苯板的技术指标（表 7.1.12～表 7.1.15）

表 7.1.12　D 型热固复合聚苯板性能指标

项目	单位	指标（040 级）	检测依据
密度	kg/m³	密度允许偏差： 标称密度的 +10%	GB/T 6343—2009
导热系数	W/（m·K）	≤0.040	GB/T 10294—2008
压缩强度	MPa	≥0.12	GB/T 8813—2020
体积吸水率	%	≤4	GB/T 8810—2005

D 型热固复合聚苯板燃烧性能应满足 GB 8624 中 B_1 级或 B_2 级的要求。

对墙面保温泡沫塑料，除满足表 7.1.13 中规定外应同时满足以下要求：B_1 级氧指数值 $OI \geq 30\%$；B_2 级氧指数值 $OI \geq 26\%$。试验依据标准为 GB/T 2406.2—2009。

表 7.1.13　D 型热固复合聚苯板燃烧性能

燃烧性能等级		试验方法	分级判据	检测依据
B_1	B	且	燃烧增长速率指数 $FIGRA_{0.2MJ} \leq 120W/s$； 火焰横向蔓延未到达试样长翼边缘； 600s 的总放热量 $THR_{600s} \leq 7.5MJ$	GB/T 20284—2006
		点火时间 30s	60s 内的焰尖高度 $F_s \leq 150mm$； 60s 内无燃烧滴落物引燃滤纸现象	GB/T 8626—2007
	C	且	燃烧增长速率指数 $FIGRA_{0.4MJ} \leq 250W/s$； 火焰横向蔓延未到达试样长翼边缘； 600s 的总放热量 $THR_{600s} \leq 15MJ$	GB/T 20284—2006
		点火时间 30s	60s 内的焰尖高度 $F_s \leq 150mm$； 60s 内无燃烧滴落物引燃滤纸现象	GB/T 8626—2007
B_2	D	且	燃烧增长速率指数 $FIGRA_{0.4MJ} \leq 750W/s$	GB/T 20284—2006
		点火时间 30s	60s 内的焰尖高度 $F_s \leq 150mm$； 60s 内无燃烧滴落物引燃滤纸现象	GB/T 8626—2007
	E	点火时间 15s	20s 内的焰尖高度 $F_s \leq 150mm$； 20s 内无燃烧滴落物引燃滤纸现象	GB/T 8626—2007

表 7.1.14　G 型热固复合聚苯板性能指标

项目	单位	指标		检测依据
		050 级	060 级	
密度	kg/m³	密度允许偏差：标称密度的＋10％		GB/T 6343—2009
导热系数	W/（m·K）	≤0.050	＞0.050，且≤0.060	GB/T 10294—2008

G 型热固复合聚苯板燃烧性能应满足 GB 8624 中 A（A₂ 级）的要求。

表 7.1.15　G 型热固复合聚苯板燃烧性能

燃烧性能等级		试验方法		分级判据
A	A2	GB/T 5464	或	炉内温升 $\Delta T \leqslant 50℃$；质量损失率 $\Delta m \leqslant 50\%$；持续燃烧时间 $t_f \leqslant 20s$
		GB/T 14402		总热值 $PCS \leqslant 3.0MJ/kg$
		GB/T 20284		燃烧增长速率指数 $FIGRA_{0.2MJ} \leqslant 120W/s$；火焰横向蔓延未到达试样长翼边缘；600s 的总放热量 $THR_{600s} \leqslant 7.5MJ$

4. 判定规则

全部检验项目合格，则判定该批产品为合格品。若有除密度、导热系数、强度以外的项目不合格，应对不合格项目进行加倍复检，全部复检项目合格，则判定该批产品合格；若有复检项目不合格，则判定该批产品不合格。若有密度、导热系数、强度中一项或多项不合格，应对密度、导热系数、强度全部进行加倍复检，全部复检项目合格，则判定该批产品合格；若有复检项目不合格，则判定该批产品不合格。

（五）硬泡聚氨酯

1. 定义

（1）硬泡聚氨酯是指采用氰酸酯、多元醇及发泡剂等添加剂，经反应形成的硬质泡沫体。按其材料（产品）的成型工艺分为喷涂硬泡聚氨酯和硬泡聚氨酯板。

（2）喷涂硬泡聚氨酯是指现场使用专用喷涂设备在屋面或外墙基层上连续多遍喷涂发泡聚氨酯后形成的无接缝硬质泡沫体的工作。

（3）硬泡聚氨酯板是指在专用生产线上制作的以硬泡聚氨酯为芯材，并具有界面层的保温板材。

2. 取样要求

（1）代表批量。①墙体节能工程使用保温材料：同厂家、同品种产品，扣除门窗洞口后的保温墙面面积所使用的材料用量，在 5000m² 以内应复验 1 次，面积每增加 5000m² 应增加复验 1 次；②屋面节能工程使用保温材料：同厂家、同品种产品，扣除天窗、采光顶后的屋面面积在 1000m² 以内时应复验 1 次，面积每增加 1000m² 应增加复验 1 次；③地面节能工程使用保温材料：同厂家、同品种产品，地面面积在 1000m² 以内时应复验 1 次，面积每增加 1000m² 应增加复验 1 次。

（2）样品要求。硬泡聚氨酯板应色泽均匀、表面平整、无杂质。

（3）硬泡聚氨酯板规格尺寸和允许偏差（表 7.1.16）。

表 7.1.16　硬泡聚氨酯板规格尺寸和允许偏差

项目	尺寸范围	允许偏差
长度、宽度（mm）	—	±2.0
厚度（mm）	≤50	0～1.5
	＞50	0～2.0

3. 屋面（外墙）用喷涂硬泡聚氨酯的技术指标（表7.1.17～表7.1.20）

表 7.1.17　屋面用喷涂硬泡聚氨酯物理性能

项目	单位	性能要求			检测依据
		Ⅰ型	Ⅱ型	Ⅲ型	
表观密度	kg/m³	≥35	≥45	≥55	GB/T 6343—2009
导热系数（平均温度25℃）	W/（m·K）	≤0.024	≤0.024	≤0.024	GB/T 10294—2008
压缩性能（形变10%）	kPa	≥150	≥200	≥300	GB/T 8813—2020
吸水率	%	≤3	≤2	≤1	GB/T 8810—2005

屋面用喷涂硬泡聚氨酯燃烧性能不低于 GB 8624 中 B_2 级的要求。

表 7.1.18　屋面用喷涂硬泡聚氨酯燃烧性能

燃烧性能等级	试验方法	分级判据	检测依据
B_2	且	燃烧增长速率指数 $FIGRA_{0.4MJ}$≤750W/s	GB/T 20284—2006
	D 点火时间 30s	60s 内的焰尖高度 F_s≤150mm；60s 内无燃烧滴落物引燃滤纸现象	GB/T 8626—2007
	E 点火时间 15s	20s 内的焰尖高度 F_s≤150mm；20s 内无燃烧滴落物引燃滤纸现象	GB/T 8626—2007

表 7.1.19　外墙用喷涂硬泡聚氨酯和硬泡聚氨酯板物理性能

项目	单位	性能要求	检测依据
表观密度	kg/m³	≥35	GB/T 6343—2009
导热系数（平均温度25℃）	W/（m·K）	≤0.024	GB/T 10294—2008
吸水率	%	≤3	GB/T 8810—2005

（外墙用）喷涂硬泡聚氨酯和硬泡聚氨酯板燃烧性能不低于 GB 8624 中 B_2 级的要求。

对墙面保温泡沫塑料，除满足表 7.1.20 中规定外应同时满足以下要求：B_1 级氧指数值 OI≥30%；B_2 级氧指数值 OI≥26%。

表 7.1.20　外墙用喷涂硬泡聚氨酯和硬泡聚氨酯板燃烧性能

燃烧性能等级	试验方法	分级判据	检测依据
B_2	且	燃烧增长速率指数 $FIGRA_{0.4MJ}$≤750W/s	GB/T 20284—2006
	D 点火时间 30s	60s 内的焰尖高度 F_s≤150mm；60s 内无燃烧滴落物引燃滤纸现象	GB/T 8626—2007
	E 点火时间 15s	20s 内的焰尖高度 F_s≤150mm；20s 内无燃烧滴落物引燃滤纸现象	GB/T 8626—2007

4. 判定规则

若要求的试验结果均符合相关要求，则应判定该批产品合格。

（六）建筑用岩棉绝热制品

1. 定义

岩棉是以熔融火成岩为主要原料制成的一种矿物棉。常用的火成岩有玄武岩、辉长岩等。

2. 取样要求

（1）代表批量。①墙体节能工程使用保温材料：同厂家、同品种产品，扣除门窗洞口后的保温墙面面积所使用的材料用量，在 5000m² 以内应复验 1 次，面积每增加 5000m² 应增加复验 1 次；②屋面节能工程使用保温材料：同厂家、同品种产品，扣除天窗、采光顶后的屋面面积在 1000m² 以内时应复验 1 次，面积每增加 1000m² 应增加复验 1 次；③地面节能工程使用保温材料：同厂家、同品种产品，地面面积在 1000m² 以内时应复验 1 次，面积每增加 1000m² 应增加复验 1 次。

（2）样品要求：树脂分布均匀，表面平整，不得有妨碍使用的伤痕、污迹、破损。若存在外覆层，外覆层与基材的黏结应平整牢固。

（3）规格尺寸和允许偏差（表 7.1.21）。

表 7.1.21　规格尺寸和允许偏差

项目	允许偏差
长度、宽度（mm）	10 −3
宽度（mm）	3 −3

3. 棉岩绝热制品技术指标（表 7.1.22 和表 7.1.23）

表 7.1.22　基本物理性能指标

项目	单位	性能要求	检测依据
外观	—	树脂分布均匀，表面平整，不得有妨碍使用的伤痕、污迹、破损。若存在外覆层，外覆层与基材的粘接应平整牢固	GB/T 19686—2015/5.2
密度允许偏差	%	±10（密度≥80kg/m³） ±15（密度<80kg/m³）	GB/T 5480—2017
导热系数 （平均温度 25℃）	W/（m·K）	≤0.040（板） ≤0.048（条）	GB/T 10294—2008
质量吸湿率	%	≤0.5	GB/T 5480—2017
全浸体积吸水率	%	≤5.0	GB/T 5480—2017

燃烧性能满足 A 级。

表 7.1.23　燃烧性能

燃烧性能等级		试验方法		分级判据
A	A_1	GB/T 5464		炉内温升 $\Delta T \leqslant 30℃$； 质量损失率 $\Delta m \leqslant 50\%$； 持续燃烧时间 $t_f = 0$
		GB/T 14402		总热值 $PCS \leqslant 2.0\text{MJ/kg}$
	A_2	GB/T 5464	或	炉内温升 $\Delta T \leqslant 50℃$； 质量损失率 $\Delta m \leqslant 50\%$； 持续燃烧时间 $t_f \leqslant 20\text{s}$
		GB/T 14402		总热值 $PCS \leqslant 3.0\text{MJ/kg}$
		GB/T 20284		燃烧增长速率指数 $FIGRA_{0.2MJ} \leqslant 120\text{W/s}$； 火焰横向蔓延未到达试样长翼边缘； 600s 的总放热量 $THR_{600s} \leqslant 7.5\text{MJ}$

4. 判定规则

合格批的所有品质指标，应同时符合规定，否则判定该批产品不合格。

（七）建筑绝热用玻璃棉制品

1. 定义

玻璃棉是以天然砂为主要原料或熔融玻璃制成的一种矿物棉。按形态分为：玻璃棉板、玻璃棉毡和玻璃棉条。

2. 取样要求

（1）代表批量。①墙体节能工程使用保温材料：同厂家、同品种产品，扣除门窗洞口后的保温墙面面积所使用的材料用量，在 5000m² 以内应复验 1 次，面积每增加 5000m² 应增加复验 1 次；②屋面节能工程使用保温材料：同厂家、同品种产品，扣除天窗、采光顶后的屋面面积在 1000m² 以内时应复验 1 次，面积每增加 1000m² 应增加复验 1 次；③地面节能工程使用保温材料：同厂家、同品种产品，地面面积在 1000m² 以内时应复验 1 次，面积每增加 1000m² 应增加复验 1 次。

（2）样品要求。制品的外观质量要求表面平整，不得有妨碍使用的伤痕、污迹、破损，外覆层与基材的粘贴应平整、牢固。

（3）规格尺寸和允许偏差（表 7.1.24 和表 7.1.25）。

表 7.1.24　玻璃棉板的尺寸允许偏差

项目	标称密度 ρ（kg/m³）	允许偏差
厚度（mm）	$\rho < 32$	$+5$ 0
	$32 \leqslant \rho \leqslant 64$	$+3$ -2
	$\rho > 64$	± 2
长度（mm）	—	$+10$ -3
宽度（mm）	—	$+5$ -3

表 7.1.25　玻璃棉毡的尺寸允许偏差

项目	允许偏差
长度（mm）	$+10$ 不允许负偏差
宽度（mm）	$+10$ -3
厚度（mm）	不允许负偏差

3. 玻璃棉制品的技术指标（表 7.1.26～表 7.1.30）

表 7.1.26　玻璃棉毡物理性能

项目	单位	性能指标		检测依据
密度允许偏差	%	$\leqslant 24$kg/m³	不允许负偏差	GB/T 5480—2017
		> 24kg/m³	$+20$ -10	
质量吸湿率	%	$\leqslant 5.0$		GB/T 5480—2017

表 7.1.27　玻璃棉板物理性能

项目	单位	性能指标	检测依据
密度允许偏差	%	$+10$ -5	GB/T 5480—2017
质量吸湿率	%	$\leqslant 5.0$	GB/T 5480—2017

表 7.1.28　玻璃棉条物理性能

项目	单位	性能指标	检测依据
密度允许偏差	%	±10	GB/T 5480—2017
质量吸湿率	%	≤5.0	GB/T 5480—2017

表 7.1.29　玻璃棉制品的导热系数

形态	标称密度（ρ）（kg/m³）	常用厚度（mm）	导热系数[平均温度（25±2）℃][W/（m·K）]	检测依据
玻璃棉毡	$12 \leqslant \rho \leqslant 16$	50 75 100	0.045	GB/T 10294—2008
	$16 < \rho \leqslant 24$	50 75 100	0.041	
	$24 < \rho \leqslant 32$	25 40 50	0.038	
	$32 < \rho \leqslant 40$	25 40 50	0.036	
	$\rho > 40$	25 40 50	0.034	
玻璃棉板	$24 \leqslant \rho \leqslant 32$	25 40 50	0.043	
	$32 < \rho \leqslant 40$	25 40 50	0.040	
	$40 < \rho \leqslant 48$	25 40 50	0.037	
	$48 < \rho \leqslant 64$	25 40 50	0.034	
	$\rho > 64$	25 50	0.035	
玻璃棉条	$\rho \geqslant 32$	50 80 100 120 150	0.048	

　　无外覆层的玻璃棉制品燃烧性能应不低于 GB 8624—2012 的 A（A_2）级；有外覆层的制品燃烧性能由供需双方协商。

表 7.1.30 燃烧性能

燃烧性能等级		试验方法		分级判据
A	A₁	GB/T 5464		炉内温升 $\Delta T \leqslant 30℃$； 质量损失率 $\Delta m \leqslant 50\%$； 持续燃烧时间 $t_f = 0$
		GB/T 14402		总热值 $PCS \leqslant 2.0MJ/kg$
	A₂	GB/T 5464	或	炉内温升 $\Delta T \leqslant 50℃$； 质量损失率 $\Delta m \leqslant 50\%$； 持续燃烧时间 $t_f \leqslant 20s$
		GB/T 14402		总热值 $PCS \leqslant 3.0MJ/kg$
		GB/T 20284		燃烧增长速率指数 $FIGRA_{0.2MJ} \leqslant 120W/s$； 火焰横向蔓延未到达试样长翼边缘； 600s 的总放热量 $THR_{600s} \leqslant 7.5MJ$

4. 判定规则

如有任一项不符合要求，则判定该批产品不合格。

（八）建筑保温砂浆

1. 定义

建筑保温砂浆是以膨胀珍珠岩、玻化微珠、膨胀蛭石等为骨料，掺加胶凝材料及其他功能组分制成的干混砂浆。

2. 取样要求

（1）代表批量。①墙体节能工程使用保温材料：同厂家、同品种产品，扣除门窗洞口后的保温墙面面积所使用的材料用量，在 5000m² 以内应复验 1 次，面积每增加 5000m² 应增加复验 1 次；②屋面节能工程使用保温材料：同厂家、同品种产品，扣除天窗、采光顶后的屋面面积在 1000m² 以内时应复验 1 次，面积每增加 1000m² 应增加复验 1 次；③地面节能工程使用保温材料：同厂家、同品种产品，地面面积在 1000m² 以内时应复验 1 次，面积每增加 1000m² 应增加复验 1 次。

（2）样品要求：表面平整，无夹杂物，颜色均匀，无缺棱、掉角、裂纹等可见缺陷。

3. 保温砂浆技术指标（表 7.1.31 和表 7.1.32）

表 7.1.31 硬化后的性能要求

项目	单位	技术要求		检测依据
		Ⅰ 型	Ⅱ 型	
导热系数（平均温度 25℃）	W/（m·K）	≤0.070	≤0.085	GB/T 10294—2008

表 7.1.32 硬化后的燃烧性能

燃烧性能等级		试验方法		分级判据
A	A₁	GB/T 5464		炉内温升 $\Delta T \leqslant 30℃$； 质量损失率 $\Delta m \leqslant 50\%$； 持续燃烧时间 $t_f = 0$
		GB/T 14402		总热值 $PCS \leqslant 2.0MJ/kg$
	A₂	GB/T 5464	或	炉内温升 $\Delta T \leqslant 50℃$； 质量损失率 $\Delta m \leqslant 50\%$； 持续燃烧时间 $t_f \leqslant 20s$
		GB/T 14402		总热值 $PCS \leqslant 3.0MJ/kg$
		GB/T 20284		燃烧增长速率指数 $FIGRA_{0.2MJ} \leqslant 120W/s$； 火焰横向蔓延未到达试样长翼边缘； 600s 的总放热量 $THR_{600s} \leqslant 7.5MJ$

4. 判定规则

所有检验项目全部合格则判定该批产品合格；有一项不合格，则判定该批产品不合格。

（九）柔性泡沫橡塑绝热制品

1. 定义及分类

（1）柔性泡沫橡塑绝热制品是以天然或合成橡胶为基材，含有其他聚合物或化学品，经有机或无机添加剂进行改性，经混炼、挤出、发泡和冷却定型，加工而成的具有闭孔结构的柔性绝热制品（英文缩写 FEF）。

（2）按制品的使用温度范围分为：

① 常用型（CY）：使用温度范围为 -40～105℃。

② 低温型（DW）：使用温度范围为 -196～-20℃。

③ 高温型（GW）：使用温度范围为 50～175℃。

2. 取样要求

（1）代表批量：同厂家、同材质的绝热材料，复验次数不得少于 2 次。

（2）样品要求：除去工厂机械切割出的断面外，表面均应有自然的表皮。制品表面应平整，允许有细微、均匀的褶皱，但不应有明显的起泡、裂口、破损等影响使用的缺陷。

（3）规格尺寸和允许偏差（表 7.1.33 和表 7.1.34）

表 7.1.33　柔性泡沫橡塑绝热板的规格尺寸和允许偏差

长 l（mm）		宽 w（mm）		厚 H（mm）	
尺寸	允许偏差	尺寸	允许偏差	尺寸	允许偏差
2000～15000	不准许负偏差	1000～1500	±10	3≤H≤15	+3 0
				H>15	+5 0

表 7.1.34　柔性泡沫橡塑绝热管的规格尺寸和允许偏差

长 l（mm）		内径 d（mm）		厚 H（mm）	
尺寸	允许偏差	尺寸	允许偏差	尺寸	允许偏差
1800 2000	+30 -10	6≤d≤22	+3.5 +1.0	3≤H≤15	+3 0
		22<d≤108	+4.0 +1.0	H>15	+5 0
		d>108	+6.0 +1.0		

3. 柔性泡沫橡塑绝热制品技术指标（表 7.1.35 和表 7.1.36）

表 7.1.35　物理性能要求

项目		单位	性能指标			检测依据
			CY 类	DW 类	GW 类	
表观密度		kg/m³	≤95			GB/T 6343—2009
导热系数	平均温度 -20±2℃	W/（m·K）	≤0.034	≤0.034	—	GB/T 10294—2008
	平均温度 0±2℃		≤0.036	—	—	
	平均温度 25±2℃		≤0.038	—	—	
	平均温度 50±2℃		—	—	≤0.043	

CY 类制品氧指数应不小于 32%，DW 类、GW 类制品氧指数应不小于 30%；用于建筑领域的制品应不低于 GB 8624 规定的 B_1 级。

表 7.1.36 燃烧性能

燃烧性能等级		试验方法	分级判据	检测依据
B_1	B	且	燃烧增长速率指数 $FIGRA_{0.2MJ} \leqslant 120W/s$； 火焰横向蔓延未到达试样长翼边缘； 600s 的总放热量 $THR_{600s} \leqslant 7.5MJ$	GB/T 20284—2006
		点火时间 30s	60s 内的焰尖高度 $F_s \leqslant 150mm$； 60s 内无燃烧滴落物引燃滤纸现象	GB/T 8626—2007
	C	且	燃烧增长速率指数 $FIGRA_{0.4MJ} \leqslant 250W/s$； 火焰横向蔓延未到达试样长翼边缘； 600s 的总放热量 $THR_{600s} \leqslant 15MJ$	GB/T 20284—2006
		点火时间 30s	60s 内的焰尖高度 $F_s \leqslant 150mm$； 60s 内无燃烧滴落物引燃滤纸现象	GB/T 8626—2007

4. 判定规则

若有任一检验项目不合格，则判定该批产品不合格。

（十）矿物棉喷涂绝热层

1. 定义

喷涂绝热层是将绝热材料喷涂到使用表面而形成的绝热层。

2. 取样要求

（1）代表批量。①墙体节能工程使用保温材料：同厂家、同品种产品，扣除门窗洞口后的保温墙面面积所使用的材料用量，在 5000m² 以内应复验 1 次，面积每增加 5000m² 应增加复验 1 次；②屋面节能工程使用保温材料：同厂家、同品种产品，扣除天窗、采光顶后的屋面面积在 1000m² 以内时应复验 1 次，面积每增加 1000m² 应增加复验 1 次；③地面节能工程使用保温材料：同厂家、同品种产品，地面面积在 1000m² 以内时应复验 1 次，面积每增加 1000m² 应增加复验 1 次。

（2）样品要求：表面基本平整，纤维分布均匀，成型后不应有开裂、脱落等影响使用的缺陷。

3. 矿物棉制品绝热层技术指标（表 7.1.37 和表 7.1.38）

表 7.1.37 一般性能要求

类别	导热系数［W/（m·K）］ （平均温度 25℃）	检测依据
玻璃棉	≤0.042	GB/T 10294—2008
岩棉、矿渣棉	≤0.044	

表 7.1.38 燃烧性能

项目	单位	要求	检测依据
炉内平均温升	℃	≤50	GB/T 5464—2010
平均持续燃烧时间	s	≤20	
平均质量损失率	%	≤50	

4. 判定规则

所有指标符合要求，则判定该批产品合格，否则判定该批产品不合格。

（十一）玻璃纤维网布

1. 定义

玻璃纤维网布是表面经高分子材料涂覆处理的、具有耐碱功能的网格状玻璃纤维织物，作为增强材料内置于抹面胶浆中，用以提高抹面层的抗裂性和抗冲击性，简称玻纤网。

2. 取样要求

（1）代表批量：同厂家、同品种产品，扣除门窗洞口后的保温墙面面积所使用的材料用量，在 5000m² 以内应复验 1 次，面积每增加 5000m² 应增加复验 1 次。

（2）样品要求：样品经纬无断、缺、斜现象，外观无清晰可见袋状变形凹凸状、切口或撕裂、污渍、毛刺、折痕、卷边不齐、杂物现象；不可折叠。

3. 玻纤网技术指标（表 7.1.39）

表 7.1.39　玻纤网主要性能

检验项目	单位	性能要求	检测依据
耐碱断裂强力（经向、纬向）	N/50mm	≥1000	JGJ 144—2019/附录 B
耐碱断裂强力保留率（经向、纬向）	％	≥50	

4. 判定规则

所有指标符合要求，则判定该批产品合格，否则判定该批产品不合格。

四、委托单填写

各种保温材料检验委托单范例见表 7.1.40～表 7.1.50。

表 7.1.40　EPS 板检验/检测委托单

（合同编号为涉及收费的关键信息，由委托单位提供并确认无误!!）

所属合同编号：

工程名称					
委托单位/建设单位		联系人		电话	
施工单位		取样人		电话	
见证单位		见证人		电话	
监督单位		生产厂家			
使用部位	（客户根据实际使用情况填写）	出厂编号			

EPS 板　样品及检测信息					
样品编号		样品数量		代表批量	
规格型号（mm）	例：EPS-Ⅱ级-B₁-033-GB/T 10801.1—2021　1200×600×70（客户根据样品实际情况填写）				
检测项目	表观密度偏差、压缩强度、导热系数、燃烧性能（氧指数、可燃性、单体燃烧）、垂直于板面方向抗拉强度、吸水率				
检测依据	GB/T 6343—2009、GB/T 8813—2020、GB/T 10294—2008、GB/T 2406.2—2009、GB/T 8626—2007、GB/T 20284—2006、JGJ 144—2019（附录 A6）、GB/T 8810—2005				
评定依据	GB/T 10801.1—2021、JGJ 144—2019				
检后样品处理约定	□由委托方取回　☑由检测机构处理		检测类别	☑见证　□委托	
□常规　□加急　☑初检　□复检　原检编号：			检测费用		
样品状态	样品呈白色，色泽均匀，表面平整，无明显收缩变形和膨胀变形，熔结良好，无明显油渍和杂质		收样日期		
备注					
说明	1. 取样/送样人和见证人应对试样及提供的资料、信息的真实性、规范性和代表性负责； 2. 委托方要求加急检测时，加急费按检测费的 200％核收，单组（项）收费最多不超过 1000 元； 3. 委托检测时，本公司仅对来样负责；见证检测时，委托单上无见证人签章无效，空白处请画"—"； 4. 一组试样填写一份委托单，出具一份检测报告，检测结果以书面检测报告为准； 5. 委托方要求取回检测后的余样时，若在检测报告出具后一个月内未取回，且未说明原因的，余样由本公司统一处理；委托方将余样领回后，本公司不再受理异议申诉				

见证人签章：　　　　　　　　　　　取样/送样人签章：　　　　　　　　　　收样人：

正体签字：　　　　　　　　　　　　正体签字：　　　　　　　　　　　　　签章：

表 7.1.41 XPS 板检验/检测委托单

（合同编号为涉及收费的关键信息，由委托单位提供并确认无误!!）

所属合同编号：

工程名称					
委托单位/建设单位		联系人		电话	
施工单位		取样人		电话	
见证单位		见证人		电话	
监督单位		生产厂家			
使用部位	（客户根据实际使用填写一个使用部位）	出厂编号			

<u>XPS 板</u> 样品及检测信息

样品编号		样品数量		代表批量	
规格型号（mm）	例：XPS-X250-SS-B1-030-GB/T 10801.2—2018 1200×600×50（挤塑板-类别为 X250-平头型产品-阻燃等级 B_1 级-绝热等级为 030 级-标准号）绝热等级分 024 级、030 级、034 级，燃烧性能分 B_1 级、B_2 级，按压缩强度和表皮分 12 个等级 X150、X200、X250、X300、X350、X400、X450、X500、X700、X900、W200、W300（根据客户实际情况结合参考信息）				
检测项目	1. 表观密度；2. 压缩强度；3. 导热系数；4. 燃烧性能；5. 氧指数（根据客户实际情况填写）；6. 垂直于板面方向的抗拉强度；7. 吸水率；8. 单体燃烧				
检测依据	1. GB/T 6343—2009；2. GB/T 8813—2020；3. GB/T 10294—2008；4. GB/T 8626—2007；5. GB/T 2406.2—2009；6. JGJ 144—2019（附录 A6）；7. GB/T 8810—2005；8. GB/T 20284—2006				
评定依据	GB/T 10801.2—2018、JGJ 144—2019（或根据客户实际情况填写）				
检后样品处理约定	□由委托方取回 □由检测机构处理		检测类别	□见证 □委托	
□常规 □加急 □初检 □复检 原检编号：_____			检测费用		
样品状态	产品应表面平整，无夹杂物，颜色均匀。不应有影响使用的可见缺陷，如起泡、裂口、变形等，产品表面状态（如有无表皮、是否开槽等）应在产品报告中准确描述。样品状态应由"收样人员"根据来样实际情况填写		收样日期	年 月 日	
备注					
说明	1. 取样/送样人和见证人应对试样及提供的资料、信息的真实性、规范性和代表性负责； 2. 委托方要求加急检测时，加急费按检测费的 200% 核收，单组（项）收费最多不超过 1000 元； 3. 委托检测时，本公司仅对来样负责；见证检测时，委托单上无见证人签章无效，空白处请画"—"； 4. 一组试样填写一份委托单，出具一份检测报告，检测结果以书面检测报告为准； 5. 委托方要求取回检测后的余样时，若在检测报告出具后一个月内未取回，且未说明原因的，余样由本公司统一处理；委托方将余样领回后，本公司不再受理异议申诉				

见证人签章：　　　　　　　　　　取样/送样人签章：　　　　　　　　收样人：
正体签字：　　　　　　　　　　　正体签字：　　　　　　　　　　　签章：

表 7.1.42　外墙保温复合板检验/检测委托单

（合同编号为涉及收费的关键信息，由委托单位提供并确认无误！！）

所属合同编号：

工程名称					
委托单位/ 建设单位		联系人		电话	
施工单位		取样人		电话	
见证单位		见证人		电话	
监督单位		生产厂家			
使用部位		出厂编号			

外墙保温复合板 样品及检测信息

样品编号		样品数量		代表批量	
规格型号（mm）	复合保温板名称＋规格尺寸＋组成方式 例：JN复合保温板 2800×600×100（50复合聚氨酯板＋40匀质板＋10轻质砂浆） 复合板来样要求：1. 传热系数加工成：1650×600×原厚三块、1650×450×原厚一块 　　　　　　　　2. 单位面积质量、拉伸黏结强度均加工成：900×600×原厚四块 分层材料试件制作加工无机材料（如砂浆类）：导热：300×300×30 三块，燃烧：400×400×50 三块，压缩：100×100×50 五块；岩棉、玻璃棉类根据实际要求填写）；有机材料（根据实际材料填写）				
检测项目	复合保温板： 1. 传热系数；2. 单位面积质量；3. 拉伸黏结强度（原强度、耐水强度） 分层材料（无机材料）： 1. 导热系数；2. 炉内温升、持续燃烧时间、质量损失率；3. 总热值；4. 压缩强度（检测哪项填哪项） 分层材料（有机材料）： 1. 表观密度；2. 压缩强度；3. 导热系数；4. 燃烧性能；5. 氧指数；6. 垂直于板面方向的抗拉强度（根据客户实际材料填写）				
检测依据	GB/T 13475—2008、JG/T 480—2015（7.4.1）、JG/T 480—2015（7.4.2）、GB/T 10294—2008、GB/T 5464—2010、GB/T 14402—2007、GB/T 20284—2006、GB/T 6343—2009、GB/T 8813—2020、GB/T 8626—2007、GB/T 2406.2—2009、JGJ 144—2019（附录4.6）				
评定依据	材料地方标准或客户根据实际情况填写				
检后样品处理约定	□由委托方取回　□由检测机构处理		检测类别		□见证　□委托
□常规　□加急　□初检　□复检　原检编号：_____			检测费用		
样品状态	样品表面平整，无夹杂物，颜色均匀；无明显影响使用的可见缺陷（由收样人员根据来样情况填写）		收样日期		年　月　日
备注	传热系数委托设计值要求不大于_____W/（m²·K）（数值客户根据实际情况填写）				
说明	1. 取样/送样人和见证人应对试样及提供的资料、信息的真实性、规范性和代表性负责； 2. 委托方要求加急检测时，加急费按检测费的200%核收，单组（项）收费最多不超过1000元； 3. 委托检测时，本公司仅对来样负责；见证检测时，委托单上无见证人签章无效，空白处请画"—"； 4. 一组试样填写一份委托单，出具一份检测报告，检测结果以书面检测报告为准； 5. 委托方要求取回检测后的余样时，若在检测报告出具后一个月内未取回，且未说明原因的，余样由本公司统一处理；委托方将余样领回后，本公司不再受理异议申诉				

见证人签章：　　　　　　　　　　　　取样/送样人签章：　　　　　　　　　　　　收样人：

正体签字：　　　　　　　　　　　　　　正体签字：　　　　　　　　　　　　　　签章：

表 7.1.43 热固复合聚苯乙烯泡沫保温板检验/检测委托单

（合同编号为涉及收费的关键信息，由委托单位提供并确认无误!!）

所属合同编号：

工程名称					
委托单位/建设单位		联系人		电话	
施工单位		取样人		电话	
见证单位		见证人		电话	
监督单位		生产厂家			
使用部位	（客户根据实际使用部位填写）	出厂编号			

热固复合聚苯乙烯泡沫保温板 样品及检测信息

样品编号		样品数量		代表批量	
规格型号（mm）	例：Ⅱ 1200×600×60（客户根据实际情况填写） □D 型 □G 型				
检测项目	1. 密度（D 型/G 型）；2. 压缩强度（D 型）；3. 导热系数；4. 垂直于板面方向的抗拉强度；5. 燃烧性能（氧指数、燃烧分级）（D 型）；6. 炉内温升、持续燃烧时间、质量损失率（G 型）；7. 总热值（G 型）				
检测依据	1.GB/T 6343—2009 或 GB/T 5486—2008；2.GB/T 8813—2020（D 型）；3.GB/T 10294—2008；4.JGJ 144—2019（附录 A6）；5.GB/T 8626—2007（D 型）；6.GB/T 2406.2—2009（D 型）；7.GB/T 20284—2006；8.GB/T 5464—2010（G 型）；9.GB/T 14402—2007（G 型）				
评定依据	JG/T 536—2017（客户根据实际情况填写）				
检后样品处理约定	□由委托方取回 □由检测机构处理		检测类别	□见证 □委托	
□常规 □加急 □初检 □复检 原检编号：_____			检测费用		
样品状态	样品呈白色，无裂缝、破损等可见缺陷（收样人员根据来样情况填写）		收样日期	年 月 日	
备注					
说明	1. 取样/送样人和见证人应对试样及提供的资料、信息的真实性、规范性和代表性负责； 2. 委托方要求加急检测时，加急费按检测费的 200% 核收，单组（项）收费最多不超过 1000 元； 3. 委托检测时，本公司仅对来样负责；见证检测时，委托单上无见证人签章无效，空白处请画"—"； 4. 一组试样填写一份委托单，出具一份检测报告，检测结果以书面检测报告为准； 5. 委托方要求取回检测后的余样时，若在检测报告出具后一个月内未取回，且未说明原因的，余样由本公司统一处理；委托方将余样领回后，本公司不再受理异议申诉				

见证人签章：　　　　　　　　　　取样/送样人签章：　　　　　　　　　收样人：

正体签字：　　　　　　　　　　　　正体签字：　　　　　　　　　　　　签章：

203

表 7.1.44　硬泡聚氨酯板检验/检测委托单

（合同编号为涉及收费的关键信息，由委托单位提供并确认无误!!）

所属合同编号：

工程名称					
委托单位/ 建设单位		联系人		电话	
施工单位		取样人		电话	
见证单位		见证人		电话	
监督单位		生产厂家			
使用部位	（客户根据实际使用部位填写）	出厂编号			

　　　　　　　　　　硬泡聚氨酯板　样品及检测信息

样品编号		样品数量		代表批量	
规格型号（mm）	例：阻燃型 Ⅱ 1200×600×60				
检测项目	1. 密度；2. 压缩性能（形变 10%）；3. 导热系数；4. 燃烧性能（氧指数、燃烧分级）；5. 体积吸水；6. 垂直于板面方向的抗拉强度				
检测依据	1. GB/T 6343—2009；2. GB/T 8813—2020；3. GB/T 10294—2008；4. GB/T 8626—2007；5. GB/T 20284—2006；6. GB/T 2406.2—2009；7. JGJ 144—2019（附录 A6）				
评定依据	GB/T 21558—2008 或 GB 50404—2017、JGJ 144—2019（根据客户实际情况填写）				
检后样品 处理约定	□由委托方取回　□由检测机构处理		检测类别		□见证　□委托
□常规　□加急　□初检　□复检　原检编号：_____			检测费用		
样品状态	样品呈浅黄色，色泽均匀，表面平整，无杂质（由收样人员根据来样情况填写）		收样日期		年　月　日
备注					
说明	1. 取样/送样人和见证人应对试样及提供的资料、信息的真实性、规范性和代表性负责； 2. 委托方要求加急检测时，加急费按检测费的 200% 核收，单组（项）收费最多不超过 1000 元； 3. 委托检测时，本公司仅对来样负责；见证检测时，委托单上无见证人签章无效，空白处请画"—"； 4. 一组试样填写一份委托单，出具一份检测报告，检测结果以书面检测报告为准； 5. 委托方要求取回检测后的余样时，若在检测报告出具后一个月内未取回，且未说明原因的，余样由本公司统一处理；委托方将余样领回后，本公司不再受理异议申诉				

见证人签章：	取样/送样人签章：	收样人：
正体签字：	正体签字：	签章：

表 7.1.45 建筑用岩棉绝热制品检验/检测委托单

（合同编号为涉及收费的关键信息，由委托单位提供并确认无误!!）

所属合同编号：

工程名称					
委托单位/ 建设单位		联系人		电话	
施工单位		取样人		电话	
见证单位		见证人		电话	
监督单位		生产厂家			
使用部位	（客户根据实际使用部位填写）	出厂编号			

<u>建筑用岩棉绝热制品</u> 样品及检测信息

样品编号		样品数量		代表批量	
规格型号（mm）	例：A_1 级 120-1200×600×60				
检测项目	1. 密度允许偏差；2. 导热系数；3. 燃烧性能（炉内温升、质量损失率、持续燃烧时间、总热值）；4. 单体燃烧（A_2 级）；5. 质量吸湿率				
检测依据	1. GB/T 5480—2017；2. GB/T 10294—2008；3. GB/T 5464—2010；4. GB/T 14402—2007；5. GB/T 20284—2006				
评定依据	GB/T 19686—2015（根据客户实际情况填写）				
检后样品处理约定	□由委托方取回 □由检测机构处理	检测类别		□见证 □委托	
□常规 □加急 □初检 □复检 原检编号：_____		检测费用			
样品状态	树脂分布均匀，表面平整，不得有妨碍使用的伤痕、污迹、破损。若存在外覆层，外覆层与基材的黏结应平整牢固（由收样人员根据来样情况填写）	收样日期		年 月 日	
备注					
说明	1. 取样/送样人和见证人应对试样及提供的资料、信息的真实性、规范性和代表性负责； 2. 委托方要求加急检测时，加急费按检测费的 200% 核收，单组（项）收费最多不超过 1000 元； 3. 委托检测时，本公司仅对来样负责；见证检测时，委托单上无见证人签章无效，空白处请画"—"； 4. 一组试样填写一份委托单，出具一份检测报告，检测结果以书面检测报告为准； 5. 委托方要求取回检测后的余样时，若在检测报告出具后一个月内未取回，且未说明原因的，余样由本公司统一处理；委托方将余样领回后，本公司不再受理异议申诉				

见证人签章：　　　　　　　　　　取样/送样人签章：　　　　　　　　收样人

正体签字：　　　　　　　　　　　正体签字：　　　　　　　　　　　签章：

表 7.1.46　建筑绝热用玻璃棉制品检验/检测委托单

（合同编号为涉及收费的关键信息，由委托单位提供并确认无误！！）

所属合同编号：

工程名称					
委托单位/ 建设单位		联系人		电话	
施工单位		取样人		电话	
见证单位		见证人		电话	
监督单位		生产厂家			
使用部位		出厂编号			

建筑绝热用玻璃棉制品　样品及检测信息

样品编号		样品数量		代表批量	
规格型号（mm）	例：玻璃棉毡/板　A_1 48K 1200×600×60（根据产品实际情况填写密度、尺寸、导热系数及燃烧等级）				
检测项目	1. 密度允许偏差；2. 导热系数；3. 燃烧性能（炉内温升、质量损失率、持续燃烧时间、总热值）；4. 单体燃烧（A_2 级）；5. 质量吸湿率；6. 全浸体积吸水率				
检测依据	1. GB/T 5480—2017；2. GB/T 10294—2008；3. GB/T 5464—2010；4. GB/T 14402—2007；5. GB/T 20284—2006				
评定依据	GB/T 17795—2019（根据客户实际情况填写）				
检后样品处理约定	□由委托方取回　□由检测机构处理		检测类别		□见证　□委托
□常规　□加急　□初检　□复检　原检编号：_____			检测费用		
样品状态	制品的外观质量要求表面平整，不得有妨碍使用的伤痕、污迹、破损，外覆层与基材的粘贴应平整、牢固（由收样人员根据来样情况填写）		收样日期		年　月　日
备注					
说明	1. 取样/送样人和见证人应对试样及提供的资料、信息的真实性、规范性和代表性负责； 2. 委托方要求加急检测时，加急费按检测费的 200％核收，单组（项）收费最多不超过 1000 元； 3. 委托检测时，本公司仅对来样负责；见证检测时，委托单上无见证人签章无效，空白处请画"—"； 4. 一组试样填写一份委托单，出具一份检测报告，检测结果以书面检测报告为准； 5. 委托方要求取回检测后的余样时，若在检测报告出具后一个月内未取回，且未说明原因的，余样由本公司统一处理；委托方将余样领回后，本公司不再受理异议申诉				

见证人签章：　　　　　　　　　　取样/送样人签章：　　　　　　　　　　收样人：

　　正体签字：　　　　　　　　　　　　正体签字：　　　　　　　　　　　　签章：

表 7.1.47 建筑保温砂浆检验/检测委托单

（合同编号为涉及收费的关键信息，由委托单位提供并确认无误！！）

所属合同编号：

工程名称				
委托单位/ 建设单位		联系人	电话	
施工单位		取样人	电话	
见证单位		见证人	电话	
监督单位		生产厂家		
使用部位		出厂编号		

建筑保温砂浆 样品及检测信息

样品编号		样品数量		代表批量	
规格型号（mm）	例：Ⅰ/Ⅱ 建筑保温砂浆 GB/T 20473—2021　400×400×50　300×300×30				
检测项目	1. 导热系数；2. 燃烧性能（炉内温升、质量损失率、持续燃烧时间、总热值）；3. 单体燃烧（A_2 级）				
检测依据	1. GB/T 10294—2008；2. GB/T 5464—2010；3. GB/T 14402—2007；4. GB/T 20284—2006				
评定依据	GB/T 20473—2021（根据客户实际情况填写）				
检后样品 处理约定	□由委托方取回　□由检测机构处理		检测类别	□见证　□委托	
□常规　□加急　□初检　□复检　原检编号：_____			检测费用		
样品状态	表面平整，无夹杂物，颜色均匀，无缺棱、掉角、裂纹等可见缺陷（由收样人员根据来样情况填写）		收样日期	年　月　日	
备注					
说明	1. 取样/送样人和见证人应对试样及提供的资料、信息的真实性、规范性和代表性负责； 2. 委托方要求加急检测时，加急费按检测费的 200％核收，单组（项）收费最多不超过 1000 元； 3. 委托检测时，本公司仅对来样负责；见证检测时，委托单上无见证人签章无效，空白处请画"一"； 4. 一组试样填写一份委托单，出具一份检测报告，检测结果以书面检测报告为准； 5. 委托方要求取回检测后的余样时，若在检测报告出具后一个月内未取回，且未说明原因的，余样由本公司统一处理；委托方将余样领回后，本公司不再受理异议申诉				

见证人签章：　　　　　　　　取样/送样人签章：　　　　　　　　收样人：

正体签字：　　　　　　　　　　正体签字：　　　　　　　　　　　签章：

表 7.1.48 柔性泡沫橡塑绝热制品检验/检测委托单

（合同编号为涉及收费的关键信息，由委托单位提供并确认无误!!）

所属合同编号：

工程名称					
委托单位/ 建设单位		联系人		电话	
施工单位		取样人		电话	
见证单位		见证人		电话	
监督单位		生产厂家			
使用部位	（客户根据实际使用情况填写）	出厂编号			

<u>柔性泡沫橡塑绝热制品</u> 样品及检测信息

样品编号		样品数量		代表批量	
规格型号（mm）		（客户根据样品实际情况填写）			
检测项目	1. 表观密度；2. 氧指数（CY 类≥32%，DW 类、GW 类≥30%）；3. 燃烧性能（可燃性、单体燃烧）（建筑领域不低于 B₁ 级）；4. 导热系数［CY 类（−20℃、0℃、25℃），DW 类（−20℃）、GW 类（50℃）］当由于其形状不适宜进行试验或制备试件时，应以同一配方、同一工艺、同期生产的相同密度（表观密度偏差±5kg/m³）的板代替				
检测依据	GB/T 6343—2009、GB/T 2406.2—2009、GB/T 8626—2007、GB/T 20284—2006、GB/T 10294—2008				
评定依据	GB/T 17794—2021				
检后样品 处理约定	□由委托方取回　☑由检测机构处理		检测类别	☑见证　□委托	
□常规　□加急　☑初检　□复检　原检编号：_____			检测费用		
样品状态	黑色，产品表面平整，有细微、均匀的褶皱，无明显的起泡、裂口、破损等影响使用的缺陷		收样日期	年　月　日	
备注	常用型（CY）：使用温度范围为−40~105℃ 低温型（DW）：使用温度范围为−196~−20℃ 高温型（GW）：使用温度范围为50~175℃				
说明	1. 取样/送样人和见证人应对试样及提供的资料、信息的真实性、规范性和代表性负责； 2. 委托方要求加急检测时，加急费按检测费的 200% 核收，单组（项）收费最多不超过 1000 元； 3. 委托检测时，本公司仅对来样负责；见证检测时，委托单上无见证人签章无效，空白处请画"—"； 4. 一组试样填写一份委托单，出具一份检测报告，检测结果以书面检测报告为准； 5. 委托方要求取回检测后的余样时，若在检测报告出具后一个月内未取回，且未说明原因的，余样由本公司统一处理；委托方将余样领回后，本公司不再受理异议申诉				

见证人签章：　　　　　　　　　取样/送样人签章：　　　　　　　　　收样人：

正体签字：　　　　　　　　　　　正体签字：　　　　　　　　　　　　签章：

表 7.1.49 矿物棉喷涂绝热层检验/检测委托单

（合同编号为涉及收费的关键信息，由委托单位提供并确认无误!!）

所属合同编号：

工程名称					
委托单位/ 建设单位		联系人		电话	
施工单位		取样人		电话	
见证单位		见证人		电话	
监督单位		生产厂家			
使用部位	（客户根据实际使用情况填写）	出厂编号			

矿物棉喷涂绝热层 样品及检测信息

样品编号		样品数量		代表批量	
规格型号（mm）	（客户根据样品实际情况填写）				
检测项目	1. 导热系数；2. 不燃性（炉内温升、质量损失率、持续燃烧时间）				
检测依据	GB/T 10294—2008、GB/T 5464—2010				
评定依据	GB/T 26746—2011				
检后样品处理约定	□由委托方取回 ☑由检测机构处理	检测类别		☑见证 □委托	
□常规 □加急 ☑初检 □复检 原检编号：_____		检测费用			
样品状态	表面基本平整，纤维分布均匀，成型后不应有开裂、脱落等影响使用的缺陷	收样日期		年 月 日	
备注					
说明	1. 取样/送样人和见证人应对试样及提供的资料、信息的真实性、规范性和代表性负责； 2. 委托方要求加急检测时，加急费按检测费的 200％核收，单组（项）收费最多不超过 1000 元； 3. 委托检测时，本公司仅对来样负责；见证检测时，委托单上无见证人签章无效，空白处请画"—"； 4. 一组试样填写一份委托单，出具一份检测报告，检测结果以书面检测报告为准； 5. 委托方要求取回检测后的余样时，若在检测报告出具后一个月内未取回，且未说明原因的，余样由本公司统一处理；委托方将余样领回后，本公司不再受理异议申诉				

见证人签章：　　　　　　　　　　取样/送样人签章：　　　　　　　　　　收样人：

正体签字：　　　　　　　　　　　正体签字：　　　　　　　　　　　　　签章：

表 7.1.50　玻璃纤维网格布检验/检测委托单

（合同编号为涉及收费的关键信息，由委托单位提供并确认无误！！）

所属合同编号：

工程名称					
委托单位/ 建设单位		联系人		电话	
施工单位		取样人		电话	
见证单位		见证人		电话	
监督单位		生产厂家			
使用部位	（客户根据实际使用情况填写）	出厂编号			

玻璃纤维网格布　样品及检测信息

样品编号		样品数量		代表批量	
规格型号	例：普通型 单位面积质量不小于 160g/m² （客户根据样品实际情况填写）				
检测项目	1. 耐碱拉伸断裂强力；2. 耐碱拉伸断裂强力保留率				
检测依据	JGJ 144—2019/附录 B				
评定依据	JGJ 144—2019（客户根据样品实际情况填写）				
检后样品处理约定	□由委托方取回 ☑由检测机构处理		检测类别		☑见证 □委托
□常规 □加急 ☑初检 □复检 原检编号：_____			检测费用		
样品状态	样品经纬无断、缺、斜现象，外观无清晰可见袋状变形凹凸状、切口或撕裂、污渍、毛刺、折痕、卷边不齐、杂物现象；不可折叠		收样日期		年　月　日
备注					
说明	1. 取样/送样人和见证人应对试样及提供的资料、信息的真实性、规范性和代表性负责； 2. 委托方要求加急检测时，加急费按检测费的 200% 核收，单组（项）收费最多不超过 1000 元； 3. 委托检测时，本公司仅对来样负责；见证检测时，委托单上无见证人签章无效，空白处请画 "—"； 4. 一组试样填写一份委托单，出具一份检测报告，检测结果以书面检测报告为准； 5. 委托方要求取回检测后的余样时，若在检测报告出具后一个月内未取回，且未说明原因的，余样由本公司统一处理；委托方将余样领回后，本公司不再受理异议申诉				

见证人签章：　　　　　　　　　　取样/送样人签章：　　　　　　　　收样人：

正体签字：　　　　　　　　　　　正体签字：　　　　　　　　　　　签章：

第二节　建筑门窗

一、检测依据

（1）《建筑外门窗气密、水密、抗风压性能检测方法》（GB/T 7106—2019）。

（2）《建筑外窗气密、水密、抗风压性能现场检测方法》（JG/T 211—2007）。

（3）《建筑外门窗保温性能检测方法》（GB/T 8484—2020）。

（4）《中空玻璃》（GB/T 11944—2012）。

（5）《建筑节能工程施工质量验收标准》（GB 50411—2019）。

（6）《未增塑聚氯乙烯（PVC-U）塑料门窗力学性能及耐候性试验方法》（GB/T 11793—2008）。

（7）《门、窗用未增塑聚氯乙烯（PVC-U）型材》（GB/T 8814—2017）。

二、检验项目

（1）建筑外门窗：气密性能、水密性能、抗风压性能、传热系数、现场气密性。
（2）中空玻璃：露点、密封性能、传热系数。
（3）型材：塑料门窗焊接角破坏力试验、主型材的可焊性及传热系数。

三、取样要求、技术指标

（一）建筑外门窗

1. 定义

建筑外门窗是建筑外门及外窗的统称。

2. 取样要求

（1）代表批量：同厂家、同材质、同开启方式、同型材系列的产品各抽查一次（见证取样）；按照双方约定的组数，在抽测范围内由监理（建设）确定，试件选取同窗型、同规格、同型号三樘为一组（现场检测）。

（2）样品要求：试件清洁干燥无变形、玻璃完好无破损、五金配件齐全；不应附加任何多余配件或采取特殊组装工艺。

3. 建筑外门窗技术指标（表7.2.1～表7.2.4）

表 7.2.1　门窗气密性能分级

分级	1	2	3	4	5	6	7	8	检测依据
分级指标值 q_1 [$m^3/(m \cdot H)$]	$3.5 < q_1 \leqslant 4.0$	$3.0 < q_1 \leqslant 3.5$	$2.5 < q_1 \leqslant 3.0$	$2.0 < q_1 \leqslant 2.5$	$1.5 < q_1 \leqslant 2.0$	$1.0 < q_1 \leqslant 1.5$	$0.5 < q_1 \leqslant 1.0$	$q_1 \leqslant 0.5$	GB/T 7106—2019、JG/T 211—2007
分级指标值 q_2 [$m^3/(m^2 \cdot H)$]	$10.5 < q_2 \leqslant 12$	$9.0 < q_2 \leqslant 10.5$	$7.5 < q_2 \leqslant 9.0$	$6.0 < q_2 \leqslant 6.5$	$4.5 < q_2 \leqslant 6.0$	$3.0 < q_2 \leqslant 4.5$	$1.5 < q_2 \leqslant 3.0$	$q_2 \leqslant 1.5$	

表 7.2.2　门窗水密性能分级

分级	1	2	3	4	5	6	检测依据
分级指标值 Δp (Pa)	$100 \leqslant \Delta p < 150$	$150 \leqslant \Delta p < 250$	$250 \leqslant \Delta p < 350$	$350 \leqslant \Delta p < 500$	$500 \leqslant \Delta p < 700$	$700 \leqslant \Delta p$	GB/T 7106—2019

表 7.2.3　门窗抗风压性能分级

分级	1	2	3	4	5	6	7	8	9	检测依据
分级指标值 p_3 (kPa)	$1.0 \leqslant p_3 < 1.5$	$1.5 \leqslant p_3 < 2.0$	$2.0 \leqslant p_3 < 2.5$	$2.5 \leqslant p_3 < 3.0$	$3.0 \leqslant p_3 < 3.5$	$3.5 \leqslant p_3 < 4.0$	$4.0 \leqslant p_3 < 4.5$	$4.5 \leqslant p_3 < 5.0$	$5.0 \leqslant p_3$	GB/T 7106—2019

表 7.2.4　门窗保温性能分级

分级	1	2	3	4	5	6	7	8	9	10	检测依据
分级指标值 K [$W/(m^2 \cdot K)$]	$5.0 \leqslant K$	$4.0 \leqslant K < 5.0$	$3.5 \leqslant K < 4.0$	$3.0 \leqslant K < 3.5$	$2.5 \leqslant K < 3.0$	$2.0 \leqslant K < 2.5$	$1.6 \leqslant K < 2.0$	$1.3 \leqslant K < 1.6$	$1.1 \leqslant K < 1.3$	$K < 1.1$	GB/T 8484—2020

注：第10级应在分级后同时注明具体分级指标值。

4. 判定规则

抽检产品检验结果全部符合本标准要求时，判定该批产品合格。

（二）中空玻璃

1. 定义

中空玻璃是两片或多片玻璃以有效支撑均匀隔开并周边粘接密封，使玻璃层间形成有干燥气体空间的玻璃制品。

2．取样要求

（1）代表批量：同厂家、同材质、同开启方式、同型材系列的产品各抽查一次。

（2）样品要求：表面清洁干燥、无划痕，密封均匀、连续、整齐，腔内无异物。

3．中空玻璃技术指标（表 7.2.5）

表 7.2.5　中空玻璃性能要求

项目	要求		检测依据
	普通中空玻璃	充气中空玻璃	
露点温度	中空玻璃的露点温度应不大于−40℃		GB/T 11944—2012（7.3）
密封性能	均未出现结露		GB 50411—2019（附录 E）
传热系数	委托设计值		GB/T 8484—2020（附录 E）

4．判定规则

中空玻璃露点、中空玻璃密封性能全部合格，该项性能合格。传热系数应符合委托设计值。

（三）型材

1．定义

型材是经挤出成型、具有特定截面形状的产品。

2．取样要求

（1）代表批量：同厂家、同材质、同开启方式、同型材系列的产品各抽查一次。

（2）样品要求：型材可视面的颜色应一致，表面应光滑、平整，无明显凹凸、杂质。型材端部应清洁、无毛刺。

（3）外形尺寸（表 7.2.6）。

表 7.2.6　外形尺寸

尺寸		偏差
外形尺寸（mm）	厚度 D	±0.3
	宽度 W	±0.5

3．型材技术指标（表 7.2.7～表 7.2.9）

表 7.2.7　未增塑聚氯乙烯（PVC-U）塑料门窗力学性能要求

项目	单位	要求	检测依据
焊接角破坏力	MPa	实测焊接角破坏力算术平均值与焊接角最小破坏力进行比较	GB/T 11793—2008（4.4.11）

表 7.2.8　主型材的性能要求

项目	单位	要求	检测依据
焊角的受压弯曲应力	MPa	平均受压弯曲应力应不小于 35MPa，最小受压弯曲应力应不小于 30MPa	GB/T 8814—2017（7.17.1）

表 7.2.9　主型材的传热系数

级别	1 级	2 级	3 级	检测依据
传热系数 K_f [W/（m²·K）]	≤2.0	≤1.6	≤1.0	GB/T 8484—2020（附录 F）

4．判定规则

按照项目检测，结果全部合格，则判定该批合格；若有 1 项不合格，则判定该批不合格。

四、委托单填写范例

建筑门窗相关检验委托单填写范例见表 7.2.10～表 7.2.16。

表 7.2.10　建筑门窗三性检验/检测委托单

（合同编号为涉及收费的关键信息，由委托单位提供并确认无误!!）

所属合同编号：

工程名称					
委托单位/ 建设单位		联系人		电话	
施工单位		取样人		电话	
见证单位		见证人		电话	
监督单位		生产厂家			
使用部位		出厂编号			

<u>建筑门窗三性</u>　样品及检测信息

样品编号		样品数量		代表批量	
规格型号（mm）	例：断桥铝合金平开窗　1100×1100×60；5＋12A＋5 夹层玻璃				
检测项目	气密性能 5 级、水密性能（250Pa）、抗风压性能（3.0kPa）				
检测依据	GB/T 7106—2019				
评定依据	GB/T 8478—2020				
检后样品 处理约定	□由委托方取回 □由检测机构处理		检测类别		□见证 □委托
□常规 □加急 □初检 □复检　原检编号：＿＿＿＿			检测费用		
样品状态	内白外灰、试件清洁干燥无变形、玻璃完好 无破损、五金配件齐全		收样日期		年　月　日
备注					
说明	1. 取样/送样人和见证人应对试样及提供的资料、信息的真实性、规范性和代表性负责； 2. 委托方要求加急检测时，加急费按检测费的 200％核收，单组（项）收费最多不超过 1000 元； 3. 委托检测时，本公司仅对来样负责；见证检测时，委托单上无见证人签章无效，空白处请画"—"； 4. 一组试样填写一份委托单，出具一份检测报告，检测结果以书面检测报告为准； 5. 委托方要求取回检测后的余样时，若在检测报告出具后一个月内未取回，且未说明原因的，余样由本公司统一处理；委托方将余样领回后，本公司不再受理异议申诉				

见证人签章：	取样/送样人签章：	收样人：
正体签字：	正体签字：	签章：

表 7.2.11 建筑外门窗传热系数检验/检测委托单

(合同编号为涉及收费的关键信息，由委托单位提供并确认无误!!)

所属合同编号：

工程名称					
委托单位/建设单位		联系人		电话	
施工单位		取样人		电话	
见证单位		见证人		电话	
监督单位		生产厂家			
使用部位		出厂编号			

建筑外门窗传热系数　样品及检测信息

样品编号		样品数量		代表批量	
规格型号（mm）	例如：1170×1350×60；5＋12A＋5＋12A＋5（浮法玻璃、夹层玻璃、钢化玻璃、着色玻璃、压花玻璃等玻璃品种按样品实际配置填写）				
检测项目	传热系数（根据委托设计值实际填写具体级别及数值）				
检测依据	GB/T 8484—2020				
评定依据	GB/T 31433—2015 或委托设计值				
检后样品处理约定	□由委托方取回　□由检测机构处理		检测类别	□见证　□委托	
□常规　□加急　□初检　□复检　原检编号：_____			检测费用		
样品状态	描述试件颜色、试件清洁干燥无变形、玻璃完好无破损、五金配件齐全（收样人员根据来样情况填写）		收样日期	年　月　日	
备注					
说明	1. 取样/送样人和见证人应对试样及提供的资料、信息的真实性、规范性和代表性负责； 2. 委托方要求加急检测时，加急费按检测费的 200％核收，单组（项）收费最多不超过 1000 元； 3. 委托检测时，本公司仅对来样负责；见证检测时，委托单上无见证人签章无效，空白处请画"—"； 4. 一组试样填写一份委托单，出具一份检测报告，检测结果以书面检测报告为准； 5. 委托方要求取回检测后的余样时，若在检测报告出具后一个月内未取回，且未说明原因的，余样由本公司统一处理；委托方将余样领回后，本公司不再受理异议申诉				

见证人签章：　　　　　　　　取样/送样人签章：　　　　　　　　收样人：

正体签字：　　　　　　　　　正体签字：　　　　　　　　　　签章：

表 7.2.12 建筑外窗气密性现场实体工程检验/检测委托单

（合同编号为涉及收费的关键信息，由委托单位提供并确认无误！！）

所属合同编号：

工程名称				
委托单位/ 建设单位		联系人		电话	
施工单位		联系人		电话	
监理单位		见证人		电话	
监督单位		结构形式		框架（根据实际结构形式填写）
总层数	地下___层，地上___层	委托层数		___层至___层
总建筑面积		委托面积		
工程地址				

委托检测方案

委托编号	（由受理人填写）
检测项目	建筑外窗气密性现场实体检测
检测数量	1组（3樘）
门窗生产厂家	
检测依据	JG/T 211—2007

□常规 □加急 □初检 □复检 原检编号：		检测费用	
声明	委托方确认工程现场已经具备检测条件； 委托方确认待复检工程已全部整改完毕	委托日期	年 月 日
备注			
说明	1. 委托方要求加急检测时，加急费按检测费的200％核收； 2. 一次委托填写一份委托单，出具一份检测报告，检测结果以书面检测报告为准		

监理（建设）单位签章： 受理人签章：

215

表 7.2.13 中空玻璃露点检验/检测委托单

（合同编号为涉及收费的关键信息，由委托单位提供并确认无误！！）

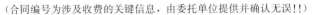

所属合同编号：

工程名称					
委托单位/ 建设单位		联系人		电话	
施工单位		取样人		电话	
见证单位		见证人		电话	
监督单位		生产厂家			
使用部位		出厂编号			

中空玻璃露点 样品及检测信息

样品编号		样品数量		代表批量	
规格型号（mm）	例：510×360；5+9A+5				
检测项目	中空玻璃露点				
检测依据	GB/T 11944—2012（7.3）				
评定依据	GB/T 11944—2012				
检后样品 处理约定	□由委托方取回 □由检测机构处理		检测类别	□见证 □委托	
□常规 □加急 □初检 □复检 原检编号：_____			检测费用		
样品状态	表面清洁干燥、无划痕，密封均匀、连续、整齐，腔内无异物		收样日期	年 月 日	
备注					
说明	1. 取样/送样人和见证人应对试样及提供的资料、信息的真实性、规范性和代表性负责； 2. 委托方要求加急检测时，加急费按检测费的 200% 核收，单组（项）收费最多不超过 1000 元； 3. 委托检测时，本公司仅对来样负责；见证检测时，委托单上无见证人签章无效，空白处请画"—"； 4. 一组试样填写一份委托单，出具一份检测报告，检测结果以书面检测报告为准； 5. 委托方要求取回检测后的余样时，若在检测报告出具后一个月内未取回，且未说明原因的，余样由本公司统一处理；委托方将余样领回后，本公司不再受理异议申诉				

见证人签章： 　　　　取样/送样人签章： 　　　　收样人：

正体签字： 　　　　正体签字： 　　　　签章：

表 7.2.14 中空玻璃密封性能检验/检测委托单

（合同编号为涉及收费的关键信息，由委托单位提供并确认无误!!）

所属合同编号：

工程名称					
委托单位/ 建设单位		联系人		电话	
施工单位		取样人		电话	
见证单位		见证人		电话	
监督单位		生产厂家			
使用部位		出厂编号			

<u>中空玻璃密封性能</u> 样品及检测信息

样品编号		样品数量		代表批量	
规格型号	应从工程使用的玻璃中随机抽取				
检测项目	中空玻璃密封性能				
检测依据	GB 50411—2019（附录E）				
评定依据	GB 50411—2019				
检后样品处理约定	□由委托方取回 □由检测机构处理		检测类别	□见证 □委托	
□常规 □加急 □初检 □复检 原检编号：_____			检测费用		
样品状态	表面清洁干燥、无划痕，密封均匀、连续、整齐，腔内无异物		收样日期	年 月 日	
备注					
说明	1. 取样/送样人和见证人应对试样及提供的资料、信息的真实性、规范性和代表性负责； 2. 委托方要求加急检测时，加急费按检测费的200％核收，单组（项）收费最多不超过1000元； 3. 委托检测时，本公司仅对来样负责；见证检测时，委托单上无见证人签章无效，空白处请画"—"； 4. 一组试样填写一份委托单，出具一份检测报告，检测结果以书面检测报告为准； 5. 委托方要求取回检测后的余样时，若在检测报告出具后一个月内未取回，且未说明原因的，余样由本公司统一处理；委托方将余样领回后，本公司不再受理异议申诉				

见证人签章：　　　　　　　　　　　取样/送样人签章：　　　　　　　　　　收样人：

正体签字：　　　　　　　　　　　　正体签字：　　　　　　　　　　　　　签章：

表 7.2.15　塑料门窗焊接角破坏力检验/检测委托单

（合同编号为涉及收费的关键信息，由委托单位提供并确认无误！！）

所属合同编号：

工程名称					
委托单位/ 建设单位		联系人		电话	
施工单位		取样人		电话	
见证单位		见证人		电话	
监督单位		生产厂家			
使用部位		出厂编号			

<u>塑料门窗焊接角破坏力</u>　样品及检测信息

样品编号		样品数量		代表批量	
规格型号	（根据客户实际情况填写）				
检测项目	焊接角破坏力				
检测依据	GB/T 11793—2008				
评定依据	GB/T 11793—2008				
检后样品处理约定	□由委托方取回　□由检测机构处理		检测类别		□见证　□委托
□常规　□加急　□初检　□复检　原检编号：_____			检测费用		
样品状态	型材可视面的颜色应一致，表面应光滑、平整，无明显凹凸、杂质。型材端部应清洁、无毛刺（收样人员根据来样情况填写）		收样日期		年　月　日
备注					
说明	1. 取样/送样人和见证人应对试样及提供的资料、信息的真实性、规范性和代表性负责； 2. 委托方要求加急检测时，加急费按检测费的 200% 核收，单组（项）收费最多不超过 1000 元； 3. 委托检测时，本公司仅对来样负责；见证检测时，委托单上无见证人签章无效，空白处请画"—"； 4. 一组试样填写一份委托单，出具一份检测报告，检测结果以书面检测报告为准； 5. 委托方要求取回检测后的余样时，若在检测报告出具后一个月内未取回，且未说明原因的，余样由本公司统一处理；委托方将余样领回后，本公司不再受理异议申诉				

见证人签章：　　　　　　　　　取样/送样人签章：　　　　　　　　收样人：

正体签字：　　　　　　　　　　　正体签字：　　　　　　　　　　签章：

表 7.2.16 窗主型材的可焊接性检验/检测委托单

（合同编号为涉及收费的关键信息，由委托单位提供并确认无误!!）

所属合同编号：

工程名称						
委托单位/建设单位			联系人		电话	
施工单位			取样人		电话	
见证单位			见证人		电话	
监督单位			生产厂家			
使用部位			出厂编号			

<table>
<tr><td colspan="6" align="center">窗主型材的可焊接性 样品及检测信息</td></tr>
<tr><td>样品编号</td><td></td><td>样品数量</td><td></td><td>代表批量</td><td></td></tr>
<tr><td>规格型号</td><td colspan="5">（根据客户实际情况填写）</td></tr>
<tr><td>检测项目</td><td colspan="5">主型材的可焊接性</td></tr>
<tr><td>检测依据</td><td colspan="5">GB/T 8814—2017（7.17）</td></tr>
<tr><td>评定依据</td><td colspan="5">GB/T 8814—2017</td></tr>
<tr><td>检后样品处理约定</td><td colspan="3">□由委托方取回 □由检测机构处理</td><td>检测类别</td><td>□见证 □委托</td></tr>
<tr><td>□常规 □加急 □初检 □复检 原检编号：</td><td colspan="3"></td><td>检测费用</td><td></td></tr>
<tr><td>样品状态</td><td colspan="3">型材可视面的颜色应一致，表面应光滑、平整，无明显凹凸、杂质。型材端部应清洁、无毛刺（收样人员根据来样情况填写）</td><td>收样日期</td><td>年 月 日</td></tr>
<tr><td>备注</td><td colspan="5"></td></tr>
<tr><td>说明</td><td colspan="5">1. 取样/送样人和见证人应对试样及提供的资料、信息的真实性、规范性和代表性负责；
2. 委托方要求加急检测时，加急费按检测费的200％核收，单组（项）收费最多不超过1000元；
3. 委托检测时，本公司仅对来样负责；见证检测时，委托单上无见证人签章无效，空白处请画"—"；
4. 一组试样填写一份委托单，出具一份检测报告，检测结果以书面检测报告为准；
5. 委托方要求取回检测后的余样时，若在检测报告出具后一个月内未取回，且未说明原因的，余样由本公司统一处理；委托方将余样领回后，本公司不再受理异议申诉</td></tr>
</table>

见证人签章： 取样/送样人签章： 收样人：

正体签字： 正体签字： 签章：

常见问题解答

一、节能材料

1. 《建筑节能工程施工质量验收标准》（GB 50411—2019）中对墙体节能工程中使用的材料、产品进场送检时，如何规定？

【解答】GB 50411—2019 对墙体节能工程中使用的材料、产品进场送检时做如下规定：

（1）保温隔热材料的导热系数或热阻、密度、压缩强度或抗压强度、垂直于板面方向的抗拉强度、吸水率、燃烧性能（不燃材料除外）。

（2）复合保温板等墙体节能定型产品的传热系数或热阻、单位面积质量、拉伸黏结强度、燃烧性能（不燃材料除外）。

（3）保温砌块等墙体节能定型产品的传热系数或热阻、抗压强度、吸水率。

（4）反射隔热材料的太阳光反射比、半球反射率。

（5）黏结材料的拉伸黏结强度。

（6）抹面材料的拉伸黏结强度、压折比。

（7）增强网的力学性能、抗腐蚀性能。

2.《建筑节能工程施工质量验收标准》（GB 50411—2019）中对保温隔热材料送检时，报告中检测参数有何要求？

【解答】检测报告中导热系数（传热系数）或热阻、密度或单位面积质量、燃烧性能必须在同一个报告中。

3. 保温材料送检时，对样品数量有何要求？

【解答】对于平板状材料 1200mm×600mm，燃烧性能为 B_3、B_2（E）、A_1 级材料，送检样品至少需 2 块；燃烧性能为 B_2（D）、B_1（C）、B_2（B）、A_2 级材料，送检样品至少需 17 块。

4. 保温材料燃烧性能各等级需委托哪些检测参数？

【解答】对墙面保温泡沫塑料，需委托氧指数；B_3、B_2（E）级材料需委托可燃性；B_2（D）、B_1（C）、B_2（B）级材料需委托可燃性、单体燃烧；A_2 级材料需委托不燃性、单体燃烧或总热值、单体燃烧；A_1 级材料需委托不燃性、总热值。

5. 复合保温板委托检测时，需注意哪些事项？

【解答】按本材料地方标准或型式检验报告中的要求，在委托单中注明各分层材料名称、厚度，产品传热系数数值需委托方提供（材料厂家核实），单位面积质量与表观密度不为一个概念，需核实清楚。

6. 保温材料吸水率委托时注意事项是什么？

【解答】送检材料厚度应不小于 22.2mm。

7. 墙体、屋面、地面保温材料检测参数有何区别？

【解答】墙体材料需检测氧指数、垂直于板面方向抗拉强度，屋面、地面材料则不需委托这两项参数；铺地材料不需要委托单体燃烧。

二、建筑门窗

1. 建筑外窗三性和传热系数检测送检注意事项是什么？

【解答】建筑外窗三性检测一组需送检 3 樘，送检样品尺寸、外观、开启方式、玻璃配置一致，若为外平开窗，靠近合叶侧应安装附框，附框宜与室外侧一平；建筑外窗传热系数一组需送检 1 樘，不需要安装附框，安装孔处需打胶封严。

2. 建筑外窗三性和传热系数委托数值与等级如何填写？

【解答】建筑外窗三性和传热系数的数值根据图纸设计要求填写，所属数值评级则根据《建筑幕墙、门窗通用技术条件》（GB/T 31433—2015）中的要求进行分级。

3. 中空玻璃露点与密封性能送检有何区别？

【解答】中空玻璃露点一组需送检 15 块玻璃，尺寸应为 510mm×360mm；中空玻璃密封性能一组需送检 10 块玻璃，检测样品应从工程使用的玻璃中随机抽取。

4. 焊角的受压弯曲应力与焊接角破坏力送检有何要求？

【解答】焊角的受压弯曲应力与焊接角破坏力一组均需送检 5 个试样，不清理焊缝，只清理 90°角的外缘。试样支撑面的中心长度 a 为（400±2）mm。

5. 建筑门窗、中空玻璃、型材检测送检样品是否可以返还？

【解答】对于建筑门窗三性及传热系数送检样品在出具报告之日起 15d，对检测报告无异议，可到大厅办理手续领取样品；对于中空玻璃密封性能、传热系数送检样品在出具报告之日起 15d，对检测报告无异议，可到大厅办理手续领取样品，中空玻璃露点检测样品不予返还；对于型材的传热系数检测样品在出具报告之日起 15d，对检测报告无异议，可到大厅办理手续领取样品，型材的焊角的受压弯曲应力、焊接角破坏力样品不予返还。

第八章　民用建筑工程室内环境检测

第一节　无机非金属建筑主体材料和装饰装修材料

一、依据标准

（1）《民用建筑工程室内环境污染控制标准》（GB 50325—2020）。

（2）《建筑材料放射性核素限量》（GB 6566—2010）。

（3）《烧结普通砖》（GB/T 5101—2017）。

（4）《轻集料混凝土小型空心砌块》（GB/T 15229—2011）。

（5）《烧结空心砖和空心砌块》（GB/T 13545—2014）。

（6）《烧结多孔砖和多孔砌块》（GB 13544—2011）。

二、检测项目

无机非金属建筑主体材料和装饰装修材料中放射性核素限量检测。

三、取样要求、结果判定及不合格情况的处理

（一）取样要求

（1）代表批量：不同材料根据相关产品标准中规定确定，比如烧结空心砖和空心砌块，烧结普通砖 3.5 万～15 万块为一批，不足 3.5 万块按一批计。轻集料混凝土小型空心砌块以同一品种轻集料和水泥按同一生产工艺制成的相同密度等级和强度等级的 300m³ 砌块为一批，不足 300m³ 按一批计。

（2）取样数量：随机抽取样品两份，每份不少于 2kg。一份封存，另一份作为检验样品。

（3）取样方法：在施工现场随机抽取。

（4）样品要求：干净、干燥、无污渍，并且完好无损。

（二）委托单填写范例

无机非金属材料放射性核素限量检验委托单范例见表 8.1.1。

表 8.1.1　无机非金属材料放射性核素限量检验/检测委托单

（合同编号为涉及收费的关键信息，由委托单位提供并确认无误!!）

所属合同编号：

工程名称					
委托单位/ 建设单位		联系人		电话	
施工单位		取样人		电话	
见证单位		见证人		电话	
监督单位		生产厂家			
使用部位		出厂编号			

续表

工程名称	

无机非金属材料放射性核素限量 样品及检测信息

样品编号		样品数量		代表批量	
规格型号（mm）	390×190×190				
检测项目	放射性核素限量				
检测依据	GB 6566—2010、GB/T 15229—2011				
评定依据	GB 6566—2010				
检后样品处理约定	□由委托方取回 □由检测机构处理		检测类别		□见证 □委托
□常规 □加急 □初检 □复检 原检编号：_____			检测费用		
样品状态	样品干净、干燥、无污渍、完好无损		收样日期		××××年××月××日
备注					
说明	1. 取样/送样人和见证人应对试样及提供的资料、信息的真实性、规范性和代表性负责； 2. 委托方要求加急检测时，加急费按检测费的 200%核收，单组（项）收费最多不超过 1000 元； 3. 委托检测时，本公司仅对来样负责；见证检测时，委托单上无见证人签章无效，空白处请画"—"； 4. 一组试样填写一份委托单，出具一份检测报告，检测结果以书面检测报告为准； 5. 委托方要求取回检测后的余样时，若在检测报告出具后一个月内未取回，且未说明原因的，余样由本公司统一处理；委托方将余样领回后，本公司不再受理异议申诉				

见证人签章： 正体签字：	取样/送样人签章： 正体签字：	收样人： 签章：

（三）检测结果判定

民用建筑工程所使用的砂、石、砖、实心砌块、水泥、混凝土、混凝土预制构件等无机非金属建筑主体材料的放射性核素限量满足表 8.1.2 的要求，民用建筑工程所使用的石材、建筑卫生陶瓷、石膏制品、无机粉黏结材料等无机非金属装饰装修材料的放射性核素限量满足 8.1.3 的要求，民用建筑工程所使用的加气混凝土制品和空心率（孔洞率）大于 25%的空心砖、空心砌块等建筑主体材料的放射性核素限量满足表 8.1.4 的规定，判定为合格；否则，判定为不合格。

表 8.1.2 无机非金属建筑主体材料的放射性核素限量

测定项目	限量
内照射指数 I_{Ra}	≤1.0
外照射指数 I_r	≤1.0

表 8.1.3 无机非金属装饰装修材料的放射性核素限量

测定项目	限量	
	A	B
内照射指数 I_{Ra}	≤1.0	≤1.3
外照射指数 I_r	≤1.3	≤1.9

表 8.1.4 加气混凝土制品和空心率（孔洞率）大于 25%的建筑主体材料放射性核素限量

测定项目	限量
表面氡析出率［Bq/（m²·s）］	≤0.015
内照射指数 I_{Ra}	≤1.0
外照射指数 I_r	≤1.3

第二节　人造木板及其制品

一、依据标准

（1）《民用建筑工程室内环境污染控制标准》（GB 50325—2020）。

（2）《人造板及饰面人造板理化性能试验方法》（GB/T 17657—2013）。

（3）《室内装饰装修材料 人造板及其制品中甲醛释放限量》（GB 18580—2017）。

二、检测项目

人造木板及其制品甲醛含量或甲醛释放量的检测。

三、取样要求、结果判定及不合格情况的处理

（一）取样要求

（1）代表批量：当同一厂家、同一品种、同一规格产品使用面积大于 500m² 时需进行复验，组批按同一厂家、同一品种、同一规格每 5000m² 为一批，不足 5000m² 按一批计。

（2）取样数量：3 份样品（符合出厂规格的板材）。

（3）取样方法：在施工或使用现场抽取样品时，必须在同一地点的同一种产品内随机抽取 3 份，并立即用不会释放或吸附甲醛的包装材料将样品密封后送检。

（4）取样注意事项：①原板尺寸超过 1.5m 的板材，可在每块原板长边上裁下 1m 作为样品送检，但每块必须至少保留三个原边。②如遇特殊规格送检样品，另行商议送检数量。③窄边长度小于 5cm 的样品不能送检。

（5）样品要求：干净、干燥、无污渍，并且完好无损。对送检的 3 份样品，任取其中一份按标准规定检查甲醛含量或甲醛释放量，另外两份备用或留样。

（二）委托单填写范例

人造木板及其制品检验委托单填写范例见表 8.2.1。

表 8.2.1　人造木板及其制品检验/检测委托单

（合同编号为涉及收费的关键信息，由委托单位提供并确认无误!!）

所属合同编号：

工程名称						
委托单位/ 建设单位			联系人		电话	
施工单位			取样人		电话	
见证单位			见证人		电话	
监督单位			生产厂家			
使用部位			出厂编号			

人造木板及其制品　样品及检测信息

样品编号		样品数量		代表批量	
规格型号（mm）	2440×1220×18				
检测项目	游离甲醛释放量				
检测依据	GB/T 17657—2013/4.59				
评定依据	GB 50325—2020				

续表

工程名称			
检后样品处理约定	□由委托方取回 □由检测机构处理	检测类别	□见证 □委托
□常规 □加急 □初检 □复检 原检编号：_____		检测费用	
样品状态	样品干净、干燥、无污渍、完好无损	收样日期	年 月 日
备注			
说明	1. 取样/送样人和见证人应对试样及提供的资料、信息的真实性、规范性和代表性负责； 2. 委托方要求加急检测时，加急费按检测费的 200％核收，单组（项）收费最多不超过 1000 元； 3. 委托检测时，本公司仅对来样负责；见证检测时，委托单上无见证人签章无效，空白处请画"—"； 4. 一组试样填写一份委托单，出具一份检测报告，检测结果以书面检测报告为准； 5. 委托方要求取回检测后的余样时，若在检测报告出具后一个月内未取回，且未说明原因的，余样由本公司统一处理；委托方将余样领回后，本公司不再受理异议申诉		

见证人签章：　　　　　　　　　　　取样/送样人签章：　　　　　　　　　　收样人：

正体签字：　　　　　　　　　　　　正体签字：　　　　　　　　　　　　签章：

（三）检测结果判定

一张板的甲醛含量或释放量是同一张板内 2 份试件甲醛含量或释放量的算术平均值。如果测定结果满足表 8.2.2 的规定要求则判定为合格。如果测定结果不满足表 8.2.2 的规定要求，则判定为不合格。

表 8.2.2　人造木板及其制品游离甲醛释放量试验方法及限量值

产品名称	试验方法	限量值
饰面人造板、细木工板等	干燥器法	≤1.5mg/L

第三节　室内水性涂料、水性胶粘剂、水性处理剂

一、依据标准

(1)《民用建筑工程室内环境污染控制标准》（GB 50325—2020）。

(2)《建筑用墙面涂料中有害物质限量》（GB 18582—2020）。

(3)《水性涂料中甲醛含量的测定　乙酰丙酮分光光度法》（GB/T 23993—2009）。

(4)《室内装饰装修材料　胶粘剂中有害物质限量》（GB 18583—2008）。

(5)《建筑胶粘剂有害物质限量》（GB 30982—2014）。

二、检测项目

室内水性涂料、水性胶粘剂、水性处理剂中游离甲醛含量检测。

三、取样要求、结果判定及不合格情况的处理

（一）取样要求

1. 代表批量

水性涂料、水性胶粘剂（聚氨酯类除外）、水性处理剂按同一厂家、同一品种、同一规格产品每 5t 为一批，不足 5t 按一批计。聚氨酯类水性胶粘剂按同一厂家以甲组分每 5t 为一批，不足 5t 按一批计。

2. 取样数量

样品的最少量应为 1.5kg 或完成规定试验所需量的 3～4 倍。样品应分 3 份，两份密封贮存备查，1 份作检验样品。

3. 取样方法

① 大容器。大容器可以理解为贮槽、公路槽车、贮仓、贮仓车、铁路槽车、槽船或平均高度至少 1m 的反应器。

除了永久行动不均匀产品外，产品在取样前应是均匀的。对大型容器中复合样品的取样如用浸入式罐取样，一般无再现性可言。所以上部样品应选用取样勺或取样管取样，中部样品用浸入式罐取样，距液面 9/10 深度处的底部样品用浸入式罐或区域取样器取样。当大容器由几个隔断组成时，至少应从每个隔断中取一个样品。如果是相同产品，那么这几个单一样品可以混合成一个平均样品。

② 小容器。小容器包括鼓状桶、柱状桶、袋以及其他类似的容器。一般从每个被取样的容器中取一个样品就足够了。当交付批有若干个容器时，符合统计学要求的正确取样数列于表 8.3.1 中。若取样数低于表中数值，应在取样报告中注明。

表 8.3.1　取样数

容器的总数 N	被取样容器的最低件数 n
1~2	全部
3~8	2
9~25	3
26~100	5
101~500	8
501~1000	13

注：$n=\sqrt{\dfrac{N}{2}}$。

若交付批由不同生产批的容器组成，那么应对每个生产批的容器取样。

4. 样品要求

（1）样品量的缩减。将按合适方法取得的全部样品充分混合。

对于液体，在一个清洁、干燥的容器中混合。尽快取出至少 3 份均匀的样品（最终样品），每份样品至少 400mL 或完成规定试验所需样品量的 3~4 倍，然后将样品装入符合要求的容器中。

对于固体，用旋转分样器（格槽缩样器）将全部样品分成 4 等份。取出 3 份，每份各为 500g 或完成规定试验所需样品量 3~4 倍的样品，并将样品装入符合要求的容器中。

（2）标识。样品取得后，应贴上符合质量管理要求的能够追溯样品情况的标签。

标签至少应包括下列信息：

① 样品名称。

② 商品名称和（或）代码。

③ 取样日期。

④ 样品的生产厂名（若有必要）。

⑤ 取样地点，例如工厂、承销商或卖主。

⑥ 生产批号或生产日期（若有的话）。

⑦ 取样者姓名。

⑧ 任何必需的危险性符合。

（3）贮存。参考样品应装入密闭的容器中在适当的贮存条件下贮存，必要时，在规定的期限内应避光和防潮并符合所有相关的安全法规要求。

5. 取样注意事项

样品包装要求选择密封较好的广口塑料或玻璃容器，内衬塑料袋的金属容器也可以。不得使用金属容器直接盛放样品。

（二）委托单填写范例（表 8.3.2）

涂料中有害物质检验委托单范例见表 8.3.2。

表 8.3.2　涂料中有害物质检验/检测委托单

（合同编号为涉及收费的关键信息，由委托单位提供并确认无误!!）

所属合同编号：

工程名称					
委托单位/建设单位		联系人		电话	
施工单位		取样人		电话	
见证单位		见证人		电话	
监督单位		生产厂家			
使用部位		出厂编号			

涂料中有害物质　样品及检测信息

样品编号		样品数量		代表批量	
规格型号					
检测项目	（根据客户实际需要填写）				
检测依据	GB/T 23993—2009				
评定依据	GB 18582—2020				
检后样品处理约定	□由委托方取回　□由检测机构处理		检测类别		□见证　□委托
□常规　□加急　□初检　□复检　原检编号：_____			检测费用		
样品状态			收样日期		××××年　××月　××日
备注					
说明	1. 取样/送样人和见证人应对试样及提供的资料、信息的真实性、规范性和代表性负责； 2. 委托方要求加急检测时，加急费按检测费的 200％核收，单组（项）收费最多不超过 1000 元； 3. 委托检测时，本公司仅对来样负责；见证检测时，委托单上无见证人签章无效，空白处请画"—"； 4. 一组试样填写一份委托单，出具一份检测报告，检测结果以书面检测报告为准； 5. 委托方要求取回检测后的余样时，若在检测报告出具后一个月内未取回，且未说明原因的，余样由本公司统一处理；委托方将余样领回后，本公司不再受理异议申诉				

见证人签章：　　　　　　　　　　　　取样/送样人签章：　　　　　　　　　　收样人：

正体签字：　　　　　　　　　　　　　正体签字：　　　　　　　　　　　　　签章：

（三）检测结果判定

在抽取的 3 份样品中，取 1 份样品按标准的规定进行测定，若检验结果符合标准规定的要求（表 8.3.3～表 8.3.5）则判定为合格。如果检测结果未达到标准要求，应对保存样品进行复验，如果复验结果仍未达到标准要求，则判定为不合格。

表 8.3.3　水性墙面涂料中有害物质的限量值要求

项目	限量值			
	内墙涂料	外墙涂料		腻子
		含效应颜料类	其他类	
甲醛含量（mg/kg）	≤50			

表 8.3.4　室内用其他水性涂料和水性腻子中游离甲醛限量

项目	限量值	
	其他水性涂料	其他水性腻子
游离甲醛（mg/kg）	≤100	

表 8.3.5　室内用水性胶粘剂游离甲醛限量

项目	指　标						
	聚乙酸乙烯酯类	缩甲醛类	橡胶类	聚氨酯类	VAE 乳液类	丙烯酸酯类	其他类
游离甲醛（mg/kg）	≤500	≤1000	≤1000	—	≤500	≤500	≤1000

第四节　混凝土外加剂

一、依据标准

（1）《民用建筑工程室内环境污染控制标准》（GB 50325—2020）。

（2）《混凝土外加剂中释放氨的限量》（GB 18588—2001）。

（3）《混凝土外加剂》（GB 8076—2008）。

（4）《混凝土防冻剂》（JC 475—2004）。

二、检测项目

混凝土外加剂中氨释放量检测。

三、取样要求、结果判定及不合格情况的处理

（一）取样要求

1. 代表批量

根据产品标准确定批量，比如同一品种的混凝土防冻泵送剂每 100t 为一批次。混凝土防冻剂每 50t 为一批次。

2. 取样数量

防冻剂按最大掺量不少于 0.15t 水泥所需的量；其他外加剂按不少于 0.2t 水泥所需用的外加剂的量。

3. 取样方法

取样应具有代表性，可连续取，也可以从 20 个以上不同部位取等量样品。液体外加剂取样时应注意从容器的上、中、下三层分别取样。

4. 样品要求

每一批号取样应混合均匀，分为两等份，一份作为试验样品，另一份密封保存 3 个月，以备有疑议时，提交国家指定的检验机关复验或仲裁。

（二）委托单填写范例

混凝土外加剂中释放氨的量检验委托单填写范例见表 8.4.1。

表 8.4.1 混凝土外加剂中释放氨的量检验/检测委托单

所属合同编号：   （合同编号为涉及收费的关键信息，由委托单位提供并确认无误!!）

工程名称						
委托单位/建设单位			联系人		电话	
施工单位			取样人		电话	
见证单位			见证人		电话	
监督单位			生产厂家			
使用部位			出厂编号			
混凝土外加剂（释放氨） 样品及检测信息						
样品编号			样品数量		代表批量	
规格型号						
检测项目	释放氨的量					
检测依据	JC 475—2004、GB 18588—2001					
评定依据	GB 18588—2001					
检后样品处理约定	□由委托方取回　☑由检测机构处理		检测类别		☑见证　□委托	
☑常规　□加急　□初检　□复检　原检编号：_____			检测费用			
样品状态			收样日期		年　　月　　日	
备注						
说明	1. 取样/送样人和见证人应对试样及提供的资料、信息的真实性、规范性和代表性负责； 2. 委托方要求加急检测时，加急费按检测费的 200％核收，单组（项）收费最多不超过 1000 元； 3. 委托检测时，本公司仅对来样负责；见证检测时，委托单上无见证人签章无效，空白处请画"—"； 4. 一组试样填写一份委托单，出具一份检测报告，检测结果以书面检测报告为准； 5. 委托方要求取回检测后的余样时，若在检测报告出具后一个月内未取回，且未说明原因的，余样由本公司统一处理；委托方将余样领回后，本公司不再受理异议申诉					

见证人签章：　　　　　　　　　　　取样/送样人签章：　　　　　　　　　　收样人：
正体签字：　　　　　　　　　　　　正体签字：　　　　　　　　　　　　签章：

（三）检测结果判定

若混凝土外加剂中释放氨的量不大于 0.10％（质量分数），即为该批产品合格。如果不符合上述要求，则判定该批产品不合格。复验以封存样进行，如果使用单位要求现场采样，应事先在委托合同中规定，并在监理和使用单位人员在场的情况下于现场取混合样。检测结果符合标准要求时，判定产品合格，否则为不合格。

第五节 民用建筑工程室内环境污染物（竣工验收）

一、依据标准

（1）《民用建筑工程室内环境污染控制标准》（GB 50325—2020）。

（2）《环境空气中氡的标准测量方法》（GB/T 14582—1993）。

（3）《建筑室内空气中氡检测方法标准》（T/CECS 569—2019）。

（4）《公共场所卫生检验方法 第 2 部分：化学污染物》（GB/T 18204.2—2014）。

（5）《居住区大气中甲醛卫生检验标准方法 分光光度法》（第/T 16129—1995）。

二、检测项目

室内环境污染物氡、甲醛、氨、苯、甲苯、二甲苯、总挥发性有机化合物（TVOC）检测。

三、取样要求、结果判定及不合格情况的处理

（一）取样要求

1. 取样时间

民用建筑工程及室内装饰装修工程的室内环境质量验收，应在工程完工不少于 7d、工程交付使用前进行。

2. 取样数量

民用建筑工程验收时，应抽检每个建筑单体有代表性的房间室内环境污染物浓度，氡、甲醛、氨、苯、甲苯、二甲苯、总挥发性有机化合物（TVOC）的抽检量不得少于房间总数的 5%，每个建筑单体不得少于 3 间。当房间总数少于 3 间时，应全数检测。

民用建筑工程验收时，凡进行了样板间室内环境污染物浓度检测且检测结果合格的，其同一装饰装修设计样板间类型的房间抽检量可减半，并不得少于 3 间。

幼儿园、学校教室、学生宿舍、老年人照料房屋设施室内装饰装修验收时，室内空气中氡、甲醛、氨、苯、甲苯、二甲苯、总挥发性有机化合物（TVOC）的抽检量不得少于房间总数的 50%，且不得少于 20 间。当房间总数不大于 20 间时，应全数检测。

民用建筑工程验收时，室内环境污染物浓度检测点数应符合表 8.5.1 的规定。

表 8.5.1　室内环境污染物浓度检测点数设置

房间使用面积（m²）	检测点数（个）
<50	1
≥50，<100	2
≥100，<500	不少于 3
≥500，<1000	不少于 5
≥1000	≥1000m² 的部分，每增加 1000m² 增设 1，增加面积不足 1000m² 时按 1000m² 计算

3. 取样方法

民用建筑工程验收时，室内环境污染物浓度现场检测点应距房间地面高度 0.8～1.5m，距房间内墙面不应小于 0.5m。监测点应均匀分布，且应避开通风道和通风口。

当房间内有 2 个及以上检测点时，应采用对角线、斜线、梅花状均衡布点，并应取各点检测结果的平均值作为该房间的检测值。

（二）委托单填写范例

室内环境工程检验委托单填写范例见表 8.5.2。

表 8.5.2　室内环境工程检验/检测委托单
（合同编号为涉及收费的关键信息，由委托单位提供并确认无误!!）

所属合同编号：

工程名称					
委托单位/建设单位		联系人		电话	
施工单位		联系人		电话	
监理单位		见证人		电话	

续表

工程名称				
监督单位	＿＿市＿＿区工程质量监督站	结构形式		
总层数	地下＿＿层，地上＿＿层	委托层数	地上＿＿层至＿＿层	
总建筑面积		委托面积		
工程地址				

<table>
<tr><td colspan="5" align="center">委托检测方案</td></tr>
<tr><td>委托编号</td><td colspan="4" align="center">（由受理人填写）</td></tr>
<tr><td>检测项目</td><td>☑甲醛 ☑氨 ☑苯 ☑甲苯 ☑二甲苯
☑TVOC ☑氡</td><td>建筑用途</td><td colspan="2"></td></tr>
<tr><td>开工时间</td><td></td><td>完工时间</td><td colspan="2"></td></tr>
<tr><td>检测依据</td><td>GB 50325—2020</td><td>总户数</td><td colspan="2"></td></tr>
<tr><td>＜50m²</td><td>≥50m²，＜100m²</td><td>≥100m²，＜500m²</td><td>≥500m²，＜1000m²</td><td>≥1000m²</td></tr>
<tr><td></td><td></td><td></td><td></td><td></td></tr>
<tr><td>☑常规 □加急 □初检 □复检 原检编号：＿＿＿＿＿</td><td colspan="2"></td><td>检测费用</td><td></td></tr>
<tr><td>声明</td><td colspan="2">委托方确认工程现场已经具备检测条件；
委托方确认待复检工程已全部整改完毕</td><td>委托日期</td><td>年 月 日</td></tr>
<tr><td>备注</td><td colspan="4"></td></tr>
<tr><td>说明</td><td colspan="4"></td></tr>
</table>

监理（建设）单位签章：　　　　　　　　　　　　　　　　　　　　　　　受理人签章：

附委托须知

1. 民用建筑工程及室内装修工程的室内环境质量检测，应在工程完工至少7d后、工程交付使用前进行。

2. 检测前，被测房间内不得放置影响室内环境质量的物品，如家具、油漆、涂料等。

3. 氨、甲醛、苯、甲苯、二甲苯、TVOC浓度检测时，对于采用集中通风的民用建筑工程，应在通风系统正常运转的条件下进行。对采用自然通风的民用建筑工程，检测前，应提前1h关闭门窗。装饰装修工程中完成的固定式家具，应保持正常使用状态。请委托单位负责按规范要求予以配合，事先做好准备工作。

4. 氡浓度检测时，对于采用集中通风的民用建筑工程，应在通风系统正常运转的条件下进行。对于采用自然通风的民用建筑工程，检测前，应提前24h关闭门窗。请委托单位负责按规范要求予以配合，事先做好准备工作。Ⅰ类建筑无架空层或地下车库结构时，一层、二层房间抽检比例不宜低于总抽检房间数的40％。

5. 委托单位在办理委托手续或现场采样前，需提供该工程的标准层施工图纸。请提前准备。

6. 现场采样、检测过程中需由工程委托单位或工程监理单位进行见证，并现场签字确认。

7. 对检测报告若有异议，应于出具报告15日内向检测单位提出，逾期不予受理。

8. 该检测项目如在检测合同范围内，则该委托单无须加盖建设单位公章，只需监理单位加盖项目章，并经现场负责人签字即可。

（三）检测结果判定及不合格情况的处理

当室内环境污染物浓度的全部检测结果符合GB 50325—2020的规定时，应判定该工程室内环境质量合格，见表8.5.3。

当室内环境污染物浓度检测结果不符合标准的规定时，应对不符合项目再次加倍抽样检测，并应包括原不合格的同类型房间及原不合格房间。当再次检测的结果符合本标准规定时，应判定该工程室内环境质量合格。再次加倍抽样检测的结果不符合本标准规定时，应查找原因并采取措施进行处理，直至检测合格。

室内环境污染物浓度检测结果不符合标准规定的民用建筑工程，严禁交付投入使用。

表 8.5.3　民用建筑室内环境污染物浓度限量

污染物	Ⅰ类民用建筑工程	Ⅱ类民用建筑工程
氡（Bq/m³）	≤150	≤150
甲醛（mg/m³）	≤0.07	≤0.08
氨（mg/m³）	≤0.15	≤0.20
苯（mg/m³）	≤0.06	≤0.09
甲苯（mg/m³）	≤0.15	≤0.20
二甲苯（mg/m³）	≤0.20	≤0.20
TVOC（mg/m³）	≤0.45	≤0.50

注：1. 污染物浓度测量值，除氡外均指室内污染物浓度测量值和扣除室外上风向空气中污染物浓度测量值（本底值）后的测量值。
　　2. 污染物浓度测量值的极限值判定，采用全数值比较法。

第六节　室内空气污染物（家装）

一、依据标准

（1）《室内空气质量标准》（GB/T 18883—2002）。
（2）《居住区大气中苯、甲苯和二甲苯卫生检验标准方法 气相色谱法》（GB/T 11737—1989）。
（3）《环境空气 苯系物的测定 固体吸附/热脱附-气相色谱法》（HJ 583—2010）。
（4）《公共场所卫生检验方法 第2部分：化学污染物》（GB/T 18204.2—2014）。
（5）《居住区大气中甲醛卫生检验标准方法 分光光度法》（GB/T 16129—1995）。
（6）《公共场所卫生检验方法 第1部分：物理因素》（GB/T 18204.1—2013）。

二、检测项目

室内空气污染物甲醛、氨、苯、甲苯、二甲苯、空气温度、相对湿度检测。

三、采样要求、结果判定及不合格情况的处理

（一）取样要求

1. 采样时间和频率

年平均浓度至少采样3个月，日平均浓度至少采样18h，8h平均浓度至少采样6h，1h平均浓度至少采样45min，采样时间应涵盖通风最差的时间段。

2. 采样数量

采样点的数量根据监测室内面积大小和现场情况而确定，以期能正确反映室内空气污染物的水平。原则上小于50m²的房间应设1～3个点；50～100m²的房间设3～5个点；100m²的房间以上至少设5个点。在对角线上或梅花式均匀分布。采样点应避开通风口，与墙壁距离应大于0.5m。采样点的高度，原则上与人的呼吸带高度相一致。相对高度为0.5～1.5m。

3. 采样方法

① 筛选法采样：采样前关闭门窗12h，采样时关闭门窗，至少45min。

② 累积法采样：当采用筛选法采样达不到标准要求时，必须采用累积法（按年平均、日平均、8h平均值的要求）采样。

（二）委托单填写范例

室内环境工程检验委托单填写范例见表8.6.1。

表8.6.1　室内环境工程检验/检测委托单

（合同编号为涉及收费的关键信息，由委托单位提供并确认无误！！）

所属合同编号：CON—

工程名称					
委托单位/建设单位		联系人		电话	
施工单位		联系人		电话	
监理单位		见证人		电话	
监督单位		结构形式			
总层数	地下___层，地上___层	委托层数		第___层至___层	
总建筑面积		委托面积			
工程地址					
委托检测方案					
委托编号		（由受理人填写）			
检测项目	□甲醛　□氨　□苯　□甲苯 □二甲苯　□空气湿度　□相对湿度	建筑用途		住宅	
装修时间		完工时间			
检测依据	GB/T 18883—2002	总户数			
<50m²		≥50m²，<100m²		≥100m²	
☑常规　□加急　□初检　□复检　原检编号：_____		检测费用			
声明	委托方确认工程现场已经具备检测条件； 委托方确认待复检工程已全部整改完毕	委托日期			
备注	房间大于100m²时应注明实际面积，以便于确定采样数量				
说明					

监理（建设）单位签章：　　　　　　　　　　　　　　　　　受理人签章：

（三）检测结果判定及不合格情况的处理

测试结果以平均值表示，物理性和化学性指标平均值符合标准值要求（表8.6.2）时，为所检项目符合本标准。不合格项目单独注明。当采用筛选法采样达不到标准要求时，必须采用累积法（按年平均、日平均、8h平均值的要求）采样。

表8.6.2　室内空气质量标准

序号	参数类别	参数	单位	标准值	备注
1	物理性	温度	℃	22～28	夏季空调
				16～24	冬季采暖
2		相对湿度	%	40～80	夏季空调
				30～60	冬季采暖

续表

序号	参数类别	参数	单位	标准值	备注
3	化学性	氨	mg/m³	0.20	1h均值
4		甲醛	mg/m³	0.10	1h均值
5		苯	mg/m³	0.11	1h均值
6		甲苯	mg/m³	0.20	1h均值
7		二甲苯	mg/m³	0.20	1h均值

常见问题解答

1. 工程建设单位对已完工的民用建筑工程及室内装饰装修工程，何时到检测部门办理室内环境质量验收委托？

【解答】《民用建筑工程室内环境污染控制标准》（GB 50325—2020）规定，民用建筑工程及室内装饰装修工程的室内环境质量验收，应在工程完工不少于7d、工程交付使用前进行。

2. 民用建筑工程在《民用建筑工程室内环境污染控制标准》（GB 50325—2020）中是如何分类的？不同类别工程的室内环境污染物浓度限量是怎样规定的？

【解答】

（1）根据建筑物本身的功能与现行国家标准中已有的化学指标综合考虑后作出如下规定：①Ⅰ类民用建筑工程：住宅、居住功能公寓、医院病房、老年人照料房屋设施、幼儿园、学校教室、学生宿舍等，人们在其中停留时间较长，且老幼体弱者居多，是检测人员首先应当关注的，一定要严格要求。②Ⅱ类民用建筑工程：办公楼、商店、旅馆、文化娱乐场所、书店、图书馆、展览馆、体育馆、公共交通等候室、餐厅等，一般人们在其中停留时间较少，或者在其中停留（工作）的以健康人居多，因此，定为Ⅱ类。

（2）民用建筑工程室内环境污染物浓度限量见表8.5.3。

3. 当民用建筑工程及室内装饰装修工程已具备环境检测验收条件，但室外或楼道还在进行粉刷涂装，是否可以进行环境验收采样？

【解答】不可以。因为涂装使用的液体涂料都含有大量的挥发性物质，在其施工和干燥过程中会严重影响周围的空气质量，所以不宜采样检测。

4. 主体施工在冬季进行的民用建筑工程，在环境质量验收时容易出现哪些检测项目不合格？

【解答】氨指标容易出现不合格。室内环境中的氨主要来自冬季建筑施工中使用的混凝土添加剂。由于冬季环境温度低，完工后通风不及时，墙体中的氨被还原成氨气后，从墙体中释放出来，从而造成室内空气中的氨大量积聚，易导致浓度超标。

5. 民用建筑工程室内环境检测依据的标准是什么？适用范围是什么？检测项目是什么？

【解答】依据标准：《民用建筑工程室内环境污染控制标准》（GB 50325—2020）。

适用范围：适用于新建、扩建和改建的民用建筑工程室内环境污染控制。不适用于工业生产建筑工程、仓储性建筑工程、构筑物和有特殊净化卫生要求的室内环境污染控制，也不适用于民用建筑工程交付使用后，非建筑装修产生的室内环境污染控制。

检测项目：氡、甲醛、氨、苯、甲苯、二甲苯和总挥发性有机化合物（TVOC）7种污染物。

6. 民用建筑工程室内环境氡污染物浓度检测采样点的设置应注意什么？

【解答】对于氡浓度测量来说，考虑到土壤氡对建筑物低层室内产生的影响较大，因此，一般情况下，建筑物的低层应增加抽样数量，向上层可以逐渐减少。Ⅰ类建筑无架空层或地下车库结构时，一层、二层房间抽检比例不宜低于总抽检房间数的40%。

7. 很多人认为毛坯房没有经过装饰装修不应出现污染物浓度超标现象，或者根本不需要环境检测，此种说法是否正确？

【解答】不正确。

室内环境验收时，毛坯房验收较为普遍，而"毛坯房"只是一个通俗的称谓，并没有一个准确的定义。其包含的污染源也有所差异。一般情况下，主体施工中使用的混凝土添加剂、墙面粉刷涂料、门窗密封胶、厨房与卫生间中的防水涂料以及暖气、燃气、消防管道上涂装的油漆都是造成室内环境污染的主要因素。下面分别针对不同污染物归纳如下：

（1）氡：建筑材料是室内氡的主要来源。主要存在于砂石料、土壤、水泥，特别是含有放射性元素的天然石材中。如果建筑装饰材料中天然放射性核素含量过高，也会导致室内氡浓度增高。

（2）甲醛：主要来自水性涂料、水性腻子、水性胶粘剂、水性阻燃剂（包括防水涂料）、防水剂、防腐剂、装饰材料（如木制人造板材、饰面人造板材）、建筑材料（由脲醛树脂制成的隔热泡沫材料（UFFI））。需要强调的是，甲醛是一种释放周期很长的有害物质。据有关方面研究，室内装饰材料中甲醛释放期为 3～15 年。

（3）氨：主要存在于混凝土外加剂、涂饰时的添加剂和增白剂；室内环境中的"氨"主要来自冬季建筑施工中使用的混凝土添加剂。在墙体中随着温度等环境因素的变化，而逐步被还原成氨气从墙体中缓慢释放出来，造成室内空气中氨浓度增加。

（4）苯、甲苯、二甲苯：统称为苯系物。主要来自室内装修材料，苯、甲苯、二甲苯通常被用作油漆、涂料、填料、黏合剂中的有机溶剂，如"天拿水"和"稀料"，其主要成分就是苯、甲苯、二甲苯等苯系物。装修用防水材料和一些内墙涂料中也含有苯系物。装修材料是造成室内空气中苯系物浓度超标的重要原因。装修用溶剂型胶粘剂是室内苯系物的另一个主要来源。因为价格因素、溶解性、黏结性等原因，仍然被一些企业采用。

（5）总挥发性有机化合物（TVOC）：室内环境中的 TVOC 可能从室外空气中进入，或从建筑材料、装饰装修材料中散发出来。来源包括：水性胶粘剂、室内用溶剂型胶粘剂、室内用溶剂型涂料和木器用溶剂型腻子、密封胶等。

综上所述，毛坯房进行室内环境质量验收检测是非常有必要的。出现污染物浓度超标也属于正常现象。

8. 用于民用建筑工程及装修工程的人造板材什么情况下必须进行抽查复验？其必试项目是什么？

【解答】民用建筑工程室内装修中采用的人造木板或饰面人造木板面积大于 $500m^2$ 时，应对不同产品、不同批次材料的甲醛含量或甲醛释放量分别进行抽查复验。

9. 室内环境污染物的主要成分及危害是什么？

【解答】

（1）氡及其子体：氡与室内空气中其他有害物质最大的区别在于，它是无色、无味、看不见、摸不着、让人难以察觉的一种物质。氡及其子体被人体吸收后，会破坏人体正常功能，破坏或改变DNA。长期辐射将会造成人的造血功能、神经系统、生殖系统和消化系统的损伤，导致肺癌、白血病或其他急性肿瘤致人死亡。

（2）甲醛：高毒化学品。长期接触低剂量甲醛，可以引起慢性呼吸道疾病、女性妊娠综合征，引起新生儿体质降低、染色体异常。高浓度的甲醛对人的神经系统、免疫系统、肝脏等有毒害作用。甲醛还可以刺激眼结膜、呼吸道黏膜而产生流泪、流涕，引起结膜炎、咽喉炎、哮喘、支气管炎和变态反应性疾病。甲醛还有致畸、致癌的作用。

（3）氨：能够刺激和腐蚀人体上呼吸道，可减弱人体对疾病的抵抗力。氨进入肺泡后，易和血红蛋白结合破坏运氧功能。短期内吸入大量的氨可出现流泪、咽痛、声音嘶哑、咳嗽、头晕、恶心等症状，严重者会出现肺水肿或呼吸窘迫综合征，同时发生呼吸道刺激症状。

（4）苯、甲苯、二甲苯：苯是致癌物，具有很强的挥发性，对眼睛、皮肤和上呼吸道有刺激作用，长期低浓度接触可出现神经衰弱症状，头晕乏力，记忆力减退，免疫力低下，白细胞减少，长期吸入苯能导致再生障碍性贫血（血癌）、胎儿先天性的缺陷，对生殖功能也有一定的影响。甲苯是一种无色、带特殊芳香味的易挥发液体。甲苯毒性小于苯，但刺激症状比苯严重，吸入可出现咽喉刺痛感、发痒和灼烧感；刺激眼黏膜，可引起流泪、发红、充血；溅在皮肤上局部可出现发红、刺痛及泡疹等。重度甲苯中毒后，或呈兴奋状，如躁动不安、哭笑无常，或呈压抑状，如嗜睡、木僵等，严重的会出现虚脱、昏迷。二甲苯是一种化学制剂，也是一种很容易挥发的物质，对眼及上呼吸道有刺激作用，高浓度时，对中枢系统有麻醉作用。皮肤接触常发生皮肤干燥、皲裂、皮炎。

（5）总挥发性有机化合物（TVOC）是存在于室内环境中的无色气体，目前对人体健康危害最大。会引起急躁不安、不舒服、头痛及其他神经性问题，影响健康及工作效率。含有高浓度 TVOC 的环境，会对人体的中枢神经系统、肝脏、肾脏及血液有毒害影响。人长期暴露在低浓度 TVOC 中也会有不良反应，如眼睛不适、灼热、干燥、水肿、有异物感，喉咙发干，呼吸短促，哮喘，头痛，贫血，头晕，疲乏，易怒等。

10. 人造木板及其制品常用的检测方法有几种？各个方法的优缺点是什么？

【解答】人造木板及其制品常用的检测方法有环境测试舱法、干燥器法。环境测试舱法可以直接测得各类板材释放到空气中的甲醛量，干燥器法可以利用干燥器测试板材释放出来的甲醛的量。从工程需要而言，环境测试舱法提供的数据可能更接近实际，因而，欧美国家普遍采用环境测试舱法，但环境测试舱法的测试周期长、运行费用高，在装饰装修过程中采用环境测试舱法进行甲醛释放量判定难以做到。相比之下，干燥器法的测试周期短、测定费用低，适合于装饰装修工程情况，因此 GB 50325—2020 标准允许使用干燥器法。干燥器法测试甲醛释放量按现行国家标准 GB/T 17657—2013 的规定进行。当发生争议时，以环境测试舱法为准。

11. 民用建筑工程室内装修中使用的天然花岗岩石材或瓷质砖什么情况下要求进行放射性指标抽查复验？

【解答】在使用面积大于 200m² 时，应对不同产品、不同批次的材料分别进行放射性指标抽查复验。

第九章　水质检测

第一节　地下水检测

一、依据标准

(1)《地下水质分析方法 第1部分：一般要求》（DZ/T 0064.1—2021）。

(2)《岩土工程勘察规范［2009版］》（GB 50021—2001）。

(3)《地下水质分析方法 第49部分：碳酸根、重碳酸根和氢氧根离子的测定 滴定法》（DZ/T 0064.49—2021）。

(4)《地下水质分析方法 第50部分：氯化物的测定 银量滴定法》（DZ/T 0064.50—2021）。

(5)《地下水质分析方法 第47部分：游离二氧化碳的测定 滴定法》（DZ/T 0064.47—2021）。

(6)《地下水质分析方法 第64部分：硫酸盐的测定 乙二胺四乙酸二钠—钡滴定法》（DZ/T 0064.64—2021）。

(7)《地下水质分析方法 第48部分：侵蚀性二氧化碳的测定 滴定法》（DZ/T 0064.48—2021）。

(8)《地下水质分析方法 第13部分：钙量的测定 乙二胺四乙酸二钠滴定法》（DZ/T 0064.13—2021）。

(9)《地下水质分析方法 第14部分：镁量的测定 乙二胺四乙酸二钠滴定法》（DZ/T 0064.14—2021）。

(10)《地下水质分析方法 第57部分：氨氮的测定 纳氏试剂分光光度法》（DZ/T 0064.57—2021）。

(11)《地下水质分析方法 第5部分：pH值的测定 玻璃电极法》（DZ/T 0064.5—2021）。

(12)《地下水质分析方法 第2部分：水样的采集和保存》（DZ/T 0064.2—2021）。

二、检验项目

氢氧根（OH^-）、碳酸根（CO_3^{2-}）、重碳酸根（HCO_3^-）、游离CO_2、硫酸根（SO_4^{2-}）、侵蚀性CO_2、钙离子（Ca^{2+}）、镁离子（Mg^{2+}）、铵离子（NH_4^+）、pH值。

三、取样要求及委托单填写范例

（一）送样要求

(1) 样品采集可用硬质玻璃瓶或聚乙烯瓶。

(2) 送样数量：不小于2000mL。

（二）现场取样要求

1. 地下水取样要求

采集的水样应均匀并且具有代表性。采样时，先用待取水样将采样瓶涮洗2～3次，再将水采集于瓶中。泉水和自流井可在涌水处直接采样。

已有水井，分为三种情况：①经常抽水的井，可在排除泵管内水后直接采样；②较少抽水的水井，应在抽出井管内停滞水柱体积的2～3倍后采样；③很少抽水的水井，出现井管锈蚀或水体浑浊的情况，应抽水直至满足采样要求时采样。

专门开挖或钻井采样，分为两种情况：①人工开挖深坑、浅井或手工浅钻揭露地下水，应注意防止施工工具的污染和表层土扰动对地下水采集的影响；②机械钻井（深钻）应在达到洗井要求后采样。

专门目的的采样（以科学研究为主，如抽注水试验、示踪试验、淋溶试验等），可按照样品检测目的要求单独确定采样要求。

取平行水样时应在相同条件下同时采集，容器材料也应相同。

采集的每个样品，均应在现场立即封好瓶口，并贴上标签（标签上应注明样品编号、采样日期、水源种类、岩性、浊度、水温、气温等）。如加有保护剂，则应注明加入的保护剂的名称及用量和测定要求等。

2. 岩土工程勘察取样要求

混凝土结构处于地下水位以上时，应取土试样做土的腐蚀性测试。

混凝土结构处于地下水或地表水中时，应取水试样做水的腐蚀性测试。

混凝土结构部分处于地下水位以上、部分处于地下水位以下时，应分别取土试样和水试样做腐蚀性测试。

盐类成分和含量分布不均匀时，应分区、分层取样，每区、每层不应少于2件。

（三）委托单填写范例

地下水水质、污泥检验委托单填写范例见表9.1.1。

表9.1.1　地下水水质、污泥检验检测委托单

（合同编号为涉及收费的关键信息，由委托单位提供并确认无误！）

所属合同编号：

工程名称		样品名称		地下水
委托单位/建设单位		联系人	电话	
见证单位		见证人	电话	
受检单位		取样/送样人	电话	
工程或受检单位地址	___区___路		委托日期	

样品及检测信息

委托编号		报告编号		采样频次	
采样位置					
样品类别	地下水				
检测项目	1. pH值；2. 硫酸盐；3. 氯化物；4. 钙、镁；5. 碳酸根、重碳酸根、氢氧根；6. 游离二氧化碳；7. 侵蚀性二氧化碳；8. 铵离子				
检测依据	1. GB/T 6920—1986（或DZ/T 0064.5—2021）；2. DZ/T 0064.64—2021；3. GB/T 11896—1989（镁）（或DZ/T 0064.50—2021）；4. GB/T 11905—1989 [或DZ/T 0064.13—2021（钙）、DZ/T 0064.14—2021（镁）]；5. DZ/T 0064.49—2021；6. DZ/T 0064.47—2021；7. DZ/T 0064.48—2021；8. DZ/T 0064.57—2021				
评定依据	不做判定				
检后样品处理约定	□由委托方取回 □由检测机构处理	检测类别		□见证 □委托	
□常规 □加急 □初检 □复检　原检编号：_____		检测费用			
样品状态	无色透明液体	收样日期		年　月　日	
备注					
说明	1. 取样/送样人和见证人应对试样及提供的资料、信息的真实性、规范性和代表性负责； 2. 委托方要求加急检测时，加急费按检测费的200%核收，单组（项）收费最多不超过1000元； 3. 委托检测时，本公司仅对来样负责；见证检测时，委托单上无见证人签章无效，空白处请画"—"； 4. 一组试样填写一份委托单，出具一份检测报告，检测结果以书面检测报告为准； 5. 委托方要求取回检测后的余样时，应在检测报告出具后、样品保质期内取回，超过保质期的样品由本公司统一处理；余样领取后不再受理异议申诉				

委托/见证单位签章：　　　　　　取样/送样人签章：　　　　　　收样人：

正体签字：　　　　　　　　　　正体签字：　　　　　　　　　　签章：

四、结果判定及不合格情况处理

地下水质检验方法的测定结果不需进行合格与否的判定，可配套《地下水质量标准》（GB/T 14848）的使用，同时适应于地下水资源调查、评价、监测和利用等水质的分析。

岩土工程勘察工程场地应取水试样（地下水或地表水）或土试样进行试验，评定其对建筑材料的腐蚀性。

五、常见问题解答

（1）水和土对建筑材料的腐蚀性，可分为微、弱、中、强四个等级。

（2）腐蚀性等级中，只出现弱腐蚀、无中等腐蚀或强腐蚀时，应综合评价为弱腐蚀。

（3）腐蚀性等级中，无强腐蚀，最高为中等腐蚀时，应综合评价为中等腐蚀。

（4）腐蚀性等级中，有一个或一个以上强腐蚀时，应综合评价为强腐蚀。

第二节 生活饮用水检测

一、依据标准

（1）《生活饮用水卫生标准》（GB 5749—2006）。

（2）《地表水环境质量标准》（GB 3838—2002）。

（3）《地下水质量标准》（GB/T 14848—2017）。

（4）《城市供水水质标准》（CJ/T 206—2005）。

（5）《生活饮用水标准检验方法 水样的采集和保存》（GB/T 5750.2—2006）。

（6）《生活饮用水标准检验方法 感官性状和物理指标》（GB/T 5750.4—2006）。

（7）《生活饮用水标准检验方法 无机非金属指标》（GB/T 5750.5—2006）。

（8）《生活饮用水标准检验方法 金属指标》（GB/T 5750.6—2006）。

（9）《生活饮用水标准检验方法 有机物综合指标》（GB/T 5750.7—2006）。

（10）《生活饮用水标准检验方法 消毒副产物指标》（GB/T 5750.10—2006）。

（11）《生活饮用水标准检验方法 消毒剂指标》（GB/T 5750.11—2006）。

（12）《生活饮用水标准检验方法 微生物指标》（GB/T 5750.12—2006）。

二、检验项目

pH值、氨氮、色度、铜、锌、铅、镉、锰、铁、锑、硒、硫酸盐、氟化物、硫化物、氯化物、甲醛、硝酸盐氮、溶解性总固体、浑浊度、臭和味、肉眼可见物、总硬度、挥发性酚类、阴离子合成洗涤剂、磷酸盐、硼、亚硝酸盐氮、汞、铬（六价）、耗氧量、亚氯酸盐、游离余氯、氯胺、菌落总数、总大肠菌群、耐热大肠菌群、大肠埃希氏菌等。

三、取样要求及委托单填写范例

首先应根据待测组分的特性选择合适的采样容器。容器的材质应化学稳定性强，不与水样中的待测组分发生反应，容器壁不应吸收或吸附待测组分。其中，对无机物、金属和放射性元素测定水样应使用有机材质的聚乙烯塑料容器等，对有机物和微生物学指标测定水样应使用玻璃材质的采样容器。水样采集时要求如下。

（一）一般要求

1.理化指标

采样前应用水样荡洗采样器、容器和塞子2～3次（油类除外）。

2. 微生物学指标

同一水源、同一时间采集几类检测指标的水样时，应先采集供微生物学指标检测的水样。采样时应直接采集，不得用水涮洗已灭菌的采样瓶，并避免手指和其他物品对瓶口的玷污。

（二）水源水的采集

水源水是指集中式供水水源地的原水，采样点通常应选择汲水处。

（三）出厂水的采集

出厂水是指集中式供水单位水处理工艺过程完成的水，采样点应设在出厂进入输送管道以前处。

（四）末梢水的采集

末梢水是指出厂水经输水管网输送至终端（用户水龙头）处的水，取样时应打开水龙头放水数分钟，排出沉淀物。采集微生物学指标检验的样品前应对水龙头进行消毒。

（五）二次供水的采集

二次供水是指集中式供水在入户之前经再度储存、加压和消毒或深度处理，通过管道或容器输送给用户的供水方式，采集时应包括水箱（或蓄水池）进水、出水及末梢水。

（六）分散式供水的采集

分散式供水是指用户直接从水源取水，未经任何设施或仅有简易设施的供水方式，采集时应根据实际使用情况而定。

（七）采样体积

根据测定指标、测试方法、平行样检测所需样品量等情况计算并确定采样体积，样品采集时应分类采集。采样体积及保存方法见表 9.2.1。

表 9.2.1　生活饮用水中常规检验指标的取样体积

指标分类	容器材质	保存方法	取样体积（L）	备注
一般理化	聚乙烯	冷藏	3～5	
挥发性酚与氰化物	玻璃	氢氧化钠（NaOH），pH 值不小于 12，如有游离余氯，加亚砷酸钠去除	0.5～1	
金属	聚乙烯	硝酸（HNO_3），pH 值不大于 12	0.5～1	
汞	聚乙烯	硝酸（HNO_3）（1＋9，含重铬酸钾 50g/L）至 pH 值不大于 12	0.2	用于冷原子吸收法测定
耗氧量	玻璃	每升水样加入 0.8mL 浓硫酸（H_2SO_4），冷藏	0.2	
有机物	玻璃	冷藏	0.2	
微生物	玻璃（灭菌）	每 125mL 水样加入 0.1mg 硫代硫酸钠除去残留余氯	0.5	水样应充满容器至溢流并密封保存
放射性	聚乙烯	—	3～5	

（八）委托单填写范例

生活饮用水水质、污泥检验委托单填写范例见表 9.2.2。

表 9.2.2　生活饮用水水质、污泥检验检测委托单

（合同编号为涉及收费的关键信息，由委托单位提供并确认无误！！）

所属合同编号：

工程名称			样品名称		饮用水	
委托单位/建设单位			联系人		电话	
见证单位			见证人		电话	
受检单位			取样/送样人		电话	
工程或受检单位地址	_____区_____小区			委托日期		

样品及检测信息					
委托编号		报告编号		采样频次	
采样位置	_____小区_____水箱				
样品类别	二次供水				
检测项目	铜、锌、铅、镉、锰、铁、锑、硒				
检测依据	GB/T 5750.6—2006				
评定依据	GB 5749—2006				
检后样品处理约定	□由委托方取回　□由检测机构处理		检测类别		□见证　□委托
□常规　□加急　□初检　□复检　原检编号：_____			检测费用		
样品状态	无色透明液体		收样日期		年　月　日（送样检测时填写此项）
备注					
说明	1. 取样/送样人和见证人应对试样及提供的资料、信息的真实性、规范性和代表性负责； 2. 委托方要求加急检测时，加急费按检测费的 200% 核收，单组（项）收费最多不超过 1000 元； 3. 委托检测时，本公司仅对来样负责；见证检测时，委托单上无见证人签章无效，空白处请画"一"； 4. 一组试样填写一份委托单，出具一份检测报告，检测结果以书面检测报告为准； 5. 委托方要求取回检测后的余样时，应在检测报告出具后、样品保质期内取回，超过保质期的样品由本公司统一处理；余样领取后不再受理异议申诉				

委托/见证单位签章：　　　　　　　　取样/送样人签章：　　　　　　　　收样人：

正体签字：　　　　　　　　　　　　正体签字：　　　　　　　　　　　　签章：

四、结果判定及不合格情况的处理

（1）当检测结果全部符合标准限值时，则判定为合格。

（2）若有所检指标不符合标准限值时，应查找原因并采取措施进行处理，处理后可进行再次检测，再次检测结果全部符合标准限值时，应判定为合格。

（3）当所检项目符合标准限值，则所检项目合格。

五、常见问题解答

1. 生活饮用水最常用的消毒方法有哪些？

目前，从水体消毒的种类来说，有氯气、漂白粉、次氯酸钠、氯胺、二氧化氯、臭氧等药剂和紫外线消毒模式，每种消毒模式都具有不同的性能和特点。我国大多数集中式供水采用氯消毒。氯消毒效果好，且费用较其他消毒方法低，也有采用漂白粉、次氯酸钠消毒的，因漂白粉、次氯酸钠容易受阳光、温度的作用而分解，所含有效氯易挥发，所以对存放条件和有效氯测试的要求比较高。使用氯胺消毒需要较长的接触时间，操作比较复杂，并且氯胺的杀菌效果差，不宜单独作为饮用水的消毒剂使用。而紫外线的灭菌作用只在其辐照期间有效，被处理的水一旦离开消毒器就不具有残余的消毒能力，如果一个细菌未被灭活而进入后续系统，就会沾附在下游管道表面并繁衍后代，容易造成二次污染。较为理想的消毒方式是二氧化氯和臭氧消毒。近年来，国外在避免氯消毒所引起的有害作用而寻找新的消毒剂时，对二氧化氯的研究和应用日益增多。由于二氧化氯不会与有机物反应而生成三氯甲烷，所以在饮用水处理中应用越来越广泛。二氧化氯消毒的安全性被世界卫生组织（WHO）列为 A_1 级，被认定为氯系消毒剂最理想的更新换代产品。美国和欧洲已有上千家水厂采用二氧化氯消毒，我国近年采用二氧化氯消毒的水厂也逐渐增多。臭氧消毒已在欧洲主要城市作为深度净化饮用水的一种主要手段。在我国，臭氧消毒总的来说是处在起步阶段，尤其是水厂净水处理工艺，但在区域供水工程中，臭氧消毒得到了一定的应用，积累了一些经验。

2. 微生物指标中 MPN 与 CFU 两种单位的区别是什么？

（1）两者含义不同。CFU（菌落形成单位）指单位体积中的细菌、霉菌、酵母等微生物的群落总数；MPN（最大或然数，计数又称稀释培养计数），适用于测定在一个混杂的微生物群落中虽不占优势但却具有特殊生理功能的类群。

（2）两者计算方式不同。CFU 法为将样品用无菌生理盐水进行系列稀释，以涂布法接种于平板，或以混碟法进行操作，经过一定时间的培养之后，直接统计平板上的大肠菌群菌落。该方法测定的是样品中所含的现时可培养的活的微生物数量，所以称为活菌计数法。MPN 法是一种常见的间接计数法，但其存在一定的局限性。

（3）两者测量准确度不同。CFU 是用来计算大肠菌群细菌的个数的表达方法，是经过培养很直观地计数出来的，得到的是一个实际样品中的确切数字。MPN 是指最大或然数，说明该数值在 95% 的可信范围内是最有可能的，取决于检测完大肠菌群后查表所得的结果，也就是说它是一个经验数值（95% 的可信范围）。

3. 生活饮用水常见的供水方式有哪些？

主要有集中式供水、二次供水、小型集中式供水和分散式供水。集中式供水是指通过输配水管网送到用户或者公共取水点的供水方式，包括自建设施供水；二次供水是指集中式供水在入户之前经再度储存、加压和消毒或深度处理，通过管道或容器输送给用户的供水方式；小型集中式供水是指农村日供水在 1000m³ 以下（或供水人口在 1 万人以下）的集中式供水；分散式供水是指分散居户直接从水源取水、无任何设施或仅有简易设施的供水方式。

第三节　土工易溶盐检测

一、依据标准

（1）《岩土工程勘察规范［2009 版］》（GB 50021—2001）。
（2）《土工试验方法标准》（GB/T 50123—2019）。

二、检验项目

化学分析试样风干含水率、碳酸根（CO_3^{2-}）及重碳酸根（HCO_3^-）、氯离子（Cl^-）、硫酸根（SO_4^{2-}）、钙离子（Ca^{2+}）、镁离子（Mg^{2+}）。

三、取样要求及委托单填写范例

（一）送样要求

（1）化学分析试样风干含水率：土样（除有机质含量较高以及含石膏较多的土之外）的送样数量：

不小于 1kg。

（2）易溶盐：土样为各种土类，送样数量：不小于 2kg。

（二）岩土勘察现场取样要求

（1）混凝土结构处于地下水位以上时，应取土试样作土的腐蚀性测试。

（2）混凝土结构处于地下水或地表水中时，应取水试样作水的腐蚀性测试。

（3）混凝土结构部分处于地下水位以上、部分处于地下水位以下时，应分别取土试样和水试样做腐蚀性测试。

（4）水试样和土试样应在混凝土结构所在的深度采取，每个场地不应少于 2 件。当土中盐类成分和含量分布不均匀时，应分区、分层取样，每区、每层不应少于 2 件。

（三）委托单填写范例

土工易溶盐检验委托单填写范例见表 9.3.1。

表 9.3.1 土工易溶盐检验/检测委托单

（合同编号为涉及收费的关键信息，由委托单位提供并确认无误！！）

所属合同编号：

工程名称					
委托单位/ 建设单位		联系人		电话	
施工单位		取样人		电话	
见证单位		送样人		电话	
监督单位		生产厂家			
使用部位		出厂编号			

土工易溶盐　样品及检测信息

样品编号		样品数量	2kg（2组）	代表批量	
规格型号					
检测项目	1. 风干含水率；2. 重碳酸根、碳酸根；3. 氯离子；4. 硫酸根；5. 钙离子；6. 镁离子				
检测依据	GB/T 50123—2019				
评定依据	不做评定				
检后样品处理约定	□由委托方取回　□由检测机构处理		检测类别	□见证　□委托	
□常规　□加急　□初检　□复检　原检编号：＿＿＿＿			检测费用		
样品状态	黄褐色粉土		收样日期	年　　月　　日	
备注					
说明	1. 取样/送样人和见证人应对试样及提供的资料、信息的真实性、规范性和代表性负责； 2. 委托方要求加急检测时，加急费按检测费的 200% 核收，单组（项）收费最多不超过 1000 元； 3. 委托检测时，本公司仅对来样负责；见证检测时，委托单上无见证人签章无效，空白处请画"—"； 4. 一组试样填写一份委托单，出具一份检测报告，检测结果以书面检测报告为准； 5. 委托方要求取回检测后的余样时，若在检测报告出具后一个月内未取回，且未说明原因的，余样由本公司统一处理；委托方将余样领回后，本公司不再受理异议申诉				

见证人签章：　　　　　　　　　　　取样/送样人签章：　　　　　　　　　　　收样人：

正体签字：　　　　　　　　　　　　正体签字：　　　　　　　　　　　　　　签章：

四、结果判定及不合格情况处理

土工易溶盐试验不需进行合格与否的判定，其主要适用于工业和民用建筑、水利水电、交通、电力等建设工程的地基土及填筑土料的基本性质试验，为工程设计和施工提供准确可靠的土性指标。

工程场地应取水试样（地下水或地表水）或土试样进行试验，评定其对建筑材料的腐蚀性。

五、常见问题解答

（1）水和土对建筑材料的腐蚀性，可分为微、弱、中、强四个等级。

（2）腐蚀性等级中，只出现弱腐蚀、无中等腐蚀或强腐蚀时，应综合评价为弱腐蚀。

（3）腐蚀性等级中，无强腐蚀、最高为中等腐蚀时，应综合评价为中等腐蚀。

（4）腐蚀性等级中，有一个或一个以上强腐蚀时，应综合评价为强腐蚀。

第四节　排污水水质检测

一、依据标准

（1）《污水综合排放标准》（GB 8978—1996）。

（2）《医疗机构水污染物排放标准》（GB 18466—2005）。

（3）《城镇污水处理厂污染物排放标准》（GB 18918—2002）。

（4）《污水排入城镇下水道水质标准》（GB/T 31962—2015）。

（5）《污水监测技术规范》（HJ 91.1—2019）。

（6）《水质采样 样品的保存和管理技术规定》（HJ 493—2009）。

（7）《水质 采样技术指导》（HJ 494—2009）。

（8）《水质 pH 值的测定 电极法》（HJ 1147—2020）。

（9）《水质 悬浮物的测定 重量法》（GB/T 11901—1989）。

（10）《水质 色度的测定 稀释倍数法》（HJ 1182—2021）。

（11）《水质 化学需氧量的测定 重铬酸盐法》（HJ 828—2017）。

（12）《水质 化学需氧量的测定 快速消解分光光度法》（HJ/T 399—2007）。

（13）《水质 五日生化需氧量（BOD$_5$）的测定 稀释与接种法》（HJ 505—2009）。

（14）《水质 溶解氧的测定 电化学探头法》（HJ 506—2009）。

（15）《水质 氨氮的测定 纳氏试剂分光光度法》（HJ 535—2009）。

（16）《水质 氨氮的测定 蒸馏-中和滴定法》（HJ 537—2009）。

（17）《水质 阴离子表面活性剂的测定 亚甲蓝分光光度法》（GB/T 7494—1987）。

（18）《水质 总氮的测定 碱性过硫酸钾消解紫外分光光度法》（HJ 636—2012）。

（19）《水质 石油类和动植物油类的测定 红外分光光度法》（HJ 637—2018）。

（20）《水质 粪大肠菌群的测定 多管发酵法》（HJ 347.2—2018）。

（21）《水质 总汞的测定 高锰酸钾-过硫酸钾消解法双硫腙分光光度法》（GB/T 7469—1987）。

（22）《水质 汞、砷、硒、铋、锑的测定 原子荧光法》（HJ 694—2014）。

（23）《水质 总砷的测定 二乙基二硫代氨基甲酸银分光光谱法》（GB/T 7485—1987）。

（24）《水质 总铬的测定》（GB/T 7466—1987）。

（25）《水质 六价铬的测定 二苯碳酰二肼分光光度法》（GB/T 7467—1987）。

（26）《水质 铜、锌、铅、镉的测定 原子吸收分光光谱法》（GB/T 7475—1987）。

（27）《水质 钾和钠的测定 火焰原子吸收分光光度法》（GB/T 11904—1989）。

（28）《水质 钙和镁的测定 火焰原子吸收分光光度法》（GB/T 11905—1989）。

（29）《水质 锰的测定 高碘酸钾分光光度法》（GB/T 11906—1989）。

（30）《水质 银的测定 火焰原子吸收分光光度法》（GB/T 11907—1989）。

（31）《水质 铁、锰的测定 火焰原子吸收分光光度法》（GB/T 11911—1989）。

（32）《水质 镍的测定 火焰原子吸收分光光度法》（GB/T 11912—1989）。

（33）《水质 硫酸盐的测定 铬酸钡分光光度法》（HJ/T 342—2007）。

（34）《水质 氟化物的测定 离子选择电极法》（GB/T 7484—1987）。

（35）《水质 硫化物的测定 亚甲基蓝分光光度法》（GB/T 16489—1996）。

（36）《水质 氯化物的测定 硝酸银滴定法》（GB/T 11896—1989）。

（37）《水质 挥发酚的测定 4-氨基安替比林分光光度法》（HJ 503—2009）。

（38）《水质 甲醛的测定 乙酰丙酮分光光度法》（HJ 601—2011）。

（39）《水质 硝酸盐氮的测定 紫外分光光度法（试行）》（HJ/T 346—2007）。

（40）《水质 苯胺类化合物的测定 N-(1-萘基)乙二胺偶氮分光光度法》（GB/T 11889—1989）。

（41）《水质 游离氯和总氯的测定 N,N-二乙基-1,4-苯二胺滴定法》（HJ 585—2010）。

（42）《水质 游离氯和总氯的测定 N,N-二乙基-1,4-苯二胺分光光度法》（HJ 586—2010）。

（43）《水质 氰化物的测定 容量法和分光光度法》（HJ 484—2009）。

二、主要检测项目

（一）主要检验项目

参照《污水综合排放标准》（GB 8978—1996），对排污水水质检测，见表 9.4.1 和表 9.4.2。

表 9.4.1　一类污染物

总汞	总镍
烷基汞	苯并芘
总镉	总铍
总铬	总银
六价铬	总 α 放射性
总砷	总 β 放射性
总铅	

表 9.4.2　二类污染物

pH 值	甲醛
色度	苯胺类
悬浮物	硝基苯类
化学需氧量（COD）	阴离子表面活性剂（LAS）
生化需氧量（BOD_5）	总铜
石油类	总锌
动植物油	总锰
挥发酚	彩色显影剂
总氰化物	显影剂及氧化物
硫化物	元素磷
氨氮	有机磷农药
氟化物	粪大肠菌群数
磷酸盐	总余氯

（二）其他监测项目

排污单位的污水监测项目应按照排污许可证、污染物排放（控制）标准、环境影响评价文件及其审批意见、其他相关环境管理规定等明确要求的污染控制项目来确定。

各级生态环境主管部门或排污单位可根据本地区水环境质量改善需求、污染源排放特征等条件，增加监测项目。

三、取样要求及委托单填写范例

（一）基本要求

采集的水样应具有代表性，能反映污水的水质情况，满足水质分析的要求。水样采集方式可通过手工或自动采样。

根据采样目标确定采样地点、采样时机、采样频率、采样持续时间，采样目标可分为以下3种：

（1）质量控制检测；

（2）质量特性检测；

（3）污染源的鉴别。

（二）采样点布设原则

（1）第一类污染物采样点一律设在车间或车间处理设施的排放口或专门处理此类污染物设施的排口；第二类污染物采样点一律设在排污单位的外排口。

（2）在污染物排放（控制）标准规定的监控位置设置监测点位。对于环境中难以降解或能在动植物体内蓄积，对人体健康和生态环境产生长远不良影响，具有致癌、致畸、致突变的，根据环境管理要求确定的应在车间内或生产设施排放口监控的水污染物，在含有此类水污染物的污水与其他污水混合前的车间或车间预处理设施的出水口设置监测点位，如果含此类水污染物的同种污水实行集中预处理，则车间预处理设施排放口是指集中预处理设施的出水口。如环境管理有要求，还可同时在排污单位的总排放口设置监测点位。

（3）对于其他水污染物，监测点位设在排污单位的总排放口。如环境管理有要求，还可同时在污水集中处理设施的排放口设置监测点位。

（4）污水处理设施处理效率监测点位。监测污水处理设施的整体处理效率时，在各污水进入污水处理设施的进水口和污水处理设施的出水口设置监测点位；监测各污水处理单元的处理效率时，在各污水进入污水处理单元的进水口和污水处理单元的出水口设置监测点位。

（5）雨水排放监测点位。排污单位应实施雨污分流，雨水经收集后由雨水管道排放，监测点位设在雨水排放口。如环境管理要求雨水经处理后排放的，监测点位按上述（2）设置。

（三）采样方式

采样方式包括：瞬时采样和混合采样。

（四）采样频次

（1）排污单位的排污许可证、相关污染物排放（控制）标准、环境影响评价文件及其审批意见、其他相关环境管理规定等对采样频次有规定的，按规定执行。

（2）如未明确采样频次的，按照生产周期确定采样频次。生产周期在8h以内的，采样时间间隔应不小于2h；生产周期大于8h，采样时间间隔应不小于4h，每个生产周期内采样频次应不少于3次。如无明显生产周期，稳定、连续生产，采样时间间隔应不小于4h，每个生产日内采样频次应不少于3次。排污单位间歇排放或排放污水的流量、浓度及污染物种类有明显变化的，应在排放周期内增加采样频次。雨水排放口有明显水流动时，可采集一个或多个瞬时水样。

（3）为确认自行监测的采样频次，排污单位也可在正常生产条件下的一个生产周期内进行加密监测；周期在8h以内的，每小时采1次样；周期大于8h的，每2h采1次样，但每个生产周期采样次数不少于3次。采样的同时测定流量。

（五）采样方法

（1）污水的监测项目根据行业类型有不同要求。在分时间单元采集样品时，测定pH值、COD、BOD_5、溶解氧、硫化物、油类、有机物、余氯、粪大肠菌群、悬浮物、放射性等项目的样品，不能混合，只能单独采样。

（2）自动采样用自动采样器进行，有时间等比例采样和流量等比例采样之分。当污水排放量较稳定时，可采用时间等比例采样，否则必须采用流量等比例采样。

（3）采样的位置应在采样断面的中心，在水深大于1m时，应在表层下1/4深度处采样；水深不大于1m时，在水深的1/2处采样。

（六）采样器具及容器

（1）采样器材的材质应具有较好的化学稳定性，在样品采集、样品贮存期内不会与水样发生物理化学反应，从而引起水样组分浓度的变化。

（2）采样器具可选用聚乙烯、不锈钢、聚四氟乙烯等材质，样品容器可选用硬质玻璃、聚乙烯等材质。

（3）采样器具内壁表面应光滑，易于清洗、处理。样品容器应具备合适的机械强度，密封性好。用于微生物检验的样品容器应能耐受高温灭菌，并在灭菌温度下不释放或产生任何能抑制生物活动或导致生物死亡或促进生物生长的化学物质。

（七）委托单填写范例

排污水水质、污泥检验委托单填写范例见表9.4.3。

表9.4.3 排污水水质/污泥检验检测委托单

（合同编号为涉及收费的关键信息，由委托单位提供并确认无误!!）

所属合同编号：

工程名称		样品名称		
委托单位/建设单位		联系人		电话
见证单位		见证人		电话
受检单位		取样/送样人		电话
工程或受检单位地址	___区___路___小区	委托日期		

___排污水___样品及检测信息

委托编号		报告编号		采样频次	
采样位置	___区___路___小区排水井				
样品类别	基坑降排水				
检测项目	1.pH值；2.氨氮；3.总磷；4.悬浮物；5.COD				
检测依据	1.HJ 1147—2020；2.HJ 535—2009 或 HJ 537—2009；3.GB/T 11893—19894、GB/T 11901—1989；5.HJ 828—2017 或 HJ/T 399—2007				
评定依据	GB/T 31962—2015				
检后样品处理约定	□由委托方取回 □由检测机构处理		检测类别	□见证 □委托	
□常规 □加急 □初检 □复检 原检编号：_____			检测费用		
样品状态			收样日期		
备注					
说明	1. 取样/送样人和见证人应对试样及提供的资料、信息的真实性、规范性和代表性负责； 2. 委托方要求加急检测时，加急费按检测费的200%核收，单组（项）收费最多不超过1000元； 3. 委托检测时，本公司仅对来样负责；见证检测时，委托单上无见证人签章无效，空白处请画"—"； 4. 一组试样填写一份委托单，出具一份检测报告，检测结果以书面检测报告为准； 5. 委托方要求取回检测后的余样时，应在检测报告出具后、样品保质期内取回，超过保质期的样品由本公司统一处理；余样领取后不再受理异议申诉				

委托/见证单位签章：　　　　　　取样/送样人签章：　　　　　　收样人：

正体签字：　　　　　　　　　　　正体签字：　　　　　　　　　　　签章：

四、结果判定及不合格情况处理

（1）检测结果的适用范围：适用于现有单位污染物的排放管理以及建设项目的环境影响评价、建设项目环境保护设施设计、竣工验收及其投产后的排放管理。

（2）当水检测全部指标均符合标准规定时，则判定为合格。

（3）当所检项目符合标准限值，则所检项目合格。

五、常见问题解答

1. 城市污水处理后应怎样排放与利用？

（1）放纳水体，作为水体的补给水。如下游的河道、湖泊、海边等。排放收纳水是城市污水处理后最常采用的方法，但排出处理后的水应达到国家或地方相关的排放标准，否则可能造成收纳水体遭受污染。

（2）排放水回用。排放水回用是最合理的出路，既可以有效地节约和利用有限的宝贵淡水资源，又可减少污水的排放量，减轻其对水环境的污染。城市污水经二级处理和深度处理后回用的范围很广，可以提供给企业工厂作冷却水用，也可以回用于生活杂用，如景观用水、园林绿化用水、浇洒道路、冲厕所等。

2. 什么是水体污染？

水体污染是指一定量的污水、废水、各种废弃物等污染物质进入水域，超出了水体的自净和纳污能力，从而导致水体及其底泥的物理、化学性质和生物群落组成发生不良变化，破坏了水中固有的生态系统和水体的功能，从而降低水体使用价值的现象。

3. 废水中为什么经常使用 COD 和 BOD 这两个污染指标？

废水中有许多有机物质，含有十几种、几十种，甚至上百种有机物质的废水也是能经常遇到的，如果对废水中的有机物质一一进行定性定量的分析，既消耗时间又消耗药品。那么，能不能只用一个污染指标来表示废水中的污染物质及它们的数量呢？环境科学工作者经过研究发现，所有的有机物质都有两个共性。一是它们至少由碳和氢组成，二是绝大多数的有机物能够发生化学氧化或被微生物氧化。它们的碳和氢分别与氧形成无毒无害的二氧化碳和水。废水中的有机物质，不论是在化学氧化过程中，还是在生物氧化过程中，都需要消耗氧。废水中的有机物越多，则消耗的氧量也越多。二者之间是成正比例关系的。于是，环境科学工作者将废水用化学药剂氧化时所消耗的氧量，称为化学需氧量，即 COD。而将废水用微生物氧化所消耗的氧量称为生物需氧量，即 BOD。由于 COD 和 BOD 能够综合反映废水中所有有机物的含量，且分析比较简单，因此被广泛应用于废水分析和环境工程上。

4. 废水分析中为什么要经常使用毫克/升（mg/L）这个浓度单位？

一般来说，废水中的有机物质和无机物质的含量是很小的，比如 1t 废水中往往只有几克、几十克、几百克甚至几千克污染物质，其单位即为克/吨（g/t），故将 t 换算成 L，即为毫克/升（mg/L）。计算时可参考表 9.4.4 换算。

表 9.4.4　换算表

1mg/L	百万分之一
1000mg/L	千分之一
10000mg/L	百分之一

第五节　混凝土拌合用水检测

一、依据标准

（1）《混凝土用水标准》（JGJ 63—2006）。

（2）《水质 pH 值的测定 玻璃电极法》（GB 6920—1986）。

（3）《水质 悬浮物的测定 重量法》（GB/T 11901—1989）。

（4）《水质 氯化物的测定 硝酸银滴定法》（GB/T 11896—1989）。

（5）《水质 硫酸盐的测定 重量法》（GB/T 11899—1989）。

（6）《水泥化学分析方法》（GB/T 176—2017）。

（7）《水泥标准稠度用水量、凝结时间、安定性检验方法》（GB/T 1346—2011）。

（8）《水泥胶砂强度检验方法（ISO 法）》（GB/T 17671—1999）。

二、主要检验项目

pH 值、不溶物、氯化物、硫酸盐、碱含量（采用非碱活性骨料时，可不检验碱含量）、水泥凝结时间、水泥胶砂强度。

三、取样要求及委托单填写范例

（一）取样要求

（1）水质检验水样不应少于 5L。

（2）采集水样的容器应无污染，容器应用待采集水样冲洗三次再灌装，并应密封待用。

（3）地表水宜在水域中心部位、距水面 100mm 以下采集，并应记载季节、气候、雨量和周边环境的情况。

（4）地下水应在放水冲洗管道后接取，或直接用容器采集；不得将地下水积存于地表后再从中采集。

（5）再生水应在取水管道终端接取。

（6）混凝土企业设备洗刷水应沉淀后，在池中距水面 100mm 以下采集。

（二）检验期限和频率

1. 检验期限

（1）水质全部项目检验宜在取样后 7d 内完成。

（2）地表水、地下水和再生水的放射性应在使用前检验；当有可靠资料证明无放射性污染时，可不检验。

（3）地表水、地下水、再生水和混凝土企业设备洗刷水在使用前应进行检验。

2. 检验频率

在使用期间检验频率应符合下列要求：

（1）地表水每 6 个月检验一次。

（2）地下水每年检验一次。

（3）再生水每 3 个月检验一次，在质量稳定 1 年后，可每 6 个月检验一次。

（4）混凝土企业设备洗刷水每 3 个月检验一次；在质量稳定 1 年后，可 1 年检验一次。

（5）当发现水受到污染和对混凝土性能有影响时，应立即检验。

（三）委托单填写范例

混凝土拌合用水水质、污泥检测委托单填写范例见表 9.5.1。

表 9.5.1　混凝土拌合用水水质、污泥检验检测委托单

（合同编号为涉及收费的关键信息，由委托单位提供并确认无误!!）

所属合同编号：

工程名称		样品名称		
委托单位/建设单位		联系人		电话	
见证单位		见证人		电话	
受检单位		取样/送样人		电话	
工程或受检单位地址	＿＿区＿＿小区	委托日期		

___混凝土拌合用水___ 样品及检测信息

委托编号		报告编号		采样频次	
采样位置	送样				
样品类别	混凝土拌合用水				
检测项目	1. pH 值；2. 不溶物；3. 氯化物；4. 硫酸盐				
检测依据	1. GB/T 6920—1986；2. GB/T 11901—1989；3. GB/T 11896—1989；4. GB/T 11899—1989				
评定依据	JGJ 63—2006				
检后样品处理约定	□由委托方取回 □由检测机构处理		检测类别	□见证　　□委托	
□常规　□加急　□初检　□复检　原检编号：＿＿＿＿＿			检测费用		
样品状态	无色透明液体		收样日期	年　　月　　日（送样检测时填写此项）	
备注					
说明	1. 取样/送样人和见证人应对试样及提供的资料、信息的真实性、规范性和代表性负责； 2. 委托方要求加急检测时，加急费按检测费的 200% 核收，单组（项）收费最多不超过 1000 元； 3. 委托检测时，本公司仅对来样负责；见证检测时，委托单上无见证人签章无效，空白处请画"—"； 4. 一组试样填写一份委托单，出具一份检测报告，检测结果以书面检测报告为准； 5. 委托方要求取回检测后的余样时，应在检测报告出具后、样品保质期内取回，超过保质期的样品由本公司统一处理；余样领取后不再受理异议申诉				

委托/见证单位签章：　　　　　　　　取样/送样人签章：　　　　　　　　收样人：

　　正体签字：　　　　　　　　　　　正体签字：　　　　　　　　　　　签章：

四、结果判定及不合格情况处理

（1）适用范围：适用于工业与民用建筑及一般构筑物的混凝土用水。

（2）符合现行国家标准《生活饮用水卫生标准》（GB 5749）要求的饮用水，可不经检验作为混凝土用水。

（3）pH 值、不溶物、氯化物、硫酸盐、碱含量、水泥凝结时间、水泥胶砂强度符合要求的水，可作为混凝土用水。

（4）当水泥凝结时间和水泥胶砂强度的检验不满足要求时，应重新加倍抽样复检一次。

五、常见问题解答

1. 混凝土拌合用水进行凝结时间对比的判定标准是什么？

【解答】被检验水样应与饮用水样进行水泥凝结时间对比试验。对比试验的水泥初凝时间差及终凝

时间差均不应大于 30min。同时，初凝和终凝时间应符合现行国家标准《通用硅酸盐水泥》（GB 175）的规定。

2. 混凝土拌合用水进行胶砂强度对比的判定标准是什么？

【解答】被检验水样应与饮用水样进行水泥胶砂强度对比试验，被检验水样配制的水泥胶砂 3d 和 28d 强度不应低于饮用水配制的水泥胶砂 3d 和 28d 强度的 90%。

第十章　市政基础设施材料检测

第一节　地基土的检验

建筑地基土、城镇道路路基土及其他回填土是由碎石土、砂土、粉土、黏土等组成的素填土，经过压实或夯实成为压实填土。建筑地基土主控检验项目为压实系数。路基土为压实度及承载能力回弹弯沉值检验。回填土是指管道沟槽回填、建筑基坑素土回填，主控检验项目为压实度。

一、依据标准

（一）检验评定标准

（1）《建筑地基基础工程施工质量验收标准》（GB 50202—2018）。

（2）《建筑地基基础设计规范》（GB 50007—2011）。

（3）《城镇道路工程施工与质量验收规范》（CJJ 1—2008）。

（4）《市政道路工程施工质量验收规程》（DB13(J)55—2005）。

（5）《城市道路工程设计规范（2016 版）》（CJJ 37—2012）。

（6）《给水排水管道工程施工及验收规范》（GB 50268—2008）。

（二）检验方法标准

（1）《土工试验方法标准》（GB/T 50123—2019）。

（2）《公路土工试验规程》（JTG 3430—2020）。

（3）《公路路基路面现场测试规程》（JTG 3450—2019）。

二、检验项目

（一）原材料土质检验

一般检验项目：土的含水率、界限含水率、颗粒分析等。

（二）压实度检验

地基土与市政道路路基土，施工过程中要求检验分层压实度，用填筑土的密实程度即压实系数来控制施工质量。施工现场检验的土层的干密度与室内击实试验的最大干密度的比值，即为压实系数，当用百分数表示时称为压实度。如压实系数 0.95，压实度表示为 95％。委托方应先委托土的击实试验，得出标准最大干密度和最佳含水率，以便控制施工。在施工现场用环刀法取样送检，或用灌砂法现场取样检验土层干密度。标准击实分为轻型击实和重型击实两种击实方法。应依据有关规定、不同的道路等级、使用的压实机具种类等的要求选用击实方法。

（三）弯沉值检验

城镇道路路基土压实度达到要求后，还应进行路床整体弯沉值检验。

三、抽样数量

（一）土质原材料检验

用目测法对现场用土进行分类，每类土均应送样检验。

（二）建筑地基土压实度检验

（1）每单位工程不少于 3 点。

（2）1000m² 以上工程每 100m² 至少有 1 点。

（3）3000m² 以上工程每 300m² 至少有 1 点。

（4）每个独立基础下至少应有 1 点。

（5）基槽每 20 延米应有 1 点。

（6）土方工程，平整后的场地表面应逐点检查，每 100～400m² 取 1 点，但不少于 10 点；长度、宽度和土坡均为每 20m 取 1 点，每边不少于 1 点。

（三）城镇道路路基土方压实度检验

（1）路床以下深度每 1000m² 每一层 1 组（3 点）；

（2）路床 10～30cm 深度每 1000m² 取 3 点；

（3）路肩每 40m 取 2 点。

（四）弯沉值检验

弯沉值用贝克曼梁、落锤式弯沉仪或自动弯沉仪测量。检查数量按设计规定，每车道每 20m 测 1 点。

四、委托单填写范例

压实度（环刀法）、击实检验委托单填写范例见表 10.1.1 和表 10.1.2。

表 10.1.1　环刀法测压实度检验/检测委托单

（合同编号为涉及收费的关键信息，由委托单位提供并确认无误!!）

所属合同编号：

工程名称					
委托单位/ 建设单位		联系人		电话	
施工单位		取样人		电话	
见证单位		见证人		电话	
监督单位	＿＿＿＿＿＿＿监督站	生产厂家			
使用部位		出厂编号			

＿环刀法测压实度＿ 样品及检测信息

样品编号		样品数量	一组（5 点）	代表批量	5000m²
环刀规格	＿＿＿ cm³	最大干密度		＿＿＿ g/cm³	
检测项目	压实度（≥97％）				
检测依据	☑ JTG 3450—2019/T 0923—2019				
评定依据	☑ CJJ 1—2008 □GB 50007—2011 □GB 50202—2018 □GB 50268—2008 □DB13(J)54—2005 □ DB13(J)55—2005 □其他：□不做评定				
检后样品处理约定	□由委托方取回 ☑由检测机构处理	检测类别		☑见证 □委托	
□常规 □加急 ☑初检 □复检 原检编号：＿＿＿＿			检测费用		
样品状态	☑上下表面平整，无杂物 □其他：	收样日期	××××年××月××日		
备注	取点位置：k1+000 左幅左 5m，k1+050 左幅左 6m，k1+150 左幅右 1m，k1+280 左幅左 6m，k1+500 左幅右 3m **此处请填写具体取点位置，可附图（附图须标注具体位置），写不开可附加页**				
说明	1. 取样/送样人和见证人应对试样及提供的资料、信息的真实性、规范性和代表性负责； 2. 委托方要求加急检测时，加急费按检测费的 200％核收，单组（项）收费最多不超过 1000 元； 3. 委托检测时，本公司仅对来样负责；见证检测时，委托单上无见证人签章无效，空白处请画"—"； 4. 一组试样填写一份委托单，出具一份检测报告，检测结果以书面检测报告为准； 5. 委托方要求取回检测后的余样时，若在检测报告出具后一个月内未取回，且未说明原因的，余样由本公司统一处理；委托方将余样领回后，本公司不再受理异议申诉				

见证人签章：	取样/送样人签章：	收样人：
正体签字.	正体签字：	签章：

表 10.1.2 击实检验/检测委托单

（合同编号为涉及收费的关键信息，由委托单位提供并确认无误!!）

所属合同编号：

工程名称					
委托单位/ 建设单位		联系人		电话	
施工单位		取样人		电话	
见证单位		见证人		电话	
监督单位	_____监督站	生产厂家		/	
使用部位		出厂编号		/	

___细粒土___ 样品及检测信息

样品编号		样品数量		代表批量	
样品名称		结合料配合比			
检测项目	☑击实（试验方法：□轻型 ☑重型｜□甲法 □乙法 □丙法）				
检测依据	□GB/T 50123—2019/13 ☑ JTG 3430—2020 /T 0131—2019 □JTG E51—2009/T 0804—1994（无机结合料）				
评定依据	☑不做评定				
检后样品处理约定	□由委托方取回 ☑由检测机构处理		检测类别	☑见证 □委托	
☑常规 □加急 □初检 □复检 原检编号：_____			检测费用		
样品状态	☑样品干净，无杂物 □其他：		收样日期	年 月 日	
备注					
说明	1. 取样/送样人和见证人应对试样及提供的资料、信息的真实性、规范性和代表性负责； 2. 委托方要求加急检测时，加急费按检测费的200%核收，单组（项）收费最多不超过1000元； 3. 委托检测时，本公司仅对来样负责；见证检测时，委托单上无见证人签章无效，空白处请画"—"； 4. 一组试样填写一份委托单，出具一份检测报告，检测结果以书面检测报告为准； 5. 委托方要求取回检测后的余样时，若在检测报告出具后一个月内未取回，且未说明原因的，余样由本公司统一处理；委托方将余样领回后，本公司不再受理异议申诉				

见证人签章： 取样/送样人签章： 收样人：
正体签字： 正体签字： 签章：

五、检验结果评定

（1）压实填土地基的质量评定标准（表10.1.3）。

表 10.1.3 压实填土地基的质量控制

结构类型	填土部位	压实系数 λ_c	控制含水率（%）
砌体承重结构和框架结构	在地基主要受力层范围内	≥0.97	$\omega_{op} \pm 2$
	在地基主要受力层范围以下	≥0.95	
排架结构	在地基主要受力层范围内	≥0.96	
	在地基主要受力层范围以下	≥0.94	

（2）路基土压实评定标准（表 10.1.4）。

表 10.1.4　路基土压实度标准

填挖类型	路床顶面以下深度（cm）	道路类别	压实度（%）（重型击实）	检验频率		检验方法
				范围	点数	
挖方	0～30	城市快速路、主干路	≥95	1000m²	每层 3 点	环刀法、灌水法、灌砂法
		次干路	≥93			
		支路及其他小路	≥90			
	0～80	城市快速路、主干路	≥95			
		次干路	≥93			
		支路及其他小路	≥90			
填方	80～150	城市快速路、主干路	≥93			
		次干路	≥90			
		支路及其他小路	≥90			
	>150	城市快速路、主干路	≥90			
		次干路	≥90			
		支路及其他小路	≥87			

（3）当管道位于路基范围内时，其沟槽的回填土压实度应符合现行国家标准《给水排水管道工程施工及验收规范》（GB 50268—2008），见表 10.1.5 和表 10.1.6。

表 10.1.5　刚性管道沟槽回填土压实度

序号	项目			最低压实度（%）		检验数量		检验方法
				重型击实标准	轻型击实标准	范围	点数	
1	石灰土类垫层			93	95	100m		用环刀法检查或采用现行国家标准《土工试验方法标准》（GB/T 50123）中其他方法
2	沟槽在路基范围外	胸腔部分	管侧	87	90	两井之间或1000m²	每层每侧一组（每组 3 点）	
			管顶以上500mm	87±2（轻型）				
		其余部分		≥90（轻型）或按设计要求				
		农田或绿地范围表层500mm 范围内		不宜压实，预留沉降量，表面整平				
3	沟槽在路基范围内	胸腔部分	管侧	87	90			
			管顶以上250mm	87±2（轻型）				
		由路槽底算起的深度范围（mm）	≤800	快速路及主干路	95	98		
				次干路	93	95		
				支路	90	92		
			800～1500（含1500）	快速路及主干路	93	95		
				次干路	90	92		
				支路	87	90		
			>1500	快速路及主干路	87	90		
				次干路	87	90		
				支路	87	90		

表 10.1.6　柔性管道沟槽回填土压实度

槽内部分		压实度（%）	回填材料	检验数量		检验方法
				范围	点数	
管道基础	管底基础	≥90	中砂、粗砂	—	—	用环刀法检查或采用现行国家标准《土工试验方法标准》（GB/T 50123）中其他方法
	管道有效支撑角范围	≥95		每 100m		
管道两侧		≥95	中砂、粗砂、碎石屑，最大粒径小于 40mm 的砂砾或符合要求的原土	两井之间或 1000m²	每层每侧一组（每组 3 点）	
管顶以上 500mm	管道两侧	≥90				
	管道上部	85±2				
管顶 500~1000mm		≥90	原土回填			

（4）涵洞位于路基范围内时，其顶部及两侧填土应符合路基压实度标准。

六、不合格情况的处理方法

当实测压实度小于规定的标准压实度时，则判定该填土的压实度不合格，对于不合格的填土应查明原因后，再进行处理。

（1）若压实度不合格是由填土含水率与最佳含水率偏差较大引起的，应调整土壤含水率（补水或晾晒），然后重新夯实取样送检。

（2）若压实度不合格是由标准干密度过高引起的，应重新取样做标准击实重新判定。

（3）若填土中含有胶结材料，且材料已发生变化，则应返工重做。

第二节　无机结合料稳定材料检验

无机结合料主要指水泥、石灰、粉煤灰及其他工业废渣。无机结合料稳定材料主要包括：石灰稳定材料、水泥稳定材料及综合稳定材料。

一、依据标准

（一）检验评定标准

（1）《城镇道路工程施工与质量验收规范》（CJJ 1—2008）。

（2）《公路路面基层施工技术细则》（JTG/T F20—2015）。

（3）《市政道路工程施工质量验收规程》[DB13(J)55—2005]。

（二）检验方法标准

（1）《公路工程无机结合料稳定材料试验规程》（JTG E51—2009）。

（2）《公路工程集料试验规程》（JTG E42—2005）。

（3）《公路路基路面现场测试规程》（JTG 3450—2019）。

二、检验项目

（1）原材料质量检验。

（2）混合料标准击实试验。

（3）混合料无侧限抗压强度检验。

（4）混合料中水泥或石灰剂量的检验。

（5）现场结构层压实度检验。

三、取样数量

（1）原材料、材料取样与抽样应符合表 10.2.1～表 10.2.3 的规定。

表 10.2.1　开工前原材料质量检验表

材料名称	代表批量	检验项目	取样数量	取样方法
土（细粒土）	每种土使用前	含水率、液限、塑限、颗粒分析	2 个样品每个样品 2kg	先清除表层土，对层状土分层使用时分层取样；混合使用时按分层厚度比例配成混合试样
砂	400m³（同产地、同规格、同进场日期）	颗粒分析、含泥量、泥块含量、堆积密度、表观密度	50kg	在料堆上取样，先将堆脚边上的料和堆表面的料清除，然后由各个部位抽取大致相等的砂共 8 份，组成一组试样
碎石或卵石	400m³（同产地、同规格、同进场日期）	颗粒分析、含泥量、泥块含量、堆积密度、表观密度	50kg	在料堆上取样，先将堆脚边上的料和堆表面的料清除，然后由各个部位抽取大致相等的石子共 15 份（在料堆的顶部、中部及底部取料），组成一组试样
水泥（各种硅酸盐水泥）	200t（袋装）500t（散装）（同一厂家、品种、强度、编号、进场日期为一批）	安定性、凝结时间、强度、标准稠度用水量、细度	12kg	从袋装水泥垛上的 20 个不同部位取等量样品混合均匀，散装水泥随机从不少于 3 个罐车中采取
生石灰	（同一厂家、类别、等级 100t 为一批）	氧化钙和氧化镁含量、未消解残渣含量	10kg	在料堆上取样，先将堆表面的料清除，然后从料堆的顶部、中部、底部取大致相等的 25 份，每份不少于 2kg，混合均匀，缩分至 10kg，装入密封容器
粉煤灰	200t（连续供应的相同等级）	细度、烧失量	2kg	散装灰从料堆不同部位取 15 份，每份 1～3kg，混匀缩分后取样
矿粉	（同一厂家、编号、进场日期为一批，散装 500t 为一批）	小于 0.075 颗粒含量、含水率	10kg	从袋装矿粉垛上的 20 个不同部位取等量样品混匀后取样，散装产品随机从不少于 3 罐车中取样混成试样

表 10.2.2　市政工程常用各种混合料试验

混合料名称	原材料			混合料			
	材料名称与检验项目	取样数量	取样频率	检验项目	取样数量	取样频率	取样方法
路基填土	含水率、液限、塑限	30kg×2＝60kg	每种土质取一次，使用中每 2000m³ 测 2 个样品	重型击实轻型击实	60kg	每种土质取一次	按土层厚度比例取样组成混合土样或分层取样
石灰稳定土、水泥稳定土、水泥石灰综合稳定土混合料	土：含水率、液限、塑限	30kg×2＝60kg	每种土使用前测 2 个样品，使用中每 2000m³ 测 2 个样品	重型击实轻型击实	60kg	每种配合比做 2 次取平均值	
	石灰：活性钙、氧化镁、未消化残渣含量	10kg	做组成设计和生产使用前分别测 2 个样品（共 4 个样品）以后每月测 2 个样品	无侧限抗压强度	一组试件至少取 3kg 混合料	每作业段或每 2000m²，6 个试件	作业段整平后碾压之前，随机取样，取 6 个点 6 个试件

续表

混合料名称	原材料			混合料			
	材料名称与检验项目	取样数量	取样频率	检验项目	取样数量	取样频率	取样方法
石灰稳定土、水泥稳定土、水泥石灰综合稳定土混合料	水泥：标号和终凝时间	12kg	在做组成设计和生产使用前检测1个样品	水泥或石灰剂量	每个样品需500g	2000m²取一次，6个样品	碾压之前随机选取6个地点取样分袋密封
石灰、粉煤灰稳定碎石混合料	生石灰：检验与石灰相同	与石灰相同	与石灰土相同	击实试验	10～30mm、10～20mm碎石60kg，5～10mm石屑40kg，粗石粉30kg，粉煤灰20kg，生石灰10kg	改变配合比时	做组成设计按原材料取样方法取样
	碎石（各种粒径的石料）：颗粒分析	15kg	每种规格2000m³2个样品				
	碎石（各种粒径的石料）：压碎值	60kg	每种规格2000m³2个样品，异常时随时试验				
	碎石（各种粒径的石料）：含水率	5kg	使用前				
	粉煤灰：烧失量、化学分析	3kg	同一厂家1个样品	无侧限抗压强度	一组试件至少取30kg混合料	2000m²，1组（9个试件）	摊铺后，碾压之前随机选取，分袋密封装
	合成集料：筛分	15kg	每种配合比做一次	—	—	—	—
水泥稳定碎石混合料	水泥：标号和终凝时间	12kg	在做组成设计和生产使用前检测1个样品	—	—	—	—
	碎石（各种粒径的石料）：颗粒分析	15kg	每种规格2000m³2个样品	击实试验	10～30mm、10～20mm碎石60kg，5～10mm石屑40kg，粗石粉30kg	改变配合比时	做组成设计按原材料取样方法取样
	碎石（各种粒径的石料）：压碎值	60kg	每种规格2000m³2个样品，异常时随时试验				
	碎石（各种粒径的石料）：含水率	5kg	使用前				
	合成集料：筛分	15kg	每种配合比做一次	无侧限抗压强度	一组试件至少取30kg或80kg混合料	2000m²，1组（9或13个试件）	摊铺后，碾压之前随机选取，分袋密封装

表 10.2.3　路基路面结构层检测

结构部位名称	路基路面结构层			
	检测项目	抽样数量	抽样频率	抽样方法
路基路床	压实度	1点	1000m²	随机选点
	碾压检验	全面积	全面积检验	全面积检验
	弯沉值	1点	每车道每20m	全里程检测
水泥稳定土、石灰稳定土、水泥石灰综合稳定土	压实度	1点	1000m²	随机选点
水泥稳定碎石	压实度	1点	1000m²	随机选点
石灰粉煤灰级配碎石	压实度	1点	1000m²	随机选点

注：1. 表10.2.1至表10.2.3中所列取样频率均为施工规范中规定施工过程中的取样与抽检频率；
　　2. 表10.2.1至表10.2.3中数据取自"河北省建筑材料质量检验工作手册"、国家标准、市政工程行业标准等规范、规程。

（2）原材料变化时需重新进行原材料检验及击实试验。

四、委托单填写范例

无侧限抗压强度、石灰剂量检验委托单见表 10.2.4 和表 10.2.5。

表 10.2.4 无侧限抗压强度检验/检测委托单

（合同编号为涉及收费的关键信息，由委托单位提供并确认无误!!）

所属合同编号：

工程名称					
委托单位/ 建设单位		联系人		电话	
施工单位		取样人		电话	
见证单位		见证人		电话	
监督单位	_____监督站	生产厂家		_____有限公司	
使用部位		出厂编号			

_____样品及检测信息

样品编号		样品数量		代表批量	
样品名称		稳定材料类别	☑细粒　□中粒　□粗粒		
混合料配合比		压实度	最大干密度	最佳含水量	
检测项目	☑七天无侧限抗压强度/T 0805—1994（设计值≥0.6MPa）				
检测依据	☑ JTG E51—2009				
评定依据	☑ CJJ 1—2008　□DB13(J)55—2005　□不做评定				
检后样品处理约定	□由委托方取回　☑由检测机构处理	检测类别		☑见证　□委托	
☑常规　□加急　□初检　□复检　原检编号：_____		检测费用			
样品状态	☑样品拌合均匀无杂物 □其他：	收样日期		××××年××月××日	
备注					
说明	1. 取样/送样人和见证人应对试样及提供的资料、信息的真实性、规范性和代表性负责； 2. 委托方要求加急检测时，加急费按检测费的200%核收，单组（项）收费最多不超过1000元； 3. 委托检测时，本公司仅对来样负责；见证检测时，委托单上无见证人签章无效，空白处请画"—"； 4. 一组试样填写一份委托单，出具一份检测报告，检测结果以书面检测报告为准； 5. 委托方要求取回检测后的余样时，若在检测报告出具后一个月内未取回，且未说明原因的，余样由本公司统一处理；委托方将余样领回后，本公司不再受理异议申诉				

见证人签章：　　　　　　　　　　取样/送样人签章：　　　　　　　　　收样人：

正体签字：　　　　　　　　　　　正体签字：　　　　　　　　　　　　签章：

表 10.2.5　石灰剂量检验/检测委托单

（合同编号为涉及收费的关键信息，由委托单位提供并确认无误！！）

所属合同编号：

工程名称						
委托单位/ 建设单位			联系人		电话	
施工单位			取样人		电话	
见证单位			见证人		电话	
监督单位	＿＿＿＿＿＿监督站		生产厂家			
使用部位			出厂编号			

石灰　样品及检测信息

样品编号		样品数量		代表批量	
样品历史	最佳含水量12.5％，最大干密度1.759g/cm³，设计值：12％石灰				
检测项目	石灰剂量				
检测依据	☑ JTG E51—2009/T 0810—2009				
评定依据	☑ DB13(J)55—2005　□其他：　□不做评定				
检后样品处理约定	□由委托方取回　☑由检测机构处理		检测类别		☑见证　□委托	
□常规　□加急　□初检　□复检　原检编号：＿＿＿＿			检测费用			
样品状态	☑石灰、土拌合均匀，干净无杂物 □其他：		收样日期		××××年××月××日	
备注	取点位置：k1＋000左幅左5m，k1＋050左幅左6m，k1＋150左幅右1m，k1＋280左幅左6m，k1＋500左幅右3m ◀ **此处请填写具体取点位置，可附图（附图须标注具体位置），写不开可附加页**					
说明	1. 取样/送样人和见证人应对试样及提供的资料、信息的真实性、规范性和代表性负责； 2. 委托方要求加急检测时，加急费按检测费的200％核收，单组（项）收费最多不超过1000元； 3. 委托检测时，本公司仅对来样负责；见证检测时，委托单上无见证人签章无效，空白处请画"—"； 4. 一组试样写一份委托单，出具一份检测报告，检测结果以书面检测报告为准； 5. 委托方要求取回检测后的余样时，若在检测报告出具后一个月内未取回，且未说明原因的，余样由本公司统一处理；委托方将余样领回后，本公司不再受理异议申诉					

见证人签章：　　　　　　　　　　取样/送样人签章：　　　　　　　　　　收样人：
正体签字：　　　　　　　　　　　正体签字：　　　　　　　　　　　　签章：

五、检验结果评定

（1）石灰应符合下列要求：

① 宜用1～3级的新灰，石灰的技术指标应符合表10.2.6的规定。

表 10.2.6　石灰技术指标

项目	钙质生石灰			镁质生石灰			钙质消石灰			镁质消石灰		
	等级											
	Ⅰ	Ⅱ	Ⅲ	Ⅰ	Ⅱ	Ⅲ	Ⅰ	Ⅱ	Ⅲ	Ⅰ	Ⅱ	Ⅲ
有效钙加氧化镁含量（％）	≥85	≥80	≥70	≥80	≥75	≥65	≥65	≥60	≥55	≥60	≥55	≥50
未消解残渣含量5mm圆孔筛的筛分（％）	≤7	≤11	≤17	≤10	≤14	≤20	—	—	—	—	—	—
含水量（％）	—	—	—	—	—	—	≤4	≤4	≤4	≤4	≤4	≤4

续表

项目		钙质生石灰			镁质生石灰			钙质消石灰			镁质消石灰		
		等级											
		Ⅰ	Ⅱ	Ⅲ	Ⅰ	Ⅱ	Ⅲ	Ⅰ	Ⅱ	Ⅲ	Ⅰ	Ⅱ	Ⅲ
细度	0.71mm 方孔筛的筛余（%）	—	—	—	—	—	—	0	≤1	≤1	0	≤1	≤1
	0.125mm 方孔筛的筛余（%）	—	—	—	—	—	—	≤13	≤20	—	≤13	≤20	—
钙镁石灰的分类界限，氧化镁含量（%）		≤5			>5			≤4			>4		

注：硅、铝、镁氧化物含量之和大于 5% 的生石灰，有效钙加氧化镁含量指标，Ⅰ等≥75%，Ⅱ等≥70%，Ⅲ等≥60%；未消解残渣含量指标均与镁质生石灰指标相同。

② 磨细生石灰，可不经消解直接使用；块灰应在使用前 2～3d 完成消解，未能消解的生石灰块应筛除，消解石灰的粒径不得大于 10mm。

③ 对储存较久或经过雨期的消解石灰应先经过试验，根据活性氧化物的含量决定能否使用和使用方法。

（2）粉煤灰应符合下列规定：

① 粉煤灰中的 SiO_2、Al_2O_3 和 Fe_2O_3 总量宜大于 70%；在温度为 700℃ 时的烧失量宜小于或等于 10%。

② 当烧失量大于 10% 时，经试验确认混合料强度符合要求时，方可采用。

③ 细度应满足 90% 通过 0.3mm 筛孔，70% 通过 0.075mm 筛孔，比表面积宜大于 2500cm²/g。

（3）各种粒料的级配要求应符合表 10.2.7～表 10.2.9 的规定。

表 10.2.7 水泥稳定土类的颗粒范围及技术指标

项目		通过质量百分率（%）			
		底基层		基层	
		次干路	城市快速路、主干路	次干路	城市快速路、主干路
筛孔尺寸（mm）	53	100	—	—	—
	37.5	—	100	100	90～100	—
	31.5	—	—	90～100	—	100
	26.5	—	—	—	66～100	90～100
	19	—	—	67～90	54～100	72～89
	9.5	—	—	45～68	39～100	47～67
	4.75	50～100	50～100	29～50	28～84	29～49
	2.36	—	—	18～38	20～70	17～35
	1.18	—	—	—	14～57	—
	0.60	17～100	17～100	8～22	8～47	8～22
	0.075	0～50	0～30²	0～7	0～30	0～7¹
	0.002	0～30	—	—	—	—
液限（%）		—	—	—	<28
塑性指数		—	—	—	<9

注：1. 集料中 0.5mm 以下细粒土有塑性指数时，小于 0.075mm 的颗粒含量不得超过 5%；细粒土无塑性指数时，小于 0.075mm 的颗粒含量不得超过 7%。
2. 当用中粒土、粗粒土作城市快速路、主干路底基层时，颗粒组成范围宜采用作次干路基层的组成。

表 10.2.8　石灰、粉煤灰稳定砂砾（碎石）基层的砂砾、碎石级配

筛孔尺寸 （mm）	通过质量百分率（%）			
	级配砂砾		级配碎石	
	次干路及以下道路	城市快速路、主干路	次干路及以下道路	城市快速路、主干路
37.5	100	—	100	—
31.5	85～100	100	90～100	100
19.0	65～85	85～100	72～90	81～98
9.50	50～70	55～75	48～68	52～70
4.75	35～55	39～59	30～50	30～50
2.36	25～45	27～47	18～38	18～38
1.18	17～35	17～35	10～27	10～27
0.60	10～27	10～25	6～20	8～20
0.075	0～15	0～10	0～7	0～7

表 10.2.9　级配碎石及级配碎砾石压碎值

项目	压碎值	
	基层	底基层
城市快速路、主干路	<26%	<30%
次干路	<30%	<35%
次干路以下道路	<35%	<40%

注：表 10.2.7 至表 10.2.9 依据《城镇道路工程施工与质量验收规范》（CJJ 1—2008），与《公路路面基层施工技术细则》（JTG/T F20—2015）的规范要求不同，应用时应符合相关规范规定。

（4）无侧限抗压强度应符合下列规定：

半刚性基层和底基层材料强度，以规定温度下保湿养生 6d、浸水 1d 后的 7d 无侧限抗压强度为准。

试件试验结果的平均强度 $\overline{R}$ 应满足下式要求：

$$\overline{R} \geqslant R_d / (1 - Z_a C_v)$$

式中　R_d——设计抗压强度（MPa）。

　　　C_v——试验结果的偏差系数（以小数计）。

　　　Z_a——标准正态分布表中随保证率（或置信度 α）而改变的系数，城市快速路和城市主干路应取保证率 95%，即 $Z_a = 1.645$；其他公路应取保证率 90%，即 $Z_a = 1.282$。

（5）含灰量应符合下列规定：

含灰量应控制在设计值的 −1.0%～1.5% 范围内。

（6）基层、底基层的压实度应符合下列规定：

① 城市快速路、主干路基层不小于 97%；底基层不小于 95%。

② 其他等级道路基层不小于 95%；底基层不小于 93%。

六、不合格情况的处理方法

（1）经检验原材料不合格时，对于规范规定可复检的项目应在监理的见证下复检，对于已确定的不合格材料应在监督、监理人员督促下将不合格材料清除出场，重新备料送检。

（2）经检验混合料不合格时，应立即停止摊铺，并及时查明原因。经调整改正后重新拌合混合料并及时送检。对进入施工现场不合格的混合料按废品处理。

（3）经检验压实度不合格时，在允许的固化时间内追加压实功，重新检验。已经超过允许固化时

间的应返工重做。

（4）经检验混合料的七天无侧限强度不合格时，应找出其代表路段返工重做。

第三节　沥青及沥青混合料

沥青混合料是由矿料（由适当比例的粗集料、细集料）及填料与沥青结合料在加热状态拌合、热状态下铺筑使用的混合料，用于各种等级道路的沥青路面、场地面层。混合料种类按集料公称最大粒径、矿料级配、孔隙率划分成特粗式、粗粒式、中粒式、细粒式、砂粒式。

一、依据标准

（一）检验评定标准

（1）《城镇道路工程施工与质量验收规范》（CJJ 1—2008）。

（2）《公路沥青路面施工技术规范》（JTG F40—2004）。

（3）《市政道路工程施工质量验收规程》（DB13（J）55—2005）。

（二）检验方法标准

（1）《公路工程集料试验规程》（JTG E42—2005）。

（2）《公路工程沥青及沥青混合料试验规程》（JTG E20—2011）。

二、检验项目

（1）原材料质量检验（沥青、碎石、砂、矿粉等）；

（2）热拌沥青混合料配合比设计；

（3）热拌沥青混合料现场取样制成试件进行马歇尔试验；

（4）热拌沥青混合料现场取样进行沥青含量及矿料筛分试验；

（5）现场结构层压实度试验。

三、抽样数量

（1）进场的各种材料质量的检验应符合表 10.3.1 和表 10.3.2 的规定。

表 10.3.1　原材料检验的相关规定

	材料名称	检验项目	取样方法	取样数量
原材料	沥青	针入度、软化点、延度、针入度指数	拌合站、拌合机上取样	3kg
	粗集料	颗粒分析、压碎值、表观相对密度、针片状颗粒含量	在料堆上取样，先将堆脚边上的料和堆表面的料清除，然后由各个部位抽取大致相等的石子共15份（在料堆的顶部、中部、底部取料），组成一组试样	40kg
	细集料	表观密度、含泥量（天然砂）、砂当量（机制石屑）、亚甲蓝值（机制石屑）	在料堆上取样，先将堆脚边上的料和堆表面的料清除，然后从各个部位抽取大致相等的砂共8份，组成一组试样	10kg
	填料（矿粉）	表观密度、含水率、筛分、塑性指数	从袋装矿粉垛堆上的20个不同部位取等量样品混匀后取样，散装产品随机从不少于3罐车中取样混成试样	5kg

表 10.3.2　混合料检验的相关规定

	检验项目	取样方法	取样频率	取样数量
混合料	沥青混合料稳定度、空隙率、流值、油石比、矿粉间隙率	在拌合站或摊铺机上取样	上午 1 组 4 块试件，下午 1 组 4 块试件	30kg
	抽提后筛分试验	同上	同上	10kg

（2）热拌沥青混合料配合比设计，每批原材料 1 次。当各种原材料中有一种材料发生变化时，需复核马歇尔技术指标，当发现与原配合比设计有偏差时应调整材料比例。

（3）热拌沥青混合料现场施工质量抽样检验。

①《城镇道路工程施工与质量验收规范》（CJJ 1—2008）规定检查数量为每日、每品种检查一次。

②《公路沥青路面施工技术规范》（JTG F40—2004）规定每台拌合机每天 1～2 次，每次以 4～6 个试件的平均值评定。

四、委托单填写范例

乳化沥青、道路石油沥青、沥青混合料检验委托单填写范例见表 10.3.3～表 10.3.5。

表 10.3.3　乳化沥青检验/检测委托单

（合同编号为涉及收费的关键信息，由委托单位提供并确认无误！！）

所属合同编号：

工程名称				
委托单位/建设单位		联系人	电话	
施工单位		取样人	电话	
见证单位		见证人	电话	
监督单位	_____监督站	生产厂家/产地	_____有限公司	
使用部位		出厂编号	如有请填写，无请画"—"	

_____乳化沥青_____样品及检测信息

样品编号		样品数量		代表批量	
规格型号	PC-1				
检测项目	☑黏度/T 0621—1993 ☑蒸发残留物含量/T 0651—1993 检测项目请按实际需要或规范要求选填				
检测依据	☑ JTG E20—2011				
评定依据	☑ JTG F40—2004　□其他：　□不做评定				
检后样品处理约定	□由委托方取回　☑由检测机构处理	检测类别		☑见证　□委托	
☑常规　□加急　□初检　□复检　原检编号：_____		检测费用			
样品状态	☑黑色液体，无凝结、无杂质 □其他：	收样日期	年　月　日		
备注					
说明	1. 取样/送样人和见证人应对试样及提供的资料、信息的真实性、规范性和代表性负责； 2. 委托方要求加急检测时，加急费按检测费的 200%核收，单组（项）收费最多不超过 1000 元； 3. 委托检测时，本公司仅对来样负责；见证检测时，委托单上无见证人签章无效，空白处请画"—"； 4. 一组试样填写一份委托单，出具一份检测报告，检测结果以书面检测报告为准； 5. 委托方要求取回检测后的余样时，若在检测报告出具后一个月内未取回，且未说明原因的，余样由本公司统一处理；委托方将余样领回后，本公司不再受理异议申诉				

见证人签章：　　　　　　　取样/送样人签章：　　　　　　　收样人：
正体签字：　　　　　　　　正体签字：　　　　　　　　　　签章：

表 10.3.4 道路石油沥青检验/检测委托单

（合同编号为涉及收费的关键信息，由委托单位提供并确认无误！！）

所属合同编号：

工程名称					
委托单位/ 建设单位		联系人		电话	
施工单位		取样人		电话	
见证单位		见证人		电话	
监督单位	_____监督站	生产厂家		_____有限公司	
使用部位	k1+000－k2+000 下面层	出厂编号		如有请填写，无请画"/"	

<u>道路石油沥青</u> 样品及检测信息

样品编号		样品数量		代表批量	
沥青标号	☐110 号 ☐90 号 ☑70 号 ☐50 号 ☐30 号 ☐其他：		等级	☑A ☐B ☐C	
检测项目	☑针入度/T 0604—2011（25℃，5s，100g） ☑软化点/T 0606—2011 ☑延度/T 0605—2011（☐5℃ ☐10℃ ☑15℃ ☐25℃） ☐闪点/T 0611—2011 ☐密度/T 0603—2011			检测项目请按实际需要或规范要求选填	
检测依据	☑JTG E20—2011				
评定依据	☑JTG F40—2004 ☐其他： ☐不做评定				
检后样品处理约定	☐由委托方取回 ☑由检测机构处理		检测类别	☑见证 ☐委托	
☑常规 ☐加急 ☐初检 ☐复检 原检编号：_____			检测费用		
样品状态	☑样品为黑色固态，干净无杂质 ☐其他：		收样日期	××××年 ××月××日	
备注					
说明	1. 取样/送样人和见证人应对试样及提供的资料、信息的真实性、规范性和代表性负责； 2. 委托方要求加急检测时，加急费按检测费的 200％核收，单组（项）收费最多不超过 1000 元； 3. 委托检测时，本公司仅对来样负责；见证检测时，委托单上无见证人签章无效，空白处请画"—"； 4. 一组试样填写一份委托单，出具一份检测报告，检测结果以书面检测报告为准； 5. 委托方要求取回检测后的余样时，若在检测报告出具后一个月内未取回，且未说明原因的，余样由本公司统一处理；委托方将余样领回后，本公司不再受理异议申诉				

见证人签章：　　　　　　　　　　　　取样/送样人签章：　　　　　　　　　　　　收样人：

正体签字：　　　　　　　　　　　　　正体签字：　　　　　　　　　　　　　　签章：

表 10.3.5　沥青混合料检验/检测委托单

（合同编号为涉及收费的关键信息，由委托单位提供并确认无误!!）

所属合同编号：

工程名称						
委托单位/ 建设单位			联系人		电话	
施工单位			取样人		电话	
见证单位			见证人		电话	
监督单位			生产厂家			
使用部位			出厂编号			

沥青混合料　样品及检测信息

样品编号		样品数量		代表批量	
规格型号	AC-25C		检测项目请按实际需要或规范要求选填		
检测项目	☑马歇尔稳定度/T 0709—2011（≥8kN）　☑流值/T 0709—2011（2～4 mm） □沥青含量/T 0722—1993　□矿料级配/T 0725—2000　□其他				
检测依据	☑ JTG E20—2011				
评定依据	☑ JTG F40—2004　□其他：　□不做评定				
检后样品处理约定	□由委托方取回　☑由检测机构处理		检测类别		☑见证　□委托
☑常规　□加急　□初检　□复检　原检编号：＿＿＿＿			检测费用		
样品状态	☑黑色，干净无杂质 □其他：		收样日期		年　　月　　日
备注					
说明	1. 取样/送样人和见证人应对试样及提供的资料、信息的真实性、规范性和代表性负责； 2. 委托方要求加急检测时，加急费按检测费的200％核收，单组（项）收费最多不超过1000元； 3. 委托检测时，本公司仅对来样负责；见证检测时，委托单上无见证人签章无效，空白处请画"—"； 4. 一组试样填写一份委托单，出具一份检测报告，检测结果以书面检测报告为准； 5. 委托方要求取回检测后的余样时，若在检测报告出具后一个月内未取回，且未说明原因的，余样由本公司统一处理；委托方将余样领回后，本公司不再受理异议申诉				

见证人签章：　　　　　　　　　　取样/送样人签章：　　　　　　　　　　收样人：

正体签字：　　　　　　　　　　　正体签字：　　　　　　　　　　　　签章：

五、检验结果评定

沥青面层材料质量检验结果评定标准按《城镇道路工程施工与质量验收规范》执行。

（1）沥青质量应符合表 10.3.6 至表 10.3.8 质量规定。

表 10.3.6　道路石油沥青的主要技术要求

指标	单位	等级	沥青标号																试验方法①
			160号④	130号④	110号			90号					70号③					50号③	30号③	
针入度 (25℃，5s，100g)	0.1mm	—	140～200	120～140	100～120			80～100					60～80					40～60	20～40	T 0604
适用的气候分区⑥	—	—	注④	注④	2-1	2-2	2-3	1-1	1-2	1-3	2-2	2-3	1-3	1-4	2-2	2-3	2-4	1-4	注④	附录A 注⑥

续表

指标	单位	等级	160号④	130号④	110号	90号	70号③	50号③	30号③	试验方法①
针入度指数 PI②	—	A	−1.5～+1.0							T 0604
		B	−1.8～+1.0							
软化点(R&B),≥	℃	A	38	40	43	45　44	46　45	49	55	T 0606
		B	36	39	42	43　42	44　43	46	53	
		C	35	37	41	42	43	45	50	
60℃动力黏度系数②,≥	PAs	A	—	60	120	160　140	180　160	200	260	T 0620
10℃延度②,≥	cm	A	50	50	40	45　30　20　30　20	20　15　25　20　15	15	10	T 0605
		B	30	30	30	30　20　15　20　15	15　10　20　15　10	10	8	
15℃延度②,≥	cm	A、B	100					80	50	
		C	80	80	60	50	40	30	20	
蜡含量(蒸馏法),≤	%	A	2.2							T 0615
		B	3.0							
		C	4.5							
闪点,≥	℃		230			245	260			T 0611
溶解度,≥	%		99.5							T 0607
密度(15℃)	g/cm³		实测记录							T 0603
TFOT(或RTFOT)后⑤										T 0610 或 T 0609
质量变化,≤	%		±0.8							
残留针入度比(25℃),≥	%	A	48	54	55	57	61	63	65	T 0604
		B	45	50	52	54	58	60	62	
		C	40	45	48	50	54	58	60	
残留延度(10℃),≥	cm	A	12	12	10	8	6	4	—	T 0605
		B	10	10	8	6	4	2	—	
残留延度(15℃),≥	cm	C	40	35	30	20	15	10	—	T 0605

① 按照国家现行《公路工程沥青及沥青混合料试验规程》(JTG E20)规定的方法执行。用于仲裁试验标求取 PI 时的5个温度的针入度关系的相关系数不得小于0.997。

② 经建设单位同意，表中 PI 值、60℃动力黏度、10℃延度可作为选择性指标，也可不作为施工质量检验指标。

③ 70号沥青可根据需要要求供应商提供针入度范围为 60～70 或 70～80 的沥青，50号沥青可要求提供针入度范围为 40～50 或 50～60 的沥青。

④ 30号沥青仅适用于沥青稳定基层。130号和160号沥青除寒冷地区可直接在次干路以下道路上直接应用外，通常用作乳化沥青、稀释沥青、改性沥青的基层沥青。

⑤ 老化试验以 TFOT 为准，也可以 RTFOT 代替。

⑥ 系指《公路沥青路面施工技术规范》(JTG F40)附录A沥青路面使用性能气候分区。

表 10.3.7　道路用乳化沥青技术要求

试验项目	单位	阳离子				阴离子				非离子		试验方法
		喷洒用		拌和用		喷洒用		搅拌用		喷洒用	搅拌用	
		PC-1	PC-2	PC-3	BC-1	PA-1	PA-2	PA-3	BA-1	PN-2	BN-1	
破乳速度	—	快裂	慢裂	快裂或中裂	慢裂或中裂	快裂	慢裂	快裂或中裂	慢裂或中裂	慢裂	慢裂	T 0658
粒子电荷	—	阳离子（+）				阴离子（一）				非离子		T 0653
筛上残留物（1.18mm 筛），≤	%	0.1				0.1				0.1		T 0652
黏度　恩格拉黏度计 E_{25}	—	2～10	1～6	1～6	2～30	2～10	1～6	1～6	2～30	1～6	2～30	T 0622
沥青标准黏度计 $C_{25.3}$	s	10～25	8～20	8～20	10～60	10～25	8～20	8～20	10～60	8～20	10～60	T 0621
蒸发残留物含量　残留分含量，≥	%	50	50	50	55	50	50	50	55	50	55	T 0651
溶解度，≥	%	97.5				97.5				97.5		T 0607
针入度（25℃）	0.1mm	50～200	50～300	45～150	45～150	50～200	50～300	45～150	45～150	50～300	60～300	T 0604
延度（15℃），≥	cm	40				40				40		T 0605
与粗集料的黏附性，裹附面积，≥	—	2/3		—		2/3		—		2/3	—	T 0654
与粗、细粒式集料拌和试验	—	—		均匀		—		均匀		—	均匀	T 0659
水泥拌和试验的筛上剩余，≤	%	—				—				—	3	T 0657
常温贮存稳定性：1d，≤ 　　　　　　　5d，≤	% %	1 5				1 5				1 5		T 0655

表 10.3.8　聚合物改性沥青技术要求

指标	单位	SBS 类（I 类）				SBR（II 类）			EVA、PE（III 类）				试验方法
		I-A	I-B	I-C	I-D	II-A	II-B	II-C	III-A	III-B	III-C	III-D	
针入度（25℃，100g，5s）	0.1mm	>100	80~100	60~80	40~60	>100	80~100	60~80	>80	60~80	40~60	30~40	T 0604
针入度指数 PI，≥	—	-1.2	-0.8	-0.4	0	-1.0	-0.8	-0.6	-1.0	-0.8	-0.6	-0.4	T 0604
延度（5℃，5cm/min），≥	cm	50	40	30	20	60	50	40	—	—	—	—	T 0605
软化点 $T_{R\&B,}$，≥	℃	45	50	55	60	45	48	50	48	52	56	60	T0606
运动黏度① （135℃），≤	Pa·s						3						T 0625 T 0619
闪点，≥	℃		230				230				230		T 0611
溶解度，≥	%		99				99				—		T 0607
弹性恢复（25℃），≥	%	55	60	65	75								T 0662
黏韧性，≥	N·m	—	—	—	—		5						T 0624
韧性，≥	N·m	—	—	—	—		2.5						T 0624
贮存稳定性②离析，48h，软化点差，≤	℃		2.5				—			无改性剂明显析出、凝聚			T 0661
TFOT（或 RTFOT）后残留物													
质量变化允许范围	%						±1.0						T 0610 或 T 0609
针入度比（25℃），≥	%	50	55	60	65	50	55	60	50	55	58	60	T 0604
延度（5℃），≥	cm	30	25	20	15	30	20	10	—	—	—	—	T 0605

注：① 表中 135℃运动黏度可采用国家现行标准《公路工程沥青及沥青混合料试验规程》（JTG E20—2011）中的"沥青布氏旋转黏度试验方法"（布洛克菲尔德黏度计法）进行测定。若在不改变改性沥青物理力学性质情况并符合安全条件的温度下易于泵送和搅拌，或经证明适当提高搅拌温度时能保证改性沥青的质量，容易施工，可不要求测定。
　　② 贮存稳定性指标适用于工厂生产的成品改性沥青。现场制作的改性沥青对贮存稳定性指标可不作要求，但必须在制作后，保持不间断的搅拌或泵送循环，保证使用前没有明显的离析。

（2）沥青层用集料应符合表 10.3.9 至表 10.3.13 质量规定。

表 10.3.9　沥青混合料用粗集料质量技术指标

指标	单位	城市快速路、主干路		其他等级道路	试验方法
		表面层	其他层次		
石料压碎值，≤	％	26	28	30	T 0316
洛杉矶磨耗损失，≤	％	28	30	35	T 0317
表观相对密度，≥	—	2.60	2.50	2.45	T 0304
吸水率，≤	％	2.0	3.0	3.0	T 0304
坚固性，≤	％	12	12	—	T 0314
针片状颗粒含量（混合料），≤ 其中粒径大于 9.5mm，≤ 其中粒径小于 9.5mm，≤	％ ％ ％	15 12 18	18 15 20	20 — —	T 0312
水洗＜0.075mm 颗粒含量，≤	％	1	1	1	T 0310
软石含量，≤	％	3	5	5	T 0320

表 10.3.10　细集料质量要求

项目	单位	城市快速路、主干路	其他等级道路	试验方法
表观相对密度	—	≥2.50	≥2.45	T 0328
坚固性（＞0.3mm 部分）	％	≥12	—	T 0340
含泥量（小于 0.075mm 的含量）	％	≤3	≤5	T 0333
砂当量	％	≥60	≥50	T 0334
亚甲蓝值	g/kg	≤25	—	T 0346
棱角性（流动时间）	s	≥30	—	T 0345

表 10.3.11　沥青混合料用粗集料规格

规格名称	公称粒径（mm）	通过下列筛孔（mm）的质量百分率												
		106	75	63	53	37.5	31.5	26.5	19.0	13.2	9.5	4.75	2.36	0.6
S1	40~75	100	90~100	—	—	0~15	—	0~5						
S2	40~60		100	90~100	—	0~15	—	0~5						
S3	30~60		100	90~100	—		0~15	—	0~5					
S4	25~50			100	90~100	—	—	0~15	—	0~5				
S5	20~40				100	90~100	—	—	0~15	—	0~5			
S6	15~30					100	90~100	—	—	0~15	—	0~5		
S7	10~30					100	90~100	—	—	0~15	0~5			
S8	10~25						100	90~100	—	0~15	—	0~5		
S9	10~20							100	90~100	—	0~15	0~5		
S10	10~15								100	90~100	0~15	0~5		
S11	5~15								100	90~100	40~70	0~15	0~5	
S12	5~10									100	90~100	0~15	0~5	
S13	3~10									100	90~100	40~70	0~20	0~5
S14	3~5										100	90~100	0~15	0~3

表 10.3.12　沥青混合料用天然砂规格

筛孔尺寸（mm）	通过各筛孔的质量百分率（％）		
	粗砂	中砂	细砂
9.5	100	100	100
4.75	90~100	90~100	90~100
2.36	65~95	75~90	85~100

续表

筛孔尺寸（mm）	通过各筛孔的质量百分率（%）		
	粗砂	中砂	细砂
1.18	36～65	50～90	75～100
0.6	15～30	30～60	60～84
0.3	5～20	8～30	15～45
0.15	0～10	0～10	0～10
0.075	0～5	0～5	0～5

表 10.3.13　沥青混合料用机制砂或石屑规格

规格	公称粒径（mm）	水洗法通过各筛孔的质量百分数（%）							
		9.5	4.75	2.36	1.18	0.6	0.3	0.15	0.075
S15	0～5	100	90～100	60～90	40～75	20～55	7～40	2～20	0～10
S16	0～3	—	100	80～100	50～80	25～60	8～45	0～25	0～15

（3）沥青混合料的填料应符合表 10.3.14 质量要求。

表 10.3.14　沥青混合料用矿粉质量要求

项目	单位	城市快速路、主干路	其他等级道路	试验方法
表观密度	t/m^3	≥2.50	≥2.45	T 0352
含水量	%	≥1	≥1	T 0103
粒度范围＜0.6mm ＜0.15mm ＜0.075mm	% % %	100 90～100 75～100	100 90～100 70～100	T 0351
外观	—	无团粒结块		—
亲水系数	—	＜1		T 0353
塑性指数	%	＜4		T 0354
加热安定性	—	实测记录		T 0355

（4）纤维稳定剂应符合表 10.3.15 质量规定。

表 10.3.15　木质素纤维技术要求

项目	单位	指标	试验方法
纤维长度	mm	≤6	水溶液用显微镜观测
灰分含量	%	18±5	高温 590～600℃燃烧后测定残留物
pH 值	—	7.5±1.0	水溶液用 pH 值试纸或 pH 值计测定
吸油率	—	≥纤维质量的 5 倍	用煤油浸泡后放在筛上经振敲后称量
含水率（以质量计）	%	≤5	105℃烘箱烘 2h 后冷却称量

（5）沥青混合料质量应符合表 10.3.16 和表 10.3.17 的规定。

表 10.3.16　密级配沥青混凝土混合料马歇尔试验技术标准

（本表适用于公称最大粒径不大于 26.5mm 的密级配沥青混凝土混合料）

试验指标	单位	高速公路、一级公路				其他等级公路	行人道路
		夏炎热区（1-1、1-2、1-3、1-4 区）		夏热区及夏凉区（2-1、2-2、2-3、2-4、3-2 区）			
		中轻交通	重载交通	中轻交通	重载交通		
击实次数（双面）	次	75				50	50
试件尺寸	mm	ϕ101.6mm×63.5mm					

续表

试验指标		单位	高速公路、一级公路				其他等级公路	行人道路
			夏炎热区(1-1、1-2、1-3、1-4区)		夏热区及夏凉区(2-1、2-2、2-3、2-4、3-2区)			
			中轻交通	重载交通	中轻交通	重载交通		
孔隙率VV	深约90mm以内	%	3～5	4～6	2～4	3～5	3～6	2～4
	深约90mm以下	%	3～6		2～4	3～6	3～6	—
稳定度MS，≥		kN	8				5	3
流值FL		mm	2～4	1.5～4	2～4.5	2～4	2～4.5	2～5
矿料间隙率 VMA（%），≥	设计孔隙率（%）	相应于以下公称最大粒径（mm）的最小VMA及VFA技术要求（%）						
		26.5	19	16	13.2	9.5	4.75
	2	10	11	1.5	12	13	15
	3	11	12	12.5	13	14	16
	4	12	13	13.5	14	15	17
	5	13	14	14.5	15	16	18
	6	14	15	15.5	16	17	19
沥青饱和度VFA（%）			55～70		65～75		70～85	

表 10.3.17　SMA 混合料马歇尔试验配合比设计技术标准

试验项目	单位	技术要求		试验方法
		不使用改性沥青	使用改性沥青	
马歇尔尺寸	mm	$\phi101.6mm\times63.5mm$		T 0702
马歇尔击实次数[①]	—	双面击实 50 次		T 0702
空隙率VV[②]	%	3～4		T 0705
矿料间隙率VMA[②]，不小于	%	17.0		T 0705
粗集料骨架间隙率VCA_{mix}[③]	—	VCA_{DRC}		T 0705
沥青饱和度VFA	%	75～85		T 0705
稳定度[④]，不小于	kN	5.5	6.0	T 0709
流值	mm	2～5	—	T 0709
谢伦堡沥青析漏试验的结合料损失	%	不大于 0.2	不大于 0.1	T 0732
肯塔堡飞散试验的混合料损失或浸水飞散试验	%	不大于 20	不大于 15	T 0733

注：① 对集料坚硬不易击碎、通行重载交通的路段，也将击实次数增加为双面 75 次。
　　② 对高温稳定性要求较高的重交通路段或炎热地区，设计空隙率允许放宽到 4.5%，VMA 允许放宽到 16.5%（SMA-16）或 16%（SMA-19），VFA 允许放宽到 70%。
　　③ 试验粗集料骨架间隙率 VCA 的关键性筛孔，对 SMA-19、SMA-16 是指 4.75mm，对 SMA-16、SMA-10 是指 2.36mm。
　　④ 稳定度难以达到要求时，容许放宽到 5.0kN（非改性）或 5.5kN（改性），但动稳定度检验必须合格。

六、不合格情况的处理方法

（1）经检验原材料不合格时，应在监督、监理人员督查下将不合格材料清出拌合厂，重新备料并对材料进行质量检验。

（2）经检验热拌沥青混合料质量不合格时，应立即停止摊铺，并及时查明原因。对已进入施工现场的热拌沥青混合料按废品处理。

第四节　混凝土路面砖

以水泥、集料和水为主要原料，经搅拌、成型、养护等工艺在工厂生产的，未配置钢筋的，主要用于路面和地面铺装的混凝土砖。

一、依据标准

《混凝土路面砖》（GB 28635—2012）。

二、检验项目

（1）抗压强度。
（2）抗折强度。

三、抽样数量

（1）代表批量：每批混凝土路面砖应为同一类别、同一规格、同一强度等级，铺装面积 3000m² 为一批量，不足 3000m² 也可按一批量计。
（2）强度等级试验每组 10 块试件。

四、委托单填写范例

混凝土路面砖检验委托单填写范例见表 10.4.1。

表 10.4.1　混凝土路面砖检验/检测委托单

（合同编号为涉及收费的关键信息，由委托单位提供并确认无误!!）

所属合同编号：

工程名称					
委托单位/建设单位		联系人		电话	
施工单位		取样人		电话	
见证单位		见证人		电话	
监督单位	_____监督站	生产厂家		_____有限公司	
使用部位		出厂编号			

<table>
<tr><td colspan="6" align="center">混凝土路面砖　样品及检测信息</td></tr>
<tr><td>样品编号</td><td></td><td>样品数量</td><td></td><td>代表批量</td><td></td></tr>
<tr><td>规格尺寸（mm）</td><td></td><td>等级</td><td colspan="3">☑Cc40　□Cc50　□Cc60
□Cf4.0　□Cf5.0　□Cf6.0</td></tr>
<tr><td>检测项目</td><td colspan="5">☑抗压强度（附录C）　□抗折强度（附录D）　□吸水率（附录F）</td></tr>
<tr><td>检测依据</td><td colspan="5">☑ GB 28635—2012</td></tr>
<tr><td>评定依据</td><td colspan="5">☑ GB 28635—2012　□不做评定</td></tr>
<tr><td>检后样品处理约定</td><td colspan="2">□由委托方取回　☑由检测机构处理</td><td>检测类别</td><td colspan="2">☑见证　□委托</td></tr>
<tr><td colspan="3">☑常规　□加急　□初检　□复检　原检编号：_____</td><td>检测费用</td><td colspan="2"></td></tr>
<tr><td>样品状态</td><td colspan="2">☑外观完好，无破损
□其他：</td><td>收样日期</td><td colspan="2">年　月　日</td></tr>
<tr><td>备注</td><td colspan="5"></td></tr>
<tr><td>说明</td><td colspan="5">1. 取样/送样人和见证人应对试样及提供的资料、信息的真实性、规范性和代表性负责；
2. 委托方要求加急检测时，加急费按检测费的200％核收，单组（项）收费最多不超过1000元；
3. 委托检测时，本公司仅对来样负责；见证检测时，委托单上无见证人签章无效，空白处请画"—"；
4. 一组试样填写一份委托单，出具一份检测报告，检测结果以书面检测报告为准；
5. 委托方要求取回检测后的余样时，若在检测报告出具后一个月内未取回，且未说明原因的，余样由本公司统一处理；委托方将余样领回后，本公司不再受理异议申诉</td></tr>
</table>

见证人签章：　　　　　　　　　取样/送样人签章：　　　　　　　　收样人：

正体签字：　　　　　　　　　　　正体签字：　　　　　　　　　　　　签章：

五、检验结果判定

混凝土路面砖强度等级和物理性能应符合表 10.4.2 和表 10.4.3 的规定。

表 10.4.2　强度等级　　　　　　　　　（单位：MPa）

抗压强度			抗折强度		
抗压强度等级	平均值	单块最小值	抗折强度等级	平均值	单块最小值
C_c40	≥40.0	≥35.0	$C_f4.0$	≥4.00	≥3.20
C_c50	≥50.0	≥42.0	$C_f5.0$	≥5.00	≥4.20
C_c60	≥60.0	≥50.0	$C_f6.0$	≥6.00	≥5.00

表 10.4.3　物理性能

序号	项目		指标
1	耐磨性②	磨坑长度（mm），≤	32.0
		耐磨度，　　≥	1.9
2	抗冻性 严寒地区 D50 寒冷地区 D35 其他地区 D25	外观质量	冻后外观无明显变化，且符合表 10.4.2 的规定
		强度损失率（%），≤	20.0
3	吸水率（%），　　　　　　　　　　　≤		6.5
4	防滑性（BPN），　　　　　　　　　　≥		60
5	抗盐冻性①（剥落量）（g/m²）		平均值≤1000，且最大值＜1500

注：① 磨坑长度与耐磨度任选一项做耐磨性试验。

　　② 不与融雪剂接触的混凝土路面砖不要求此项性能。

六、不合格情况处理方法

经检验强度等级不符合要求的样品不允许复检，应当退厂换批。

第五节　混凝土路缘石

混凝土路缘石是以水泥和普通集料等为主要原料，经振动法或以其他能达到同等效能之方法预制的铺设在路面边缘、路面界限及导水用路缘石。其可视面可以是有面层（料）或无面层（料）的、本色的、彩色的及表面加工的。

一、依据标准

《混凝土路缘石》（JC/T 899—2016）。

二、检验项目

（1）抗压强度。

（2）抗折强度。

三、抽样数量

（1）代表批量：每批路缘石应为同一类别、同一型号、同一规格、同一强度等级，每 20000 件为一批；不足 20000 件，亦按一批计；超过 20000 件，批量由供需双方商定。

（2）抗压强度试样应分别从三个不同的路缘石上各切取一块符合试样要求的试样；抗折强度直接抽取三个试样。

四、委托单填写范例

混凝土路缘石检验委托单填写范例见表 10.5.1。

表 10.5.1　混凝土路缘石检验/检测委托单

（合同编号为涉及收费的关键信息，由委托单位提供并确认无误!!）

所属合同编号：

工程名称					
委托单位/ 建设单位		联系人		电话	
施工单位		取样人		电话	
见证单位		见证人		电话	
监督单位		生产厂家			
使用部位		出厂编号			

混凝土路缘石　样品及检测信息

样品编号		样品数量		代表批量	
规格尺寸（mm）	500 × 250 × 100	等级	☑C_C30　□C_C35　□C_C40　□C_C45 □$C_f3.5$　□$C_f4.0$　□$C_f5.0$　□$C_f6.0$		
检测项目	☑抗压强度（附录 C）　□抗折强度（附录 B）　□吸水率（附录 D）　□抗冻性（7.3.2） □外观质量（附录 A）　□尺寸偏差（附录 A）				
检测依据	☑ JC/T 899—2016				
评定依据	☑ JC/T 899—2016　□不做评定				
检后样品处理约定	□由委托方取回　☑由检测机构处理	检测类别	☑见证　□委托		
☑常规　□加急　□初检　□复检　原检编号：_____		检测费用			
样品状态	☑外观完好，无破损 □其他：	收样日期	年　　月　　日		
备注					
说明	1. 取样/送样人和见证人应对试样及提供的资料、信息的真实性、规范性和代表性负责； 2. 委托方要求加急检测时，加急费按检测费的 200% 核收，单组（项）收费最多不超过 1000 元； 3. 委托检测时，本公司仅对来样负责；见证检测时，委托单上无见证人签章无效，空白处请画"—"； 4. 一组试样填写一份委托单，出具一份检测报告，检测结果以书面检测报告为准； 5. 委托方要求取回检测后的余样时，若在检测报告出具后一个月内未取回，且未说明原因的，余样由本公司统一处理；委托方将余样领回后，本公司不再受理异议申诉				

见证人签章：　　　　　　　　　　取样/送样人签章：　　　　　　　　　　收样人：

正体签字：　　　　　　　　　　　正体签字：　　　　　　　　　　　　　签章：

五、检验结果判定

（1）直线形路缘石应进行抗折强度试验，并应符合表 10.5.2 的规定。

表 10.5.2　抗折强度　　　　　　　　　　（单位：MPa）

强度等级	$C_f3.5$	$C_f4.0$	$C_f5.0$	$C_f6.0$
平均值（$\overline{C_f}$）	≥3.50	≥4.00	≥5.00	≥6.00
单件最小值（$C_{f,min}$）	≥2.80	≥3.20	≥4.00	≥4.80

（2）曲线形路缘石、直线形截面 L 状路缘石、截面⊥状路缘石和非直线形路缘石应进行抗压强度试验，并应符合表 10.5.3 的规定。

表 10.5.3　抗压强度　　　　　　　　　　（单位：MPa）

强度等级	C_C30	C_C35	C_C40	C_C45
平均值（$\overline{C_C}$）	≥30.0	≥35.0	≥40.0	≥45.0
单件最小值（$C_{C\,min}$）	≥24.0	≥28.0	≥32.0	≥36.0

（3）经检验力学性能三个试样试验结果的算术平均值和单件最小值都符合相应等级规定时，则判定该强度等级合格；不符合相应等级的规定，则判定该强度等级不合格。

六、不合格情况处理方法

经检验强度等级不符合要求的样品不允许复检，应当退厂换批。

第六节　检查井盖

检查井盖是检查井口可开启的封闭物，由井盖和井座组成。

一、依据标准

《检查井盖》（GB/T 23858—2009）。

二、检验项目

（1）承载能力。
（2）残留变形。

三、抽样数量

（1）代表批量：同一级别、同一种类、同一原材料在相似条件下生产的检查井盖构成批量，500 套为一批，不足 500 套也可作一批。
（2）从受检外观质量和尺寸偏差合格的检查井盖中抽取 2 套，逐套进行承载能力检验。

四、委托单填写范例

检查井盖检验委托单填写范例见表10.6.1。

表10.6.1 检查井盖检验/检测委托单

（合同编号为涉及收费的关键信息，由委托单位提供并确认无误!!）

所属合同编号：

工程名称				
委托单位/ 建设单位		联系人	电话	
施工单位		取样人	电话	
见证单位		见证人	电话	
监督单位		生产厂家		
使用部位		出厂编号		

<u>检查井盖</u> 样品及检测信息

样品编号		样品数量		代表批量	
规格型号		批次			
检测项目	☑残留变形/7.2.3.2　☑承载能力/7.2.3.3				
检测依据	☑ GB/T 23858—2009				
评定依据	☑ GB/T 23858—2009　□不做评定				
检后样品处理约定	□由委托方取回　☑由检测机构处理		检测类别	☑见证　□委托	
□常规　□加急　□初检　□复检　原检编号：_____			检测费用	须填写材料性质，例如球墨铸铁、复合材料、铸钢钢纤维混凝土等	
样品状态	☑外观完好无裂缝，无缺陷 □其他：		收样日期	××××年××月××日	
备注	井座净开孔直径为640mm； 采用锁定装置或特殊设计的安全措施：□是　☑否				
说明	1. 取样/送样人和见证人应对试样及提供的资料、信息的真实性、规范性和代表性负责； 2. 委托方要求加急检测时，加急费按检测费的200％核收，单组（项）收费最多不超过1000元； 3. 委托检测时，本公司仅对来样负责；见证检测时，委托单上无见证人签章无效，空白处请画"—"； 4. 一组试样写一份委托单，出具一份检测报告，检测结果以书面检测报告为准； 5. 委托方要求取回检测后的余样时，若在检测报告出具后一个月内未取回，且未说明原因的，余样由本公司统一处理；委托方将余样领回后，本公司不再受理异议申诉				

见证人签章：　　　　　　　　　　取样/送样人签章：　　　　　　　　　　收样人：

正体签字：　　　　　　　　　　　　正体签字：　　　　　　　　　　　　　签章：

五、检验结果判定

（1）井盖的承载能力应符合表 10.6.2 的规定，对于井座净开孔（c_o）小于 250mm 井盖的试验荷载应按表 10.6.3 所示乘以 $c_o/250$，但不小于 0.6 倍表 10.6.2 的荷载。

表 10.6.2　井盖的试验荷载

类别	A15	B125	C250	D400	E600	F900
试验荷载 F（kN）	15	125	250	400	600	900

（2）井盖的允许残留变形值应符合表 10.6.3 的规定。

表 10.6.3　井盖的允许残留变形值

类型	允许的残留变形	
A15 和 B125	当 $c_o<450$mm 时为 $c_o/50$，当 $c_o\geqslant450$mm 时为 $c_o/100$	
C250 到 F900	（1）$c_o/300$ 当 $c_o<300$mm 时最大为 1mm	（2）$c_o/500$ 当 $c_o<500$mm 时最大为 1mm

注：对于 C250 到 F900 的产品：当采用锁定装置或特殊设计的安全措施时采用（1）要求；当产品未采取特殊安全措施仅依靠产品重量达到安全措施的采用（2）要求。

六、不合格情况处理方法

承载能力检验中，如有一套不符合表 10.6.2 和表 10.6.3 的要求，在同批中再抽取 2 套检查井盖重复本次试验。若仍有一套不符合要求，则该批检查井盖为不合格。

第七节　混凝土和钢筋混凝土排水管

混凝土管是管壁内不配置钢筋骨架的混凝土圆管。钢筋混凝土管是管壁内配置有单层或多层钢筋骨架的混凝土圆管。

一、依据标准

（一）检验评定标准

《混凝土和钢筋混凝土排水管》（GB/T 11836—2009）。

（二）检验方法标准

《混凝土和钢筋混凝土排水管试验方法》（GB/T 16752—2017）。

二、检验项目

（1）外压荷载（裂缝荷载、破坏荷载）。
（2）内水压力。

三、抽样数量

（1）代表批量：由相同材料、相同生产工艺生产的同一种规格、同一种接头型式、同一种外压荷载级别的管子组成一个受检批，一般不超过 100 根为一批，或与当地主管部门协商确定检验批量。
（2）从受检批中随机抽取 2 根管子，1 根检验内水压力，另 1 根检验外压荷载。

四、委托单填写范例

钢筋混凝土排水管检验委托单填写范例见表 10.7.1。

表 10.7.1　钢筋混凝土排水管检验/检测委托单

（合同编号为涉及收费的关键信息，由委托单位提供并确认无误!!）

所属合同编号：

工程名称					
委托单位/ 建设单位		联系人		电话	
施工单位		取样人		电话	
见证单位		见证人		电话	
监督单位		生产厂家			
使用部位		出厂编号			

钢筋混凝土排水管　样品及检测信息

样品编号		样品数量	2 根	代表批量	100 根
规格型号		批次			
检测项目	外压荷载/10（☑裂缝荷载□破坏荷载）　☑内水压力/8　□外观质量/5 □尺寸偏差/6　□保护层厚度/11				
检测依据	☑ GB/T 16752—2017				
评定依据	☑ GB/T 11836—2009　□不做评定				
检后样品处理约定	□由委托方取回　☑由检测机构处理	检测类别		☑见证　□委托	
□常规　□加急　□初检　□复检　原检编号：＿＿＿＿		检测费用			
样品状态	☑外观完好，管体无裂缝 □其他：	收样日期		年　月　日	
备注					
说明	1. 取样/送样人和见证人应对试样及提供的资料、信息的真实性、规范性和代表性负责； 2. 委托方要求加急检测时，加急费按检测费的 200% 核收，单组（项）收费最多不超过 1000 元； 3. 委托检测时，本公司仅对来样负责；见证检测时，委托单上无见证人签章无效，空白处请画"—"； 4. 一组试样填写一份委托单，出具一份检测报告，检测结果以书面检测报告为准； 5. 委托方要求取回检测后的余样时，若在检测报告出具后一个月内未取回，且未说明原因的，余样由本公司统一处理；委托方将余样领回后，本公司不再受理异议申诉				

见证人签章：　　　　　　　　　　　取样/送样人签章：　　　　　　　　　　　　收样人：

正体签字：　　　　　　　　　　　　正体签字：　　　　　　　　　　　　　　　签章：

五、检验结果判定

（一）内水压力

管子在进行内水压力检验时，在规定的检验内水压力下允许有潮片，但潮片面积不得大于总外表面积的 5%，且不得有水珠流淌。

需要注意的是，壁厚大于等于 150mm 的雨水管，可不做内水压力检验。

（二）外压荷载

混凝土管外压检验荷载不得低于表10.7.2、表10.7.3规定的荷载要求。

表 10.7.2　混凝土管规格、外压荷载和内水压力检验指标

公称内径 D_0（mm）	有效长度 L（mm）≥	Ⅰ级管			Ⅱ级管		
		壁厚 t（mm）≥	破坏荷载（kN/m）	内水压力（MPa）	壁厚 t（mm）≥	破坏荷载（kN/m）	内水压力（MPa）
100		19	12		25	19	
150		19	8		25	14	
200		22	8		27	12	
250		25	9		33	15	
300	1000	30	10	0.02	40	18	0.04
350		35	12		45	19	
400		40	14		47	19	
450		45	16		50	19	
500		50	17		55	21	
600		60	21		65	24	

表 10.7.3　钢筋混凝土管规格、外压荷载和内水压力检验指标

公称内径 D_0（mm）	有效长度 L（mm）≥	Ⅰ级管				Ⅱ级管				Ⅲ级管			
		壁厚 t（mm）≥	裂坏荷载（kN/m）	破坏荷载（kN/m）	内水压力（MPa）	壁厚 t（mm）≥	裂坏荷载（kN/m）	破坏荷载（kN/m）	内水压力（MPa）	壁厚 t（mm）≥	裂坏荷载（kN/m）	破坏荷载（kN/m）	内水压力（MPa）
200		30	12	18		30	15	23		30	19	29	
300		30	15	23		30	19	29		30	27	41	
400		40	17	26		40	27	41		40	35	53	
500		50	21	32		50	32	48		50	44	68	
600		55	25	38		60	40	60		60	53	80	
700		60	28	42		70	47	71		70	62	93	
800		70	33	50		80	54	81		80	71	107	
900		75	37	56		90	61	92		90	80	120	
1000		85	40	60		100	69	100		100	89	134	
1100		95	44	66		110	74	110		110	98	147	
1200		100	48	72		120	81	120		120	107	161	
1350		115	55	83		135	90	135		135	122	183	
1400	2000	117	57	86	0.06	140	93	140	0.10	140	126	189	0.10
1500		125	60	90		150	99	150		150	135	203	
1600		135	64	96		160	106	159		160	144	216	
1650		140	66	99		165	110	170		165	148	222	
1800		150	72	110		180	120	180		180	162	243	
2000		170	80	120		200	134	200		200	181	272	
2200		185	84	130		220	145	220		220	199	299	
2400		200	90	140		230	152	230		230	217	326	
2600		220	104	156		235	172	260		235	235	353	
2800		235	112	168		255	185	280		255	254	381	
3000		250	120	180		275	198	300		275	273	410	
3200		265	128	192		290	211	317		290	292	438	
3500		290	140	210		320	231	347		320	321	482	

六、不合格情况处理方法

内水压力和外压荷载检验分别符合结果判定中内水压力和外压荷载的规定时，则判定该批产品力学性能合格。如内水压力或外压荷载检验不符合标准规定，允许从同批产品中抽取2根管子进行复检。

复检结果如全部符合标准规定，则剔除原不合格的 1 根，判定该批产品力学性能合格。复检结果如仍有 1 根管子不符合标准规定，则判定该批产品力学性能不合格。

常见问题解答

1. 路基弯沉试验中的最不利季节指的是什么时候？

【解答】所谓最不利季节是指春融期。例如，在河北省廊坊地区的春融期一般在 3 月 15 日—4 月 10 日。因气温的变化，这段时间路基土及路面基层中含水率在全年最高，路基强度降至最低，此时测定的路表弯沉值最大。这个值是路面设计、旧路补强的基础数据。

2. 设计上给的土基回弹模量在换算成弯沉值时需不需要考虑季节影响系数？

【解答】设计中采用的土基回弹模量计算值是针对不利季节的，而施工中的弯沉值检测往往是在非不利季节进行的，因此，需先将土基回弹模量计算值调整到相当于非不利季节的值，再换算成弯沉值作为检验时的弯沉判定值。在非不利季节检测路床顶面的弯沉值时，弯沉判定值需要一个修正系数 K_1，规范的取值范围为 1.2～1.4。廊坊地区一般取用季节影响系数 $K_1=1.2$。

3. 灌砂法试验测定密度的取样位置怎样确定才具代表性？

【解答】灌砂法试验测定密度的取点位置有时会对试验结果产生直接影响，为了降低人为因素对试验的影响，体现检验的公正、公平，检验过程中应采用现场随机取样的方法确定取样位置。具体步骤可详见《公路路基路面现场测试规程》（JTG 3450—2019）附录 A 中的规定。

4. 环刀法试验中的环刀体积要求是多少？见证试验室为什么对环刀体积提出统一要求？

【解答】《公路土工试验规程》中对环刀的要求是内径 6～8cm，高 2～5.4cm，壁厚 1.5～2.2mm，体积范围 56.52～271.3cm³，凡符合上述要求的环刀在压实度检验过程均可使用。见证试验室在收样过程中为避免由于环刀体积不同造成的试验误差，要求环刀的体积统一为 200cm³。

5. 为提高灌砂法试验的精度，试验中应注意哪些方面？

【解答】

（1）量砂要规则，如果重复使用一定要注意晾干，处理一致，否则影响量砂的松方密度。

（2）每换一次量砂，都必须测定松方密度，灌砂筒下部圆锥体内砂的数量也应该每次重新标定，切勿使用以前的数据。

（3）地表面处理要平，只要表面凸出一点，使整个表面高出一薄层，其体积便算到试坑中去了，将影响试验结果，因此本方法一般宜采用放上基板测定一次粗糙表面消耗的量砂。只有在非常光滑的情况下方可省去此步骤操作。

6. 试验室提供的击实标准在工程控制中出现过高或过低的原因是什么？怎样克服？

【解答】

（1）原因。

① 见证取样送检的原材料与施工中使用的材料发生变化，如集料级配、土质类别、结合料质量和类别与送检的材料不同，混合料配合比不准确（集料配合比不准，含水率过大、过小），施工中混合料碾压压实度不足或过碾造成粗集料破碎。这些原因造成在施工中检测压实度时击实标准过高或过低的现象。

② 试验室提供的击实标准，因试验过程中的操作误差、计算误差等原因也会造成施工中过高或过低的现象。

（2）解决的方法。

① 对于送检的原材料，见证人应严格监控取样送样的全过程，必须送检施工现场计划使用的原材料，尽量减少因材料差异产生的影响。

② 严格控制压实施工质量，避免发生碾压压实度不足或过碾现象。

③ 严格按试验规程进行标准击实试验，认真复核试验数据。

7. 深基坑回填造成累计沉降的原因是什么？怎样通过试验加强控制？

【解答】

（1）原因。

① 没有科学地分层压实回填材料；

② 在填筑完成后因外界荷载的作用；

③ 雨水、地下水的浸湿；

④ 气温冻融循环、干湿循环；

⑤ 回填材料自重的作用。

（2）加强控制措施。

① 回填前应送检回填准备使用的各种材料进行标准击实试验，以此来控制回填土的压实度；

② 根据现场的压实机具类型，认真做好现场试验路段的压实度试验，确定分层压实的虚铺厚度，使机具发挥最佳压实效果；

③ 严格控制回填材料的含水率和分层厚度；

④ 有条件的地方也可采用冲击压实的方法进一步降低累计沉降。

8. 褥垫层的压实度怎样控制？

【解答】褥垫层一般使用级配碎石为原材料。应先送检集料做筛分试验，级配标准可按市政道路工程规范级配碎石标准控制，集料级配合格后，再用该集料进行标准击实试验。标准击实类型（轻型击实或重型击实）可根据现场压实机具类型选择，经压实的褥垫层用灌砂法检测压实度，控制施工质量。

9. 压实度检验时需要注意哪些问题？

【解答】

（1）送检压实度应按施工分层填筑进行。压实度不合格应重新压实后再检验。合格后方可进行下步填土压实。

（2）环刀法检验压实度根据试验规程规定应作平行测定，其平行差值不得大于 $0.03g/cm^3$。当送检试样超差时应在其代表的部位重新取样送检。如果所送试样不能做平行测定，报告只记录结果，不做评定。

（3）当填土用的土质发生变化时，应重新送检击实试验，防止压实度全部达 100％以上或是全部达不到要求，使施工质量失去控制。

（4）送检用的环刀应按见证试验室的要求选用。

（5）环刀法取样后，土样应与环刀口面齐平。

（6）灌砂法取样应按随机取样表确定具体位置进行选点，保证取样有较强的代表性。挖取试样时试坑深度不应超过标定罐的高度。

10. 弯沉试验需要注意哪些问题？

【解答】

（1）检验弯沉值时，若在两相邻检测点之间发现质量问题应增加测点，排除隐患。

（2）弯沉试验所用标准车型根据《公路路基路面现场测试规程》（JTG 3450—2019）的规定，不再局限于车型，只要轴重、轮压、气压等主要参数满足规范 JTG 3450—2019 中 T0951—2008 试验方法中表 T 0951 规定的车型皆可使用。

11. 消解后的石灰钙镁含量为什么衰减？衰减速度是多少？

【解答】石灰消解后的主要成分是氢氧化碳和氢氧化镁，由于放置时间过久，其有效成分氢氧化钙和氢氧化镁会和空气中的二氧化碳发生化学反应，有效钙和氧化镁的含量会大大降低。石灰在露天堆放无覆盖时，受风、雨、日晒影响，石灰的活性损失很快。放置 3 个月可以从原来的 80％以上降到 40％左右，放置半年可降到仅 30％。

12. 二灰混合料出厂后放置多长时间后不宜使用？

【解答】二灰混合料是一种缓凝材料，延迟压实的时间稍长对其所能达到的密实度和强度影响不大，但延迟时间过长仍会明显影响其密实度和强度。因此，拌合好的混合稳定料放置时间超过一天后不宜使用。

13. 水泥稳定土中的水泥剂量不宜大于多少？

【解答】水泥稳定土中的水泥剂量在 5%～6% 时，其收缩系数最小。超过 6% 后，混合料的收缩系数增大。为减少混合料的收缩性应控制水泥用量不超过 6%。

14. 无机结合料的强度增长期有多长？设计强度是按多长养护期计算的？

【解答】无机结合料的强度增长，是随龄期长期增长的。水泥稳定土的初期强度增长较快，后期强度超缓慢增长；石灰稳定土及石灰工业废渣稳定土属于缓凝材料，强度长期缓慢增长。无机结合料属于半刚性基层材料，设计采用的强度是试件在标准养护条件下养护 90d 的强度。

15. 为什么以石灰为胶结材料的结合料 7d 无侧限强度较低，而以水泥为胶结材料的结合料的 7d 无侧限强度较高呢？

【解答】石灰胶结材是气硬性材料，在空气中缓慢硬化，初期 7d 强度较低，后期还会继续增长。而水泥是水硬性胶结材料，加水或在水中硬化，初期强度增长快，强度较高，28d 龄期强度达到或超过标号强度之后强度增长很小。所以制定 7d 强度标准时，石灰稳定土比水泥稳定土强度低。

16. 为什么标准性试验必须由见证试验室提供？

【解答】标准性试验是用于评定取样试验的基础数据，是其他相关试验的基础，所以标准性试验必须在经过计量认证的有资质的见证试验室进行，出具的标准数据才具有法律效力。

17. 二灰碎石中的石灰含量越高，其强度就越高吗？

【解答】通过试验得知二灰碎石中的石灰含量与强度增长呈抛物线关系，二灰碎石中的石灰超过某个剂量，其强度呈下降趋势。所以在施工中为了提高二灰碎石的强度就不断提高石灰用量的做法是不科学的，有时会适得其反。

18. 为保证施工中水泥石灰综合稳定土的灰剂量达标应注意什么？

【解答】

（1）施工剂量应比试验室提供的标准剂量增加 1 个百分点。

（2）计算石灰用量时应采用干灰质量/干土质量。

（3）干灰的松方容重一般在 400～430kg/m³，计算时石灰的松方容重考虑过大会降低灰的用量。

（4）工地应用 30kg 生石灰测定未消解残渣含量、计算灰剂量时应剔除石灰中残渣的含量。

19. 二灰碎石在拌合过程中为保证抗压强度应注意什么？

【解答】

（1）要准确调试拌合机各料仓下料口的出料数量，使混合料的比例和试验室提供的配比一致。

（2）对无自动配料计算装置的拌合机，要设专人看管石灰仓下料状况，保持下料通畅。发现某一车混合料没有石灰或石灰剂量较小时应禁止上路摊铺。

（3）在二灰碎石混合料的拌制过程中，粉煤灰的掺量对强度的影响很关键，试验报告中提供的配比是材料的干质量比，在确定施工配比时一定要先测定现场材料的含水率，把材料的含水率考虑进去。

20. 制备无侧限抗压强度试件时材料的含水率怎样确定？

【解答】

（1）如为试验室配料试验，根据混合料的最大干密度、最佳含水率和规定的压实系数算出每个湿试件质量。

（2）如为工地取样，根据基层压实干密度和实有含水率算出每个湿试件质量。

（3）如为拌合场取样，按最大干密度和最佳含水率算出每个湿试件质量。

21. 为什么水泥土（含水泥石灰综合稳定土）禁止用于高等级路面的基层？

【解答】

（1）水泥土的干缩系数和干缩应变以及温缩系数都明显大于水泥砂砾和水泥碎石，水泥土容易产生严重的收缩裂缝，并影响沥青面层，使沥青面层裂缝增加。

（2）水泥土的强度没有充分形成时，如表面由沥青面层雨水渗入，水泥土基层表面发生软化。几毫米的软化层也会导致沥青面层龟裂破坏。

（3）水泥土的抗冲刷能力明显小于水泥级配集料。一旦有水渗入，容易产生冲刷现象。

22. 悬浮式和密实式二灰碎石的材料性质有什么不同？

【解答】石灰粉煤灰与粒料之比为 50：50 左右时，在混合料中粒料形不成骨架，而是悬浮在石灰粉煤灰混合料中，因此常称悬浮式二灰粒料。石灰粉煤灰与粒料之比为 15：85～20：80 时，在混合料中，粒料形成骨架，石灰粉煤灰起填充空隙和胶结作用，这种混合料称密实式二灰粒料。悬浮式二灰粒料的收缩性大，容易产生干缩裂缝。实践证明，在其他条件相同的情况下，悬浮式二灰粒料基层上沥青面层的裂缝较密实式二灰粒料基层上沥青面层的裂缝多很多。试验证明，悬浮式二灰粒料的抗冲刷性能明显次于密实式二灰粒料。因此在高等级路面上，应采用密实式二灰粒料，以保证其上沥青面层有较好的使用性能和延长其使用寿命。在缺乏砂石材料的地区，为减少远运料，可采用悬浮式二灰粒料，但混合料易产生干缩裂缝，不宜用作基层上层。

23. 关于击实试验方面需要注意哪些问题？

【解答】

（1）应在原材料进场后的料堆上取样。对未筛分混合料取样时要注意保持原材料细料的数量为原始状态。

（2）石灰粉、水泥应取新进场的材料，发现有结块或过期的产品，不应取样。

（3）原材料变化时应重新取样送检，重新进行标准击实试验。

（4）根据工程性质、压实机具选择击实类型。城市主干道、快速路、机械压实地基（灰土、砂石、工业废弃物填筑的建筑地基场地等）均应选用重型击实标准。

（5）预估含水率。细粒土的最佳含水率一般较塑限值小 3%～10%。砂类土的最佳含水率较塑限值约小 3%；黏土的最佳含水率较塑限值小 6%～10%。天然砂砾土、级配集料等的最佳含水率与集料中细粒土的含量和塑性指数有关，一般在 5%～12%。对细粒土少的塑性指数为 0 的未筛分碎石，其最佳含水率接近 5%。水泥稳定材料的最佳含水率与素土接近，石灰、粉煤灰稳定材料的最佳含水率较素土大 1%～3%。以预估含水率为中值选 5 个含水率进行击实试验。

（6）加水泥的击实试验，混合料加水拌合均匀以后应在 1h 内完成，否则干密度将降低。

24. 水泥或石灰稳定土中水泥或石灰剂量测定中需要注意哪些问题？

【解答】

（1）EDTA 滴定法。

① 氯化铵在使用中必须用电子秤称量，不得直接用瓶上标注数量。

② 操作中每个样品搅拌时间、速度和方式应力求相同，减少试验误差。

③ 配制的氯化铵溶液宜当天用完，否则影响试验精度。

④ 素土、水泥或石灰较长时间没有改变，应在每天试验前增加 1～2 点对标准曲线进行验证，以减少原材料的离散对试验结果的影响。

⑤ 滴定过程中要把握好滴定的临界点。溶液从玫瑰红色变为紫色，最终变成蓝色。溶液变为紫色后应放慢滴定速度，继续摆匀，防止滴定过量。

⑥ 钙羧酸（钙红）指示剂的用量可按规程指标使用，也可按经验确定。

⑦ 测定水泥剂量的试样不应超过水泥终凝时间。测定石灰剂量的试样不宜超过 7d。

（2）直读式测钙仪法。

① 在计算 6% 和 14%（或 16% 和 18%）混合料的组成时，应使混合料的最佳含水率与施工碾压时的最佳含水率相近。当现场使用的土、灰、水质有变化时，应重新配制 6% 和 14%（或 16% 和 18%）灰剂量的标准剂量浸提液，重新标定仪器。

② 制备浸提液要求与 EDTA 滴定法相同。

③ 每测定一次样品后，要认真用水冲洗钙电极，并用软纸吸干后再测下一个样品。

④ 全天都需要测试时，中午休息，应将钙电极有膜的一端浸泡在 10^{-3} mol 氯化钙标准溶液中，上班工作时可不进行活化。在连续使用时，电极的内参比液应每周更换一次，以保证试验结果的稳定性。

⑤ 试验过程中应配制一标准溶液，对试验的最后试验结果进行修正。

25. 在进行无机结合料稳定材料试件的制作时需要注意哪些问题？

【解答】

（1）用生石灰粉与土拌合的混合料，其用水量为预估最佳含水率基数上增加生石灰消解用水。一般增加灰剂量的 30%～50%，加水拌合后一起进行浸润，时间不少于 3h，防止试件在养生中因生灰膨胀而造成破坏。

（2）制作试件时，注意两端垫块要均匀进入。如一端已进入筒内与筒顶齐平，而另一端未完全进入时，应解降压力后倒转试模，然后再加压。压至与顶口齐平立即停机，防止压坏模筒。

（3）检验制作成型试件的密度并计算试件的压实度，要求不超过标准压实度±1%。

（4）在成型中发现挤出水过多或难以压实成标准尺寸，说明现场送检的混合料发生了变化，与组成设计时用的原材料不同或试件成型计算用料数量有误，应认真找出原因。如果是第一种原因应重新送检原材料，重新做组成设计和击实试验。

（5）中、粗粒土的无机结合料稳定材料由于细料少、黏结差，宜使用内壁光洁或涂少量机油的试模，最好过 2～4h 再脱模。

（6）脱模过程中要轻拿轻放，搬运时要防止震动摇摆，避免试件损坏。

（7）脱模出来的试件表面有裂缝的不应使用，应重新制作一个试件。

26. 无机结合料稳定材料和二灰稳定材料试件在标准养生过程中需要注意哪些问题？

【解答】

（1）应严格控制养生温度和湿度，否则将影响试件抗压强度。例如，温度 25℃下养生的试件强度是 20℃下养生强度的 1.18 倍。

（2）经常检查养生箱内的实际温湿度，用温湿度计对养生箱内的温湿度与养生箱面板上的电子仪表显示的温湿度进行核对，发现问题及时纠正。

（3）新制作的试件尤其是石灰稳定细粒土，应放入塑料袋内或用塑料布覆盖严密，防止箱内滴水损坏试件。

27. 进行无机结合料稳定材料无侧限抗压强度试验过程中需要注意哪些问题？

【解答】

（1）试验前试件表面应用刮刀刮平，避免加压时应力集中于表面突起部位，导致数据失真。表面不平整的试件在浸水前宜用快凝水泥砂浆抹面处理。

（2）试验操作时，试件中轴线应与压力荷载的中心轴线对齐，避免偏心荷载影响试验结果。

（3）试件从水中取出，应用软布吸去表面的水分，尤其是上、下两面不能带水试压，防止试验数据失真。

（4）严格按要求的试件数量制备。小试件不少于 6 个，中试件不少于 9 个，大试件不少于 13 个。

28. 对于沥青何时检验"三性"？何时进行全项检验？

【解答】 全项检验是指对沥青产品的所有技术指标全面检验。生产沥青的企业按国家规定的沥青产品技术标准生产的沥青，在销售时都要出具产品的全项技术指标检验单和合格证。当购进的产品没有上述两证或对出具的两证不认可时，须对沥青产品进行全项指标的检验，有一项不达标时，该产品为不合格产品。

我国沥青产品分级采用针入度分级体系。当购进的沥青产品有上述两证时，须取样检验"三性"（针入度、软化点、延度三项指标），用三项指标验证购进沥青的标号和等级。

29. 商品沥青混凝土什么情况下由见证试验室做配合比设计，什么情况下做配合比验证？

【解答】商品沥青混合料是指未经摊铺、压实的沥青混凝土。生产厂家销售产品时应出具配合比组成设计，包括目标配合比和生产配合比，没有上述组成设计文件或原材料有变化时应做配合比试验。当生产厂家出具了配合比设计文件时，须对生产配合比进行热仓材料配合比验证，马歇尔试验结果应符合规范要求，否则该产品不可使用。

30. 当面层压实度部分送检试件不合格时怎样处理？

【解答】当面层压实度部分试件不合格时，应按规范要求现场钻孔取样测试压实度，一组数据最少为 3 个钻孔试件，当一组检测的合格率小于 60% 或平均值 $\overline{x}_3$ 小于要求的压实度时，可增加一倍检测点数。当 6 个测点的合格率小于 60% 或平均值 $\overline{x}_6$，仍然不达标时允许再增加一倍检测点数。要求其合格率大于 60%，且 $\overline{x}_{12}$ 达到规定的压实度要求。如仍然不达标应核查标准密度的准确性，以确定是否需要返工及返工的范围。

31. 改性沥青和普通沥青有什么不同？如何区分？

【解答】改性沥青是用基质沥青单独或复合加入高分子聚合物、天然沥青及其他改性材料制作成的沥青材料。改性沥青具有改善基质沥青的温度稳定性和弹性、保留或增加基质沥青的黏结性、塑性和流动性等特点。改性沥青技术指标中有 5℃ 延度指标和弹性恢复指标，而普通沥青技术指标中没有这些标准，并且改性沥青的软化点明显高于普通沥青的软化点。

32. 改性沥青混凝土和普通沥青混凝土有什么不同？如何区分？

【解答】改性沥青目前多用在沥青玛琋脂碎石（SMA）类热拌沥青混合料中，此种混合料采用马歇尔试件的体积指标设计方法，按普通沥青混凝土用在高速公路上的要求进行动稳定度、水稳定性、低温抗裂性能、渗水系数的检验。与普通沥青混凝土不同的是其还必须进行谢伦堡析漏试验及肯特堡飞散试验，以检验其最佳沥青用量。

33. 沥青混凝土路面面层弯沉在什么季节就不能做了？

【解答】对于无机结合料稳定基层的路面结构，当测定沥青面层的平均温度（℃）小于 0℃ 时，不能做沥青混凝土路面面层弯沉检测。

34. 沥青混凝土面层的标准密度怎样确定？

【解答】

（1）以试验室密度作为标准密度，即沥青拌合厂每天取样 1~2 次实测的马歇尔试件密度，取平均值作为该批混合料铺筑路段压实度的标准密度。其试件成型温度与路面复压温度一致。当采用配合比设计时，也可采用其他相同成型方法的试验室密度作为标准密度。

（2）以每天实测的最大理论密度作为标准密度。对普通沥青混合料，沥青拌合厂在取样进行马歇尔试验的同时以真空法实测最大理论密度，平行试验的试样数不少于 2 个，以平均值作为该批混合料铺筑路段压实度的标准密度。但对改性沥青混合料、SMA 混合料以每天总量检验的结果及油石比平均值计算的最大理论密度为准，也可采用抽提筛分的结果及油石比计算最大理论密度。计算确定最大理论密度的方法按《公路沥青路面施工技术规范》（JTG F40—2004）附录 B 的规定进行。

（3）以试验路密度作为标准密度。用核子密度仪定点检查密度不再变化为止，然后取不少于 15 个钻孔试件的平均密度为计算压实度的标准密度。

（4）可根据需要选用试验室标准密度、最大理论密度、试验路密度中的 1~2 种作为钻孔法检验评定的标准密度。

35. 喷洒型乳化沥青如何取样？

【解答】喷洒型乳化沥青从洒布车中取样，当没有放样阀时可从顶盖处用取样器从油罐的中部取样，数量不少于 4L。

36. 什么样的骨料不宜用于沥青混凝土中？为什么？

【解答】①破碎砾石含量试验不合格的石料；②酸性石料。

使用上述 2 种石料易发生矿料嵌挤不足、酸性石料与沥青黏附性差的现象，使沥青混合料稳定性降低，影响路面使用功能。

37. 沥青混凝土中掺加的纤维稳定剂分哪几种？如何选用？

【解答】沥青混凝土中掺加的纤维稳定剂宜选用木质素纤维、矿物纤维等。易造成人体伤害和环境污染的石棉纤维不宜直接使用在人口稠密的城市；市政道路中宜选用木质素纤维。

38. 沥青混合料（AC 型）在生产中为节约沥青用量随意减少甚至取消填料（矿粉）将对工程造成什么危害？原因是什么？

【解答】

(1) 沥青混凝土中缺少填料会造成路面通车后出现集料脱落、掉粒、飞散、断裂等损坏现象，并且由于其缺少填料，增加了面层透水性，会引起基层的过早破坏，缩短工程的使用年限。

(2) 造成危害的主要原因是密级配（AC 型）沥青混合料的组成结构为胶凝结构。在这种结构中，集料的颗粒通过沥青胶浆黏结而成为一个具有强度的整体。沥青胶浆是由沥青与矿粉按最佳配合比例组成的。当混合料中矿粉减少时，沥青混合料中的沥青胶浆黏结力下降。若此种混合料用在工程上，道路通车后在反复交通荷载作用下，由于集料与沥青的黏结力不足，将引起集料出现脱落、掉粒、飞散等现象，导致沥青路面逐渐形成坑槽，出现严重的破坏现象。

解决办法：强化对生产厂家的产品抽查，发现问题应立即停产，查明原因。对已运至现场的产品应按废品处理。

39. 什么条件下旧沥青路面可作为基层在其上加铺沥青混凝土面层？

【解答】旧沥青路面应符合下列要求：

(1) 强度、刚度、干燥收缩和温度收缩变形、高程等符合要求。

(2) 具有稳定性。

(3) 表面应平整、密实；基层的拱度与面层拱度一致。

40. 进行热拌沥青混合料配合比设计时需要注意哪些问题？

【解答】

(1) 用于配合比设计的各种材料必须是已经进入拌合场准备使用的原材料。

(2) 沥青的三项指标（针入度、延度、软化点）应符合沥青生产厂家出厂检验单上的指标。

(3) 用于生产配合比试验的热仓集料，必须是拌合机开机拌合由热仓取出的材料。否则，将造成细集料及矿粉配合比不准确的问题，会影响马歇尔试验各项指标的精确度。

41. 制作沥青混合料试件时需要注意哪些问题？

【解答】

(1) 制作沥青混合料试件的标准方法是机械击实法。有的小型拌合场或摊铺现场采用人工击实法，但人工击实法条件往往不标准。两种击实方法都必须在标准击实台上进行，若没有设置标准击实台将造成马歇尔试验数据与配合比设计报告中的马歇尔数据出现较大偏差。

(2) 制作试件时要严格控制混合料拌合与击实成型温度，应按表 10.7.4 的参考值根据沥青品种和标号作适当的调整。对大部分聚合物改性沥青需要在基质沥青的基础上提高 15～30℃，掺加纤维时还需要再提高 10℃ 左右。

表 10.7.4　沥青混合料拌合及压实温度参考表

沥青结合料种类	拌合温度（℃）	压实温度（℃）
石油沥青	130～160	120～150
煤沥青	90～120	80～110
改性沥青	160～175	140～170

(3) 试件在脱模时一般需冷却至室温后（不少于 12h）再脱模。在施工质量检验过程中如亟须试

验，允许采用电风扇吹冷或浸水 3min 以上的方法脱模，但浸水脱模法不能用于测量密度、空隙率等各项物理指标。

42. 采用表干法进行沥青混合料密度试验时需要注意哪些问题？

【解答】

（1）用表干法测定时，关键是在用拧干的湿毛巾擦拭试件表面时要制造一种真正的饱和面干状态。表面既不能有多余的水膜，又不能把吸入孔隙中的水分擦掉，以得到真正的毛体积。

（2）试验操作时把试件浸入水中 3～5min 之后读出水中质量值。若天平读数持续变化，不能很快达到稳定，说明试件吸水较严重，不适用于此法测定，应改用蜡封法测定。

第十一章　建筑物防雷装置检测

一、依据标准

（1）《建筑物防雷装置检测技术规范》（GB/T 21431—2015）。

（2）《建筑物防雷设计规范》（GB 50057—2010）。

（3）《建筑物防雷工程施工与质量验收规范》（GB 50601—2010）。

（4）设计文件。

二、检测分类

首次检测是对新建、改建、扩建建筑物防雷装置施工过程中的分阶段检测和投入使用后对建筑物防雷装置的第一次检测。首次检测应依据设计文件要求进行。

定期检测是按规定的周期进行的建筑物防雷装置检测。

对铁路系统、车辆、船舶、飞机及离岸装置、地下高压管道、与建筑物不相连的管道、电力线和通信线应按行业专用标准进行防雷装置检测。

三、检验项目

（1）建筑物的防雷分类。

（2）接闪器。

（3）引下线。

（4）接地装置。

（5）防雷区的划分。

（6）雷击电磁脉冲屏蔽。

（7）等电位连接。

（8）电涌保护器（SPD）。

四、判定标准

（一）建筑物的防雷分类

建筑物根据建筑物重要性、使用性质、发生雷电事故的可能性和后果分为三类，一般在工程电气设计文件的设计说明中明确给出建筑物防雷分类。建筑物的防雷分类方法按 GB 50057—2010 中第 3 章，第 4 章的第 4.5.1、4.5.2 条，及 GB/T 21431—2015 附录 A 的规定确定。

（二）接闪器

接闪器首次检测内容包括：屋面设施应处于直击雷保护范围内，并应符合 GB 50057—2010 第 4.5.7 条的规定。接闪器与建筑物顶部外露的其他金属物应作等电位电气连接。

接闪器（或带）材料规格、结构、最小截面和安装位置应正确、平正顺直且无附着的其他电气线路，焊接固定的焊缝饱满无遗漏且防腐油漆完整，接闪器截面不应锈蚀 1/3 以上。接闪带固定支架间距（一般为 1m）和外露高度（一般为 150mm）应符合 GB 50057—2010 第 5.2.6 条的规定，螺栓固定的应备帽等防松零件齐全，每个支持件能承受 49N 的垂直拉力。接闪带在转角处应按建筑造型弯曲，其夹角应大于 90°，弯曲半径不宜小于圆钢直径 10 倍、扁钢宽度的 6 倍。接闪带通过建筑物伸缩沉降缝处，应将接闪带向侧面弯成半径为 100mm 的弧形。

第三类防雷建筑的接闪网网格尺寸应满足不大于 20m×20m 或 24m×16m 是否符合 GB 50057—2010 表 1 的要求；建筑物防侧击雷保护措施应符合 GB 50057—2010 的相关规定。

（三）引下线

专设引下线材质规格尺寸及安装位置应正确，焊缝饱满无遗漏，防锈漆补刷完整，锈蚀截面不应达到 1/3 以上，断接卡设置应符合 GB 50057—2010 第 5.3.6 条的规定。相邻两根专设引下线间距、总根数应符合规范和设计要求，且每根专设引下线与接闪器、接地电阻间的过渡电阻不应大于 0.2Ω。固定支架间距均匀且每个固定支架应能承受 49N 的垂直拉力。

（四）接地装置

接地体的材质、连接方法、防腐处理、埋设间距、深度、安装方法和安装位置应符合 GB 50057—2010 第 5.4 节的规定。

（五）雷击电磁脉冲屏蔽

屏蔽材料规格尺寸应按设计图纸确定，施工中应注意屏蔽网格、金属管（槽）、防静电地板支撑金属网格、大尺寸金属件、房间屋顶金属龙骨、屋顶金属表面、立面金属表面、金属门窗、金属格栅和电缆屏蔽层的电气连接良好。

（六）等电位连接

施工中应保证设备、管道、构架、均压环、钢骨架、钢窗、放散管、吊车、金属地板、电梯轨道、栏杆等大尺寸金属物与共用接地装置电气连接质量。

（七）电涌保护器（SPD）

电涌保护器（SPD）安装的位置和等电位连接位置应在各防雷区的交界处，但当线路能承受预期的电涌时，SPD 可安装在被保护设备处。SPD 运行期间，会因长时间工作或因处在恶劣环境中而老化，也可能因受雷击电涌而引起性能下降、失效等故障，因此需定期进行检查。如测试结果表明 SPD 劣化，或状态指示指出 SPD 失效，应及时更换。

压敏电压合格判定标准：首次测量压敏电压 U_{1mA} 时，实测值应在 GB/T 21431—2015 表 7 中 SPD 的最大持续工作电压 U_c 对应的压敏电压 U_{1mA} 的区间范围内。如 GB/T 21431—2015 表 7 中无对应 U_c 值时，交流 SPD 的压敏电压 U_{1mA} 值与 U_c 的比值不小于 1.5，直流 SPD 的压敏电压 U_{1mA} 值与 U_c 的比值不小于 1.15；后续测量压敏电压 U_{1mA} 时，除需满足上述要求外，实测值还应不小于首次测量值的 90%。压敏电压的允许公差为 ±10%。

泄漏电流合格判定标准：首次测量 I_{1mA} 时，单片 MOV 构成的 SPD，其泄漏电流 I_{ie} 的实测值应不超过生产厂标称的 I_{ie} 最大值；如生产厂未声称泄漏电流 I_{ie}，实测值应不大于 20μA。多片 MOV 并联的 SPD，其泄漏电流 I_{ie} 实测值不应超过生产厂标称的 I_{ie} 最大值；如生产厂未声称泄漏电流 I_{ie}，实测值应不大于 20μA 乘以 MOV 阀片的数量。不能确定阀片数量时，SPD 的实测值不大于 20μA；后续测量 I_{1mA} 时，单片 MOV 和多片 MOV 构成的 SPD，其泄漏电流 I_{ie} 的实测值应不大于首次测量值的 1 倍。

SPD 绝缘电阻合格判定标准：不小于 50MΩ。

五、建筑物防雷装置检测委托单

建筑物防雷装置检测委托单填写示例见表 11.0.1。

六、检验结果处理

当建筑工程施工质量不符合要求时，应按《建筑工程施工质量验收统一标准》（GB 50300—2013）

的规定处理：

（1）经返工或返修的检验批应重新进行验收。

（2）经有资质的检测机构检测鉴定能够达到设计要求的检验批，应予以验收。

（3）经有资质的检测机构检测鉴定达不到设计要求，但经原设计单位核算认可能够满足安全和使用功能的检验批，可予以验收。

（4）经返修或加固处理的分项、分部工程，满足安全及使用功能要求时，可按技术处理方案和协商文件的要求予以验收。

（5）经返修或加固处理仍不能满足安全或重要使用功能的分部工程及单位工程，严禁验收。

表 11.0.1　建筑物防雷装置检验/检测委托单

所属合同编号：

工程名称					
委托单位/ 建设单位		联系人		电话	
施工单位		联系人		电话	
监理单位		见证人		电话	
监督单位		结构形式			
总层数	地下___层至___层	委托层数		地下___层，地上___层	
总建筑面积		委托面积			
工程地址					
委托检测方案					
委托编号	W _____（由受理人填写）				
检测形式	☑竣工后检测　□周期检测　□分段跟踪检测检测部位：___。				
防雷分类	□一类　□二类　☑三类				
接地形式	□人工接地　☑自然接地	接地方式		□独立接地　☑共享接地	
检测项目	☑建筑物的防雷分类；☑接闪器；　　☑引下线；　☑接地装置； ☑防雷区的划分；　☑雷击电磁脉冲屏蔽；☑等电位连接；☑电涌保护器				
依据标准	☑GB/T 21431—2015　☑GB 50057—2010　☑GB 50601—2010　☑其他：设计图纸				
☑常规　□加急　□初检　□复检　原检编号：_____			检测费用	×××	
声明	委托方确认工程现场已经具备检测条件		委托日期	2022 年 1 月 10 日	
备注					
说明	1. 委托方办理委托时需提供正式电气部分施工图纸或复印件； 2. 委托方要求加急检测时，加急费按检测费的200%核收； 3. 一次委托填写一份委托单，出具一份检测报告，检测结果以书面检测报告为准				

监理（建设）单位签章：　　　　　　　　　　　　　　　　　　　　　　受理人签章：

常见问题解答

1. 建筑物防雷装置施工质量检测应具备哪些条件？

【解答】①建筑物防雷装置按电气设计图纸施工完毕；②按《建筑物防雷工程施工与质量验收规范》（GB 50601—2010）自检合格且相关工程质量控制资料齐全；③一般情况下，工程质量检测的委托主体应为建设单位，法律法规有特殊规定的，依其规定实施委托；④委托方委托建筑物防雷装置检测前，应熟悉防雷施工图纸，分清所委托建筑物防雷类别、首次检测还是定期检测。

2. 哪些建筑物属于第三类防雷建筑？

【解答】下列建筑物属于第三类防雷建筑：①省级重点文物保护的建筑物及省级档案馆。②预计雷击次数大于或等于 0.01 次/年且小于或等于 0.05 次/年的部、省级办公建筑物和其他重要或人员密集的公共建筑物，以及火灾危险场所。③预计雷击次数大于或等于 0.05 次/年且小于或等于 0.25 次/年的住宅、办公楼等一般性民用建筑物或一般性工业建筑物。④在平均雷暴日大于 15 日/年的地区，高度在 15m 及以上的烟囱、水塔等孤立的高耸建筑物；在平均雷暴日小于或等于 15 日/年的地区，高度在 20m 及以上的烟囱、水塔等孤立的高耸建筑物。

3. 接闪带在女儿墙转角处与变形缝处的施工措施是什么？

【解答】接闪带在转角处应按建筑造型弯曲的夹角应大于 90°，弯曲半径不宜小于圆钢直径 10 倍、扁钢宽度的 6 倍；接闪带通过建筑物伸缩沉降缝等变形缝处的，应将接闪带向侧面弯成半径为 100mm 的弧形。

4. 接闪带固定支架高度与间距是如何规定的？

【解答】接闪带支架高度不宜小于 150mm，明敷接闪导体固定支架间距不宜大于表 11.0.2 的规定。施工中应尤其注意固定支架高度是指其外露高度，固定支架高度测量值不含其埋入装饰层的深度。

表 11.0.2　明敷接闪导体和引下线固定支架的间距

布置方式	扁形导体和绞线固定支架的间距（mm）	单根圆形导体固定支架的间距（mm）
安装于水平面上的水平导体	500	1000
安装于垂直面上的水平导体	500	1000
安装于从地面至高 20m 垂直面上的垂直导体	1000	1000
安装在高于 20m 垂直面上的垂直导体	500	1000

5. 建筑物需设置明敷接闪带的条件是什么？

【解答】当建筑物的长、宽尺寸过大时，若仅在建筑物四周敷设接闪带，将达不到表 11.0.3 接闪网网格尺寸的规定，此时应明敷接闪带，以满足规范规定。表 11.0.3 为各类防雷建筑物接闪器的布置要求。

表 11.0.3　各类防雷建筑物接闪器的布置要求

建筑物防雷类别	滚球半径 H_r（m）	接闪网网格尺寸（m）
第一类防雷建筑物	30	≤5×5 或≤6×4
第二类防雷建筑物	45	≤10×10 或≤12×8
第三类防雷建筑物	60	≤20×20 或≤24×16

6. 接闪器安装工程施工应注意哪些事项？

【解答】接闪器安装位置是否正确，焊接固定的焊缝是否饱满无遗漏，螺栓固定的应备帽等防松零件是否齐全，焊接部分补刷的防腐油漆是否完整，接闪器截面是否锈蚀 1/3 以上；接闪带是否平正顺直，固定支架间距是否均匀且固定可靠，接闪带固定支架间距和高度是否符合 GB 50057—2010 第 5.2.6 条的规定；检查每个支持件能否承受 49N 的垂直拉力。

7. 第三类防雷建筑专设引下线的平均间距是多少？

【解答】依次测量相邻引下线间距，经计算得到第三类防雷建筑专设引下线的平均间距应不大于 25m。

8. 明敷引下线工程施工时应注意的问题有哪些？

【解答】明敷的专用引下线应分段固定，并应以最短路径敷设到接地体，敷设应平正顺直无急弯；焊接固定的焊缝应饱满无遗漏，螺栓固定应有防松零件（垫圈），焊接部分的防腐应完整。

9. 接地装置施工应注意哪些问题？

【解答】除第一类防雷建筑物独立接闪杆和架空接闪线（网）的接地装置有独立接地要求外，其他建筑物应利用建筑物内的金属支撑物、金属框架或钢筋混凝土的钢筋等自然构件、金属管道、低压配电系统的保护线（PE）等与外部防雷装置连接构成共用接地系统。当互相邻近的建筑物之间有电力和通信电缆连通时，宜将其接地装置互相连接。

10. 什么情况下应补充接地极数量？

【解答】若接地电阻测试值过大，应增补接地极数量，以分散雷电流。

11. 影响接地电阻测量准确的因素有哪些？应对措施是什么？

【解答】接地网周围的土壤构成不一致、结构不紧密、干湿程度不同，具有分散性，地表面有杂散电流，架空地线、地下水管、电缆外皮等对测试值影响特别大。应对措施是：①取不同的点进行测试，取平均值。从理论上讲，搞清土壤结构是准确测量接地电阻的前提。②测试线方向不对，距离不够长。解决的方法是找准测试方向和距离。③辅助接地极电阻过大。解决的方法是在地桩处泼水或使用降阻剂降低电流极的接触电阻。④测试夹与电极间的接触电阻过大。⑤干扰影响。解决的方法是调整放线，尽量避开干扰大的方向。⑥若背靠高山，面对河流，应沿土壤分界面方向上测量。

12. 接地电阻测量值为无穷大时应考虑何因素？

【解答】当接地电阻测量值为无穷大时，应检查有无因挖土方、敷设管线或种植树木而挖断接地装置。

13. 如何选择雷击电磁脉冲屏蔽材料材质及板材厚度？

【解答】雷击电磁脉冲屏蔽材料宜选用钢材或铜材。选用板材时，其厚度宜为 0.3～0.5mm。

14. 如何判定两相邻接地装置为电气贯通或为独立接地？

【解答】用毫欧表测量两相邻接地装置的电气贯通情况，检测时应使用最小电流为 0.2A 的毫欧表对两相邻接地装置进行测量。如测得阻值不大于 1Ω，判定为电气贯通；如测得阻值大于 1Ω，判定各自为独立接地。

15. T1、T2 级电涌保护器（SPD）试验项目有哪些？

【解答】电气系统中采用Ⅰ级试验的电涌保护器要用标称放电电流 I_n、1.2/50μs 冲击电压和最大冲击电流 I_{imp} 做试验。电气系统中采用Ⅱ级试验的电涌保护器要用标称放电电流 I_n、1.2/50μs 冲击电压和 8/20μs 电流波最大放电电流 I_{max} 做试验。

16. 电源 SPD 的导体线的颜色是如何规定的？

【解答】连接导体应符合相线采用黄、绿、红色，中性线用浅蓝色，保护线用绿/黄双色线的要求。

17. 建筑物防雷装置检测的间隔时间是多长？

【解答】具有爆炸和火灾危险环境的防雷建筑物检测间隔时间为 6 个月，其他防雷建筑物检测间隔时间为 12 个月。

18. 雷雨天为什么不能进行建筑物防雷装置测试？

【解答】主要考虑检测人员安全，因潮湿环境可能引起线路短路，危及人员安全。同时，土壤湿度过大会影响某些检测项目测量值的准确性，如接地电阻。

第十二章　建筑基桩及建筑地基检测

第一节　建筑基桩检测

一、依据标准

《建筑基桩检测技术规范》（JGJ 106—2014）。

二、基桩检测开始时间

（1）采用低应变法或声波透射法检测时，受检桩混凝土强度不应低于设计强度的70%，且不应低于15MPa。

（2）当采用钻芯法检测时，受检测的混凝土龄期应达到28d，或受检桩同条件试件强度应达到设计强度要求。

（3）承载力检测前的休止时间，除应符合（2）规定外，尚应不少于表12.1.1规定的时间。

表 12.1.1　休止时间

土的类别		休止时间（d）
砂土		7
粉土		10
黏性土	非饱和	15
	饱和	25

注：对于泥浆护壁灌注桩，宜延长休止时间。

三、抽样规定

（一）受检桩选择

（1）施工质量有疑问的桩；

（2）局部地基条件出现异常的桩；

（3）承载力验收检测时部分选择完整性检测中判定的Ⅲ类桩；

（4）设计方认为重要的桩；

（5）施工工艺不同的桩；

（6）除（1）～（3）指定的受检桩外，受检桩应符合规范及设计图纸规定的数量要求，且宜均匀或随机选择。

（二）桩身完整性检测

（1）建筑桩基设计等级为甲级，或地基条件复杂、成桩质量可靠性低的灌注桩工程，检测数量不应少于总桩数的30%，且不应少于20根；其他桩基工程，检测数量不应少于总桩数的20%，且不应少于10根。除满足以上规定外，每个柱下承台检测桩数不应少于1根。

（2）大直径嵌岩桩或设计等级为甲级的大直径灌注桩，在（1）规定的抽检范围内，按照不少于总桩数的 10% 的比例采用声波透射法或钻芯法检测。

（3）为了全面了解整个工程的桩身完整性情况，宜增加检测数量。

（三）桩的承载力检测

1. 试验桩检测

采用相应的试验方法确定单桩极限承载力，检测数量应满足设计要求，且在同一条件下不应少于 3 根。当预计工程桩总数少于 50 根时，检测数量不应少于 2 根。

2. 验收检测

（1）当符合以下条件之一时，应采用单桩竖向抗压静载试验进行承载力验收检测。检测数量不应少于同一条件下桩基分项工程总桩数的 1%，且不应少于 3 根；单桩总数小于 50 根时，检测数量不应少于 2 根。

① 设计等级为甲级的桩基。

② 施工前未进行试验桩单桩静载试验的工程。

③ 施工前进行了单桩静载试验，但是施工过程中变更了工艺参数或施工质量出现了异常。

④ 地基条件复杂、桩施工质量可靠性低。

⑤ 本地区采用新桩型或新工艺。

⑥ 施工过程中产生挤土上浮或偏位的群桩。

（2）除（1）规定外的工程桩，单桩竖向抗压承载力可以按照以下方式进行验收检测。

① 当采用单桩静载试验时，检测数量宜符合（1）及设计图纸的要求。

② 预制桩和满足高应变法适用范围的灌注桩，可采用高应变法检测单桩竖向抗压承载力，检测数量不宜少于总桩数的 5%，且不得少于 5 根。

（3）对于设计有抗拔或水平力要求的桩基工程，单桩承载力验收检测应采用单桩竖向抗拔或单桩水平静载试验。

四、检测方法及注意事项

（一）低应变法检测桩身完整性

检测项目：检测混凝土桩的桩身完整性，判定缺陷的程度及位置，桩的有效检测桩长范围应通过现场确定。

检测条件：桩顶为设计标高；实心桩在桩顶中心位置打磨一个平面，作为检测激振点，以桩中心点对称打磨 2~4 个检测点，检测点位置宜在桩中心 2/3 半径处。

委托单填写信息：基桩类型、施工日期、桩径、桩长、混凝土强度等级、抽检数量。

（二）单桩竖向抗压静载试验

检测项目：检测单桩的竖向抗压承载力。

检测条件：桩顶为设计标高；混凝土桩头可参照 JGJ 106—2014 附录 B 进行加固；受检桩周围应该有足够的空间进行静载平台的搭设；搭设平台的地基承载力应满足试验要求；距试验点 150m 范围内有可以使用的 380V 电源。

委托单填写信息：基桩类型、施工日期、桩径、桩长、混凝土强度等级抽检数量、承载力特征值、设计要求的最终检测值（不应小于特征值 2 倍）。

（三）单桩竖向抗拔静载试验

检测项目：检测单桩的竖向抗拔承载力。

检测条件：桩顶为设计标高；宜采用反力桩提供支座反力（反力桩可采用工程桩）；如采用地基提供支座反力，施加的压力不超过地基承载力的 1.5 倍；距试验点 150m 范围内有可以使用的 380V

电源。

委托单填写信息：基桩类型、施工日期、桩径、桩长、混凝土强度等级、桩的配筋情况、抽检数量、承载力特征值、设计要求的最终检测值。

（四）单桩水平静载试验

检测项目：在桩顶自由的试验条件下，检测单桩的水平承载力。

检测条件：桩顶为设计标高；有提供水平推力的反力结构（相邻桩或专门的反力结构）；距试验点150m 范围内有可以使用的 380V 电源。

委托单填写信息：基桩类型、施工日期、桩径、桩长、混凝土强度等级、桩的配筋情况、抽检数量、终止加载的位移要求。

（五）高应变法检测

检测项目：适用于基桩的竖向抗压承载力检测和桩身完整性检测。

不适应情况：大直径扩底桩和预估 $Q\text{-}S$ 曲线具有缓变形特征的大直径灌注桩，不宜采用该方法进行竖向抗压承载力检测。

检测条件：桩顶面平整；混凝土桩头可参照 JGJ 106—2014 附录 B 进行加固，桩头顶部应设置桩垫（10～30mm 厚的木板）。

委托单填写信息：基桩类型、施工日期、桩径、桩长、混凝土强度等级、抽检数量、承载力特征值。

（六）声波透射法

检测项目：适用于混凝土灌注桩的桩身完整性检测。

不适应情况：对于桩径小于 0.6m 的灌注桩，不宜采用本方法进行桩身完整性检测。

检测条件：桩顶标高为设计标高；声测管应沿桩身通长配置；声测管畅通无堵塞现象；声测管数量符合规范要求。

委托单填写信息：基桩类型、施工日期、桩径、桩长、混凝土强度等级、抽检数量、声测管数量。

五、委托单填写信息

低应变法检测桩身完整性、单桩竖向抗压承载力委托单填写示例见表 12.1.2。

表 12.1.2　低应变法检测桩身完整性、单桩竖向抗压承载力检验/检测委托单

所属合同编号：

工程名称				
委托单位/建设单位		联系人	电话	
施工单位		联系人	电话	
监理单位		见证人	电话	
监督单位		结构形式		
总层数	地下＿＿层，地上＿＿层	施工日期		
工程地址				
委托检测方案				
委托编号	W＿＿＿＿（由受理人填写）		报告编号	YG＿＿＿＿（由受理人填写）
检测项目及依据规范	检测项目：低应变法检测桩身完整性、单桩竖向抗压承载力 依据规范：JGJ 106—2014			
检测数量	桩身完整性：低应变法＿＿＿根，单桩竖向抗压承载力＿＿＿根			

工程名称					
检测项目概况	本工程基桩类型为____，桩基设计总数为____根，设计桩径（截面尺寸）____，设计桩长为____，桩身混凝土强度为____ 设计单桩竖向抗压承载力特征值为____ kN，设计要求最终加载值为____ kN，检测数量为____根，检测比例为____ 完整性检测：采用低应变法检测数量为____根，检测比例为____				
检测费用	（由受理人填写）				
声明		委托日期	年 月 日		
备注					

监理（建设）单位签章：　　　　　　　　　　　　　　　　　　　受理人签章：

声波透射法检测桩身完整性委托单填写示例见表12.1.3。

表 12.1.3　（地基基础）工程检验/检测委托单

所属合同编号：

工程名称					
委托单位/建设单位		联系人		电话	
施工单位		联系人		电话	
监理单位		见证人		电话	
监督单位		结构形式			
总层数	地下____层，地上____层	施工日期			
工程地址	____市____区____路____号				
委托检测方案					
委托编号	W_____（由受理人填写）	报告编号		YG_____（由受理人填写）	
检测项目及依据规范	桩身完整性：声波透射法 依据规范：JGJ 106—2014				
检测数量	____根				
检测项目概况	____♯承台：____♯桩（例：9-1♯） 设计强度：_____ 桩径：_____ 声测管____根				
检测费用	（由受理人填写）				
声明		委托日期	年 月 日		
备注					

监理（建设）单位签章：　　　　　　　　　　　　　　　　　　　受理人签章：

第二节　土（岩）地基载荷试验

土（岩）地基载荷试验分为浅层平板载荷试验、深层平板载荷试验和岩基载荷试验。适用于检测天然土质地基、岩石地基及采用换填、预压、压实、挤密、强夯、注浆处理后的人工地基的承压板下应力影响范围内的承载力和变形参数。

一、依据标准

（1）《建筑地基检测技术规范》（JGJ 340—2015）第4章。

（2）《建筑地基处理技术规范》（JGJ 79—2012）附录A。

二、检测数量

（1）单位工程检测数量为每 500m² 不应少于 1 点，且总点数不应少于 3 点。

（2）复杂场地或重要建筑地基应增加检测数量。

三、最大加载量

工程验收检测的平板载荷试验最大加载量不应小于设计承载力特征值的 2 倍；岩石地基载荷试验最大加载量不应小于设计承载力特征值的 3 倍；为设计提供依据的载荷试验应加载至极限状态。

四、检测条件

（1）距试验点 150m 范围内有可以使用的 380V 电源。

（2）载荷试验的试坑标高与地基设计标高一致。当设计有要求时，承压板应设置于设计要求的受检土层上。

（3）试验前采取有效措施保持试坑或试井底岩土的原状结构和天然湿度不变。

（4）在拟试压表面和承压板之间应用粗砂或中砂层找平，其厚度不应超过 20mm。

（5）试验现场应保持道路畅通，以试验点为中心 6m 范围内场地应较平整。

五、委托单填写信息

地基处理类型、施工日期、地基处理的面积、地基处理的深度、检测数量、设计承载力特征值、设计要求的最终加载值。

土（岩）地基载荷检测委托单填写示例见表 12.2.1。

表 12.2.1　土（岩）地基载荷检测检验/检测委托单

所属合同编号：

工程名称						
委托单位/建设单位			联系人		电话	
施工单位			联系人		电话	
监理单位			见证人		电话	
监督单位			结构形式			
总层数	地下___层，地上___层		施工日期			
工程地址		___市___区___路___号				
委托检测方案						
委托编号	W_____（由受理人填写）			报告编号	YG_____（由受理人填写）	
检测项目及依据规范	检测项目：浅层地基承载力 依据规范：JGJ 340—2015					
检测数量						
检测项目概况	本工程地基土处理类型为___，处理面积为___ m²，处理深度为___ m，设计要求浅层地基承载力特征值为___ kPa，设计要求检测最终加载值为___ kPa					
检测费用	（由受理人填写）					
声明			委托日期	年　　月　　日		
备注						

监理（建设）单位签章：　　　　　　　　　　　　　　　　　　受理人签章：

第三节　复合地基载荷试验

复合地基载荷试验适用于水泥土搅拌桩、砂石桩、旋喷桩、夯实水泥土桩、水泥粉煤灰碎石桩、混凝土桩、树根桩、灰土桩、柱锤冲扩桩及强夯置换墩等竖向增强体和周边地基土组成的复合地基的单桩复合地基和多桩复合地基载荷试验，用于测定承压板下应力影响范围内的复合地基的承载力特征值。

一、依据标准

（1）《建筑地基检测技术规范》（JGJ 340—2015）第 5 章。
（2）《建筑地基处理技术规范》（JGJ 79—2012）附录 B。

二、检测数量

（1）单位工程检测数量不应少于总桩数的 0.5%，且不应少于 3 点，或设计图纸规定的检测数量。
（2）单位工程复合地基载荷试验可根据所采用的处理方法及地基土层情况，选择多桩复合地基载荷试验或单桩复合地基载荷试验。

三、最大加载量

工程验收检测载荷试验最大加载量不应小于设计承载力特征值的 2 倍；为设计提供依据的载荷试验应加载至极限状态。

四、检测条件

（1）距试验点 150m 范围内有可以使用的 380V 电源。
（2）复合地基载荷试验承压板底面标高应与设计标高相一致。
（3）试验前采取有效措施保持试坑或试井底岩土的原状结构和天然湿度不变。
（4）承压板底面下宜铺设 100～150mm 厚度的中、粗砂垫层；为保证检测数据与使用环境的一致性，承压板底面下可采用设计要求采用的褥垫层材料，按设计要求的夯填度、厚度铺设，同时将褥垫层四周向外多铺一定距离（不少于 50cm），保证褥垫层都有侧向约束。
（5）试验现场应保持道路畅通，以试验点为中心 6m 范围内场地应较平整。

五、委托单填写信息

地基处理类型、施工日期、桩间距或面积置换率、桩长、桩径、检测数量、设计承载力特征值、设计要求的最终加载值。

第四节　竖向增强体载荷试验

竖向增强体载荷试验适用于确定水泥土搅拌桩、旋喷桩、夯实水泥土桩、水泥粉煤灰碎石桩、混凝土桩、树根桩、强夯置换墩等复合地基竖向增强体的竖向承载力。

一、依据标准

（1）《建筑地基检测技术规范》（JGJ 340—2015）第 6 章。
（2）《建筑地基处理技术规范》（JGJ 79—2012）附录 C。

二、检测数量

竖向增强体载荷试验的单位工程检测数量不应少于总桩数的 0.5%，且不得少于 3 根，或设计图纸规定的检测数量。

三、最大加载量

工程验收检测载荷试验最大加载量不应小于设计承载力特征值的 2 倍；为设计提供依据的载荷试验应加载至极限状态。

四、检测条件

（1）距试验点 150m 范围内有可以使用的 380V 电源。

（2）试验前应对增强体桩头进行处理。水泥粉煤灰碎石桩、混凝土桩等强度较高的桩宜在桩顶设置带水平钢筋网片的混凝土桩帽或采用钢护筒桩帽，加固桩头前应凿平成平面，混凝土宜提高强度和使用早强剂。桩帽高度不宜小于一倍桩的直径，桩帽下顶标高及地基土标高应与设计标高一致。

（3）试验现场应保持道路畅通，以试验点为中心 6m 范围内场地应较平整。

五、委托单填写信息

地基处理类型、施工日期、桩间距或面积置换率、桩长、桩径、检测数量、设计承载力特征值、设计要求的最终加载值。

竖向增强体载荷检测委托单填写示例见表 12.4.1。

表 12.4.1　竖向增强体载荷检验/检测委托单

所属合同编号：

工程名称					
委托单位/建设单位			联系人	电话	
施工单位			联系人	电话	
监理单位			见证人	电话	
监督单位			结构形式		
总层数	地下____层，地上____层		施工日期		
工程地址		____市____区____路____号			
委托检测方案					
委托编号	W_____（由受理人填写）		报告编号	YG_____（由受理人填写）	
检测项目及依据规范	检测项目：低应变法检测桩身完整性、竖向增强体载荷试验、复合地基载荷试验 依据规范：JGJ 340—2015				
检测数量	低应变法____根、竖向增强体载荷试验____点、复合地基载荷试验____点				
检测项目概况	本工程地基处理类型为____，竖向增强体设计总数为____根，设计桩径（截面尺寸）为____，设计桩长为____，桩身混凝土强度为____，桩间距为____、复合地基面积置换率为____，设计复合地基承载力特征值为____ kPa，设计要求检测最终加载值为____ kPa，设计要求竖向增强体承载力特征值为____ kN，设计要求检测最终加载值为____ kN，复合地基检测数量为____点，检测比例为____，竖向增强体检测数量为____根，检测比例为____ 完整性检测：采用低应变法检测数量为____根，检测比例为____				
检测费用	（由受理人填写）				
声明			委托日期	年　月　日	
备注					

监理（建设）单位签章：　　　　　　　　　　　　　　　　　　　　　　受理人签章：

第五节 圆锥动力触探试验

轻型动力触探试验适用于初步判定黏性土、粉土、粉砂、细砂地基及其人工地基的承载力。

重型动力触探试验适用于初步判定黏性土、粉土、砂土、中密以下的碎石土及人工地基的承载力。

一、依据标准

《建筑地基检测技术规范》（JGJ 340—2015）第8章。

二、检测数量

采用圆锥动力触探试验对处理地基土质量进行验收检测时，单位工程检测数量不应少于10点，当面积超过3000㎡应每500㎡增加1点。检测同一土层的试验有效数据不应少于6个。基槽每20延米应有1孔。

三、检测条件

（1）开挖至设计标高。

（2）地基土为原状土，无明显扰动。

（3）无浸水、冰冻等情况现象。

四、委托单填写信息

施工日期、检测位置、设计承载力特征值、地基土名称、最终贯入深度。

圆锥动力触探试验检测委托单填写示例见表12.5.1。

表 12.5.1 圆锥动力触探检验/检测委托单

所属合同编号：

工程名称					
委托单位/建设单位		联系人		电话	
施工单位		联系人		电话	
监理单位		见证人		电话	
监督单位		结构形式			
总层数	地下____层，地上____层	施工日期			
工程地址		___市___区___路___号			
委托检测方案					
委托编号	W_____（由受理人填写）		报告编号	YG_____（由受理人填写）	
检测项目及依据规范	检测项目：轻（重）型圆锥动力触探初步推定地基承载力 依据规范：JGJ 340—2015				
检测数量	共___点				
检测项目概况	检测部位为___，地基设计承载力为___ kPa，基础标高为___，贯入深度：0～___ cm 土质分析属于：___（例：粉土）				
检测费用	（由受理人填写）				
声明			委托日期	年　月　日	
备注	土质以委托单填写为准				

监理（建设）单位签章：　　　　　　　　　　　　　　　　受理人签章：

常见问题解答

1. 复合地基检测竖向增强体桩身完整性检测采用低应变法需要满足什么条件？

【解答】有黏结强度、截面规则的水泥粉煤灰碎石桩、混凝土桩等桩身强度为 8MPa 以上的竖向增强体的完整性检测可以选择低应变法。

2. 复合地基检测中竖向增强体的龄期要求及地基施工后周围土体达到休止稳定的要求是什么？

【解答】（1）稳定时间对于黏性土地基不宜少于 28d，对于粉土地基不宜少于 14d，其他地基不应少于 7d。

（2）有黏结强度增强体的复合地基承载力检测宜在施工结束 28d 后进行。

（3）当设计对龄期有明确要求时，应满足设计要求。

3. 复合地基竖向增强体静载荷试验中出现 1 根第十级破坏的情况，《建筑地基检测技术规范》（JGJ 340—2015）的规定是什么？

【解答】依据《建筑地基检测技术规范》（JGJ 340—2015）条文说明 6.1.2 的规定，在对工程桩抽样验收检测时，规定了加载量不应小于单桩承载力特征值的 2.0 倍，以保证足够的安全储备。实际检测中，有时出现这样的情况：3 根工程桩静载试验，分十级加载其中 1 根桩第十级破坏，另 2 根桩满足设计要求。按本规范第 6.4.4 条的规定，单位工程的单桩竖向抗压承载力特征值不满足设计要求。此时若有 1 根好桩的最大加载量取为单桩承载力特征值的 2.2 倍，且试验证实竖向抗压承载力不低于单桩承载力特征值的 2.2 倍，则单位工程的单桩竖向抗压承载力特征值满足设计要求。显然，若检测的 3 根桩有代表性，就可避免不必要的工程处理。

4. 廊坊地区 CFG 复合地基检测测试点的选取规定是什么？

【解答】根据廊坊市建设工程质量监督站下发的《关于加强 CFG 桩复合地基检测监管的通知》（廊建督字〔2019〕3 号）的规定进行选取。具体规定如下：按照《建筑地基检测技术规范》（JGJ 340—2015）第 3.2.8 条的要求确定地基测试点。按照同地基基础类型随机均匀分布，局部岩土条件复杂可能影响施工质量的部位；施工出现异常情况或对质量有异议的部位；设计认为重要的部位等原则，征求勘察单位、设计单位、施工单位意见，确定低应变测试点。为保证缺陷桩统计比例的真实性，建议依据上述几个原则，结合用抽取桩号尾号数字来确定。比如，抽取总桩数的 20% 进行低应变检测，选尾号数字 1、5，则 1、5、11、15、21、25……同时结合依据原则确定的几根重点桩即为所选被检测桩。静载试验点应在低应变检测完成桩身判断的基础《建筑地基检测技术规范》（JGJ 340—2015）3.2.8 条要求进行选取。当低应变检测判定桩身有缺陷（缩颈、桩长不足、离析等，非Ⅳ类桩）时，此类桩应作为重点静载试验点进行检测。低应变检测中波速值最大的竖向增强体，应作为重点静载试验点进行检测。

5. 廊坊地区竖向增强体（CFG）桩完整性类别判定的规定是什么？

【解答】根据廊坊市建设工程质量监督站下发的《关于加强 CFG 桩复合地基检测监管的通知》（廊建督字〔2019〕3 号）的规定，对浅部断裂深度大于 20cm 的 CFG 桩，应严格按照《建筑地基检测技术规范》（JGJ 340—2015）第 12.4.4 条，直接判定为Ⅲ类桩，以消除质量安全隐患。由于桩身完整性检测为"主控项目"，不允许出现不完整桩身。当低应变法检测出现浅部断裂桩时，应加倍检测，如又有新的浅部断裂桩被检测出来，应对增强体进行 100% 低应变法检测。对判定为Ⅲ类浅部断裂的 CFG 桩，应由 CFG 桩基设计人员出具书面处理方案。对低应变信号不能有效下传又不能挖出的 CFG 桩，应全部采取静载荷试验检测，否则一律判定为Ⅳ类桩并加以处理。

第十三章 消防设施检测

第一节 材料防火性能及消防产品检测

一、建筑装修装饰及外保温材料类防火性能检测

（一）依据标准

《建筑材料及制品燃烧性能分级》（GB 8624—2012）。

（二）检测项目

燃烧性能等级 A（A$_1$，A$_2$），B$_1$（B，C），B$_2$（D，E），B$_3$（F）。

（三）取样及结果判定

（1）代表批量、样品要求及结果判定，详见本书节能检测相关内容。

（2）样品数量（表 13.1.1）。

表 13.1.1 建筑装修装饰及外保温防火材料取样

材料分类	燃烧性能等级			材料举例	每种规格的尺寸，数量（长×宽×数量，尺寸可拼接，厚度与工程使用厚度相同）
顶棚、墙面、隔断、固定家具材料，保温材料	A	A$_1$	匀质材料	石膏板、纤维石膏板、硅酸钙板、岩棉等	500mm×500mm×1 块
			复合材料	不燃无机复合板，如岩棉复合板、玻璃棉复合板等	复合板：500mm×500mm×1 块 芯材：500mm×500mm×1 块 表面材料：500mm×500mm×2 块（共 4 块）
		A$_2$	匀质材料	岩棉、玻璃棉等	1500mm×500mm×4 块 1500mm×1000mm×4 块 500mm×500mm×1 块（共 9 块）
			复合材料	不燃复合板，如岩棉复合板、玻璃棉复合板等	复合板：1500mm×500mm×4 块 1500mm×1000mm×4 块 500mm×500mm×1 块 芯材：500mm×500mm×1 块 表面材料：500mm×500mm×2 块（共 12 块）
	B$_1$	B		装饰板、护墙板、固定家具面板、纸面石膏板、挤塑、模塑、铝塑板、墙纸、硬泡沫聚氨酯、橡塑等	挤塑、模塑：1200mm×600mm×16 块 其他材料：1500mm×500mm×4 块 1500mm×1000mm×4 块 500mm×500mm×1 块（共 9 块）
		C			
	B$_2$	D			
		E			500mm×500mm×1 块
地面材料	B$_1$	B		地板、地毯、塑胶地板等	1050mm×230mm×8 块 500mm×500mm×1 块（共 9 块） 或可取样 2m^2×1 块
		C			
	B$_2$	D			
		E			

材料分类	燃烧性能等级	材料举例	每种规格的尺寸，数量（长×宽×数量，尺寸可拼接，厚度与工程使用厚度相同）
其他部位装修装饰材料	B₁	楼梯扶手、挂镜线、踢脚线、窗帘盒、暖气罩等	视材料
	B₂		
阻燃装饰织物（耐洗涤织物须说明）	B₁	窗帘、帷幕、床罩、家具包布等	2m²×1块
	B₂		
电线电缆套管	B₁	PVC电线电缆套管等	长1m×1根
	B₂		
泡沫塑料（电器、家具制品用）	B₁	硬泡沫聚氨酯等	管材：1m×1根（直径<100mm） 板材：500mm×500mm×1块
	B₂		

（四）委托单填写范例（表13.1.2）

建筑装修装饰及外保温防火材料燃烧性能检验委托单填写范例见表13.1.2。

表13.1.2　燃烧性能检验/检测委托单

（合同编号为涉及收费的关键信息，由委托单位提供并确认无误!!）

所属合同编号：

工程名称					
委托单位/建设单位		联系人		电话	
施工单位		取样人		电话	
见证单位		见证人		电话	
监督单位		生产厂家			
使用部位		出厂编号			

纸面石膏板　样品及检测信息

样品编号		样品数量		代表批量	
规格型号					
检测项目	例：燃烧性能分级　B₁(C)				
检测依据	GB 8624—2012				
评定依据	GB 8624—2012				
检后样品处理约定	□由委托方取回　☑由检测机构处理	检测类别		☑见证　□委托	
☑常规　□加急　□初检　□复检　原检编号：_____		检测费用			
样品状态	（收样人填写）	收样日期		年　月　日	
备注	样品商标：				
说明	1. 取样/送样人和见证人应对试样及提供的资料、信息的真实性、规范性和代表性负责； 2. 委托方要求加急检测时，加急费按检测费的200%核收，单组（项）收费最多不超过1000元； 3. 委托检测时，本公司仅对来样负责；见证检测时，委托单上无见证人签章无效，空白处请画"—"； 4. 一组试样填写一份委托单，出具一份检测报告，检测结果以书面检测报告为准； 5. 委托方要求取回检测后的余样时，若在检测报告出具后一个月内未取回，且未说明原因的，余样由本公司统一处理；委托方将余样领回后，本公司不再受理异议申诉				

见证人签章：　　　　　　　　　　取样/送样人签章：　　　　　　　　　　收样人：

正体签字：　　　　　　　　　　　正体签字：　　　　　　　　　　　　　签章：

二、室内消火栓

（一）依据标准

《室内消火栓》（GB 3445—2018）。

（二）检测项目

外观质量，材料，基本尺寸与公差，消防接口，手轮，螺纹，阀杆升降性能，旋转性能，开启高度，水压强度，密封性能，压力损失，减压、减压稳压性能及流量，耐腐蚀性能。

（三）取样要求

每种型号3只。

（四）委托单填写范例

见表13.1.11。

（五）结果判定

检验结果如出现不合格，允许在同批产品中加倍抽样进行复检。复检合格的，判该批产品为合格；复检后仍不合格的，则判该批产品为不合格。

三、消火栓箱

（一）依据标准

《消火栓箱》（GB/T 14561—2019）。

（二）检测项目

消火栓箱内消防器材的配置，外观质量、外形尺寸和极限偏差，材料，箱体刚度，箱门，消防水带安置，消火栓箱内配置消防器材及尺寸的性能，标志。

（三）取样要求

合理确定批次大小，但不应多于50台。样本数量不应少于批量产品数量的10%。

（四）委托单填写范例

见表13.1.11。

（五）结果判定

所检项目均符合GB/T 14561—2019的规定，为合格。

四、消防水带

（一）依据标准

《消防水带》（GB 6246—2011）。

（二）检测项目

外观质量，内径，长度，设计工作压力、试验压力及最小爆破压力，湿水带渗水量，单位长度质量，延伸率和膨胀率及扭转方向，衬里（或外覆层）附着强度。

（三）取样要求

以同一品种、同一规格、同一材质、同一天生产的产品为一个批次，从中任意抽取2根作为试样。

（四）委托单填写范例

见表13.1.11。

（五）结果判定

如有不符合规定的，允许在同批产品中加倍抽样进行复验。复验合格的，判定该批产品合格；复验仍不合格的，则判定该批产品不合格。

五、消防水枪

（一）依据标准

《消防水枪》（GB 8181—2005）。

（二）检测项目

基本参数，雾状水流及开花水流，操作结构，表面质量，密封性能，耐水压强度。

（三）取样要求

3 支。

（四）委托单填写范例

见表 13.1.11。

（五）结果判定

检测结果均符合 GB 8181—2005 的规定，为合格。

六、灭火器箱

（一）依据标准

《灭火器箱》（XF 139—2009）。

（二）检测项目

外形尺寸和极限偏差，外观质量，箱门（箱盖）性能，箱体结构。

（三）取样要求

2 只。

（四）委托单填写范例

见表 13.1.11。

（五）结果判定

检测结果均符合 XF 139—2009 的规定，为合格。

七、手提式灭火器

（一）依据标准

《手提式灭火器 第 1 部分：性能和结构要求》（GB 4351.1—2005）。

（二）检测项目

安全检查项目：①水压试验；②爆破试验。

一般检查项目：①标志及外观检查；②20℃喷射性能检查；③气密检查；④操作机构检查；⑤超压保护装置动作压力检查；⑥灭火剂充装量检查；⑦结构检查；⑧喷射软管及接头强度检查。其中，③⑤⑧指灭火器有该项性能要求时进行的检查。

（三）取样要求

安全检查项目的样本可以从不大于 500 具为一批的产品（可以是未充装灭火剂的装配完毕的产品）

中随机抽取 1 具。

一般检查项目的样本应从生产包装完毕、提交入库或出售的批中随机抽取。随机抽取的方法应符合 GB/T 10111 的规定。样本大小应根据批量和不合格类别，按表 13.1.3 的规定确定。

（四）委托单填写范例

见表 13.1.11。

（五）结果判定

当安全检查项目中未发现不合格，则接收该批；当安全项目中有一个不合格时，即应判定该批产品为不合格批，拒收该批。

当一般检查项目的各检查项目中的各类不合格数小于或等于各合格判定数 A_c 时，则接收该批；当各检查项目中的某类不合格数大于或等于各不合格判定数 R_e 时，则应判定该批产品为不合格批，拒收该批（表 13.1.3）。

表 13.1.3 正常检查抽样方案表

检查项目	一般检查项中①③项							一般检查项中②④⑤⑥⑦⑧项						
		A类不合格		B类不合格		C类不合格			A类不合格		B类不合格		C类不合格	
批量大小	样本大小	A_c	R_e	A_c	R_e	A_c	R_e	样本大小	A_c	R_e	A_c	R_e	A_c	R_e
1～8	2	↓		↓		↓		2	0	1	0	1	1	2
9～15	2	↓		↓		↓		2	0	1	0	1	1	2
16～25	3	↓		0	1	↓		2	0	1	0	1	1	2
26～50	5	↓		↑		↓		2	0	1	0	1	1	2
51～90	5	↓		↑		1	2	2	0	1	0	1	1	2
91～150	8	↓		↓		2	3	2	0	1	0	1	1	2
151～280	13	0	1	1	2	3	4	3	0	1	0	1	1	2
281～500	20	↑		2	3	5	6	3	0	1	0	1	1	2
501～1200	32	↓		3	4	7	8	5	0	1	1	2	2	3
1201～3200	50	1	2	5	6	10	11	8	1	2	2	3	3	4
3201～10000	80	2	3	7	8	14	15	8	1	2	2	3	3	4
10001～35000	125	3	4	10	11	21	22	8	1	2	2	3	3	4

注：↓—使用箭头下面的第一个抽样方案，当样本大小大于或等于批量时，将该批量看作样本大小，抽样方案的判定数组保持不变；

↑—使用箭头上面的第一个抽样方案。

八、推车式灭火器

（一）依据标准

《推车式灭火器》（GB 8109—2005）。

（二）检测项目

充装密度和充装误差，有效喷射时间和喷射距离，密封性能（浸水法），保险装置解脱力。

（三）取样要求

样本在检查批为不大于 500 具的一批单位产品中随机抽取 2 具。

（四）委托单填写范例

见表 13.1.11。

（五）结果判定

若所检的检验项中均未发现不合格，则判定该检查批合格；若所检的任何检验项中出现不合格，则允许针对不合格项目，在同检查批中加倍随机抽样，再进行检验。若所有复检项目中均未发现不合格，则仍判定该检查批合格；任何复检项目中出现不合格，则判定该检查批不合格。

九、饰面型防火涂料

（一）依据标准

《饰面型防火涂料》（GB 12441—2018）。

（二）检测项目

状态、细度、干燥时间、附着力、柔韧性、耐冲击性、耐水性、耐湿热性及耐燃时间。

（三）取样要求

组成一批的饰面型防火涂料应为同一批材料、同一工艺条件下生产的产品。从不少于 200kg 的产品中随机抽取 10kg 进行检测。

（四）委托单填写范例

见表 13.1.11。

（五）结果判定

检验项目均满足 GB 12441—2018 规定的技术指标为合格，不合格的检验项目可以在同批样品中抽样进行两次复检，复检均合格后方判定为合格。

十、钢结构防火涂料（实验室）

（一）依据标准

《钢结构防火涂料》（GB 14907—2018）。

（二）检测项目

常规项目：在容器中的状态、干燥时间、初期干燥抗裂性和 pH 值。

抽检项目：干密度、隔热效率偏差、耐水性、耐酸性、耐碱性。

（三）取样要求

组成一批的钢结构防火涂料应为同一次投料、同一生产工艺、同一生产条件下生产的产品。检验样品应分别从不少于 200kg（P 类）、500kg（F 类）的产品中随机抽取 40kg（P 类）、100kg（F 类）。

（四）委托单填写范例

参见本书建筑涂料部分。

（五）结果判定

常规项目全部符合要求时判定该批产品合格；常规项目发现有不合格的，判定该批产品不合格。

抽检项目全部合格的，产品可正常出厂；抽检项目有不合格的，允许对不合格项进行加倍复验，复验合格的，产品可继续生产销售；复验仍不合格的，产品停产整改。

十一、钢结构防火涂料（现场）

（一）依据标准

《消防产品现场检查判定规则》（XF 588—2012）。

（二）检测项目与不合格情况

钢结构防火涂料检测项目与不合格情况见表 13.1.4～表 13.1.6。

表 13.1.4　厚型钢结构防火涂料技术要求与不合格情况

检查项目	技术要求	不合格情况
外观	涂层无开裂、脱落	涂层开裂、脱落
涂层厚度（mm）	对需满足的耐火极限，现场已施工涂层厚度不低于型式检验合格报告描述的对应厚度	已施工涂层厚度低于型式检验报告描述的对应厚度
在容器中的状态	呈均匀粉末状，无结块	颗粒大小不均匀，非粉末状，有结块

表 13.1.5　薄型（膨胀型）钢结构防火涂料技术要求与不合格情况

检查项目	技术要求	不合格情况
外观	涂层无开裂、脱落、脱粉	涂层开裂、脱落、脱粉
涂层厚度（mm）	对需满足的耐火极限，现场已施工涂层厚度不低于型式检验合格报告描述的对应厚度	已施工涂层厚度低于型式检验合格报告描述的对应厚度
在容器中的状态	经搅拌后呈均匀液态或稠厚流体状态，无结块	搅拌后有结块
膨胀倍数（K）	$\geqslant 5$	< 5

表 13.1.6　超薄型钢结构防火涂料技术要求与不合格情况

检查项目	技术要求	不合格情况
外观	涂层无开裂、脱落、脱粉	涂层开裂、脱落、脱粉
涂层厚度（mm）	对需满足的耐火极限，现场已施工涂层厚度不低于型式检验合格报告描述的对应厚度	已施工涂层厚度低于型式检验合格报告描述的对应厚度
在容器中的状态	经搅拌后呈均匀细腻状态，无结块	经搅拌后未呈均匀细腻状态，有结块
膨胀倍数（K）	$\geqslant 10$	< 10

（三）取样要求

涂层厚度：现场选取至少 5 个不同的涂层部位。

膨胀倍数：在已施工涂料的构件上，随机选取 3 个不同的涂层部位。

（四）结果判定

产品质量现场检查结果出现该种产品任一不合格情况时，判定该产品不合格。

十二、洒水喷头

（一）依据标准

《自动喷水灭火系统 第 1 部分：洒水喷头》（GB 5135.1—2019）。

（二）检测项目

整体要求，外观与标志，水压密封性能。

（三）取样要求

每一生产订单或连续生产 5000 只喷头为一批，取 12 只。

（四）委托单填写范例

见表 13.1.11。

（五）结果判定

检测结果均符合 GB 5135.1—2019 的规定，为合格。检验项目中出现不合格时，允许加倍抽样检验，如再出现不合格，该批次的成品不能出厂。

十三、早期抑制快速响应（ESFR）喷头

（一）依据标准

《自动喷水灭火系统 第9部分：早期抑制快速响应（ESFR）喷头》（GB 5135.9—2018）。

（二）检测项目

整体要求，外观与标志，水压密封性能。

（三）取样要求

每一生产订单或连续生产2000只喷头为一批次，取19只。

（四）委托单填写范例

见表13.1.11。

（五）结果判定

检测结果均符合GB 5135.9—2018的规定，为合格。检验项目中出现不合格时，允许返工后重新检验，直至合格。

十四、防火门

（一）依据标准

《防火门》（GB 12955—2008）。

（二）检测项目

耐火性能。

（三）取样要求。

1樘。

（四）委托单填写范例

见表13.1.11。

（五）结果判定

防火门失去耐火完整性、失去耐火隔热性的时间满足其相应等级时间要求，为合格。见表13.1.7。

表13.1.7 防火门的耐火性能及代号

名称	耐火性能	代号
隔热防火门（A类）	耐火隔热性时间≥0.50h 耐火完整性时间≥0.50h	A0.50（丙级）
	耐火隔热性时间≥1.00h 耐火完整性时间≥1.00h	A1.00（乙级）
	耐火隔热性时间≥1.50h 耐火完整性时间≥1.50h	A1.50（甲级）
	耐火隔热性时间≥2.00h 耐火完整性时间≥2.00h	A2.00
	耐火隔热性时间≥3.00h 耐火完整性时间≥3.00h	A3.00

名称	耐火性能		代号
部分隔热防火门 （B 类）	耐火隔热性时间≥0.50h	耐火完整性时间≥1.00h	B1.00
		耐火完整性时间≥1.50h	B1.50
		耐火完整性时间≥2.00h	B2.00
		耐火完整性时间≥3.00h	B3.00
非隔热防火门 （C 类）	耐火完整性时间≥1.00h		C1.00
	耐火完整性时间≥1.50h		C1.50
	耐火完整性时间≥2.00h		C2.00
	耐火完整性时间≥3.00h		C3.00

十五、防火窗

（一）依据标准

《防火窗》（GB 16809—2008）。

（二）检测项目

耐火性能。

（三）取样要求

1 樘。

（四）委托单填写范例

见表 13.1.11。

（五）结果判定

隔热性防火窗失去耐火完整性、失去耐火隔热性及非隔热性防火窗失去耐火完整性、热通量的时间满足其相应耐火等级要求，为合格。对于活动式防火窗尚应满足在耐火试验开始 60s（含 60s）内可靠的自动关闭。见表 13.1.8。

表 13.1.8　防火窗的耐火性能分类与耐火等级代号

耐火性能分类	耐火等级代号	耐火性能
隔热防火窗（A 类）	A0.50（丙级）	耐火隔热性时间≥0.50h，且耐火完整性时间≥0.50h
	A1.00（乙级）	耐火隔热性时间≥1.00h，且耐火完整性时间≥1.00h
	A1.50（甲级）	耐火隔热性时间≥1.50h，且耐火完整性时间≥1.50h
	A2.00	耐火隔热性时间≥2.00h，且耐火完整性时间≥2.00h
	A3.00	耐火隔热性时间≥3.00h，且耐火完整性时间≥3.00h
非隔热防火窗（C 类）	C0.50	耐火完整性时间≥0.50h
	C1.00	耐火完整性时间≥1.00h
	C1.50	耐火完整性时间≥1.50h
	C2.00	耐火完整性时间≥2.00h
	C3.00	耐火完整性时间≥3.00h

十六、防火卷帘

（一）依据标准

《防火卷帘》（GB 14102—2005）。

（二）检测项目

耐火性能。

（三）取样要求

1 樘。试件最大尺寸应满足试验炉口的安装尺寸（2.5m×2.5m）。

（四）委托单填写范例

见表 13.1.11。

（五）结果判定

钢质防火卷帘和无机纤维复合防火卷帘的耐火极限测其耐火完整性，特级防火卷帘测其耐火完整性和隔热性。失去耐火完整性、隔热性的最小时间满足其相应耐火极限时间要求，为合格。见表 13.1.9。

需要注意的是，若受检方或委托方要求测试卷帘背火面热辐射强度，可按 GB/T 7633 的有关规定或受检方或委托方提供的方法进行检测，其结果不作为卷帘防火性能的判定依据。

表 13.1.9 耐火极限

名称	名称符号	代号	耐火极限时间（h）
钢质防火卷帘	GFJ	F2	≥2.00
		F3	≥3.00
钢质防火、防烟卷帘	GFYJ	FY2	≥2.00
		FY3	≥3.00
无机纤维复合防火卷帘	WFJ	F2	≥2.00
		F3	≥3.00
无机纤维复合防火、防烟卷帘	WFYJ	FY2	≥2.00
		FY3	≥3.00
特级防火卷帘	TFJ	TF3	≥3.00

十七、防火玻璃

（一）依据标准

《建筑用安全玻璃 第 1 部分：防火玻璃》（GB 15763.1—2009）。

（二）检测项目

耐火性能。

（三）取样要求

取样数量：1 块。

取样要求：玻璃应无爆边、结石、裂纹、缺角。样品尺寸按实际使用最大面积，最低尺寸不小于 1100mm×600mm。隔热防火玻璃需在玻璃上标明向火面。

（四）委托单填写范例

见表 13.1.11。

（五）结果判定

耐火性能满足其相应耐火极限等级要求，为合格，见表 13.1.10。

表 13.1.10　防火玻璃的耐火性能

分类名称	耐火极限等级	耐火性能要求
隔热型防火玻璃（A类）	3.00h	耐火隔热性时间≥3.00h，且耐火完整性时间≥3.00h
	2.00h	耐火隔热性时间≥2.00h，且耐火完整性时间≥2.00h
	1.50h	耐火隔热性时间≥1.50h，且耐火完整性时间≥1.50h
	1.00h	耐火隔热性时间≥1.00h，且耐火完整性时间≥1.00h
	0.50h	耐火隔热性时间≥0.50h，且耐火完整性时间≥0.50h
非隔热型防火玻璃（C类）	3.00h	耐火完整性时间≥3.00h，耐火隔热性无要求
	2.00h	耐火完整性时间≥2.00h，耐火隔热性无要求
	1.50h	耐火完整性时间≥1.50h，耐火隔热性无要求
	1.00h	耐火完整性时间≥1.00h，耐火隔热性无要求
	0.50h	耐火完整性时间≥0.50h，耐火隔热性无要求

十八、消防应急照明灯

（一）依据标准

《消防应急照明和疏散指示系统》（GB 17945—2010）。

（二）检测项目

基本功能试验，充电、放电试验，绝缘电阻试验，耐压试验，重复转换试验，转换电压试验，充放电耐久试验，恒定湿热试验。

（三）取样要求

2套。

（四）委托单填写范例

见表 13.1.11。

（五）结果判定

检验项目均满足 GB 17945—2010 规定的技术指标，为合格。

表 13.1.11　室内消火栓检验/检测委托单

（合同编号为涉及收费的关键信息，由委托单位提供并确认无误!!）

所属合同编号：

工程名称				
委托单位/建设单位		联系人		电话	
施工单位		取样人		电话	
见证单位		见证人		电话	
监督单位		生产厂家			
使用部位		出厂编号			
室内消火栓　样品及检测信息					
样品编号		样品数量		代表批量	
规格型号					
检测项目	例：外观质量，材料，基本尺寸与公差，消防接口，手轮，螺纹，阀杆升降性能，旋转性能，开启高度，水压强度，密封性能，压力损失，减压、减压稳压性能及流量，耐腐蚀性能				
检测依据	例：GB 3445—2018				

续表

工程名称				
评定依据	例：GB 3445—2018			
检后样品处理约定	☐由委托方取回　☑由检测机构处理	检测类别	☑见证　☐委托	
☑常规　☐加急　☐初检　☐复检　原检编号：_____		检测费用		
样品状态	（收样人填写）	收样日期	___年___月___日	
备注	样品商标：			
说明	1. 取样/送样人和见证人应对试样及提供的资料、信息的真实性、规范性和代表性负责； 2. 委托方要求加急检测时，加急费按检测费的200％核收，单组（项）收费最多不超过1000元； 3. 委托检测时，本公司仅对来样负责；见证检测时，委托单上无见证人签章无效，空白处请画"—"； 4. 一组试样填写一份委托单，出具一份检测报告，检测结果以书面检测报告为准； 5. 委托方要求取回检测后的余样时，若在检测报告出具后一个月内未取回，且未说明原因的，余样由本公司统一处理；委托方将余样领回后，本公司不再受理异议申诉			

见证人签章：　　　　　　　　取样/送样人签章：　　　　　　　收样人：
正体签字：　　　　　　　　　正体签字：　　　　　　　　　　签章：

第二节　消防设施检测

一、消防给水及消火栓系统

（一）依据标准

《消防给水及消火栓系统技术规范》（GB 50974—2014）。

（二）检测内容、数量及缺陷项目划分

严重缺陷（A），重缺陷（B），轻缺陷（C）。

（1）水源：全数检查。

① 检查室外给水管网的进水管管径及供水能力，高位消防水箱、高位消防水池和消防水池等的有效容积和水位测量装置等应符合设计要求。（A）

② 当采用地表天然水源作为消防水源时，其水位、水量、水质等应符合设计要求。（A）

③ 根据有效水文资料检查天然水源枯水期最低水位、常水位和洪水位时确保消防用水符合设计要求。（A）

④ 根据地下水井抽水试验资料确定常水位、最低水位、出水量和水位测量装置等技术参数和装备符合设计要求。（A）

（2）消防水泵房：全数检查。

① 建筑防火要求应符合设计要求和现行国家标准《建筑设计防火规范》（GB 50016）的有关规定。（B）

② 设置的应急照明、安全出口应符合设计要求。（B）

③ 采暖通风、排水和防洪等应符合设计要求。（B）

④ 设备进出和维修安装空间应满足设备要求。（B）

⑤ 消防水泵控制柜的安装位置和防护等级应符合设计要求。（B）

（3）消防水泵：全数检查。

① 运转应平稳，应无不良噪声的振动。（B）

② 工作泵、备用泵、吸水管、出水管及出水管上的泄压阀、水锤消除设施、止回阀、信号阀等的规格、型号、数量，应符合设计要求；吸水管、出水管上的控制阀应锁定在常开位置，并应有明显标记。（A）

③ 消防水泵应采用自灌式引水方式，并应保证全部有效储水被有效利用。（B）

④ 分别开启系统中的每一个末端试水装置、试水阀和试验消火栓，水流指示器、压力开关、压力开关（管网）、高位消防水箱流量开关等信号的功能，均应符合设计要求。（B）

⑤ 打开消防水泵出水管上试水阀，当采用主电源启动消防水泵时，消防水泵应启动正常；关掉主电源，主、备电源应能正常切换；备用泵启动和相互切换正常；消防水泵就地和远程启停功能应正常。（B）

⑥ 消防水泵停泵时，水锤消除设施后的压力不应超过水泵出口设计工作压力的 1.4 倍。（B）

⑦ 消防水泵启动控制应置于自动启动挡。（A）

⑧ 采用固定和移动式流量计和压力表测试消防水泵的性能，水泵性能应满足设计要求。（B）

（4）稳压泵：全数检查。

① 型号、性能等应符合设计要求。（A）

② 控制应符合设计要求，并应有防止频繁启动的技术措施。（B）

③ 在 1h 内的启停次数应符合设计要求，并不宜大于 15 次/h。（B）

④ 供电应正常，自动、手动启停应正常；关掉主电源，主、备电源应能正常切换。（B）

⑤ 气压水罐的有效容积以及调节容积应符合设计要求，并应满足稳压泵的启停要求。（B）

（5）减压阀：全数检查。

① 减压阀的型号、规格、设计压力和设计流量应符合设计要求。（A）

② 减压阀阀前应有过滤器，过滤器的过滤面积和孔径应符合设计要求和本规范第 8.3.4 条第 2 款的规定。（B）

③ 减压阀阀前阀后动静压力应符合设计要求。（B）

④ 减压阀处应有试验用压力排水管道。（B）

⑤ 减压阀在小流量、设计流量和设计流量的 150% 时不应出现噪声明显增加或管道出现喘振。（B）

⑥ 减压阀的水头损失应小于设计阀后静压和动压差。（A）

（6）消防水池、高位消防水池和高位消防水箱：全数检查。

① 设置位置应符合设计要求。（A）

② 消防水池、高位消防水池和高位消防水箱的有效容积、水位、报警水位等，应符合设计要求。（A）

③ 进出水管、溢流管、排水管等应符合设计要求，且溢流管应采用间接排水。（A）

④ 管道、阀门和进水浮球阀等应便于检修，人孔和爬梯位置应合理。（C）

⑤ 消防水池吸水井、吸（出）水管喇叭口等设置位置应符合设计要求。（C）

（7）气压水罐：全数检查。

① 气压水罐的有效容积、调节容积和稳压泵启泵次数应符合设计要求。（B）

② 气压水罐气侧压力应符合设计要求。（C）

（8）干式消火栓系统报警阀组：全数检查。

① 报警阀组的各组件应符合产品标准要求。（B）

② 打开系统流量压力检测装置放水阀，测试的流量、压力应符合设计要求。（B）

③ 水力警铃的设置位置应正确。测试时，水力警铃喷嘴处压力不应小于 0.05MPa，且距水力警铃 3m 远处警铃声声强不应小于 70dB。（B）

④ 打开手动试水阀动作应可靠。（B）

⑤ 控制阀均应锁定在常开位置。（C）

⑥ 与空气压缩机或火灾自动报警系统的联锁控制，应符合设计要求。（B）

（9）管网：第 7 款抽查 20%，且不应少于 5 处；第 1 款至第 6 款、第 8 款全数抽查。

① 管道的材质、管径、接头、连接方式及采取的防腐、防冻措施，应符合设计要求，管道标识应符合设计要求。（B）

② 管网排水坡度及辅助排水设施，应符合设计要求。（B）

③ 系统中的试验消火栓、自动排气阀应符合设计要求。（B）

④ 管网不同部位安装的报警阀组、闸阀、止回阀、电磁阀、信号阀、水流指示器、减压孔板、节流管、减压阀、柔性接头、排水管、排气阀、泄压阀等，均应符合设计要求。（B）

⑤ 干式消火栓系统允许的最大充水时间不应大于 5min。（B）

⑥ 干式消火栓系统报警阀后的管道仅应设置消火栓和有信号显示的阀门。（B）

⑦ 架空管道的立管、配水支管、配水管、配水干管设置的支架，应符合 GB 50974—2014 第 12.3.19～12.3.23 条的规定。（B）

⑧ 室外埋地管道应符合 GB 50974—2014 第 12.3.17 条和第 12.3.22 条等的规定。（B）

（10）消火栓：抽查消火栓数量 10%，且总数每个供水分区不应少于 10 个，合格率应为 100%。

① 消火栓的设置场所、位置、规格、型号应符合设计要求和 GB 50974—2014 第 7.2 节至第 7.4 节的有关规定。（A）

② 室内消火栓的安装高度应符合设计要求。（C）

③ 消火栓的设置位置应符合设计要求和 GB 50974—2014 第 7 章的有关规定，并应符合消防救援和火灾扑救工艺的要求。（B）

④ 消火栓的减压装置和活动部件应灵活可靠，栓后压力应符合设计要求。（B）

（11）消防水泵接合器：全数检查。

① 数量及进水管位置应符合设计要求，消防水泵接合器应采用消防车车载消防水泵进行充水试验，且供水最不利点的压力、流量应符合设计要求。（B）

② 当有分区供水时应确定消防车的最大供水高度和接力泵的设置位置的合理性。（B）

（12）消防给水系统流量、压力：全数检查。

通过系统流量、压力检测装置和末端试水装置进行放水试验，系统流量、压力和消火栓充实水柱等应符合设计要求。（A）

（13）控制柜：全数检查。

① 控制柜的规格、型号、数量应符合设计要求。（A）

② 控制柜的图纸塑封后应牢固粘贴于柜门内侧。（A）

③ 控制柜的动作应符合设计要求和 GB 50974—2014 第 11 章的有关规定。（A）

④ 控制柜的质量应符合产品标准和 GB 50974—2014 第 12.2.7 条的要求。（A）

⑤ 主用、备用电源自动切换装置的设置应符合设计要求。（A）

（14）系统模拟灭火功能试验：全数检查。

① 干式消火栓报警阀动作，水力警铃应鸣响压力开关动作。（C）

② 流量开关、低压压力开关和报警阀压力开关等动作，应能自动启动消防水泵及与其联锁的相关设备，并应有反馈信号显示。（A）

③ 消防水泵启动后，应有反馈信号显示。（A）

④ 干式消火栓系统的干式报警阀的加速排气器动作后，应有反馈信号显示。（B）

⑤ 其他消防联动控制设备启动后，应有反馈信号显示。（B）

（三）判定条件

A=0，且 B≤2，且 B+C≤6 为合格；当不符合时，应为不合格。

二、自动喷水灭火系统

（一）依据标准

《自动喷水灭火系统施工及验收规范》（GB 50261—2017）。

（二）检测内容、数量及缺陷项目划分

严重缺陷（A），重缺陷（B），轻缺陷（C）。

（1）系统供水水源：全数检查。

① 应检查室外给水管网的进水管管径及供水能力，并应检查高位消防水箱和消防水池容量，其均应符合设计要求。（A）

② 当采用天然水源做系统的供水水源时，其水量、水质应符合设计要求，并应检查枯水期最低水位时确保消防用水的技术措施。（A）

（2）消防泵房：全数检查。

① 消防泵房的建筑防火要求应符合相应的建筑设计防火规范的规定。（B）

② 消防泵房设置的应急照明、安全出口应符合设计要求。（B）

③ 备用电源、自动切换装置的设置应符合设计要求。（B）

（3）消防水泵：全数检查。

① 工作泵、备用泵、吸水管、出水管及出水管上的阀门、仪表的规格、型号、数量，应符合设计要求；吸水管、出水管上的控制阀应锁定在常开位置，并有明显标记。（B）

② 消防水泵应采用自灌式引水或其他可靠的引水措施。（B）

③ 分别开启系统中的每一个末端试水装置和试水阀，水流指示器、压力开关等信号装置的功能应均符合设计要求。湿式自动喷水灭火系统的最不利点做末端放水试验时，自放水开始至水泵启动时间不应超过 5min。（B）

④ 打开消防水泵出水管上试水阀，当采用主电源启动消防水泵时，消防水泵应启动正常；关掉主电源，主、备电源应能正常切换。备用电源切换时，消防水泵应在 1min 或 2min 内投入正常运行。自动或手动启动消防泵时应在 55s 内投入正常运行。（A）

⑤ 消防水泵停泵时，水锤消除设施后的压力不应超过水泵出口额定压力的 1.3～1.5 倍。（B）

⑥ 对消防气压给水设备，当系统气压下降到设计最低压力时，通过压力变化信号应能启动稳压泵。（B）

⑦ 消防水泵启动控制应置于自动启动挡，消防水泵应互为备用。（C）

（4）报警阀组：全数检查。

① 报警阀组的各组件应符合产品标准要求。（B）

② 打开系统流量压力检测装置放水阀，测试的流量、压力应符合设计要求。（B）

③ 水力警铃的设置位置应正确。测试时，水力警铃喷嘴处压力不应小于 0.05MPa，且距水力警铃 3m 远处警铃声声强不应小于 70dB。（B）

④ 打开手动试水阀或电磁阀时，雨淋阀组动作应可靠。（B）

⑤ 控制阀均应锁定在常开位置。（C）

⑥ 空气压缩机或火灾自动报警系统的联动控制，应符合设计要求。（B）

（5）管网：全数检查。

① 管道的材质、管径、接头、连接方式及采取的防腐、防冻措施，应符合设计规范及设计要求。（A）

② 管网排水坡度及辅助排水设施，应符合本规范第 5.1.17 条的规定。（C）

③ 系统中的末端试水装置、试水阀、排气阀应符合设计要求。（C）

④ 管网不同部位安装的报警阀组、闸阀、止回阀、电磁阀、信号阀、水流指示器、减压孔板、节流管、减压阀、柔性接头、排水管、排气阀、泄压阀等，均应符合设计要求。（B）

⑤ 干式系统、由火灾自动报警系统和充气管道上设置的压力开关开启预作用装置的预作用系统，其配水管道充水时间不宜大于 1min；雨淋系统和仅由火灾自动报警系统联动开启预作用装置的预作用系统，其配水管道充水时间不宜大于 2min。（B）

（6）喷头：全数检查。

① 喷头设置场所、规格、型号、公称动作温度、响应时间指数（RTI）应符合设计要求。（A）

② 喷头安装间距，喷头与楼板、墙、梁等障碍物的距离应符合设计要求。（B）

③ 有腐蚀性气体的环境和有冰冻危险场所安装的喷头，应采取防护措施。（C）

④ 有碰撞危险场所安装的喷头应加设防护罩。（C）

⑤ 各种不同规格的喷头均应有一定数量的备用品，其数量不应小于安装总数的 1%，且每种备用喷头不应少于 10 个。（C）

（7）水泵接合器：全数检查。

水泵接合器数量及进水管位置应符合设计要求，消防水泵接合器应进行充水试验，且系统最不利点的压力、流量应符合设计要求。（B）

（8）系统流量、压力：全数检查。

系统流量、压力的验收，应通过系统流量压力检测装置进行放水试验，系统流量、压力应符合设计要求。（A）

（9）系统模拟灭火功能试验：全数检查。

① 报警阀动作，水力警铃应鸣响。（C）

② 水流指示器动作，应有反馈信号显示。（C）

③ 压力开关动作，应启动消防水泵及与其联动的相关设备，并应有反馈信号显示。（A）

④ 电磁阀打开，雨淋阀应开启，并应有反馈信号显示。（A）

⑤ 消防水泵启动后，应有反馈信号显示。（B）

⑥ 加速器动作后，应有反馈信号显示。（B）

⑦ 其他消防联动控制设备启动后，应有反馈信号显示。（B）

（三）判定条件

A＝0，且 B≤2，且 B+C≤6 为合格，否则为不合格。

三、火灾自动报警系统

（一）依据标准

《火灾自动报警系统施工及验收标准》（GB 50166—2019）。

（二）检测内容、数量及缺陷项目划分

严重缺陷（A），重缺陷（B），轻缺陷（C），见表 13.2.1。

表 13.2.1　检测内容、数量及缺陷项目划分

序号	检测、验收对象	检测、验收项目及严重程度	检测数量	验收数量
1	消防控制室	1. 消防控制室设计；（A） 2. 消防控制室设置；（A） 3. 设备的配置；（A） 4. 起集中控制功能火灾报警控制器的设置；（A） 5. 消防控制室图形显示装置预留接口；（C） 6. 外线电话；（B） 7. 设备的布置；（C） 8. 系统接地；（C） 9. 存档文件资料（B）	全部	全部
2	布线	1. 管路和槽盒的选型；（A） 2. 系统线路的选型；（A） 3. 槽盒、管路的安装质量；（C） 4. 电线电缆的敷设质量（C）	全部报警区域	建筑中含有 5 个及以下报警区域的，应全部检验，超过 5 个报警区域的应按实际报警区域数量 20% 的比例抽验，但抽验总数不应少于 5 个

续表

序号	检测、验收对象	检测、验收项目及严重程度	检测数量	验收数量
3	火灾报警控制器	1. 设备选型；（A） 2. 设备设置；（C） 3. 消防产品准入制度；（A） 4. 安装质量；（C） 5. 基本功能（A）	实际安装数量	实际安装数量
	火灾探测			每个回路都应抽验； 回路实际安装数量在 20 只及以下者，全部检验；安装数量在 100 只及以下者，抽验 20 只；安装数量超过 100 只，按实际安装数量 10%～20% 的比例抽验，但抽验总数不应少于 20 只
	手动火灾报警按钮、火灾声光警报器、☆火灾显示盘		实际安装数量	
4	控制中心监控设备	1. 设备选型；（A） 2. 设备设置；（C） 3. 消防产品准入制度；（A） 4. 安装质量；（C） 5. 基本功能（A）	实际安装数量	实际安装数量
	家用火灾报警控制器			
	点型家用感烟火灾探测器、点型家用感温火灾探测器、☆独立式感烟火灾探测报警器、☆独立式感温火灾探测报警器			1. 点型家用感烟、感温火灾探测器：每个回路都应抽验；回路实际安装数量在 20 只及以下者，全部检验；安装数量在 100 只及以下者，抽验 20 只；安装数量超过 100 只，按实际安装数量 10%～20% 的比例抽验，但抽验总数不应少于 20 只。 2. 独立式火灾探测报警器：实际安装数量
5	消防联动控制器	1. 设备选型；（A） 2. 设备设置；（C） 3. 消防产品准入制度；（A） 4. 安装质量；（C） 5. 基本功能（A）	实际安装数量	实际安装数量
	模块			每个回路都应抽验。 回路实际安装数量：在 20 只及以下者，全部检验；安装数量在 100 只及以下者，抽验 20 只；安装数量超过 100 只，按实际安装数量 10%～20% 的比例抽验，但抽验总数不应少于 20 只
6	消防电话总机	1. 设备选型；（A） 2. 设备设置；（C） 3. 消防产品准入制度；（A） 4. 安装质量；（C） 5. 基本功能（A）	实际安装数量	实际安装数量
	电话分机			实际安装数量
	电话插孔			实际安装数量在 5 只及以下者，全部检验；安装数量在 5 只以上时，按实际数量的 10%～20% 的比例抽检，但抽验总数不应少于 5 只
7	可燃气体报警控制器	1. 设备选型；（A） 2. 设备设置；（C） 3. 消防产品准入制度；（A） 4. 安装质量；（C） 5. 基本功能（A）	实际安装数量	实际安装数量
	可燃气体探测器			1. 总线制控制器：每个回路都应抽验；回路实际安装数量在 20 只及以下者，全部检验；安装数量在 100 只及以下者，抽验 20 只；安装数量超过 100 只，按实际安装数量 10%～20% 的比例抽验，但抽验总数不应少于 20 只。 2. 多线制控制器：探测器的实际安装数量
8	电气火灾监控设备	1. 设备选型；（A） 2. 设备设置；（C） 3. 消防产品准入制度；（A） 4. 安装质量；（C） 5. 基本功能（A）	实际安装数量	实际安装数量
	电气火灾监控探测器、☆线型感温火灾探测器			每个回路都应抽验。 回路实际安装数量在 20 只及以下者，全部检验；安装数量在 100 只及以下者，抽验 20 只；安装数量超过 100 只，按实际安装数量 10%～20% 的比例抽验，但抽验总数不应少于 20 只

续表

序号	检测、验收对象	检测、验收项目及严重程度	检测数量	验收数量
9	消防设备电源监控器	1. 设备选型；（A） 2. 设备设置；（C） 3. 消防产品准入制度；（A） 4. 安装质量；（C） 5. 基本功能（A）	实际安装数量	实际安装数量
	传感器			每个回路都应抽验。 回路实际安装数量在 20 只及以下者，全部检验；安装数量在 100 只及以下者，抽验 20 只；安装数量超过 100 只，按实际安装数量 10%～20% 的比例抽验，但抽验总数不应少于 20 只
10	消防设备应急电源	1. 设备选型；（A） 2. 设备设置；（C） 3. 消防产品准入制度；（A） 4. 安装质量；（C） 5. 基本功能（A）	实际安装数量	1. 实际安装数量在 5 台及以下者，全部检验； 2. 实际安装数量在 5 台以上时，按实际数量的 10%～20% 的比例抽检；但抽验总数不应少于 5 台
11	消防控制室图形显示装置	1. 设备选型；（A） 2. 设备设置；（C） 3. 消防产品准入制度；（A） 4. 安装质量；（C） 5. 基本功能（A）	实际安装数量	实际安装数量
	传输设备			
12	火灾警报器	1. 设备选型；（A） 2. 设备设置；（C） 3. 消防产品准入制度；（A） 4. 安装质量；（C） 5. 基本功能（A）	实际安装数量	抽查报警区域的实际安装数量
	消防应急广播控制设备			实际安装数量
	扬声器			抽查报警区域的实际安装数量
	火灾警报和消防应急广播系统控制	1. 联动控制功能；（A） 2. 手动插入优先功能（A）	全部报警区域	建筑中含有 5 个及以下报警区域的，应全部检验；超过 5 个报警区域的应按实际报警区域数量 20% 的比例抽验，但抽验总数不应少于 5 个
13	防火卷帘控制器	1. 设备选型；（A） 2. 设备设置；（C） 3. 消防产品准入制度；（A） 4. 安装质量；（C） 5. 基本功能（A）	实际安装数量	实际安装数量在 5 台及以下者，全部检验；实际安装数量在 5 台以上时，按实际数量 10%～20% 的比例抽检，但抽验总数不应少于 5 台
	手动控制装置、☆火灾探测器			抽查防火卷帘控制器配接现场部件的实际安装数量
	疏散通道上设置防火卷帘联动控制	1. 联动控制功能；（A） 2. 手动控制功能（A）	全部防火卷帘	实际安装数量在 5 樘及以下者，全部检验；实际安装数量在 5 樘以上时，按实际数量 10%～20% 的比例抽检，但抽验总数不应少于 5 樘
	非疏散通道上设置防火卷帘控制	1. 联动控制功能；（A） 2. 手动控制功能（A）	全部报警区域	建筑中含有 5 个及以下报警区域的，应全部检验；超过 5 个报警区域的应按实际报警区域数量 20% 的比例抽验，但抽验总数不应少于 5 个
14	防火门监控器	1. 设备选型；（A） 2. 设备设置；（C） 3. 消防产品准入制度；（A） 4. 安装质量；（C） 5. 基本功能（A）	实际安装数量	实际安装数量在 5 台及以下者，全部检验；实际安装数量在 5 台以上时，按实际数量的 10%～20% 的比例抽检，但抽验总数不应少于 5 台
	监控模块、防火门定位装置和释放装置等现场部件			按抽检监控器配接现场部件实际安装数量 30%～50% 的比例抽验
	防火门监控系统联动控制	联动控制功能（A）	全部报警区域	建筑中含有 5 个及以下报警区域的，应全部检验；超过 5 个报警区域的应按实际报警区域数量 20% 的比例抽验，但抽验总数不应少于 5 个

序号	检测、验收对象	检测、验收项目及严重程度	检测数量	验收数量
15	气体、干粉灭火控制器			实际安装数量
	☆火灾探测器、☆手动火灾报警按钮、声光警报器、手动与自动控制转换装置、手动与自动控制状态 显示装置、现场启动和停止按钮	1. 设备选型；（A） 2. 设备设置；（C） 3. 消防产品准入制度；（A） 4. 安装质量；（C） 5. 基本功能（A）	实际安装数量	实际安装数量
	气体、干粉灭火系统控制	1. 联动控制功能；（A） 2. 手动插入优先功能；（A） 3. 现场手动启动、停止功能（A）	全部防护区域	全部防护区域
16	消防泵控制箱、柜	1. 设备选型；（A） 2. 设备设置；（C） 3. 消防产品准入制度；（A） 4. 安装质量；（C） 5. 基本功能（A）	实际安装数量	实际安装数量
	水流指示器、压力开关、信号阀、液位探测器	基本功能（A）		1. 水流指示器、信号阀：按实际安装数量30%～50%的比例抽验； 2. 压力开关、液位探测器：实际安装数量
	湿式、干式喷水灭火系统控制	1. 联动控制功能（A）	全部防护区域	建筑中含有5个及以下防护区域的，应全部检验；超过5个防护区域的应按实际防护区域数量20%的比例抽验，但抽验总数不应少于5个
		2. 消防泵直接手动控制功能（A）	实际安装数量	实际安装数量
	预作用式喷水灭火系统控制	1. 联动控制功能（A）	全部防护区域	建筑中含有5个及以下防护区域的，应全部检验；超过5个防护区域的应按实际防护区域数量20%的比例抽验，但抽验总数不应少于5个
		2. 消防泵、预作用阀组、排气阀前电动阀直接手动控制功能（A）	实际安装数量	实际安装数量
	雨淋系统控制	1. 联动控制功能（A）	全部防护区域	建筑中含有5个及以下防护区域的，应全部检验；超过5个防护区域的应按实际防护区域数量20%的比例抽验，但抽验总数不应少于5个
		2. 消防泵、雨淋阀组直接手动控制功能（A）	实际安装数量	实际安装数量
	自动控制的水幕系统控制	1. 用于保护防火卷帘的水幕系统的联动控制功能（A）	防火卷帘实际安装数量	防火卷帘实际安装数量在5樘及以下者，全部检验；实际安装数量在5樘以上时，按实际数量10%～20%的比例抽检，但抽验总数不应少于5樘
		2. 用于防火分隔的水幕系统的联动控制功能（A）	全部防护区域	建筑中含有5个及以下防护区域的，应全部检验；超过5个防护区域的应按实际防护区域数量20%的比例抽验，但抽验总数不应少于5个
		3. 消防泵、水幕阀组直接手动控制功能（A）	实际安装数量	实际安装数量

续表

序号	检测、验收对象	检测、验收项目及严重程度	检测数量	验收数量
17	消防泵控制箱（柜）	1. 设备选型；（A） 2. 设备设置；（C） 3. 消防产品准入制度；（A） 4. 安装质量；（C） 5. 基本功能（A）	实际安装数量	实际安装数量
	消火栓按钮			实际安装数量 5%～10% 的比例抽验，每个报警区域均应抽验
	水流指示器、压力开关、信号阀、液位探测器	基本功能（A）		1. 水流指示器、信号阀：按实际安装数量 30%～50% 的比例抽验。 2. 压力开关、液位探测器：实际安装数量
	消火栓系统控制	1. 联动控制功能（A）	全部报警区域	建筑中含有 5 个及以下报警区域的，应全部检验；超过 5 个报警区域的应按实际报警区域数量 20% 的比例抽验，但抽验总数不应少于 5 个
		2. 消防泵直接手动控制功能（A）	实际安装数量	实际安装数量
18	风机控制箱、柜	1. 设备选型；（A） 2. 设备设置；（C） 3. 消防产品准入制度；（A） 4. 安装质量；（C） 5. 基本功能（A）	实际安装数量	实际安装数量
	电动送风口、电动挡烟垂壁、排烟口、排烟阀、排烟窗、电动防火阀、排烟风机入口处的总管上设置的 280℃ 排烟防火阀	基本功能（A）	实际安装数量	1. 电动送风口、电动挡烟垂壁、排烟口、排烟阀、排烟窗、电动防火阀：实际安装数量 30%～50% 的比例抽验； 2. 排烟风机入口处的总管上设置的 280℃ 排烟防火阀：实际安装数量
	加压送风系统控制	1. 联动控制功能（A）	全部报警区域	建筑中含有 5 个及以下报警区域的，应全部检验；超过 5 个报警区域的应按实际报警区域数量 20% 的比例抽验，但抽验总数不应少于 5 个
		2. 加压送风机直接手动控制功能（A）	实际安装数量	实际安装数量
	电动挡烟垂壁、排烟系统控制	1. 联动控制功能（A）	所有防烟分区	建筑中含有 5 个及以下防烟分区的，应全部检验；超过 5 个防烟分区的应按实际防烟分区数量 20% 的比例抽验，但抽验总数不应少于 5 个
		2. 排烟风机直接手动控制功能（A）	实际安装数量	实际安装数量
19	消防应急照明和疏散指示系统控制	联动控制功能（A）	全部报警区域	建筑中含有 5 个及以下报警区域的，应全部检验；超过 5 个报警区域的应按实际报警区域数量 20% 的比例抽验，但抽验总数不应少于 5 个

序号	检测、验收对象	检测、验收项目及严重程度	检测数量	验收数量
20	电梯、非消防电源等相关系统的联动控制	联动控制功能（A）	全部报警区域	建筑中含有5个及以下报警区域的，应全部检验；超过5个报警区域的应按实际报警区域数量20%的比例抽验，但抽验总数不应少于5个
21	自动消防系统的整体联动控制功能	联动控制功能（A）	全部报警区域	建筑中含有5个及以下报警区域的，应全部检验；超过5个报警区域的应按实际报警区域数量20%的比例抽验，但抽验总数不应少于5个

注：1. 表中的抽检数量均为最低要求。

2. 每一项功能检验次数均为1次。

3. 带有"☆"标的项目内容为可选项，系统设置不涉及此项时，检测、验收不包括此项目。

（三）判定条件

（1）A类项目不合格数量为0，B类项目不合格数量小于或等于2，B类项目不合格数量与C类项目不合格数量之和小于或等于检查项目数量5%的，系统检测、验收结果应为合格。

（2）不符合本条第（1）款合格判定准则的，系统检测、验收结果应为不合格。

四、泡沫灭火系统

（一）依据标准

《泡沫灭火系统技术标准》（GB 50151—2021）。

（二）检测内容、数量及缺陷项目划分

严重缺陷（A），重缺陷（B），轻缺陷（C）。

（1）系统的管道、阀门、支架及吊架：全数检查。

① 室外给水管网的进水管管径及供水能力、消防水池（罐）和消防水箱容量，均应符合设计要求。（A）

② 当采用天然水源时，其水量应符合设计要求，并应检查枯水期最低水位时确保消防用水的技术措施。（A）

③ 过滤器的设置应符合设计要求。（A）

（2）动力源、备用动力及电气设备：全数检查。

应符合设计要求。（A）

（3）消防泵房：全数检查。

① 消防泵房的建筑防火要求应符合相关标准的规定。（B）

② 消防泵房设置的应急照明、安全出口应符合设计要求。（B）

（4）泡沫消防水泵与稳压泵：全数检查。

① 工作泵、备用泵、拖动泡沫消防水泵的电机或柴油机、吸水管、出水管及出水管上的泄压阀、止回阀、信号阀等的规格、型号、数量等应符合设计要求；吸水管、出水管上的控制阀应锁定在常开位置，并有明显标记，拖动泡沫消防水泵的柴油机排烟管的安装位置、口径、长度、弯头的角度及数量应符合设计要求，柴油机用油的牌号应符合设计要求。（B）

② 泡沫消防水泵的引水方式及水池低液位引水应符合设计要求。（B）

③ 泡沫消防水泵在主电源下应能正常启动，主备电源应能正常切换。（A）

④ 柴油机拖动的泡沫消防水泵的电启动和机械启动性能应满足设计和相关标准的要求。（A）

⑤ 当自动系统管网中的水压下降到设计最低压力时，稳压泵应能自动启动。（A）

⑥ 自动系统的泡沫消防水泵启动控制应处于自动启动位置。（C）

（5）泡沫液储罐和盛装100％型水成膜泡沫液的压力储罐：全数检查。

① 材质、规格、型号及安装质量应符合设计要求。（B）

② 铭牌标记应清晰，应标有泡沫液种类、型号、出厂、灌装日期、有效期及储量等内容，不同种类、不同牌号的泡沫液不得混存。（B）

③ 液位计、呼吸阀、人孔、出液口等附件的功能应正常。（B）

（6）泡沫比例混合装置：全数检查。

① 泡沫比例混合装置的规格、型号及安装质量应符合设计及安装要求。（B）

② 混合比不应低于所选泡沫液的混合比。（B）

（7）泡沫产生装置的规格、型号及安装质量应符合设计及安装要求：全数检查。

（8）报警阀组：全数检查。

① 报警阀组的各组件应符合产品标准规定。（B）

② 打开系统流量压力检测装置放水阀，测试的流量、压力应符合设计要求。（B）

③ 水力警铃的设置位置应正确。测试时，水力警铃喷嘴处的压力不应小于0.05MPa，且距水力警铃3m远处警铃声声强不应小于70dB。（B）

④ 打开手动试水阀或电磁阀时，雨淋阀组动作应可靠。（B）

⑤ 控制阀均应锁定在常开位置。（C）

⑥ 与空气压缩机或火灾自动报警系统的联动控制，应符合设计要求。（B）

（9）管网：全数检查。

① 管道的材质与规格、管径、连接方式、安装位置及采取的防冻措施应符合设计要求，并符合GB 50151—2021 第9.3.19条的相关规定。（A）

② 管网放空坡度及辅助排水设施，应符合设计要求。（C）

③ 管网上的控制阀、压力信号反馈装置、止回阀、试水阀、泄压阀、排气阀等，其规格和安装位置均应符合设计要求。（B）

④ 管墩、管道支架、吊架的固定方式、间距应符合设计要求。（C）

⑤ 管道穿越楼板、防火墙、变形缝时的防火处理应符合GB 50151—2021 第9.3.19条的相关规定。（B）

（10）喷头：全数检查。

① 喷头的数量、规格、型号应符合设计要求。（A）

② 喷头的安装位置、安装高度、间距及与梁等障碍物的距离偏差均应符合设计要求和GB 50151—2021 第9.3.34条的相关规定。（B）

③ 不同型号规格喷头的备用量不应小于其实际安装总数的1％，且每种备用喷头数不应少于10只。（C）

（11）水泵接合器的数量及进水管位置应符合设计要求：全数检查。（B）

（12）泡沫消火栓：全数检查。

① 规格、型号、安装位置及间距应符合设计要求；（B）

② 应进行冷喷试验，且应与系统功能验收同时进行。（B）

（13）公路隧道泡沫消火栓箱：

① 安装质量应符合GB 50151—2021 第9.3.26条的规定：按安装总数的10％抽查，且不得少于1个。（A）

② 喷泡沫试验应合格：按安装总数的10％抽查，且不得少于2个。（A）

（14）泡沫喷雾装置动力瓶组的数量、型号和规格，位置与固定方式，油漆和标志，储存容器的安装质量、充装量和储存压力等应符合设计及安装要求：全数检查。（A）

（15）泡沫喷雾系统集流管的材料、规格、连接方式、布置及其泄压装置的泄压方向应符合设计及安装要求：全数检查。（A）

（16）泡沫喷雾系统分区阀的数量、型号、规格、位置、标志及其安装质量应符合设计及安装要求：全数检查。（B）

（17）泡沫喷雾系统驱动装置的数量、型号、规格和标志，安装位置，驱动气瓶的介质名称和充装压力，以及气动驱动装置管道的规格、布置和连接方式等应符合设计及安装要求：全数检查。（B）

（18）驱动装置和分区阀的机械应急手动操作处，均应有标明对应防护区或保护对象名称的永久标志。驱动装置的机械应急操作装置均应设安全销并加铅封，现场手动启动按钮应有防护罩：全数检查。（B）

（19）系统模拟灭火功能试验：全数检查。

① 压力信号反馈装置应能正常动作，并应能在动作后启动消防水泵及与其联动的相关设备，可正确发出反馈信号。（A）

② 系统的分区控制阀应能正常开启，并可正确发出反馈信号。（A）

③ 系统的流量、压力均应符合设计要求。（A）

④ 消防水泵及其他消防联动控制设备应能正常启动，并应有反馈信号显示。（A）

⑤ 主电流、备电源应能在规定时间内正常切换。（A）

（20）泡沫灭火系统功能。

① 低倍数泡沫灭火系统喷泡沫试验应合格。（A）

检查数量：任选一个防护区或储罐进行一次试验。

② 中倍数、高倍数泡沫灭火系统喷泡沫试验应合格。（A）

检查数量：任选一个防护区进行一次试验。

③ 泡沫-水雨淋系统喷泡沫试验应合格。（A）

检查数量：任选一个防护区进行一次试验。

④ 闭式泡沫-水喷淋系统喷泡沫试验应合格。（A）

检查数量：任选一个防护区进行一次试验。

⑤ 泡沫喷雾系统喷洒试验应合格。（A）

检查数量：任选一个防护区进行一次试验。

（三）判定条件

当无严重缺陷项、重要缺陷项不多于 2 项，且重要缺陷项与轻微缺陷项之和不多于 6 项时，可判定系统验收合格；其他情况应判定为不合格。

五、气体灭火系统

（一）依据标准

《气体灭火系统施工及验收规范》（GB 50263—2007）。

（二）检测内容、数量及缺陷项目划分

严重缺陷（A），重缺陷（B），轻缺陷（C）。

（1）防护区或保护对象的位置、用途、划分、几何尺寸、开口、通风、环境温度、可燃物的种类、防护区围护结构的耐压。耐火极限及门、窗可自行关闭装置应符合设计要求：全数检查。

（2）防护区下列安全设施的设置应符合设计要求：全数检查。

① 防护区的疏散通道、疏散指示标志和应急照明装置；

② 防护区内和入口处的声光报警装置、气体喷放指示灯、入口处的安全标志；

③ 无窗或固定窗扇的地上防护区和地下防护区的排气装置；

④ 门窗设有密封条的防护区的泄压装置；

⑤ 专用的空气呼吸器或氧气呼吸器。

（3）储存装置间的位置、通道、耐火等级、应急照明装置、火灾报警控制装置及地下储存装置间机械排风装置应符合设计要求：全数检查。

（4）火灾报警控制装置及联动设备应符合设计要求：全数检查。

（5）灭火剂储存容器的数量、型号和规格，位置与固定方式，油漆和标志，以及灭火剂储存容器的安装质量应符合设计要求：全数检查。

（6）储存容器内的灭火剂充装量和储存压力应符合设计要求：称重检查按储存容器全数（不足 5 个的按 5 个计）的 20 ％检查；储存压力检查按储存容器全数检查；低压二氧化碳储存容器按全数检查。

（7）集流管的材料、规格、连接方式、布置及其泄压装置的泄压方向应符合设计要求和 GB 50263—2007 第 5.2 节的有关规定：全数检查。

（8）选择阀及信号反馈装置的数量、型号、规格、位置、标志及其安装质量，应符合设计要求和 GB 50263—2007 第 5.3 节的有关规定：全数检查。

（9）阀驱动装置的数量、型号、规格和标志，安装位置，气动驱动装置中驱动气瓶的介质名称和充装压力，以及气动驱动装置管道的规格、布置和连接方式，应符合设计要求和 GB 50263—2007 第 5.4 节的有关规定：全数检查。

（10）驱动气瓶和选择阀的机械应急手动操作处，均应有标明对应防护区或保护对象名称的永久标志。驱动气瓶的机械应急操作装置均应设安全销并加铅封，现场手动启动按钮应有防护罩：全数检查。

（11）灭火剂输送管道的布置与连接方式、支架和吊架的位置及间距、穿过建筑构件及其变形缝的处理、各管段和附件的型号规格以及防腐处理和涂刷油漆颜色，应符合设计要求和 GB 50263—2007 第 5.5 节的有关规定：全数检查。

（12）喷嘴的数量、型号、规格、安装位置和方向，应符合设计要求和本规范第 5.6 节的有关规定：全数检查。

（13）系统功能验收时，应进行模拟启动试验，并合格：按防护区或保护对象总数（不足 5 个按 5 个计）的 20％检查。

（14）系统功能验收时，应进行模拟喷气试验，并合格：组合分配系统不应少于 1 个防护区或保护对象，柜式气体灭火装置、热气溶胶灭火装置等预制灭火系统应各取 1 套。

（15）系统功能验收时，应对设有灭火剂备用量的系统进行模拟切换操作试验，并合格：全数检查。

（16）系统功能验收时，应对主用、备用电源进行切换试验，并合格：全数检查。

（三）判定条件

验收项目有 1 项为不合格时判定系统不合格。

六、建筑防烟排烟系统

（一）依据标准

《建筑防烟排烟系统技术标准》（GB 51251—2017）。

（二）检测内容、数量及缺陷项目划分

严重缺陷（A），重缺陷（B），轻缺陷（C）。

（1）工程竣工验收时，施工单位应提供下列资料：

① 竣工验收申请报告。（B）

② 施工图、设计说明书、设计变更通知书和设计审核意见书、竣工图。（B）

③ 工程质量事故处理报告。（B）

④ 防烟、排烟系统施工过程质量检查记录。（B）

⑤ 防烟、排烟系统工程质量控制资料检查记录。（B）

（2）系统观感质量：各系统按 30％抽查。

① 风管表面应平整、无损坏；接管合理，风管的连接以及风管与风机的连接应无明显缺陷。（C）

② 风口表面应平整，颜色一致，安装位置正确，风口可调节部件应能正常动作。（C）

③ 各类调节装置安装应正确牢固、调节灵活、操作方便。（C）

④ 风管、部件及管道的支架与吊架形式、位置及间距应符合要求。（C）

⑤ 风机的安装应正确牢固。（C）

（3）系统设备手动功能：各系统按 30％抽查。

① 送风机、排烟风机应能正常手动启动和停止，状态信号应在消防控制室显示。（A）

② 送风口、排烟阀或排烟口应能正常手动开启和复位，阀门关闭严密，动作信号应在消防控制室显示。（A）

③ 活动挡烟垂壁、自动排烟窗应能正常手动开启和复位，动作信号应在消防控制室显示。（A）

（4）系统设备联动启动：全数检查。

① 送风口的开启和送风机的启动应符合 GB 51251—2017 第 5.1.2 条、第 5.1.3 条的规定。（A）

② 排烟阀或排烟口的开启和排烟风机的启动应符合 GB 51251—2017 第 5.2.2 条、第 5.2.3 条和第 5.2.4 条的规定。（A）

③ 活动挡烟垂壁开启到位的时间应符合 GB 51251—2017 第 5.2.5 条的规定。（A）

④ 自动排烟窗开启完毕的时间应符合 GB 51251—2017 第 5.2.6 条的规定。（A）

⑤ 补风机的启动应符合 GB 51251—2017 第 5.2.2 条的规定。（A）

⑥ 各部件、设备动作状态信号应在消防控制室显示。（A）

（5）自然通风及自然排烟设施：各系统按 30％抽查。

① 封闭楼梯间、防烟楼梯间、前室及消防电梯前室可开启外窗的布置方式和面积。（A）

② 避难层（间）可开启外窗或百叶窗的布置方式和面积。（A）

③ 设置自然排烟场所的可开启外窗、排烟窗、可熔性采光带（窗）的布置方式和面积。（A）

（6）机械防烟系统：全数检查。

① 选取送风系统末端所对应的送风最不利的三个连续楼层模拟起火层及其上下层，封闭避难层（间）仅需选取本层，测试前室及封闭避难层（间）的风压值及疏散门的门洞断面风速值，应分别符合 GB 51251—2017 第 3.4.4 条和第 3.4.6 条的规定，且偏差不大于设计值的 10％。（A）

② 对楼梯间和前室的测试应单独分别进行，且互不影响。（A）

③ 测试楼梯间和前室疏散门的门洞断面风速时，应同时开启三个楼层的疏散门。（A）

（7）机械排烟系统：全数检查。

① 开启任一防烟分区的全部排烟口，风机启动后测试排烟口处的风速，风速、风量应符合设计要求且偏差不大于设计值的 10％。（A）

② 设有补风系统的场所，应测试补风口风速，风速、风量应符合设计要求且偏差不大于设计值的 10％。（A）

（三）判定条件

系统验收合格判定应为：A＝0 且 B≤2，B＋C≤6 为合格，否则为不合格。

七、消防应急照明和疏散指示系统

（一）依据标准

《消防应急照明和疏散指示系统技术标准》（GB 51309—2018）。

（二）检测内容、数量及缺陷项目划分

严重缺陷（A），重缺陷（B），轻缺陷（C），见表 13.2.2 示。

表 13.2.2　消防应急照明和疏散指示系统检测内容、数量及缺陷项目划分

序号	检测、验收对象		检测、验收项目及严重程度	检测数量	验收数量
1	文件资料		齐全性、符合性（B）	全数	全数
2	系统形式和功能选择	Ⅰ集中控制型 Ⅱ非集中控制型	符合性（A）	全数	全数
3	系统线路设计	Ⅰ灯具配电线路设计 ☆Ⅱ集中控制型系统的通信线路设计	符合性（A）	全部防火分区、楼层、隧道区间、地铁站台和站厅	建（构）筑物中含有 5 个及以下防火分区、楼层、隧道区间、地铁站台和站厅的，应全部检验；超过 5 个防火分区、楼层、隧道区间、地铁站台和站厅的应按实区域数量 20% 的比例抽验，但抽验总数不应小于 5 个
4	布线		1. 线路的防护方式（C） 2. 槽盒、管路安装质量（C） 3. 系统线路选型（A） 4. 电线电缆敷设质量（C）		
5	灯具	Ⅰ照明灯 Ⅱ标志灯	1. 设备选型（A） 2. 消防产品准入制度（A） 3. 设备设置（C） 4. 安装质量（C）	实际安装数量	与抽查防火分区、楼层、隧道区间、地铁站台和站厅相关的设备数量
6	供配电设备	☆集中电源 ☆应急照明配电箱	1. 设备选型（A） 2. 消防产品准入制度（A） 3. 设备设置（C） 4. 设备供配电（C） 5. 安装质量（C） 6. 基本功能（A）		
7	集中控制型系统	Ⅰ应急照明控制器	1. 应急照明控制器设计（A） 2. 设备选型（A） 3. 消防产品准入制度（A） 4. 设备设置（C） 5. 设备供电（C） 6. 安装质量（C） 7. 基本功能（A）	全部防火分区、楼层、隧道区间、地铁站台和站厅	建（构筑物）中含有 5 个及以下防火分区、楼层、隧道区间、站台和站厅的，应全部检验；超过 5 个防火分区、楼层、隧道区间、地铁站台和站厅的应按实际区域数量 20% 的比例抽验，但抽验总数不应小于 5 个
		Ⅱ系统功能	1. 非火灾状态下的系统功能 　（1）系统正常工作模式；（A） 　（2）系统主电源断电控制功能；（A） 　（3）系统正常照明电源断电控制功能。（A） 2. 火灾状态下的系统控制功能 　（1）系统自动应急启动功能；（A） 　（2）系统手动应急启动功能；（A） 　①照明灯设置部位地面的最低水平照度；（C） 　②系统在蓄电池电源供电状态下的应急工作时间（B）		

序号	检测、验收对象		检测、验收项目及严重程度	检测数量	验收数量
8	非集中控制型系统	☆未设置火灾自动报警系统的场所	1. 非火灾状态下的系统功能 （1）系统正常工作模式；（A） （2）灯具的感应点亮功能。（A） 2. 火灾状态下的系统手动应急启动功能 （1）照明灯设置部位地面的最低水平照度；（C） （2）系统在蓄电池电源供电状态下的应急工作时间（B）	全部防火分区、楼层、隧道区间、地铁站台和站厅	建（构筑物）中含有 5 个及以下防火分区、楼层、隧道区间、站台和站厅的，应全部检验；超过 5 个防火分区、楼层、隧道区间、地铁站台和站厅的应按实际区域数量 20% 的比例抽验，但抽验总数不应小于 5 个
		☆设置区域火灾自动报警系统的场所	1. 非火灾状态下的系统功能 （1）系统正常工作模式；（A） （2）灯具的感应点亮功能。（A） 2. 火灾状态下的系统应急启动功能 （1）系统自动应急启动功能；（A） （2）系统手动应急启动功能；（A） ① 照明灯设置部位地面的最低水平照度；（C） ② 灯具在蓄电池电源供电状态下的应急工作时间（B）		

（三）判定条件

（1）A 类项目不合格数量为 0，B 类项目不合格数量小于或等于 2，B 类项目不合格数量加上 C 类项目不合格数量小于或等于检查项目数量的 5% 的，系统检测、验收结果应为合格。

（2）不符合合格判定准则的，系统检测、验收结果应为不合格。

八、建筑灭火器

（一）依据标准

《建筑灭火器配置验收及检查规范》（GB 50444—2008）。

（二）检测内容、数量及缺陷项目划分

严重缺陷（A），重缺陷（B），轻缺陷（C）。

（1）灭火器的类型、规格、灭火级别和配置数量：按照灭火器配置单元的总数，随机抽查 20%，并不得少于 3 个；少于 3 个配置单元的，全数检查。歌舞娱乐放映游艺场所、甲乙类火灾危险性场所、文物保护单位，全数检查。（A）

（2）灭火器的产品质量：随机抽查 20%，查看灭火器的外观质量。全数检查灭火器的合格手续。（A）

（3）在同一灭火器配置单元内，采用不同类型灭火器时，其灭火剂应能相容：随机抽查 20%。（A）

（4）灭火器的保护距离应符合现行国家标准《建筑灭火器配置设计规范》（GB 50140—2005）的有关规定，灭火器的设置应保证配置场所的任一点都在灭火器设置点的保护范围内：按照灭火器配置单

元的总数，随机抽查 20％；少于 3 个配置单元的，全数检查。（A）

（5）灭火器设置点附近应无障碍物，取用灭火器方便，且不得影响人员安全疏散：全数检查。（B）

（6）灭火器箱：随机抽查 20％，但不少于 3 个；少于 3 个全数检查。

① 灭火器箱不应被遮挡、上锁或拴系。（B）

② 灭火器箱的箱门开启应方便灵活，其箱门开启后不得阻挡人员安全疏散。除不影响灭火器取用和人员疏散的场合外，开门型灭火器箱的箱门开启角度不应小于 175°，翻盖型灭火器箱的翻盖开启角度不应小于 100°。（C）

（7）灭火器的挂钩、托架：随机抽查 5％，但不少于 3 个；少于 3 个全数检查。

① 挂钩、托架安装后应能承受一定的静载荷，不应出现松动、脱落、断裂和明显变形。（B）

② 应保证可用徒手的方式便捷地取用设置在挂钩、托架上的手提式灭火器；当 2 具及 2 具以上的手提式灭火器相邻设置在挂钩、托架上时，应可任意地取用其中 1 具。（B）

③ 设有夹持带的挂钩、托架，夹持带的打开方式应从正面可以看到。当夹持带打开时，灭火器不应掉落。（C）

（8）灭火器采用挂钩、托架或嵌墙式灭火器箱安装设置时，灭火器的设置高度应符合现行国家标准《建筑灭火器配置设计规范》（GB 50140—2005）的要求，其设置点与设计点的垂直偏差不应大于 0.01m：随机抽查 20％，但不少于 3 个；少于 3 个全数检查。（C）

（9）推车式灭火器的设置：全数检查。

① 推车式灭火器宜设置在平坦场地，不得设置在台阶上。在没有外力作用下，推车式灭火器不得自行滑动。（C）

② 推车式灭火器的设置和防止自行滑动的固定措施等均不得影响其操作使用和正常行驶移动。（C）

（10）灭火器的位置标识：全数检查。

① 在有视线障碍的设置点安装设置灭火器时，应在醒目的地方设置指示灭火器位置的发光标志。（B）

② 在灭火器箱的箱体正面和灭火器设置点附近的墙面上应设置指示灭火器位置的标志，并宜选用发光标志。（C）

（11）灭火器的摆放应稳固。灭火器的设置点应通风、干燥、洁净，其环境温度不得超出灭火器的使用温度范围。设置在室外和特殊场所的灭火器应采取相应的保护措施：全数检查。（B）

（三）判定条件

合格判定条件应为：A＝0，且 B≤1，且 B+C≤4，否则为不合格。

九、固定消防炮灭火系统

（一）依据标准

《固定消防炮灭火系统施工与验收规范》（GB 50498—2009）。

（二）检测内容、数量及缺陷项目划分

严重缺陷（A），重缺陷（B），轻缺陷（C）。

（1）灭火器的类型、规格、灭火级别和配置数量：按照灭火器配置单元的总数，随机抽查 20％，并不得少于 3 个；少于 3 个配置单元的，全数检查。歌舞娱乐放映游艺场所、甲乙类火灾危险性场所、文物保护单位，全数检查。（A）

（2）灭火器的产品质量：随机抽查 20％，查看灭火器的外观质量。全数检查灭火器的合格手续。（A）

（3）在同一灭火器配置单元内，采用不同类型灭火器时，其灭火剂应能相容：随机抽查 20％。（A）

（4）灭火器的保护距离应符合现行国家标准《建筑灭火器配置设计规范》（GB 50140—2005）的有关规定，灭火器的设置应保证配置场所的任一点都在灭火器设置点的保护范围内：按照灭火器配置单

元的总数，随机抽查 20％；少于 3 个配置单元的，全数检查。（A）

（5）灭火器设置点附近应无障碍物，取用灭火器方便，且不得影响人员安全疏散：全数检查。（B）

（6）灭火器箱：随机抽查 20％，但不少于 3 个；少于 3 个全数检查。

① 灭火器箱不应被遮挡、上锁或拴系。（B）

② 灭火器箱的箱门开启应方便灵活，其箱门开启后不得阻挡人员安全疏散。除不影响灭火器取用和人员疏散的场合外，开门型灭火器箱的箱门开启角度不应小于 175°，翻盖型灭火器箱的翻盖开启角度不应小于 100°。（C）

（7）灭火器的挂钩、托架：随机抽查 5％，但不少于 3 个；少于 3 个全数检查。

① 挂钩、托架安装后应能承受一定的静载荷，不应出现松动、脱落、断裂和明显变形。以 5 倍的手提式灭火器的载荷（不小于 45kg）悬挂于挂钩、托架上，作用 5min，观察检查。（B）

② 应保证可用徒手的方式便捷地取用设置在挂钩、托架上的手提式灭火器；当 2 具及 2 具以上的手提式灭火器相邻设置在挂钩、托架上时，应可任意地取用其中 1 具。（B）

③ 设有夹持带的挂钩、托架，夹持带的打开方式应从正面可以看到。当夹持带打开时，灭火器不应掉落。（C）

（8）灭火器采用挂钩、托架或嵌墙式灭火器箱安装设置时，灭火器的设置高度应符合现行国家标准《建筑灭火器配置设计规范》（GB 50140—2005）的要求，其设置点与设计点的垂直偏差不应大于 0.01m：随机抽查 20％，但不少于 3 个；少于 3 个全数检查。（C）

（9）推车式灭火器的设置：全数检查。

① 推车式灭火器宜设置在平坦场地，不得设置在台阶上。在没有外力作用下，推车式灭火器不得自行滑动。（C）

② 推车式灭火器的设置和防止自行滑动的固定措施等均不得影响其操作使用和正常行驶移动。（C）

（10）灭火器的位置标识：全数检查。

① 在有视线障碍的设置点安装设置灭火器时，应在醒目的地方设置指示灭火器位置的发光标志。（B）

② 在灭火器箱的箱体正面和灭火器设置点附近的墙面上应设置指示灭火器位置的标志，并宜选用发光标志。（C）

（11）灭火器的摆放应稳固。灭火器的设置点应通风、干燥、洁净，其环境温度不得超出灭火器的使用温度范围。设置在室外和特殊场所的灭火器应采取相应的保护措施：全数检查。（B）

（三）判定条件

合格判定条件应为：A＝0，且 B≤1，且 B＋C≤4，否则为不合格。

十、水喷雾灭火系统

（一）依据标准

《水喷雾灭火系统技术规范》（GB 50219—2014）。

（二）检测内容、数量及缺陷项目划分

严重缺陷（A），重缺陷（B），轻缺陷（C）。

（1）水源：全数检查。

① 室外给水管网的进水管管径及供水能力、消防水池（罐）和消防水箱容量均应符合设计要求。（A）

② 当采用天然水源作为系统水源时，其水量应符合设计要求，并应检查枯水期最低水位时确保消防用水的技术措施。（A）

③ 过滤器的设置应符合设计要求。（A）

（2）动力源、备用动力源及电气设备应符合设计要求：全数检查。（B）

（3）消防水泵：全数检查。

① 工作泵、备用泵、吸水管、出水管及出水管上的泄压阀、止回阀、信号阀等的规格、型号、数量应符合设计要求；吸水管、出水管上的控制阀应锁定在常开位置，并有明显标记。(B)

② 消防水泵的引水方式应符合设计要求。(B)

③ 消防水泵在主电源下应能在规定时间内正常启动。(A)

④ 当自动系统管网中的水压下降到设计最低压力时，稳压泵应能自动启动。(A)

⑤ 自动系统的消防水泵启动控制应处于自动启动位置。(B)

(4) 雨淋报警阀组：全数检查。

① 雨淋报警阀组的各组件应符合国家现行相关产品标准的要求。(B)

② 打开手动试水阀或电磁阀时，相应雨淋报警阀动作应可靠。(B)

③ 打开系统流量压力检测装置放水阀，测试的流量、压力应符合设计要求。(B)

④ 水力警铃的安装位置应正确。测试时，水力警铃喷嘴处压力不应小于 0.05MPa，且距水力警铃 3m 远处警铃的响度不应小于 70dB。(B)

⑤ 控制阀均应锁定在常开位置。(C)

⑥ 与火灾自动报警系统和手动启动装置的联动控制应符合设计要求。(B)

(5) 管网：全数检查。管墩、管道支、吊架按总数抽查 20%，且不得少于 5 处。

① 管道的材质与规格、管径、连接方式、安装位置及采取的防冻措施应符合设计要求和 GB 50219—2014 第 8.3.14 条的相关规定。(A)

② 管网放空坡度及辅助排水设施应符合设计要求。(C)

③ 管网上的控制阀、压力信号反馈装置、止回阀、试水阀、泄压阀等，其规格和安装位置均应符合设计要求。(B)

④ 管墩、管道支架与吊架的固定方式、间距应符合设计要求。(C)

(6) 喷头：全数检查。喷头的安装位置、安装高度、间距及与梁等障碍物的距离偏差按抽查设计喷头数量的 5%，总数不少于 20 个检查，合格率不小于 95% 为合格。

① 喷头的数量、规格、型号应符合设计要求。(A)

② 喷头的安装位置、安装高度、间距及与梁等障碍物的距离偏差均应符合设计要求和 GB 50219—2014 第 8.3.18 条的相关规定。(B)

③ 不同型号、规格的喷头的备用量不应小于其实际安装总数的 1%，且每种备用喷头数不应少于 5 只。(C)

(7) 水泵接合器的数量及进水管位置应符合设计要求，水泵接合器应进行充水试验，且系统最不利点的压力、流量应符合设计要求：全数检查。(B)

(8) 系统模拟灭火功能试验：全数检查。

① 压力信号反馈装置应能正常动作，并应能在动作后启动消防水泵及与其联动的相关设备，可正确发出反馈信号。(A)

② 系统的分区控制阀应能正常开启，并可正确发出反馈信号。(A)

③ 系统的流量、压力均应符合设计要求。(A)

④ 消防水泵及其他消防联动控制设备应能正常启动，并应有反馈信号显示。(A)

⑤ 主、备电源应能在规定时间内正常切换。(A)

(9) 系统冷喷试验，除应符合 GB 50219—2014 第 9.0.14 条的规定外，其响应时间应符合设计要求，并应检查水雾覆盖保护对象的情况：至少 1 个系统、1 个防火区或 1 个保护对象。(A)

(三) 判定条件

当无严重缺陷项、重要缺陷项不多于 2 项，且重要缺陷项与轻微缺陷项之和不多于 6 项时，可判定系统验收合格；其他情况，应判定为不合格。

十一、自动跟踪定位射流灭火系统

（一）依据标准

《自动跟踪定位射流灭火系统技术标准》（GB 51427—2021）。

（二）检测内容、数量

（1）系统施工质量：全数检查。

① 系统组件及配件的规格、型号、数量、安装位置及安装质量；

② 管道及附件的材质、管径、连接方式、管道标识、安装位置及安装质量；

③ 固定管道的支架、吊架和管墩的位置、间距及牢固程度；

④ 管道穿楼板、防火墙及变形缝的处理；

⑤ 管道和设备的防腐、防冻措施；

⑥ 消防水泵及消防水泵房、水源、高位消防水箱、气压稳压装置及消防水泵接合器的数量、位置等及安装质量；

⑦ 电源、备用动力、电气设备及布线的安装质量。

（2）系统启动功能：全数检查。

① 系统手动控制启动功能应正常；

② 消防水泵和气压稳压装置的启动功能应正常；

③ 主电源、备用电源的切换功能应正常；

④ 模拟末端试水装置的系统启动功能应正常。

（3）灭火功能：每个保护区的试验不少于1次。

（4）联动控制功能：全数检查。

（三）判定条件

系统施工质量不符合规定时，应返工重做或更换系统组件和材料，并应重新进行验收。

系统启动功能、自动跟踪定位射流灭火功能和联动控制功能验收全部检查内容合格，方可判定系统功能验收合格。

系统施工质量验收和功能验收同时合格，方可判定系统验收合格。

第三节　消防查验及现场评定

一、依据标准

（1）《建设工程消防设计审查验收工作细则》（建科规〔2020〕5号）。

（2）《建筑消防设施检测技术规程》（XF 503）。

（3）《建设工程消防验收评定规则》（XF 836）。

（4）《建筑设计防火规范》（GB 50016）。

（5）《消防给水及消火栓系统技术规范》（GB 50974）。

（6）《自动喷水灭火系统施工及验收规范》（GB 50261）。

（7）《火灾自动报警系统施工及验收标准》（GB 50166）。

（8）《建筑防烟排烟系统技术标准》（GB 51251）。

（9）《消防应急照明和疏散指示系统技术标准》（GB 51309）。

（10）《建筑灭火器配置设计规范》（GB 50140）。

（11）《建筑灭火器配置验收及检查规范》（GB 50444）。

（12）《泡沫灭火系统施工及验收规范》（GB 50281）

（13）《气体灭火系统施工及验收规范》（GB 50263）。

二、消防查验及现场评定的项目、内容和方法

（一）建筑类别与耐火等级

建筑类别与耐火等级的检测项目、内容和方法见表 13.3.1。

表 13.3.1　建筑类别与耐火等级

单项名称	子项名称	内容和方法	要求	单项评定
建筑类别与耐火等级	建筑类别	核对建筑的规模（面积、高度、层数）和性质，查阅相应资料	符合消防技术标准和消防设计文件要求	合格/不合格/不涉及
	耐火等级	核对建筑，查阅相应资料，查看建筑主要构件燃烧性能和耐火极限		
		查阅相应资料，查看钢结构构件防火处理		

（二）总平面布局

总平面布局的检测项目、内容和方法见表 13.3.2。

表 13.3.2　总平面布局

单项名称	子项名称	内容和方法	要求	单项评定
总平面布局	防火间距	测量消防设计文件中有要求的防火间距	符合消防技术标准和消防设计文件要求	合格/不合格/不涉及
	消防车道	查看设置位置，车道的净宽、净高、转弯半径及树木等障碍物	符合消防技术标准和消防设计文件要求，且严禁擅自改变用途或被占用，应便于使用	
		查看设置形式，坡度、承载力、回车场等		
	消防车登高面	查看登高面的设置，是否有影响登高救援的裙房，首层是否设置楼梯出口，登高面上各楼层消防救援口的设置		
	消防车登高操作场地	查看设置的长度、宽度、坡度、承载力，是否有影响登高救援的树木、架空管线等	符合消防技术标准和消防设计文件要求	

（三）平面布置

平面布置的检测项目、内容和方法见表 13.3.3。

表 13.3.3　平面布置

单项名称	子项名称	内容和方法	要求	单项评定
平面布置	消防控制室	查看设置位置、防火分隔、安全出口，测试应急照明	符合消防技术标准和消防设计文件要求	合格/不合格/不涉及
		查看管道布置、防淹措施	无与消防设施无关的电气线路及管路穿越	
	消防水泵房	查看设置位置、防火分隔、安全出口，测试应急照明	符合消防技术标准和消防设计文件要求	
		查看防淹措施		

单项名称	子项名称	内容和方法	要求	单项评定
	民用建筑中其他特殊场所	查看歌舞娱乐放映游艺场所、儿童活动场所、锅炉房、空调机房、厨房、手术室等设备用房设置位置、防火分隔	符合消防技术标准和消防设计文件要求	合格/不合格/不涉及
	工业建筑中其他特殊场所	查看高火灾危险性部位、中间仓库以及总控制室、员工宿舍、办公室、休息室等场所的设置位置、防火分隔		

（四）建筑外墙、屋面保温和建筑外墙装饰

建筑外墙、屋面保温和建筑外墙装饰的检测项目、内容和方法见表 13.3.4。

表 13.3.4　建筑外墙、屋面保温和建筑外墙装饰

单项名称	子项名称	内容和方法	要求	单项评定
建筑保温及外墙装饰防火	建筑外墙和屋面保温	核查建筑的外墙及屋面保温系统的设置位置、设置形式，查阅报告，核对保温材料的燃烧性能	符合消防技术标准和消防设计文件要求	合格/不合格/不涉及
	建筑外墙装饰	查阅有关防火性能的证明文件		

（五）建筑内部装修防火

建筑内部装修防火的检测项目、内容和方法见表 13.3.5。

表 13.3.5　建筑内部装修防火

单项名称	子项名称	内容和方法	要求	单项评定
建筑内部装修防火	装修情况	现场核对装修范围、使用功能	符合消防技术标准和消防设计文件要求	合格/不合格/不涉及
	纺织织物			
	木质材料			
	高分子合成材料	查看有关防火性能的证明文件、施工记录		
	复合材料			
	其他材料			
	电气安装与装修	查看用电装置发热情况和周围材料的燃烧性能和防火隔热、散热措施		
	对消防设施影响	查看影响消防设施的使用功能	不应影响消防设施的使用功能	
	对疏散设施影响	查看安全出口、疏散出口、疏散走道数量，测量疏散宽度	不应妨碍疏散走道的正常使用，不应减少安全出口、疏散出口或疏散走道的设计疏散所需净宽度和数量	

（六）防火分隔

防火分隔的检测项目、内容和方法见表13.3.6。

表 13.3.6　防火分隔

单项名称	子项名称	内容和方法	要求	单项评定
防火分隔	防火分区	核对防火分区位置、形式及完整性	符合消防技术标准和消防设计文件要求	合格/不合格/不涉及
	防火墙	查看设置位置及方式，查看防火封堵情况		
		核查墙的燃烧性能		
	防火卷帘	查看设置类型、位置和防火封堵严密性，测试手动、自动控制功能		
		抽查防火卷帘，并核对其证明文件	与消防产品市场准入证明文件一致	
	防火门、窗	查看设置位置、类型、开启方式，核对设置数量，检查安装质量	符合消防技术标准和消防设计文件要求	
		测试常闭防火门的自闭功能，常开防火门、窗的联动控制功能		
		抽查防火门、防火窗、闭门器、防火玻璃等，并核对其证明文件	与消防产品市场准入证明文件一致	
	竖向管道井	查看设置位置和检查门的设置		
		查看井壁的耐火极限、防火封堵严密性		
	其他有防火分隔要求的部位	查看窗间墙、窗槛墙、玻璃幕墙、防火墙两侧及转角处洞口等的设置、分隔设施和防火封堵	符合消防技术标准和消防设计文件要求	
	防烟分区	核对防烟分区设置位置、形式及完整性		
防烟分隔	分隔设施	查看防烟分隔材料燃烧性能，测试活动挡烟垂壁的下垂功能		

（七）防爆

防爆的检测项目、内容和方法见表13.3.7。

表 13.3.7　防爆

单项名称	子项名称	内容和方法	要求	单项评定
防爆	爆炸危险场所（部位）	查看设置形式、建筑结构、设置位置、分隔措施	符合消防技术标准和消防设计文件要求	合格/不合格/不涉及
	泄压设施	查看泄压设施的设置		
		核对泄压口面积、泄压形式		
	电气防爆	核对防爆区电气设备的类型、标牌和合格证明文件		
	防静电、防积聚、防流散等措施	查看设置形式		

（八）安全疏散

安全疏散的检测项目、内容和方法见表 13.3.8。

表 13.3.8　安全疏散

单项名称	子项名称	内容和方法	要求	单项评定
安全疏散	安全出口	查看设置形式、位置和数量	符合消防技术标准和消防设计文件要求	合格/不合格/不涉及
		查看疏散楼梯间、前室的防烟措施		
		查看管道穿越疏散楼梯间、前室处及门窗洞口等防火分隔设置情况		
		查看地下室、半地下室与地上层共用楼梯的防火分隔		
		测量疏散宽度、建筑疏散距离、前室面积		
	疏散门	查看疏散门的设置位置、形式和开启方向		
		测量疏散宽度		
		测试逃生门锁装置		
	疏散走道	查看设置位置		
		查看排烟条件		
		测量疏散宽度、疏散距离		
	避难层（间）	查看设置位置、形式、平面布置和防火分隔		
		测量有效避难面积		
		查看防烟条件		
		查看疏散楼梯、消防电梯设置		
	消防应急照明和疏散指示标志	查看类别、型号、数量、安装位置、间距		
		查看设置场所，测试应急功能及照度		
		查看特殊场所设置的保持视觉连续的灯光疏散指示标志或蓄光疏散指示标志		
		抽查消防应急照明、疏散指示、消防安全标志，并核对其证明文件	与消防产品市场准入证明文件一致	

（九）消防电梯

消防电梯的检测项目、内容和方法见表 13.3.9。

表 13.3.9　消防电梯

单项名称	子项名称	内容和方法	要求	单项评定
消防电梯	消防电梯	查看设置位置、数量	符合消防技术标准和消防设计文件要求	合格/不合格/不涉及
		查看前室门的设置形式，测量前室的面积		
		查看井壁及机房的耐火性能和防火构造等，测试消防电梯的联动功能		
		查看消防电梯载重量、电梯井的防水排水，测试消防电梯的速度、专用对讲电话和专用的操作按钮		
		查看轿厢内装修材料	应为不燃材料	

（十）消火栓系统

消火栓系统的检测项目、内容和方法见表 13.3.10。

表 13.3.10　消火栓系统

单项名称	子项名称	内容和方法	要求	单项评定
消火栓系统	供水水源	查看天然水源的水量、水质、枯水期技术措施，消防车取水高度、取水设施（码头、消防车道）	符合消防技术标准和消防设计文件要求	合格/不合格/不涉及
		查验市政供水的进水管数量、管径、供水能力		
	消防水池	查看设置位置、水位显示与报警装置		
		核对有效容量		
	消防水泵	查看工作泵、备用泵、吸水管、出水管及出水管上的泄压阀、水锤消除设施、截止阀、信号阀等的规格、型号、数量，吸水管、出水管上的控制阀状态	符合消防技术标准和消防设计文件要求，吸水管、出水管上的控制阀锁定在常开位置，并有明显标识	
		查看吸水方式	自灌式引水或其他可靠的引水措施	
		测试水泵手动和自动启停	符合消防技术标准和消防设计文件要求	
		测试主、备电源切换和主、备泵启动与故障切换		
		查看消防水泵启动控制装置		
		测试水锤消除设施后的压力		
		抽查消防泵组，并核对其证明文件	与消防产品市场准入证明文件一致	
	消防给水设备	查看气压罐的调节容量，稳压泵的规格、型号数量，管网连接	符合消防技术标准和消防设计文件要求	
		测试稳压泵的稳压功能		
		抽查消防气压给水设备、增压稳压给水设备等，并核对其证明文件	与消防产品市场准入证明文件一致	
	消防水箱	查看设置位置、水位显示与报警装置	符合消防技术标准和消防设计文件要求	
		核对有效容量		
		查看确保水量的措施、管网连接		
	管网	核实管网结构形式、供水方式	符合消防技术标准和消防设计文件要求	
		查看管道的材质、管径、接头、连接方式及采取的防腐、防冻措施		
		查看管网组件：闸阀、截止阀、减压孔板、减压阀、柔性接头、排水管、泄压阀等的设置		
	室外消火栓及取水口	查看数量、设置位置、标识	符合消防技术标准和消防设计文件要求	
		测试压力、流量		
		消防车取水口		

单项名称	子项名称	内容和方法	要求	单项评定
消火栓系统	室外消火栓及取水口	抽查室外消火栓、消防水带、消防枪等，并核对其证明文件	与消防产品市场准入证明文件一致	合格/不合格/不涉及
	室内消火栓	查看同层设置数量、间距、位置	符合消防技术标准和消防设计文件要求	
		查看消火栓规格、型号		
		查看栓口设置		
		查看标识、消火栓箱组件	标识明显、组件齐全	
		抽查室内消火栓、消防水带、消防枪、消防软管卷盘等，并核对其证明文件	与消防产品市场准入证明文件一致	
	水泵接合器	查看数量、设置位置、标识，测试充水情况	符合消防技术标准和消防设计文件要求	
		抽查水泵接合器，并核对其证明文件	与消防产品市场准入证明文件一致	
	系统功能	测试压力、流量（有条件时应测试在模拟系统最大流量时最不利点压力）	流量、压力符合消防技术标准和消防设计文件要求	
		测试压力开关或流量开关自动启泵功能	应能启动水泵，水泵不能自动停止	
		测试消火栓箱启泵按钮报警信号	应有反馈信号显示	
		测试控制室直接启动消防水泵功能	应能启动水泵，有反馈信号显示	

（十一）自动喷水灭火系统

自动喷水灭火系统的检测项目、内容和方法见表13.3.11。

表13.3.11　自动喷水灭火系统

单项名称	子项名称	内容和方法	要求	单项评定
自动喷水灭火系统	供水水源	查看天然水源的水量、水质、枯水期技术措施，消防车取水高度、取水设施（码头、消防车道）	符合消防技术标准和消防设计文件要求	合格/不合格/不涉及
		查验市政供水的进水管数量、管径、供水能力		
	消防水池	查看设置位置、水位显示与报警装置		
		核对有效容量		
	消防水泵	查看工作泵、备用泵、吸水管、出水管及出水管上的泄压阀、水锤消除设施、截止阀、信号阀等的规格、型号、数量，吸水管、出水管上的控制阀状态	符合消防技术标准和消防设计文件要求，吸水管、出水管上的控制阀锁定在常开位置，并有明显标识	
		查看吸水方式	自灌式引水或其他可靠的引水措施	

单项名称	子项名称	内容和方法	要求	单项评定
自动喷水灭火系统	消防水泵	测试水泵启停	符合消防技术标准和消防设计文件要求	合格/不合格/不涉及
		测试主、备电源切换和主、备泵启动及故障切换		
		查看消防水泵启动控制装置		
		测试水锤消除设施后的压力		
		抽查消防泵组，并核对其证明文件	与消防产品市场准入证明文件一致	
	气压给水设备	查看气压罐的调节容量，稳压泵的规格、型号数量，管网连接	符合消防技术标准和消防设计文件要求	
		测试稳压泵的稳压功能		
		抽查消防气压给水设备、增压稳压给水设备等，并核对其证明文件	与消防产品市场准入证明文件一致	
	消防水箱	查看设置位置	符合消防技术标准和消防设计文件要求	
		核对容量		
		查看补水措施		
		查看确保水量的措施、管网连接		
	报警阀组	查看设置位置及组件	位置正确，组件齐全并符合产品要求	
		测试系统流量、压力	系统流量、压力符合消防技术标准和消防设计文件要求	
		查看水力警铃设置是否在有人值守位置，测试水力警铃喷嘴压力及警铃声强	位置正确，水力警铃喷嘴处压力及警铃声强符合消防技术标准要求	
		测试雨淋阀	打开手动试水阀或电磁阀，雨淋阀组动作可靠	
		查看控制阀状态	锁定在常开位置	
		测试压力开关动作后消防水泵及联动设备的启动，信号反馈	符合消防技术标准和消防设计文件要求	
		排水设施设置情况	房间内装有便于使用的排水设施	
		抽查报警阀，并核对其证明文件	与消防产品市场准入证明文件一致	
	管网	核实管网结构形式、供水方式	符合消防技术标准和消防设计文件要求	
		查看管道的材质、管径、接头、连接方式及采取的防腐、防冻措施		
		查看管网排水坡度及辅助排水设施		
		查看系统中的末端试水装置、试水阀、排气阀		
		查看管网组件：闸阀、单向阀、电磁阀、信号阀、水流指示器、减压孔板、节流管、减压阀、柔性接头、排水管、排气阀、泄压阀等的设置		

续表

单项名称	子项名称	内容和方法	要求	单项评定
自动喷水灭火系统	管网	测试干式系统、预作用系统的管道充水时间	符合消防技术标准和消防设计文件要求	合格/不合格/不涉及
		查看配水支管、配水管、配水干管设置的支架、吊架和防晃支架		
		抽查消防闸阀、球阀、蝶阀、电磁阀、截止阀、信号阀、单向阀、水流指示器、末端试水装置等，并核对其证明文件	与消防产品市场准入证明文件一致	
	喷头	查看设置场所、规格、型号、公称动作温度、响应指数	符合消防技术标准和消防设计文件要求	
		查看喷头安装间距，喷头与楼板、墙、梁等障碍物的距离		
		查看有腐蚀性气体的环境和有冰冻危险场所安装的喷头	应采取防护措施	
		查看有碰撞危险场所安装的喷头	应加设防护罩	
		查看备用喷头	各种不同规格的喷头均应有备用品，其数量不应小于安装总数的 1%，且每种备用喷头不应少于 10 个	
		抽查喷头，并核对其证明文件	与消防产品市场准入证明文件一致	
	水泵接合器	查看数量、设置位置、标识，测试充水情况	符合消防技术标准和消防设计文件要求	
		抽查水泵接合器，并核对其证明文件	与消防产品市场准入证明文件一致	
	系统功能	测试报警阀、水力警铃动作情况	报警阀动作，水力警铃应鸣响	
		测试水流指示器动作情况	应有反馈信号显示	
		测试压力开关动作情况	打开试水阀放水，压力开关应动作，并有反馈信号显示	
		测试雨淋阀动作情况	电磁阀打开，雨淋阀应开启，并应有反馈信号显示	
		测试消防水泵的远程手动、压力开关联锁启动情况	应启动消防水泵，并应有反馈信号显示	
		测试干式系统加速器动作情况	应有反馈信号显示	
		测试其他联动控制设备启动情况		

（十二）火灾自动报警系统

火灾自动报警系统的检测项目、内容和方法见表 13.3.12。

表 13.3.12　火灾自动报警系统

单项名称	子项名称	内容和方法	要求	单项评定
火灾自动报警系统	系统形式	查看系统的设置形式	符合消防技术标准和消防设计文件要求	合格/不合格/不涉及
	火灾探测器	测试其报警功能		
		查看设置位置		
		查看规格、选型及短路隔离器的设置		
		核对同区域数量		
		抽查火灾探测器、可燃气体探测器、手动火灾报警按钮、消火栓按钮等，并核对其证明文件	与消防产品市场准入证明文件一致	
	消防通信	测试消防电话通话功能	符合消防技术标准和消防设计文件要求	
		查看消防电话设置位置、核对数量		
		测试外线电话		
		抽查消防电话，并核对其证明文件	与消防产品市场准入证明文件一致	
	布线	查看其线缆选型、敷设方式及相关防火保护措施	符合消防技术标准和消防设计文件要求	
	应急广播及警报装置	功能试验		
		查看设置位置、核对同区域数量		
		抽查消防应急广播设备、火灾警报装置，并核对其证明文件	与消防产品市场准入证明文件一致	
	火灾报警控制器、联动设备及消防控制室图形显示装置	查看设备选型、规格	符合消防技术标准和消防设计文件要求	
		查看设备布置		
		查看设备的打印、显示、声报警、光报警功能		
		查看对相关设备联动控制功能		
		消防电源及主、备切换	符合消防技术标准和消防设计文件要求，自动切换功能正常	
		消防电源监控器的安装		
		抽查消防联动控制器、火灾报警控制器、消防控制室图形显示装置、火灾显示盘、消防电气控制装置、消防电动装置、消防设备应急电源等，并核对其证明文件	与消防产品市场准入证明文件一致	
	系统功能	故障报警	显示位置准确，有声、光报警并打印	
		探测器报警、手动报警	显示位置准确，有声、光报警并打印，启动相关联动设备，有反馈信号	
		测试设备联动控制功能	联动逻辑关系和联动执行情况符合消防技术标准和消防设计文件要求	

（十三）防烟排烟系统及通风、空调系统防火

防烟排烟系统及通风、空调系统防火的检测项目、内容和方法见表13.3.13。

表13.3.13　防烟排烟系统及通风、空调系统防火

单项名称	子项名称	内容和方法	要求	单项评定
防烟排烟系统及通风、空调系统防火	系统设置	查看系统的设置形式	符合消防技术标准和消防设计文件要求	合格/不合格/不涉及
	自然排烟	查看设置位置		
		查看外窗开启方式，测量开启面积		
	机械排烟正压送风	查看设置位置、数量、形式		
		电动、手动开启和复位		
	排烟风机	查看设置位置和数量		
		查看种类、规格、型号		
		查看供电情况	有主备电源，自动切换正常	
		测试功能	启停控制正常，有信号反馈，复位正常	
		抽查排烟风机，并核对其证明文件	与消防产品市场准入证明文件一致	
	管道	管道布置、材质及保温材料	符合消防技术标准和消防设计文件要求	
	防火阀、排烟防火阀	查看设置位置、型号		
		查验同层设置数量		
		测试功能	关闭和复位正常	
		抽查防火阀、排烟防火阀，并核对其证明文件	与消防产品市场准入证明文件一致	
	系统功能	测试远程直接启动风机	正常启停，并有信号反馈	
		测试风机的联动启动、电动防火阀、电动排烟窗，排烟、送风口的联动功能	动作正确	
		联动测试，查看风口气流方向，实测风速，楼梯间、前室、合用前室余压	符合消防技术标准和消防设计文件要求	
		测试风口、防火阀、排烟窗等信号反馈		

（十四）消防电气

消防电气的检测项目、内容和方法见表13.3.14。

表13.3.14　消防电气

单项名称	子项名称	内容和方法	要求	单项评定
消防电气	消防电源	查验消防负荷等级、供电形式	符合消防技术标准和消防设计文件要求	合格/不合格/不涉及
	备用发电机	查验备用发电机规格、型号及功率	符合消防技术标准和消防设计文件要求	
		查看设置位置及燃料配备		
		测试应急启动发电机	启动时间符合消防技术标准和消防设计文件要求，且运行正常	

续表

单项名称	子项名称	内容和方法	要求	单项评定
消防电气	柴油发电机房	查看设置位置、耐火等级、防火分隔、疏散门等建筑防火要求	符合消防技术标准和消防设计文件要求	合格/不合格/不涉及
		测试应急照明	正常照度	
		查看储油间的设置	符合消防技术标准和消防设计文件要求	
	变配电房	查看设置位置、耐火等级、防火分隔、疏散门等建筑防火要求		
		测试应急照明	正常照度	
	其他备用电源	EPS 或 UPS 等		
	消防配电	查看消防用电设备是否设置专用供电回路	符合消防技术标准和消防设计文件要求	
		查看消防用电设备的配电箱及末端切换装置及断路器设置		
		查看配电线路敷设及防护措施		
	用电设施	查看架空线路与保护对象的间距		
		开关、灯具等装置的发热情况和隔热、散热措施		
	电气火灾监控系统	电气火灾监控系统的设置		
		抽查电气火灾监控探测器、电气火灾监控设备，并核对其证明文件	与消防产品市场准入证明文件一致	

（十五）建筑灭火器

建筑灭火器的检测项目、内容和方法见表13.3.15。

表 13.3.15　建筑灭火器

单项名称	子项名称	内容和方法	要求	单项评定
建筑灭火器	配置	查看灭火器类型、规格、灭火级别和配置数量	符合消防技术标准和消防设计文件要求	合格/不合格/不涉及
		抽查灭火器，并核对其证明文件	与消防产品市场准入证明文件一致	
	布置	测量灭火器设置点距离	符合消防技术标准和消防设计文件要求	
		查看灭火器设置点位置、摆放和使用环境		
		查看设置点的设置数量		

（十六）泡沫灭火系统

泡沫灭火系统的检测项目、内容和方法见表13.3.16。

表 13.3.16　泡沫灭火系统

单项名称	子项名称	内容和方法	要求	单项评定
泡沫灭火系统	泡沫灭火系统防护区	查看保护对象的设置位置、性质、环境温度，核对系统选型	符合消防技术标准和消防设计文件要求	合格/不合格/不涉及
	泡沫储罐	查看设置位置		
		查验泡沫灭火剂种类和数量		
		抽查泡沫灭火剂，并核对其证明文件	与消防产品市场准入证明文件一致	

续表

单项名称	子项名称	内容和方法	要求	单项评定
泡沫灭火系统	泡沫比例混合、泡沫发生装置	查看其规格、型号	符合消防技术标准和消防设计文件要求	合格/不合格/不涉及
		查看设置位置及安装		
		抽查泡沫灭火设备，并核对其证明文件	与消防产品市场准入证明文件一致	
	系统功能	查验喷泡沫试验记录，核对中倍、低倍泡沫灭火系统泡沫混合液的混合比和发泡倍数	符合消防技术标准和消防设计文件要求	
		查验喷泡沫试验记录，核对中倍、低倍泡沫灭火系统泡沫混合液的混合比和泡沫供给速率		

（十七）气体灭火系统

气体灭火系统的检测项目、内容和方法见表 13.3.17。

表 13.3.17　气体灭火系统

单项名称	子项名称	内容和方法	要求	单项评定
气体灭火系统	防护区	查看保护对象设置位置、划分、用途、环境温度、通风及可燃物种类	符合消防技术标准和消防设计文件要求	合格/不合格/不涉及
		估算防护区几何尺寸、开口面积		
		查看防护区围护结构耐压、耐火极限和门窗自行关闭情况		
		查看疏散通道、标识和应急照明		
		查看出入口处声光警报装置设置和安全标志		
		查看排气或泄压装置设置		
		查看专用呼吸器具配备		
	储存装置间	查看设置位置		
		查看通道、应急照明设置		
		查看其他安全措施		
	灭火剂储存装置	查看储存容器数量、型号、规格、位置、固定方式、标志	符合消防技术标准和消防设计文件要求	
		查验灭火剂充装量、压力、备用量		
		抽查气体灭火剂，并核对其证明文件	与消防产品市场准入证明文件一致	
	驱动装置	查看集流管的材质、规格、连接方式和布置	符合消防技术标准和消防设计文件要求	
		查看选择阀及信号反馈装置规格、型号、位置和标志		
		查看驱动装置规格、型号、数量和标志，驱动气瓶的充装量和压力		
		查看驱动气瓶和选择阀的应急手动操作处标志		
		抽查气体灭火设备，并核对其证明文件	与消防产品市场准入证明文件一致	

续表

单项名称	子项名称	内容和方法	要求	单项评定
气体灭火系统	管网	查看管道及附件材质、布置规格、型号和连接方式	符合消防技术标准和消防设计文件要求	合格/不合格/不涉及
		查看管道的支架、吊架设置		
		其他防护措施		
	喷嘴	查看规格、型号和安装位置、方向		
		核对设置数量		
	系统功能	测试主、备电源切换	自动切换正常	
		测试灭火剂主、备用量切换	切换正常	
		模拟自动启动系统	电磁阀、选择阀动作正常，有信号反馈	

（十八）其他

本条是指其他国家工程建设消防技术标准强制性条文规定的项目，以及带有"严禁""必须""应""不应""不得"要求的非强制性条文规定的项目。

三、现场抽样查看、测量与设施及系统功能测试数量

（1）每一项目的抽样数量不少于 2 处，当总数不大于 2 处时，全部检查。
（2）防火间距、消防车登高操作场地、消防车道的设置及安全出口的形式和数量应全部检查。

四、结果判定

消防查验及现场评定符合下列条件的，结论为合格；不符合下列任意一项的，结论为不合格：
（1）内容符合经消防设计审查合格的消防设计文件。
（2）内容符合国家工程建设消防技术标准强制性条文规定的要求。
（3）有距离、高度、宽度、长度、面积、厚度等要求的内容，其与设计图纸标示的数值误差满足国家工程建设消防技术标准的要求；国家工程建设消防技术标准没有数值误差要求的，误差不超过 5%，且不影响正常使用功能和消防安全。
（4）内容为消防设施性能的，满足设计文件要求并能正常实现。
（5）内容为系统功能的，系统主要功能满足设计文件要求并能正常实现。

常见问题

（一）总平面布局和平面布置

1. 消防水泵房、消防控制室设置不符合要求。

【解答】（1）建筑物外单独新建的消防水泵房或消防控制室，采用简易结构搭建或选用箱泵一体化设备，其耐火等级不符合要求，例如改造项目在室外新建的消防泵房，采用不符合规范要求的彩钢板搭建。
（2）设有火灾自动报警和联动控制系统的建筑物，未设置消防控制室。
（3）消防水泵房和消防控制室未采取防水淹的技术措施（门槛、排水措施等）。

2. 消防控制室常见问题。

【解答】（1）未设置备用照明（消防控制室、消防水泵房、自备发电机房、配电室、防排烟机房以及发生火灾时仍需正常工作的消防设备房应设置备用照明，其作业面的最低照度不应低于正常照明的照度）。

（2）未在最末一级设消防电源切换装置（消防控制室、消防水泵房、防烟和排烟风机房的消防用电设备及消防电梯等的供电，应在其配电线路的最末一级配电箱处设置自动切换装置）。

（3）送风管、回风管的穿墙处未设相应的防火阀。

（二）防火分区和防火构造

1. 防火分区之间未采用防火墙或防火卷帘分隔等。

【解答】（1）部分防火墙为土建施工连接通道，因施工人员疏忽而遗漏封堵。

（2）防火分区之间未采用防火墙或防火卷帘等防火分隔设施分隔。

（3）在改建、改造工程中设计或施工方随意拆改原有防火墙、防火卷帘等防火分隔设施，破坏防火分区的完整性。

2. 防火隔墙或防火分隔措施不满足规范要求。

【解答】（1）防火卷帘、防火门上方存在孔洞或未封堵等。

（2）装修时防火隔墙未砌至梁下或板底。

3. 民用建筑内的附属库房、剧场后台的辅助用房，防火分隔措施不符合要求。

【解答】（1）附设在民用建筑内的库房、剧场后台的辅助用房，与相邻部位之间未采用防火隔墙分隔，疏散门未采用乙级防火门，例如库房与办公室之间采用普通玻璃墙和玻璃门分隔。

（2）商业用房内的库房，与相邻部位之间防火隔墙的耐火等级不符合要求，例如超市库房通向营业区的疏散门未采用甲级防火门。（GB/T 40248—2021，第 8.3.2 条）

4. 建筑内公共厨房防火分隔措施不符合要求。

【解答】（1）建筑物在毛坯状态进行消防验收时，餐饮场所未开始二次装修，公共厨房的防火隔墙未砌筑，或防火隔墙上的门、窗、洞口未安装防火门、窗等分隔设施。

（2）公共厨房未采用耐火极限不低于 2.00h 的防火隔墙与相邻部位分隔。

（3）公共厨房疏散门未采用乙级防火门，或传菜口防火分隔措施不符合要求。

（4）公共厨房内设置的传菜梯井道耐火等级和防火封堵措施不符合要求，例如传菜梯井道与传菜口部位未采取防火封堵措施。

5. 给水、电气等管道穿越楼板、墙体处封堵不符合规范要求。

【解答】（1）给水、电气等管道穿越楼板、墙体处未采用防火封堵材料封堵。

（2）电缆井、管道井在穿越每层楼板处未采用防火封堵材料封堵或封堵不符合要求。

6. 风管穿越隔墙或楼板处防火封堵不符合规范要求。

【解答】通风管道等穿越防火隔墙、楼板和防火墙处缝隙未采用防火封堵材料封堵图示或封堵不符合规范要求。

7. 室外疏散楼梯防火措施不符合要求。

【解答】（1）室外钢结构疏散楼梯，结构柱、平台（耐火极限低于 1.00h）和梯段（耐火极限低于 0.25h）未采取防火保护措施，或防火涂料厚度不符合耐火极限要求，例如室外钢结构疏散楼梯仅做了防腐处理，未涂刷防火涂料。

（2）通向室外楼梯的门未采用乙级防火门。

（3）室外疏散楼梯周围 2m 范围内设置门、窗、洞口。

8. 疏散门设置不符合要求。

【解答】（1）疏散走道在防火墙上设置的疏散门，其耐火极限不符合要求，或采用常闭防火门。

（2）民用建筑和厂房的疏散门采用推拉门或疏散门未按规范要求开向疏散方向，例如会议室采用推拉门作为疏散门。

（3）疏散门完全开启后，占用疏散宽度。

（4）人员密集场所的疏散门采用门禁系统。

应对措施：超市用于控制人员随意出入的疏散门，采用推闩式平开防火门，并张贴使用提示标志。

9. 疏散走道两侧墙体耐火极限不符合要求。

【解答】一级、二级耐火等级的建筑物，疏散走道两侧采用普通（钢化）玻璃隔墙，耐火极限不符合要求。

10. 防火门设置不符合要求。

【解答】（1）建筑内人员通行频率较低的防火门，采用常开式防火门，且未设置电动闭门器，例如防烟楼梯间和前室均设置常开防火门，且未设置电动闭门器。

（2）常闭防火门未设置"保持防火门关闭"等提示标识。

（3）防火门未安装闭门器，双扇和多扇防火门未安装顺序器。

（4）建筑变形缝处防火门开启时门扇跨越变形缝。

（5）钢质防火门框架内未进行灌浆处理。

（6）防火门门框与墙体、门框与门扇、门扇与门扇之间缝隙处密封不良，造成防烟性能较差。

（7）防火门检测报告与实体不符，防火门身份标识未张贴。

11. 防火窗设置不符合要求。

【解答】（1）防火墙、防火隔墙上可开启防火窗，未设置火灾时可自行关闭的控制装置。

（2）钢质防火窗窗框内未充填水泥砂浆。

12. 防火卷帘设置不符合要求。

【解答】（1）防火分隔部位防火卷帘的总宽度超标。

（2）防火卷帘耐火极限低于防火分隔部位墙体的耐火极限要求。

（3）选用耐火隔热性不符合要求的防火卷帘，未设置自动喷水灭火系统保护。

（4）防火卷帘未安装温控释放装置。

（5）防火卷帘的控制器和手动按钮盒安装位置不符合要求，例如疏散通道卷帘门两侧未设置手动控制按钮。

（6）卷帘的封堵不到位，例如导轨与墙体及柱体之间未封堵；双轨卷帘一侧未封堵到顶，形成单轨卷帘；穿越卷帘包厢的管道及桥架未封堵；顶部未完全封堵。

13. 建筑幕墙与每层楼板、隔墙处的缝隙未用不燃材料填充密实。

三、安全疏散

1. 公共建筑疏散宽度不符合要求。

【解答】（1）公共建筑内疏散门或安全出口的净宽度小于0.90m，疏散走道或疏散楼梯的净宽度小于1.10m。

（2）人员密集的公共场所、观众厅的疏散门宽度小于1.4m，或距离疏散门1.4m范围内设置踏步。

（3）疏散通道、安全出口等部位设有固定障碍物，影响疏散宽度。

（4）楼梯间疏散门完全开启后，占用疏散楼梯梯段宽度。

2. 疏散出口数量不足，疏散距离超标，疏散楼梯宽度不够，例如装修、土建改动装设栏杆造成疏散楼梯宽度不够等。

四、灭火救援设施

1. 市政规划道路施工等外部因素导致消防车道无法正常使用。例如因周边规划道路未施工完成，导致消防车道出入口无法通行消防车。

【解答】应对措施：①铺设消防临时便道，确保消防车道的正常通行；②与道路产权单位或其他相关单位签署协议，确保正式道路交付使用前消防临时便道能够正常使用。

2. 消防车道、救援场地设置不符合要求。例如消防车登高操作场地种植绿草，未做硬化地面；车道、场地宽度不足；消防车道与建筑物之间有小树，多年后会长成影响消防车操作的树木或有障碍物。

3. 消防电梯设置不符合要求。

【解答】（1）当原有建筑改变使用功能进行整体改造，且按现行规范要求必须增设消防电梯的工程项目，未按要求增加消防电梯，或增加的消防电梯未按防火分区分别设置。

（2）消防电梯前室、合用前室的使用面积不符合要求，或其短边长度小于2.4m。

（3）消防电梯前室、合用前室内穿越通风管道，且风管耐火等级、防烟性能、防火隔墙孔洞处防火封堵措施不符合要求。

（4）消防电梯机房与相邻机房之间隔墙耐火极限低于2.0h，隔墙上开设相互连通的门采用乙级防火门。

（5）消防电梯的井底排水设施和消防电梯前室挡水设施设置不符合要求。

（6）消防电梯轿厢内未设置专用消防对讲电话。

五、消防给水及消火栓系统

1. 消防水池（箱）液位显示装置设置不符合规范要求。

【解答】（1）消防水池（箱）未设置就地液位显示装置。

（2）消防控制中心或值班室未设置液位显示装置。

（3）液位显示装置水位显示不正常，例如实际3.6m，量程只有2.3m。

2. 高位消防水箱及其附属设施设置不符合要求。

【解答】（1）高位消防水箱进水管和出水管设置位置不符合规范要求。例如进水管应在溢流水位以上接入，进水管口的最低点高出溢流边缘的高度应等于进水管管径，但最小不应小于100mm，最大不应大于150mm。

（2）高位消防水箱在屋顶露天设置时，未采取保温措施。

（3）溢流管的直径小于DN100，例如进水管直径40mm，溢水管直径80mm，虽为进水管直径的2倍，但小于100mm。

3. 高位消防水箱出水管流量开关设置不符合要求。例如高位消防水箱出水管未设置流量开关，或流量开关启泵控制线未接入消防水泵控制柜二次控制回路。

4. 消防水泵控制柜设置不符合要求。

【解答】（1）消防水泵控制柜正常运行时设置在手动工作状态，无法自动或远程紧急启泵。

（2）消防控制室未设置采用硬拉线直接启动消防水泵的按钮。

（3）消防水泵控制柜与消防水泵设置在同一空间时，控制柜防护等级不符合要求。

（4）消防水泵控制柜未设置机械应急启泵功能。

（5）消防水泵控制柜上方架设消防水管。

5. 消防水泵接合器安装或标志不符合要求。

【解答】（1）地下消防水泵接合器进水口与井盖底面的距离不符合规范要求。例如进水口与井盖底面的距离不大于0.4m，且不应小于井盖的半径；安装不规范，接口未正对井口，不便操作。

（2）消防水泵接合器标志铭牌设置不符合规范要求，标识未注明供水系统、供水范围、压力、流量。水泵接合器永久性标志铭牌样式示范见表13.3.18。

表13.3.18 水泵接合器永久性标志铭牌样式示范

工程名称：	_____
供水系统：	低区消火栓系统
供水范围：	地下___层至地上___层
接合器额定压力：	___MPa
系统设计流量：	___L/s
系统工作压力：	___MPa

（3）安装位置不当，不便于操作。如高度不正确；与门墙面上的门、窗、孔、洞的净距不符合规定；安装在玻璃幕墙下方。

（4）单向阀装反。

348

（5）与室外消火栓或消防水池距离不符合规定。

（6）设置数量不足；分区供水的未分区分别设置。

（7）地上式水泵接合器被用作地下。

（8）被遮挡；进水口锈蚀打不开。

6. 室外消火栓安装不符合要求。

【解答】（1）地下式室外消火栓井盖直径偏小，室外消火栓顶部出水口未正对井口，或与井盖距离偏大。

（2）地下式室外消火栓永久性标识不符合要求。

（3）数量不足（每个室外消火栓的出流量宜按 $10\sim15L/s$ 计算）。

（4）保护半径过大（保护半径不应大于 150.0m）。

（5）未均匀分散布置（室外消火栓宜沿建筑周围均匀布置，且不宜集中布置在建筑一侧；建筑消防扑救面一侧的室外消火栓数量不宜少于 2 个）。

（6）选型错误（如地上式消火栓安装在地下）。

（7）与建筑或路边距离不符合规范要求（距路边不宜小于 0.5m，并不应大于 2.0m；距建筑外墙或外墙边缘不宜小于 5.0m）。

（8）受障碍物影响无法正常操作。

7. 室内消火栓箱安装不符合要求。

【解答】（1）消火栓栓口安装在门轴侧；消火栓箱门开启角度小于 120°；消火栓的启闭阀门设置位置不便于操作使用。

（2）暗装的消火栓箱未采取防火保护措施，破坏了隔墙的耐火性能。

应对措施：暗装室内消火栓箱安装前，应根据墙体厚度、装饰层厚度和隔墙耐火性能等要求，选用适当厚度的消火栓箱体，并对细部做法进行深化设计，确保满足室内消火栓箱安装及防火性能方面的要求。

8. 试验消火栓安装不符合要求。如试验消火栓箱内缺少压力表、水带、水枪和消火栓按钮等配件。

9. 室内消火栓箱门设置不符合要求。如室内消火栓箱门与其周围墙面颜色一致，无明显差别；室内消火栓箱无标识或标识不符合规范要求。

10. 消防水泵安装不符合要求。

【解答】（1）控制阀阀门选型、管路连接不符合要求。

（2）水泵进出水管路组件安装顺序错误、组件不完整。

（3）水泵电机不接地、未设隔振设置。

11. 室内消火栓系统功能检测注意事项：应按设计出水量开启消火栓。测量最不利处、最有利处消火栓出水压力。每个消火栓按 5L/s 计。实际工作中，在最有利点测试时可只开一个消火栓，如超压，则需按设计出水量开启。

六、自动喷水灭火系统

1. 喷头安装后被污损，不符合要求。如喷头本体或感温元件在装修过程中被涂料污损，影响喷头动作性能。

2. 格栅吊顶部位喷头安装不符合要求。

【解答】（1）当镂空面积超过 70% 时，在格栅吊顶下方设置喷头。

（2）当镂空面积小于 70% 的，仅在格栅吊顶上方设置喷头。

应对措施：当通透面积占吊顶总面积的比例不大于 70% 时，吊顶的上方和下方均应设置喷头，且吊顶下的喷头上方应设挡水板。

3. 喷头挡水板设置不符合要求。

【解答】非特殊场所喷头设置挡水板作为集热罩使用，以掩盖喷头溅水盘与顶板距离过大的安装问题，不符合规范要求。挡水板适用于下列位置：①设置货架内置洒水喷头的仓库，当货架内置洒水喷头上方有孔洞、缝隙时；②障碍物，增设的洒水喷头上方有孔洞、缝隙时；③机械式汽车库按停车的载车板分层布置。

4. 末端试水装置问题。例如末端试水装置设置位置不合理，设置在了系统的最低处，而不是系统最不利点处；末端试水装置未采用间接排水方式；未设置试水接头。

七、气体灭火系统

1. 气体灭火防护区泄压口设置不符合要求。

【解答】（1）泄压口安装方向错误，不能向防护区外泄压，或泄压口门板翻转方向有风管、桥架、管道等障碍物遮挡，无法完全开启。

（2）泄压口安装后，其边框与墙洞之间的缝隙处，防火封堵措施不到位。

2. 气体灭火防护区设置不符合要求。

【解答】（1）气体灭火防护区外墙上设置了常开通风口，但通风口未设置联动关闭装置，气体灭火喷放前无法自动关闭。

应对措施：①当气体防护区设有通风换气口或可开启的窗扇时，建议选择带电动执行机构的产品，并由气体灭火控制器对其进行联动控制。②当气体灭火控制器和火灾报警联动控制器品牌不一致时，为了避免相互之间通信障碍而导致联动控制功能失效，建议灭火前需关闭或停止的送（排）风机、风阀、空调通风系统、电动防火阀、门、窗等，统一由气体灭火控制器进行联动控制。

（2）防护区的维护结构不能达到 0.5h 的耐火极限及 1200Pa 的耐压极限。

3. 气体灭火系统储瓶间设置不符合要求。

【解答】（1）储瓶间钢瓶操作面与墙面或两操作面之间的距离太小，影响操作。

（2）没有窗户的储瓶间，未设置机械排风装置，或设置了机械排风装置，但排风口设置不符合要求。

（3）气瓶间与防护区距离过远，选型错误（计算书错误）。

（4）储气瓶安全阀不拔（或电磁阀不连接）。

（5）启动气瓶、选择阀标识不正确。

（6）灭火剂输送管道采用了普通镀锌管。

八、消防供配电设施

1. 消防用电设备未在最末一级配电箱处设置自动切换装置。（最末一级配电箱，对于消防控制室、消防水泵房、防烟和排烟风机房的消防用电设备及消防电梯等，为上述消防设备或消防设备室处的最末级配电箱；对于其他消防设备用电，如防火卷帘、消防应急照明和疏散指示标志等，为这些用电设备所在防火分区的配电箱）

2. 消防配电线缆敷设防火保护措施不符合要求。

【解答】消防配电线缆明敷时未穿管（或已穿管但非金属管）保护；明敷时金属导管或封闭式金属槽盒未采取防火保护措施，例如未刷防火涂料或防火涂料涂刷不均匀（采用矿物绝缘类不燃性电缆除外）；暗敷在不燃性结构层内时保护层厚度未达到 30mm 要求；与设备连接处的金属软管未到位。

九、火灾自动报警系统

1. 探测器设置不符合要求。

【解答】（1）探测器布置点位不足，未考虑梁的影响因素。例如在有梁的顶棚上设置点型火灾探测器时，安装探测器未考虑梁的影响；当梁突出顶棚的高度超过 600mm 时，被梁隔断的每个梁间区域未设置探测器。

（2）探测器保护罩不摘除。

（3）选型与场所不符，例如有粉尘，正常情况下有烟、蒸汽的场所采用感烟探测器。

（4）火警确认灯方向不正确，未朝向入口处等便于确认的方向。

（5）可燃气体探测器安装位置不规范，未根据被探测气体类型设置相应的位置。

2. 布线不规范，不同的线路穿在同一管内或强弱电线路敷设在同一桥架内等。例如不同系统、不同电压等级、不同电流类别的线路穿在同一管内或槽盒的同一槽孔内；强弱电线路敷设在同一桥架内，且无分隔设施。

3. 各类控制设备不在正常工作状态（有故障、屏蔽、监管、火灾等报警信号）。

4. 报警回路设置不规范。

【解答】（1）短路隔离器（隔离模块）不足。

（2）其他模块设置不符合规范要求，例如将模块设置在配电柜内。

（3）探测回路余量不足。

5. 报警系统功能问题。

6. 电气火灾监控系统。

【解答】（1）消防电源设电气火灾监控系统，未设消防电源监控。

（2）电气火灾监控系统安装位置不合格或正常漏电电流过大，系统长期报警。

（3）电气火灾监控探测器安装不规范（PE线穿剩余电流式传感器，测温式探测器未接触式安装等）。

7. 联动控制不齐全或逻辑关系混乱。

【解答】（1）门禁系统未进行断电控制。

（2）常开电动防火门未联动控制。

（3）一台风机负担多个防烟分区时，防烟分区内探测器报警，所有风口都打开。

（4）相应区域探测器报警，对应区域的正压送风机未启动。

（5）大空间探测装置如双波段、光截面及线型探测器报警时未联动相关常规火灾报警系统。

（6）非消防断电及应急照明强投未编入联动关系。

8. 控制中心。

【解答】（1）引入火灾报警控制器的导线未绑扎成束，未标明编号。

（2）控制设备接地支线小于 $4mm^2$。

（3）控制设备背后与墙操作距离小于1m。

（4）CRT 未完善，外部设备报警后 CRT 界面无反应。

十、应急照明及疏散指示系统

1. 楼梯间未设置楼层标志灯、疏散标志灯，或设置不符合规范要求。例如多处连通走道内未设置疏散方向标志灯；袋形走道处，疏散标志灯与走道尽端距离大于10m；疏散门在疏散走道侧边时，未在疏散走道上方增设指向疏散门的标志灯。

2. 建筑大型空间或场所应急照明灯具被风管遮挡。建筑大型空间或场所应急照明灯具被风管遮挡，将会导致应急照明视觉不连续，失去应急引导作用。

3. 照度不足、应急持续供电时间不足。

4. 疏散指示标识灯具选型、安装不正确。

5. 系统选型错误。

十一、供暖、通风和空气调节系统

问题：风管穿过防火隔墙、楼板和防火墙时，穿越处风管上的防火阀、排烟防火阀两侧各2m范围内的风管耐火极限不满足规范要求。例如风管穿过防火隔墙、楼板和防火墙时，穿越处风管上的防火阀、排烟防火阀两侧各2m范围内的风管未采用耐火风管，或风管外壁未采取防火保护措施，不能满足图纸和规范要求的耐火极限。

十二、防排烟系统

1. 排烟风机未设置在专用机房内等。例如除屋顶型排烟机外，其他排烟风机未设置在专用机房内；排烟风机与排风风机的合用机房内未设置自动喷水灭火系统。

2. 送风机的进风口与排烟风机的出风口设置不符合规范要求。例如竖向布管时，送风机的进风口与排烟机的风口垂直距离小于 6.0m。

3. 防烟分区未按要求设置挡烟垂壁。例如挡烟垂壁采用可燃材料，上部未封堵。

4. 电动挡烟垂壁未设置现场手动开启装置。

5. 设置在高处不便于直接开启的自然排烟窗（口）未设置手动开启装置。

6. 排烟风机入口处的 280℃ 排烟防火阀关闭后，不能联锁停止补风机，当火势增大到一定程度，导致排烟风机入口处的 280℃ 排烟防火阀关闭，只联锁停止排烟风机，不联锁停止对应的补风机，会造成建筑进入全面燃烧阶段时，补入新鲜的空气，加剧燃烧的激烈程度。

7. 设置在吊顶内的排烟管道未进行防火和隔热处理。如设置在吊顶内的排烟管道未进行防火处理和不燃材料进行隔热，其耐火极限未达到设计或规范要求。

8. 常闭送风口、排烟阀（口）未设置手动驱动装置或设置不符合规范要求。

【解答】（1）设置在顶部的常闭多叶排烟口未设置手动开启装置。

（2）常闭送风口未设置手动驱动装置。

9. 排烟风机入口处的排烟防火阀未敷设连锁关闭相应排烟风机及补风机的线路，因此无法实现连锁关闭排烟风机、补风机的功能。

10. 机械加压送风系统设置不正确。

【解答】（1）送风量过大，余压过大，疏散门无法打开。

（2）送风量小，末端无风。

（3）楼梯间采用常闭风口。

11. 风机电极接反，风机运转方向与设计不符。

12. 防烟分区设置不符合规范要求。

【解答】（1）防烟分区面积过大或过小。

（2）一个防烟分区内同时设自然排烟和机械排烟。

（3）排烟口位置不正确，设在走道下部或水平距离超标准（数量不足）。

（4）机械排烟口与附近安全出口相邻边缘之间的水平距离小于 1.5m。

十三、装饰装修

1. 建筑内部装修材料不满足规范要求。例如地下民用建筑的疏散走道和安全出口的门厅墙面采用墙纸；大型观众厅、会议厅墙面使用了非 A 级的装修材料；地下餐厅的墙、地面装修采用非 A 级材料。

2. 室内无窗房间（储藏间）墙面、地面未在规定的基础上提高一级。例如室内无窗房间（储藏间），墙面采用乳胶漆或壁纸，地面采用木地板，未在规定的基础上提高一级。

3. 消火栓箱门的颜色与四周的装修材料颜色没有明显区别，或消火栓箱门装饰后未设置发光标志。

4. 消防应急照明灯嵌入式安装。例如消防应急（疏散）照明灯以广照型为主，嵌入方式不利于地面水平最低照度的实现，且火灾时烟气上浮最易在嵌入式灯内形成烟窝，影响疏散照度。

十四、其他问题

（1）验收范围内的土建、装修工作未完；

（2）验收范围内的机电安装相关工作未完；

（3）市政供电、供水未到位；

（4）柴油发电机不能启动或自动功能未实现；

（5）消防电梯按钮及五方通话未完成；

（6）未按消防标识化相关要求制作标识标牌；

（7）PVC 管穿越楼层部位未设置阻火圈；

（8）建筑灭火器、消防水带、水枪等未布置到位；

（9）部分设备用房、电梯机房未设置应急照明，消防控制室及重要设备用房应急照明照度不够。

附　件

附件 1

河北省房屋建筑和市政基础设施工程
责任单位质量责任承诺书

工程名称：＿＿＿＿＿＿＿＿＿＿＿＿＿＿

建设规模：＿＿＿＿＿＿＿＿＿＿＿＿＿＿

结构类型：＿＿＿＿＿＿＿＿＿＿＿＿＿＿

建设地点：＿＿＿＿＿＿＿＿＿＿＿＿＿＿

说　明

一、本省行政区域内参与新建、扩建、改建房屋建筑和市政基础设施工程的建设、勘察、设计、施工、监理、施工图审查、检测、预拌混凝土生产单位及其质量责任人员，在工程办理质量监督手续前应分别签署本承诺书。

二、建设单位依法直接发包的桩基、钢结构、建筑幕墙、门窗、外墙外保温等工程的施工企业应单独签署承诺书，施工总承包企业的分包企业不再单独签署，由施工总承包单位及其质量责任人员承担相应的质量责任。各承诺单位对签署的承诺书真实性负责。

三、若同一标段内的某项建设内容由两个或两个以上单位共同参与完成的，参与单位均须签署本承诺书。

四、施工过程中需变更的质量责任人员，要按规定程序履行变更手续，并及时在本承诺书中补充承诺记录。发生违法违规行为的，在承诺书"不良质量行为记录"栏中予以记录。

五、本承诺书一式三份。工程竣工后，一份建设单位留存，一份由工程所在地住房和城乡建设主管部门留存，一份与工程技术档案一并交城建档案管理部门存档。

六、建设工程施工过程中，责任单位、质量责任人员应严格按照本承诺书内容认真履行质量职责，保证工程质量安全，并接受各级建设主管部门的监督管理。

建设单位质量终身责任承诺书

我单位负责建设工程项目建设工作。我单位及负责该工程的质量责任人员承诺，在该工程建设过程中严格遵守工程质量管理相关规定，认真履行下列承诺：

（一）依法对工程建设项目的勘察、设计、施工、监理单位以及与工程建设有关的重要设备、材料等采购进行招标，并将保证工程质量作为择优选择承建企业的重要内容。

（二）严格依法依规将工程发包给具有相应资质等级的施工、监理、勘察、设计、检测和施工图审查等单位，不肢解发包工程，不迫使投标方以低于成本价竞标，不任意压缩合理工期，按合同约定支付工程款，对工程质量负首要责任。

（三）严格履行基本建设程序，坚持先勘察、后设计、再图审、最后施工的原则，将施工图设计文件报送有资格的审图机构审查合格，并按规定办理工程质量监督注册手续、领取施工许可证后方可开工建设。

（四）工程开工前，及时组织设计、施工、监理单位进行设计交底和图纸会审，向施工、监理单位提供审查合格满足施工需要并加盖图审专用章的施工图设计文件。

（五）工程开工前，建立相应的质量管理制度和质量保障体系，按照工程建设规模，设立相应数量并具有一定建设经验的施工现场代表，负责监督施工、监理、工程检测等参建主体质量行为。单位法定代表人、项目负责人在工程设计使用年限内对工程质量负终身责任。

（六）不明示或暗示勘察、设计、施工、检测和材料生产供应等单位违反工程建设强制性标准或使用不合格的建筑材料、建筑构配件和设备。

（七）工程开工前委托具有相应检测资质的工程质量检测机构负责工程检测，监督施工现场见证取样制度的执行和工程实体进行检测，对检测不合格的原材料监督清退出场。对实体质量不合格的，组织监理、施工单位按设计要求整改。

自行采购的材料、设备，保证质量符合设计要求。

（八）凡涉及荷载增加、结构型式、主要使用功能、建筑节能和消防设施变动的重大工程变更，经原施工图审查机构审查合格后施工。

（九）工程完工后，组织勘察、设计、监理、施工等有关单位进行竣工验收，并接受主管部门或者质量监督机构监督，工程竣工验收合格前不交付使用，工程验收合格十五日内，办理竣工验收备案手续。

（十）对落实工程质量终身责任承诺制负首要责任，负责组织签署相关承诺文件、及时登记变更信息和不良质量行为信息记录，并将承诺制文件纳入项目负责人质量终身责任信息档案一并保存，工程竣工验收合格后移交城建档案管理部门。

（十一）工程交付使用后，认真受理业主的质量投诉，发现影响结构安全、重要使用功能的质量缺陷时，积极组织承建单位检查维修。

（十二）严格履行其他法律法规规定的质量责任和义务。

以上承诺事项自觉接受社会各界监督，依法接受建设主管部门监管和执法检查，在设计使用年限内对工程质量承担终身责任。

（单位公章）　　法人代表签章：

年　月　日

建设单位质量责任人信息登记表

单位名称（公章）					
责任人	姓名	身份证号	执业资格（岗位）证书编号	承诺人签字	日期
单位法定代表人					
项目负责人					
现场代表（土建）					
现场代表（土建）					
现场代表（安装）					
现场代表（安装）					
变更责任人					
变更岗位名称	姓名	身份证号	执业资格（岗位）证书编号	承诺人签字	日期
不良质量行为记录					

勘察单位质量终身责任承诺书

我单位负责建设工程项目勘察工作。我单位及负责该工程的质量责任人员承诺,在该工程建设过程中严格遵守工程质量管理相关规定,认真履行下列承诺:

(一)遵守国家和我省工程质量相关的法律法规和规范标准,认真履行建设工程合同所规定的责任和义务。

(二)严格按照核定的工程勘察资质等级和业务范围开展勘察业务,不越级和超范围开展勘察或以其他工程勘察单位的名义承揽勘察业务,不允许其他单位或个人以本单位的名义承揽勘察业务,依法签订工程勘察业务合同,不转包或违法分包所承揽的勘察业务。

(三)建立健全科学有效的质量管理程序和质量责任制,严格执行工程勘察标准,保证勘察现场作业人员的身份和资格以及勘探点、钻探、取样、原位测试、原始记录等的真实性,并对其承担相应法律责任。

(四)在勘察过程中及时整理、核对工程勘察工作的原始记录,确保取样、记录真实、准确,不离开现场追记或者补记。

(五)保证勘察成果内容齐全,图表清晰,数据准确、可靠,结论建议合理,相关的签字、盖章手续齐全,满足国家有关法律、技术标准和合同规定的要求,符合国家规定的勘察文件编制深度要求,并及时将勘察报告及相关原始资料归档保存。

(六)做好后期服务工作,积极配合建设单位的地基验槽、基础、主体、竣工验收等工作,并及时提交工程项目的勘察单位工程质量检查报告。

(七)严格履行其他法律法规规定的质量责任和义务。

以上承诺事项自觉接受社会各界监督,依法接受建设主管部门监管和执法检查,在设计使用年限内对工程质量承担终身责任。

(单位公章)　法人代表签章:
年　月　日

勘察单位质量责任人信息登记表

单位名称（公章）					
责任人	姓名	身份证号	执业资格（岗位）证书编号	承诺人签字	日期
单位法定代表人					
单位技术负责人					
项目负责人					
注册岩土工程师					
其他责任人（专业）					
其他责任人（专业）					

变更责任人					
变更岗位名称	姓名	身份证号	执业资格（岗位）证书编号	承诺人签字	日期

不良质量行为记录

设计单位质量终身责任承诺书

我单位负责建设工程项目设计工作。我单位及负责该工程的质量责任人员承诺，在该工程建设过程中严格遵守工程质量管理相关规定，认真履行下列承诺：

（一）遵守国家和我省工程质量相关的法律法规和规范标准，认真履行建设工程合同所规定的责任和义务。

（二）严格按照核定的工程设计资质等级和业务范围开展设计业务，不越级和超范围设计或以其他工程设计单位的名义承揽设计业务，不允许其他单位或个人以本单位的名义承揽设计业务，依法签订工程设计业务合同，不转包或违法分包所承揽的设计业务。

（三）严格按照批准的规划文件、勘察成果和工程建设规范、标准进行设计，绝不超规模、超标准设计。

（四）确保提供的设计文件是经过严格的内部审核校对程序，符合国家规定的文件编制深度要求，加盖有设计单位出图专用章、执业人员印章的合法有效的施工图纸，并及时将设计文件及相关资料归档保存。

（五）确保设计文件中选用的材料、构配件、设备，注明其规格、型号、性能等技术指标，质量要求符合国家规定的标准。除有特殊要求的建筑材料、专用设备和工艺生产线等外，不指定生产厂家、供应商等。

（六）按规定向施工单位和监理单位做好设计交底，做好后期服务工作，配合建设工程的地基验槽、基础、主体、竣工验收等工作，并按时提交设计单位工程质量检查报告。

（七）积极配合各方做好质量问题及质量事故的处理工作。

（八）严格按照相关规定进行设计变更，涉及建设规模、行业标准、工艺流程等重大变更，经建设单位报原初步设计审批机关批准后，进行设计变更修改。

（九）严格履行其他法律法规规定的质量责任和义务。

以上承诺事项自觉接受社会各界监督，依法接受建设主管部门监管和执法检查，在设计使用年限内对工程质量承担终身责任。

（单位公章）　　法人代表签章：
　　　　　　　　　　年　月　日

设计单位质量责任人信息登记表

单位名称（公章）					
责任人	姓名	身份证号	执业资格（岗位）证书编号	承诺人签字	日期
单位法定代表人					
单位技术负责人					
项目负责人					
注册建筑师					
结构工程师					
其他责任人					
其他责任人					
变更责任人					
变更岗位名称	姓名	身份证号	执业资格（岗位）证书编号	承诺人签字	日期
不良质量行为记录					

施工图审查机构质量终身责任承诺书

我单位负责建设工程项目施工图审查工作。我单位及负责该工程的质量责任人员承诺，在该工程建设过程中严格遵守工程质量管理相关规定，认真履行下列承诺：

（一）依法签订施工图委托审查合同（协议书），严格按照核定的审查机构类别和认定范围开展施工图审查业务，不越级和超范围审查或以其他审查机构的名义承揽审查业务，不允许其他单位或个人以本单位的名义承揽审查业务，不接受与所审项目的建设单位、勘察单位、设计企业有隶属关系或其他利害关系的委托审查业务，不使用未经认定或不符合相关条件的审查人员或与所审项目的相关单位有隶属关系或其他利害关系的审查人员进行审查。

（二）严格按照相关规定进行政策性审查和技术审查，确保经审查合格的施工图符合工程建设强制性标准，地基基础和主体结构设计安全，保证勘察设计企业和注册执业人员以及相关人员已按规定在施工图上加盖相应的图章并签字，且符合相关法律法规、规章要求。

（三）如实将审查中发现的建设单位、勘察设计企业和注册执业人员违反法律、法规和工程建设强制性标准的问题告知相关单位，经提出，相关责任单位不予以整改的，报建设主管部门。

（四）各专业审查人员的审查记录齐全，出具的审查报告签字、盖章手续完善，审查记录、审查合格书、全套施工图纸等有关资料及时归档并长期保存。按照规定时限完成委托审查项目，审查合格的，及时提供规定套数的加盖有建筑工程施工图审查专用章的施工图纸。

（五）建立、健全内部技术管理和质量管理体系及相关管理制度，加强自律，认真履行审查职责，不出具虚假审查报告，对超规模、超标准设计的建设项目不出具施工图审查合格报告。

（六）及时对建设单位提出的施工图设计文件变更进行审查并加盖建筑工程施工图审查专用章。

（七）严格履行其他法律法规规定的质量责任和义务。

以上承诺事项自觉接受社会各界监督，依法接受建设主管部门监管和执法检查，在设计使用年限内对工程质量承担终身责任。

（单位公章）　法人代表签章：
年　月　日

施工图审查机构质量责任人信息登记表

单位名称（公章）					
责任人	姓名	身份证号	执业资格（岗位）证书编号	承诺人签字	日期
单位法定代表人					
单位技术负责人					
勘察审查人					
结构审查人					
建筑审查人					
其他审查人					
其他审查人					
变更责任人					
变更岗位名称	姓名	身份证号	执业资格（岗位）证书编号	承诺人签字	日期
不良质量行为记录					

施工单位质量终身责任承诺书

我单位负责建设工程项目施工工作。我单位及负责该工程的质量责任人员承诺，在该工程建设过程中严格遵守工程质量管理相关规定，认真履行下列承诺：

（一）遵守国家和我省工程质量相关的法律法规和规范标准，认真履行建设工程合同所规定的责任和义务。

（二）在资质等级许可的业务范围承揽工程，不允许其他单位或个人以本单位名义承揽工程，承揽工程后依法签订承包合同，在建设单位取得施工许可后进行施工。

（三）未经建设单位同意，不将承包工程的任何部分随意分包。不非法转包或肢解工程。

（四）严格按规定配备施工项目部关键岗位人员，关键岗位人员任职资格应符合国家、省相关部门规定，并保证所有人员到岗履职。

（五）严格按照经施工图审查机构审查合格并加盖专用章的工程设计文件、施工技术标准和合同约定的质量标准组织施工，不擅自修改工程设计，不偷工减料。对施工中采用的建筑材料、建筑构配件、设备严格按规定进行见证取样检验，未经检验或者检验不合格的不用于工程。当无法正常施工或施工条件发生变化时，及时报告建设单位，并严格按符合程序的设计变更和工程洽商文件施工。

（六）建立、健全工程质量检查验收制度，做好自检、互检、交接检和隐蔽工程的质量验收和记录；隐蔽工程在隐蔽前，及时通知建设、设计、监理单位和工程质量监督机构检查验收；严格工序管理，每道工序施工前进行技术交底，并做到上道工序不合格，下道工序不施工，施工完成后做好成品保护。

（七）保证施工中形成的工程文件真实、准确、完整，签章手续齐全，并及时整理，工程竣工后，移交建设单位归档。

（八）对施工中出现的质量问题或竣工验收不合格的工程，负责返修。建设工程在保修范围和期限内发生质量问题，严格依法依规履行保修义务或根据法律法规和合同约定对造成的损失承担赔偿责任。

（九）严格履行其他法律法规规定的质量责任和义务。

以上承诺事项自觉接受社会各界监督，依法接受建设主管部门监管和执法检查，在设计使用年限内对工程质量承担终身责任。

（单位公章）　法人代表签章：

年　月　日

施工单位质量责任人信息登记表

单位名称（公章）					
责任人	姓名	身份证号	执业资格（岗位）证书编号	承诺人签字	日期
单位法定代表人					
单位技术负责人					
项目负责人					
项目技术负责人					
质量员					
取样员					
材料员					
资料员					
变更责任人					
变更岗位名称	姓名	身份证号	执业资格（岗位）证书编号	承诺人签字	日期
不良质量行为记录					

监理单位质量终身责任承诺书

我单位负责建设工程项目监理工作。我单位及负责该工程的质量责任人员承诺，在该工程建设过程中严格遵守工程质量管理相关规定，认真履行下列承诺：

（一）严格按照资质等级和业务范围承担监理任务，不转让监理业务，不承担与施工单位以及建筑材料、建筑构配件和设备供应单位有隶属关系或其他利害关系的工程监理业务。绝不允许其他单位或个人以本单位名义承揽监理业务。

（二）严格按规定配备现场项目监理机构关键岗位人员，人员任职资格应符合国家、省相关规定，并保证所有人员到岗履职。

（三）认真编制监理方案，方案中明确质量要求和标准。认真审查施工单位的质量保证技术措施，在施工的全过程对施工质量进行严格监督检查。

（四）严格按照工程监理规范的要求，采取旁站、巡视和平行检验等形式，对工程的建设过程进行监理，保证所签发的质量文件及时、真实、准确，并协助建设单位组织好图纸会审、竣工验收和工程档案归档等工作。

（五）严格依照法律、法规以及有关技术标准、设计文件和监理合同的约定对施工质量实施监理，绝不把不合格的建设工程、建筑材料、建筑构配件和设备按照合格标准签字，不与建设单位或者建筑施工企业串通，弄虚作假、降低工程质量。发现施工过程参与工程建设各方责任主体违法违规和违反工程建设强制性标准行为及时制止并责令改正，当有关责任单位拒不整改或整改不到位时，及时报告建设主管部门或工程质量监督机构。

（六）严格遵守职业道德，保持廉洁自律，杜绝"吃、拿、卡、要"。不为所监理项目指定或违反规定介绍承包商以及建筑材料、构配件和设备供应商等。

（七）严格履行其他法律法规规定的质量责任和义务。

以上承诺事项自觉接受社会各界监督，依法接受建设主管部门监管和执法检查，在设计使用年限内对工程质量承担终身责任。

（单位公章）　　法人代表签章：

年　月　日

监理单位质量责任人信息登记表

单位名称（公章）					
责任人	姓名	身份证号	执业资格（岗位）证书编号	承诺人签字	日期
单位法定代表人					
总监理工程师					
总监代表					
监理工程师					
监理工程师					
见证员					
资料员					
变更责任人					
变更岗位名称	姓名	身份证号	执业资格（岗位）证书编号	承诺人签字	日期
不良质量行为记录					

检测单位质量终身责任承诺书

我单位负责建设工程项目检测工作。我单位及负责该工程的质量责任人员承诺，在该工程建设过程中严格遵守工程质量管理相关规定，认真履行下列承诺：

（一）严格按照资质等级和业务范围承担检测任务，不转让检测业务，不允许其他单位或个人以本单位名义承揽检测业务，及时与工程项目建设单位签订书面委托合同。

（二）本单位在招标投标活动中，不弄虚作假，不与业主通过签订"阴阳合同"等不正当手段承揽检测业务。

（三）选派具有相应资格的检测人员，按照国家有关法律法规和工程建设强制性标准实施工程质量检测，对检测数据和检测报告的真实性和准确性负责，不伪造检测数据，不出具虚假检测报告或鉴定结论。发现检测不合格事项及时通知工程项目建设、监理、施工单位并报告工程质量监督机构。

（四）出具的检测报告签章手续齐全，真实反映工程质量情况，且及时收集整理检测数据并归档，保证检测数据的完整及可追溯性。

（五）严格履行其他法律法规规定的质量责任和义务。

以上承诺事项自觉接受社会各界监督，依法接受建设主管部门监管和执法检查，在设计使用年限内对工程质量承担终身责任。

（单位公章）　　法人代表签章：
　　　　　　　　　　年　月　日

检测单位质量责任人信息登记表

单位名称 （公章）					
责任人	姓名	身份证号	执业资格（岗位）证书编号	承诺人签字	日期
单位法人					
单位技术 负责人					
项目负责人					
检测人员					
检测人员					
变更责任人					
变更岗位 名称	姓名	身份证号	执业资格（岗位）证书编号	承诺人签字	日期
不良质量行为记录					

预拌混凝土生产单位质量终身责任承诺书

我单位负责建设工程项目预拌混凝土供应工作。我单位及负责该工程的质量责任人员承诺，在该工程建设过程中严格遵守工程质量管理相关规定，认真履行下列承诺：

（一）建立完善的质量管理体系，配备相应的专业技术人员，关键岗位人员做到先培训，再上岗。

（二）严格按照仪器设备管理制度和操作规程对预拌混凝土的称量系统、搅拌系统、运输设备进行定期校准、检定和维护，确保各种设备的正常使用。

（三）严格控制原材料质量，坚持"先检验，后使用"的原则，保证所使用的水泥、骨料、矿物掺合料、外加剂等原材料符合国家标准要求。

（四）严格按照《普通混凝土配合比设计规程》和《混凝土结构工程施工质量验收规范》等预拌混凝土生产国家标准，保证混凝土强度满足标准和设计要求，并向用户提交出厂《质量证明书》。

（五）企业实验室按照相关技术标准对所生产预拌混凝土进行抽样检验，做到操作规范、记录真实、结论准确。

（六）保证混凝土运输的连续性和及时性，不在混凝土运输过程加水。

（七）如本单位的预拌混凝土产品达不到相关技术规范的规定要求，经鉴定确认后由本单位承担相应责任和相应的经济损失，并承担相关的法律责任。

（八）健全产品质量档案，做到产品可追踪追溯。

（九）严格履行其他法律法规规定的质量责任和义务。

以上承诺事项自觉接受社会各界监督，依法接受建设主管部门监管和执法检查，在设计使用年限内对工程质量承担终身责任。

（单位公章）　　法人代表签章：
　　　　　　　　　　　年　月　日

预拌混凝土生产单位质量责任人信息登记表

单位名称（公章）					
责任人	姓名	身份证号	执业资格（岗位）证书编号	承诺人签字	日期
单位法定代表人					
单位技术负责人					
单位实验负责人					
项目负责人					
质量员					
取样员					
取样员					
变更责任人					
变更岗位名称	姓名	身份证号	执业资格（岗位）证书编号	承诺人签字	日期
不良质量行为记录					

附件 **2**

法定代表人授权书

（式样）

　　兹授权我单位_____（姓名）担任_____工程项目的（□建设、□勘察、□设计、□施工、□监理、□图审、□检测、□商品混凝土）项目负责人，对该工程项目的（□建设、□勘察、□设计、□施工、□监理、□图审、□检测、□商品混凝土）工作实施组织管理，依据国家有关法律法规及标准规范履行职责，并依法对设计使用年限内的工程质量承担相应终身责任。

　　本授权书自授权之日起生效。

被授权人基本情况			
姓名		身份证号	
注册执业资格		注册执业证号	
被授权人签字：			

授权单位（盖章）：_____

法定代表人（签字）：_____

授权日期：_____年___月___日

附件 3

工程项目负责人质量终身责任承诺书
（式样）

　　本人受＿＿＿＿＿＿＿＿＿＿＿＿＿＿＿＿＿单位（法定代表人＿＿＿＿＿＿＿＿＿＿＿＿）授权，担任＿＿＿＿＿＿＿＿＿＿＿＿＿＿＿＿＿＿工程项目的（□建设、□勘察、□设计、□施工、□监理、□图审、□检测、□商品混凝土）项目负责人，对该工程项目的（□建设、□勘察、□设计、□施工、□监理、□图审、□检测、□商品混凝土）工作实施组织管理。本人承诺严格依据国家有关法律法规及标准规范履行职责，并对设计使用年限内的工程质量承担相应终身责任。

承诺人签字：＿＿＿＿＿＿＿＿＿＿＿＿＿

身份证号：＿＿＿＿＿＿＿＿＿＿＿＿＿

注册执业资格：＿＿＿＿＿＿＿＿＿＿＿

注册执业证号：＿＿＿＿＿＿＿＿＿＿＿

签字日期：＿＿＿＿年＿＿月＿＿日